Winfried Schatter

Windkonverter

Winfried Schatter

Windkonverter

Bauarten, Wirkungsgrade, Auslegung

Mit 98 Bildern und 20 Tabellen

Friedr. Vieweg & Sohn Braunschweig / Wiesbaden

CIP-Kurztitelaufnahme der Deutschen Bibliothek

Schatter, Winfried:
Windkonverter: Bauarten, Wirkungsgrade, Auslegung /
Winfried Schatter. – Braunschweig; Wiesbaden:
Vieweg, 1987.
ISBN-13: 978-3-528-03355-2

1987

Softcover reprint of the hardcover 1st edition 1987

ISBN-13: 978-3-528-03355-2 e-ISBN-13: 978-3-322-83703-5
DOI: 10.1007/ 978-3-322-83703-5

Vorwort

Die Vorlage dieses Buches erfolgt in der Absicht, allen noch nicht mit der einschlägigen Materie vertrauten Angehörigen technisch-naturwissenschaftlicher Berufe, insbesondere auch den im Lehrbereich Tätigen und den Studierenden solcher Berufe, eine Einführung in das Gebiet der Windenergie-Konverter zu geben.

Nach einer Erörterung der für eine Nutzung der Windenergie relevanten Voraussetzungen (technisch verwertbares Energiereservoir, Häufigkeitsverteilung und Höhenabhängigkeit der Windgeschwindigkeit) werden die grundlegenden physikalischen Konversionsprinzipien behandelt, worauf sich jeweils eine Abschätzung des maximal möglichen Wirkungsgrades anschließt. Dieser einleitenden Darstellung folgt eine Übersicht der drei klassischen Konverter-Grundtypen: Horizontalachsen-Auftriebskonverter, Vertikalachsen-Auftriebskonverter und Vertikalachsen-Widerstands-Konverter. Die Ausführungen beinhalten die Berechnung von Leistungskennlinien bzw. die Abschätzung maximaler Leistungsbeiwerte ebenso wie die Besprechung von Dimensionierungskriterien und sinnvollen Einsatzbereichen, wobei theoretische Ergebnisse — soweit verfügbar — anhand experimentellen Materials aufgearbeitet wird.

Die theoretischen Betrachtungen zum Horizontalachsen-Auftriebskonverter folgen den Arbeiten von Betz und Hütter.

Im Falle des Vertikalachsen-Auftriebskonverters wird gezeigt, daß trotz des im Vergleich zum Horizontalachsen-Auftriebskonverter noch nicht ganz befriedigenden Erkenntnisstands zumindest eine realitätsnahe Abschätzung des maximalen Leistungsbeiwertes möglich ist. Die früheren Rechnungen von Just werden in ihrem Ansatz durch numerische Untersuchungen gerechtfertig und in modifizierter Form nachvollzogen. Durch Anwendung der von Betz für das idealisierte Windrad erhaltenen Resultate auf die Strömungsverhältnisse des Vertikalachsen-Auftriebskonverters läßt sich mithilfe eines einfachen Ansatzes das Justsche Ergebnis für den maximalen Wirkungsgrad bestätigen, welches allerdings nur für den geradflügeligen Vertikalachsen-Auftriebskonverter (sog. „H-Darrieus") Gültigkeit besitzt.

Ein auf den baugeometrischen Unterschieden basierender Vergleich der Leistungsbeiträge der Elemente eines Blattes — unter Berücksichtigung der bei gleichen Außenabmessungen unterschiedlichen Rotorquerschnittsflächen — gestattet eine auf den Wirkungsgrad des Geradflüglers bezogene Abschätzung des maximalen Leistungsbeiwertes eines — diesbezüglich noch etwas umstrittenen — Darrieurs-Rotors (Pananemone). Das Resultat steht im Einklang mit publizierten amerikanischen Meßdaten.

Die Untersuchungen zum Betriebsverhalten von Vertikalachsen-Widerstandskonvertern gliedern sich in zwei Abschnitte. Im ersten Teil wird ein neuer Vorschlag zur näherungsweisen Berechnung der Leistungskennlinien anemometerähnlicher druckwiderstandsgetriebener Rotoren ausgeführt, die unter Berücksichtigung von Achslagerreibungsverlusten und experimentell an der FH Wiesbaden ermittelten c_w-Werten befriedigende Übereinstimmung mit Kennlinien aufweisen, die gleichfalls im Rahmen eigener Untersuchungen erhalten wurden.

Im zweiten Teil wird gezeigt, daß mittels eines durch laufenden Vergleich mit experimentellen Daten stufenweise modifizierten Rechenansatzes zur Leistungsbilanz von umlaufenden Widerstandselementen, dessen ursprüngliche Fassung aus den Anemometeransätzen stammt, die Kennlinie des Savonius-Rotors als typischem Vertreter der Widerstandskonverter gewonnen werden kann.
Wesentliche Merkmale der theoretischen Ansätze sind: die Annahme einer durch die Zirkulationsströmung bewirkten Selbstabschirmung des Rotors, das durch Ablenkung und Rückstau gegenüber der gleichförmigen Anströmung stark modifizierte Anblasprofil, sowie die Einbringung von Achslagerreibungsverlusten. Als von besonderem Interesse für die erzielte maximale Leistung des Widerstandskonverters erweist sich die Leistungsziffer, definiert als derjenige Anteil, der dem Rotor auf seiner Querschnittsfläche von weitem zuströmenden Leistung, der ihn wirklich erreicht.
Eine der Konsequenzen der ausgeführten Rechnungen ist die Erkenntnis, daß allein aus dem Auftreten von Schnellaufzahlen größer als eins nicht auf einen Antriebsbeitrag von Auftriebskräften geschlossen werden darf, da aufgrund der mit wachsendem Achsabstand stark zunehmenden Anströmgeschwindigkeit der Rotorblätter die auf den ungestörten Wind bezogene Schnellaufzahl nur einen fiktiven Wert besitzt, während ihr auf die tatsächliche Anströmgeschwindigkeit korrigierter Betrag deutlich unter der genannten kritischen Grenze bleibt. Nach einer eingehenden Erörterung aller Dimensionierungsaspekte wird die maximale sinnvolle Größe eines Savonius-Rotors ermittelt.
Im Anschluß an die drei klassischen Konverterbauarten werden spezielle Ausführungen und Anordnungen besprochen, die sich aus den Grundtypen herleiten. Auch zu diesen Sonderbauarten werden Abschätzungsrechnungen und — soweit möglich — experimentelles Material vorgestellt. Die ausführliche Besprechung der Konverter-Haupttypen und die Hinzunahme der daraus abgeleiteten Sonderbauarten soll es dem Leser einsichtig machen, auf welchen Wegen und mit welchen Erfolgsaussichten Versuche unternommen werden, die derzeit erreichten maximalen Leistungsbeiwerte zu steigern, wobei praktische Belange stets berücksichtigt werden.
Es ist dem Verfasser ein besonderes Anliegen, sich auf diesem Wege für die großzügige Unterstützung durch das Institut für Aerodynamik der Technischen Hochschule Darmstadt sehr herzlich zu bedanken, da sie die Untersuchungen der Fachhochschule Wiesbaden zu diesem Themenbereich erst in dem benötigten Umfang ermöglicht hat.

Wiesbaden, Juli 1986

Winfried Schatter

Inhaltsverzeichnis

1. Abschätzung des nutzbaren Leistungsangebots der Atmosphäre

1.1 Globales Windpotential

Der Reibungskontakt zwischen Erdoberfläche und Lufthülle sowie deren innere Reibung lassen die Atmosphäre gemeinsam mit der Erde rotieren.

Trotz der sehr langen Wechselwirkungszeit, wie sie zwischen Erde und Lufthülle angenommen werden darf, ist ein stationärer Zustand nicht eingetreten und aus verschiedenen Gründen auch nicht möglich:

- Schon aufgrund der großen Ausdehnung des Mediums sind Strömungsvorgänge in der Atmosphäre in jedem Falle turbulent, also niemals im engeren Sinne stationär.

- Die uneinheitliche Oberflächenstruktur, die unterschiedlichen **Oberflächengeschwindigkeiten** der Erde in den verschiedenen geographischen Breiten, die Corioliskraft, die räumlich und zeitlich stark variierende Aufheizung von Atmosphäre und Erdoberfläche durch die Sonneneinstrahlung, bewirken regionale wie globale Ausgleichsströmungen in horizontaler wie auch vertikaler Richtung, die mehr oder weniger stark turbulent sind, und sich im Alltag z.B. in der Entstehung und Wanderung von Wettergebieten augenfällig bemerkbar machen.

- Gemäß der Natur der Reibung strömender Medien wird einer übermolekular geordneten Strömung fortlaufend Energie entzogen und in statistisch ungeordnete Bewegungsenergie der Moleküle (Brownsche Bewegung), also letztlich in Wärmeenergie, überführt.

Dem Gesagten ist zu entnehmen, daß die Aufrechterhaltung der atmosphärischen Strömungsvorgänge im wesentlichen der ständigen Zufuhr von Sonnenenergie zu verdanken ist.

Nach quantitativen Schätzungen, die sich nach /1/ alle im gleichen Rahmen bewegen, erreichen von den der Erdatmosphäre zugestrahlten $1{,}5 \cdot 10^{18}$kWh/a etwa $6{,}2 \cdot 10^{17}$kWh/a die Erdoberfläche, wovon wiederum 1,5 bis 2,5 % zur Aufrechterhaltung der Bewegungsenergie der Atmosphäre benötigt werden. In Absolutzahlen entspricht dies Jahresleistungen zwischen $9{,}3 \cdot 10^{15}$kWh/a ($1{,}06 \cdot 10^{12}$kW) und $15{,}5 \cdot 10^{15}$kWh/a ($1{,}77 \cdot 10^{12}$kW).

Zum Vergleich sei erwähnt, daß die bis zum Stichtag 31.1.76 global installierte elektrische Kraftwerksleistung etwa $1 \cdot 10^{9}$kW betrug, das sind jedenfalls deutlich weniger als 0,1 % des geschätzten globalen Mindestwindleistungsangebots. Allerdings ist diese Abschätzung unter technischen Gesichtspunkten nicht ganz realistisch:

- Nur etwa 1/3 der Erdoberfläche besteht aus Land und kommt für die Aufstellung von Windenergie-Konvertern (WEK), das sind Maschinen zur Umwandlung der Strömungsenergie des Windes in eine technisch nützliche Form, infrage.

- Sowohl aus Gründen der technischen Realisierbarkeit wie auch der Rentabilität dürfte für die praktische Nutzung der Windenergie kaum mehr als eine Bodenzone von ca. 500 m in Betracht kommen.

- Die idealen Ausbreitungsbedingungen für Luftströmungen herrschen über dem Meer und über ausgedehnten Flachlandschaften des Festlandes. Da mit zunehmendem Küstenabstand der Boden zum Landesinnern hin i.a. ansteigt und meist auch an Zerklüftung (Gebirge) zunimmt, sinkt die mittlere Windgeschwindigkeit meist innerhalb eines Küstenstreifens von etwa 100 km Breite so stark ab, daß die binnenländischen Gebiete kaum noch wirtschaftlich nutzbar sind.

Man erkennt, daß eine quantitative Schätzung der verwertbaren Windenergie wegen der gleichzeitigen Berücksichtigung des technisch Möglichen und der finanziellen Rentabilität immer eine gewisse Unsicherheit enthält, die sehr von den Gegebenheiten der verschiedenen Länder abhängt.

Lösen wir uns um der Neutralität willen einmal vom Wirtschaftlichkeitsaspekt und unterstellen als ökologisch vertretbare Forderung (im Hinblick auf die mit der Windnutzung verbundene Abbremsung der natürlichen Luftbewegung) eine Begrenzung des technisch herbeigeführten Leistungsentzugs auf 10 % des maximal über den Landgebieten möglichen (das sind 3 % bezogen auf das Globalangebot !),so erhält man - je nach dem zugrundegelegten solaren Leistungsausgleich - ein theoretisches Nutzleistungspotential von $2{,}8 \cdot 10^{14}$ kWh/a ($3{,}2 \cdot 10^{10}$ kW) bzw. $4{,}7 \cdot 10^{14}$ kWh/a ($5{,}3 \cdot 10^{10}$ kW).

1.2 Europäisches Windpotential

In analoger Weise läßt sich aus dem Flächenverhältnis der europäischen Länder zur gesamten Erdoberfläche das theoretisch nutzbare europäische Leistungsangebot rechnerisch abschätzen .

Man findet so[1]:

$$P_{Eu} = P_{Erde} \cdot (A_{Eu}/A_{Erde}) = \frac{3{,}5 \cdot 10^6 \text{km}^2}{4\pi \cdot 6370^2 \text{km}^2} \cdot P_{Erde}$$

$$\approx 6{,}86 \cdot 10^{-3} \cdot P_{Erde}$$

Mit den im letzten Abschnitt verwendeten Zahlen ergibt sich für Europa ein Nutzungsbereich von $1{,}9 \cdot 10^{12}$ kWh/a ($2{,}2 \cdot 10^8$ kW) bis $3{,}2 \cdot 10^{12}$ kWh/a ($3{,}6 \cdot 10^8$ kW).

[1] Fläche Europas ohne die Ostblockstaaten

1.3 Windpotential über der Bundesrepublik

Für das Gebiet der Bundesrepublik Deutschland liefert eine Abschätzung nach der gleichen Methode:

$$P_{BRD}=P_{Erde}\cdot(A_{BRD}/A_{Erde})=\frac{2,5\cdot10^5 km^2}{4\pi\cdot6370^2 km^2}\cdot P_{Erde}\approx4,9\cdot10^{-4}P_{Erde}$$

Die numerischen Daten bewegen sich zwischen $1,4\cdot10^{11}$kWh/a ($1,6\cdot10^7$kW) und $2,3\cdot10^{11}$kWh/a ($2,6\cdot10^7$kW).

Wie noch im nächsten Kapitel belegt werden soll, besitzt die Bundesrepublik wegen ihrer geringen Küstenlänge eine relativ ungünstige Lage. Die Zone wirtschaftlich vertretbarer Nutzung der Windenergie konzentriert sich auf die Länder Schleswig-Holstein, Hamburg, Bremen und Niedersachsen. Großflächige Binnenlandstaaten (wie etwa die UdSSR) haben zum Ausgleich für die Küstenferne des größten Landesteils oft wenigstens ausgedehnte Flachlandebenen (Sibirien) zur Verfügung, wo sich wegen der weitgehend ungehinderten Entfaltung der Luftströmungen die aus Wirtschaftlichkeitserwägungen mithilfe einer minimalen mittleren Jahreswindgeschwindigkeit definierte "Eindringtiefe" der Nutzungszone wesentlich weiter ins Innere erstreckt als in Ländern mit stärker zerklüfteter Bodenstruktur.

2. Windmeßdaten und daraus resultierende Erkenntnisse

2.1 Meßmethoden

Zur Messung der Windgeschwindigkeit[2)] wird i.a. ein praktisch richtungsunabhängig reagierendes und mit geringstmöglichen Lagerreibungsverlusten behaftetes Schalenkreuz-Anemometer verwendet. Seine im stationären Zustand und bei vernachlässigbarer Reibung windgeschwindigkeits-proportionale Drehzahl wird mittels induktivem Geber und angeschlossenem

[2)] Ausführlichere Informationen zur Meßtechnik in der Meteorologie wolle der Leser aus /2/ entnehmen!

Analogschreiber fortlaufend registriert. Aus dem Meßschrieb wird der Stundenmittelwert der statistisch schwankenden Windgeschwindigkeit ermittelt. Vom Deutschen Wetterdienst wird dieser Stundenmittelwert (Angabe in m/s) mit einer Genauigkeit von ± 0,1 m/s ständig registriert; die Methodik stimmt mit den internationalen Gepflogenheiten überall dort überein, wo ebenfalls kontinuierlich aufgezeichnet wird.

Von einigen Stationen werden zusätzlich auch die Zehnminuten-Mittelwerte erfaßt (Problem: Datenversechsfachung!).

Für Abschätzungen der jährlichen Energiemenge haben sich einer Untersuchung des FWE (Forschungsinstitut Windenergietechnik) zufolge Vergleichswerte (sog. synoptische Werte) besonders bewährt, die alle 3 oder 6 Stunden als Mittelwert aus dem der Bezugszeit jeweils unmittelbar vorausgegangenen Zehnminuten-Intervall bestimmt werden.

Die horizontale Windrichtung wird mittels Windmeßfahne am Ort des Anemometers beobachtet; die vertikale Komponente wird i.a. nicht erfaßt.

Wegen der Verfälschungsgefahr durch Bodenturbulenzen wird als Normalhöhe H_M der Meßsonde über Grund bzw. über umliegendem Störniveau meist ein Abstand von 10 m benutzt, doch gibt es auch Ausnahmen (z.B. Kahler Asten 25 m, mancherorts auch 6 m). Da die Art der Umgebung die Höhe des Störfeldes beeinflußt, können in solchen Fällen rein lokal bedingte Unterschiede nicht ausgeschlossen werden. Unter Verwendung grundsätzlicher Erkenntnisse über die Abhängigkeit der mittleren Jahreswindgeschwindigkeit vom Bodenabstand (vgl. Abschn. 2.3.2 !) wird bei von der Normhöhe abweichender Sondenhöhe auf gleiches Bezugsniveau umgerechnet, was jedoch aus dem genannten Grund zu nicht vorbehaltslos akzeptablen Ergebnissen führt.

2.2 Meßergebnisse

2.2.1 Globale Verteilung der mittleren Windgeschwindigkeit

Eine geographische Ordnung der langfristig beobachteten Jahresmittelwerte der Windgeschwindigkeit ergibt (vgl. Bild 1),

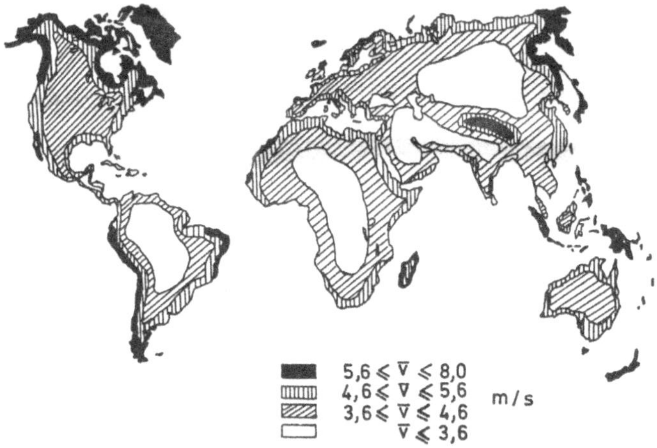

Bild 1: Einteilung der Erde in Windgeschwindigkeitszonen (aus /1/)

insbesondere bei einer der Übersichtlichkeit wegen sinnvollen Einteilung in Windgeschwindigkeitsbereiche, ein anschauliches Bild von der globalen Intensitätsverteilung des Windes. Man bemerkt deutlich, daß vorrangig an das Meer grenzende Küstenbereiche und Inseln sowie gewisse Gebirgsgegenden (z.B. Himalaya) zu den windbegünstigten Zonen zu rechnen sind.

2.2.2 Verteilung der mittleren Windgeschwindigkeit in Europa

Die Messung der Windgeschwindigkeit wird in Europa bereits seit längerem kontinuierlich durchgeführt, und das Netz der Wetterstationen ist relativ dicht, so daß die heute vorliegenden Daten ein beachtliches Maß an Zuverlässigkeit besitzen.

Bild 2: Isoventenkarte Europas (aus/1/)

Die in Bild 2 dargestellte Karte der europäischen Länder enthält Linien gleicher mittlerer Jahreswindgeschwindigkeit (sog. Isoventen).
In den Küstengebieten folgen die Isoventen annähernd dem Verlauf der Festlandmasse.

Versucht man die Karte Europas - abgesehen von der grundsätzlichen Ausnahmestellung der Küstenzonen (Mittelmeer, Atlantik, Nord- und Ostsee) - in windschwache und in windstärkere Gebiete einzuteilen, so erhält man folgende Zuordnung:

a) bevorzugte Gebiete : Irland, England, Nordfrankreich, Holland, Dänemark, Norddeutschland, Norwegen.

b) benachteiligte Gebiete: Nordwestspanien, Ostskandinavien, europäische Mittelgebirge.

Außerdem erweist sich die Mittelmeerküste als die eines Art Binnenmeeres als ungünstiger im Vergleich zur Atlantikküste.

2.2.3 Verteilung der mittleren Windgeschwindigkeit in der BRD

Eine auf den Mittelwerten des Jahres 1943 basierende Karte der Bundesrepublik Deutschland mit einer groben Einteilung des Territoriums in Stark- und Schwachwindgebiete (Bild 3) hat sich auch für einen größeren Zeitraum als repräsentativ erwiesen. Sie resultiert aus den Daten von 350 Klimameßstationen. Die Hervorhebung von Zonen mit mehr als 4 m/s mittlerer Windgeschwindigkeit beruht auf der durch Rechnung (vgl. Tabelle 1 !) verständlich zu machenden praktischen Erkenntnis, daß unterhalb dieses Geschwindigkeitsniveaus die Leistungsdichte des Windes (d.i. die in der strömenden Luft enthaltene kinetische Energie, die pro Zeiteinheit durch eine senkrecht zum Geschwindigkeitsvektor orientierte Einheitsfläche hindurchtritt) zu gering ist, um einen für technische Zwecke ausreichenden Energieentzug mit angemessenem Bauaufwand zu bewerkstelligen.

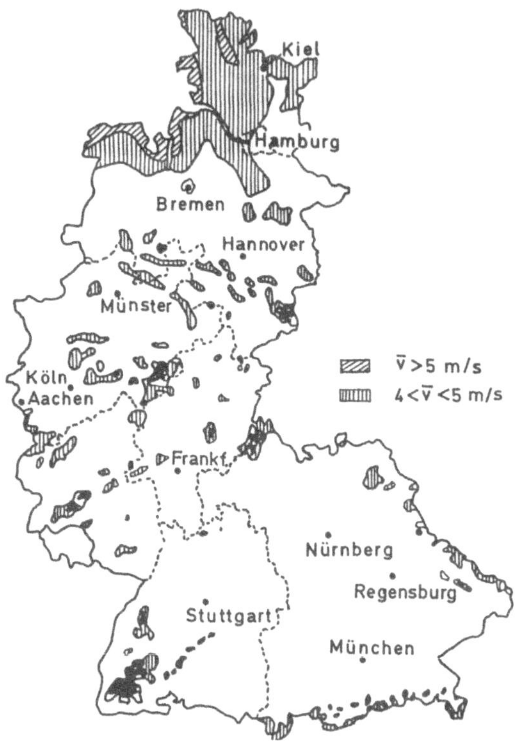

Bild 3: Lage bevorzugter Windgeschwindigkeitsgebiete in der BRD (aus /1/)

Die Karte bestätigt den Grundsatz, daß mit zunehmendem Abstand von der Küste die Voraussetzungen für eine Nutzung der Windenergie immer ungünstiger werden; vor allem das Gebiet südlich des Mains erweist sich als benachteiligt. Allerdings läßt sich feststellen, daß bestimmte Kammlagen der Mittelgebirge wie auch einige lokal begrenzte Zonen im Alpenbereich durchaus zu den günstigeren Nutzungslagen gerechnet werden können. Als quantifizierbares physikalisch-technisches Beurteilungskriterium für die Nützlichkeit eines Windgeschwindigkeitsniveaus wird zweckmäßigerweise - wie schon erwähnt - die Leistungsdichte des Windes P_W/A herangezogen. Man berechnet diese Kennzahl nach folgender Überlegung:

Die Volumeinheit Luft der Massendichte ρ_L repräsentiert bei einer Strömungsgeschwindigkeit v_w eine kinetische Energie des Betrags $\rho_L v_w^2/2$. Bei vorausgesetzter reiner Translationsbewegung der Luft wird die senkrecht zur Bewegungsrichtung gedachte Flächeneinheit gerade noch von jener Schicht des Mediums durchströmt, deren maximaler Abstand dem Betrag der Strömungsgeschwindigkeit v_w entspricht. Mit anderen Worten: In der Zeiteinheit wird die Einheitsfläche von der kinetischen Energie eines Luftquaders durchsetzt, dessen Grundfläche von der Einheitsfläche gebildet wird, und dessen Länge der Maßzahl der Strömungsgeschwindigkeit v_w gleich ist. Das in der Zeiteinheit durchgesetzte Quadervolumen hat also den Betrag der Geschwindigkeit v_w.
Nach dieser Überlegung errechnet sich die Leistungsdichte aus dem Ansatz Leistungsdichte = Energiedichte mal Volumendurchsatz pro Zeiteinheit.

$$\frac{P_W}{A} = \frac{\rho_L}{2} v_w^3 \qquad (2\text{-}1)$$

Tabelle 1: Abhängigkeit der Leistungsdichte des Windes von seiner Geschwindigkeit

v_w/m/s	P_W/A / W/m^2
1	0,6
2	4,8
3	16,2
4	38,4
5	75,0
6	129,6
8	307,2
10	600
15	2 025
20	4 800

Das mit dieser einfachen Beziehung bei verschiedenen Geschwindigkeiten als Leistungsangebot des Windes pro Flächeneinheit (unter Annahme einer Massendichte ρ_L=1,2 kg/m^3) ermittelte numerische Ergebnis ist in Tabelle 1 aufgelistet. Aus den Daten wird deutlich, daß bescheidene Nutzleistungen erst ab 3 m/s möglich sind, Leistungen für eher technische Anwendungen sogar erst oberhalb 4 m/s.

Von Interesse für die Beurteilung von Standorten für Windenergiekonverter (WEK) ist auch die durch Bodenerhebungen verursachte Verschiebung von Isoventen in größere Höhen. Als Beispiel für den Einfluß der deutschen Mittelgebirge ist in Bild 4 die Höhenlage einiger Isoventen auf der gedachten Nord-Süd-Linie Cuxhaven - Zugspitze dargestellt. Entsprechend der geographischen Breite sind außerhalb der Schnittlinie gelegene markante Bergkuppen wie Brokken, Kahler Asten, Feldberg (Taunus) und Feldberg (Schwarzwald) auf die Schnittebene projiziert.

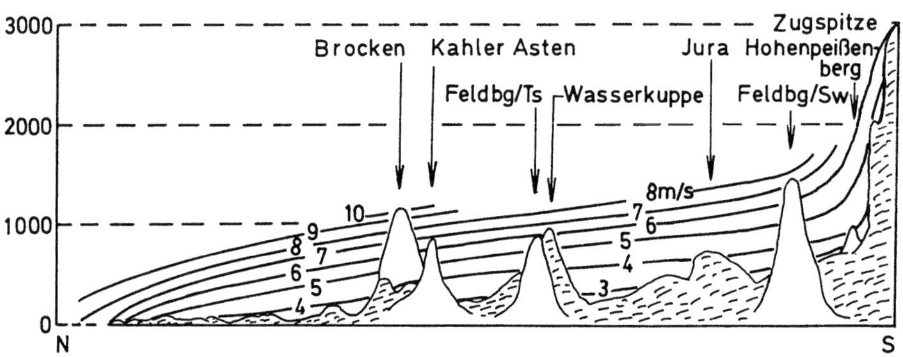

Bild 4: Beispiel für eine Höhenverdrängung von Isoventen über der Bundesrepublik Deutschland (aus /1/)

Die Abbildung bestätigt die Aussage der Karte in Bild 3, wonach im Bereich Süddeutschlands mit geringen Ausnahmen nur mittlere Windgeschwindigkeiten unterhalb 4 m/s, in Bodennähe sogar unterhalb $\approx$3 m/s anzutreffen sind.

Bundesland	Flächen in km²		
	$\bar{v} > 4$ m/s	$3 < \bar{v} < 4$ m/s	insgesamt
Schleswig-Holstein	13 500	2 100	15 600
Niedersachsen	10 000	34 000	47 400
Nordrhein-Westfalen	1 200	30 000	34 000
Hessen	400	7 000	21 100
Rheinland-Pfalz	800	6 000	19 800
Baden-Württemberg	1 300	6 000	35 700
Saarland	0	300	2 600
Bayern	2 000	9 000	70 500
Bundesrepublik	29 200	114 000	248 000

Tabelle 2: Windgünstige Flächenanteile der Länder der BRD (aus /1/)

Die bisherigen Ausführungen lassen erkennen, daß für eine an strengere Maßstäbe (Windaufkommen $\bar{v} > 4$ m/s) gebundene großtechnische Nutzung der Windenergie neben dem norddeutschen Küstengebiet lediglich einige Plätze in der norddeutschen Tiefebene, sowie verschiedene Kammlagen der Mittelgebirge und des Alpenraums in Betracht kommen.

Natürlich erhöht sich bei etwas großzügigerer Auslegung der Mindestanforderung ($\bar{v} > 3$ m/s) bei der Standortwahl für Windenergie-Konverter (WEK) das brauchbare Flächenangebot, wie durch die numerischen Daten der Tabelle 2 dokumentiert wird. Allerdings nimmt die Liste der ausschließlich nach dem Windaufkommen zusammengestellten Flächen keine Rücksicht auf die spezifischen lokalen Gegebenheiten, wie sie für die Aufstellung und den Betrieb eines WEK von Bedeutung sein können, d.h. sie enthält auch unzugängliche, bebaute oder bewaldete Flächen.

2.3 Funktionale Zusammenhänge der Meßergebnisse

Infolge der variierenden Oberflächenstruktur der Erde bildet sich in Bodennähe eine Windgrenzschicht aus, deren Stärke je nach der Bodenbeschaffenheit etwa zwischen 300 m und 600 m liegt (nach /3/) und die sich durch relativ ausgeprägte lokale Unterschiede des Geschwindigkeitsgradienten als Folge des Bodenstruktureinflusses auszeichnet.

Aufgrund des unterschiedlich ausgebildeten Geschwindigkeitsprofils in Bodennähe (Bereich der Meßstationen), in Ermangelung eines ausreichend ausgedehnten Raumnetzes von Meßstellen und entsprechender Simultanmeßdaten, sowie in Anbetracht der starken statistischen Schwankungen der Windgeschwindigkeit, wird man von vornherein allenfalls statistische Aussagen über Zusammenhänge (wie z.B. die Abhängigkeit der mittleren Windgeschwindigkeit von der Höhe über Grund) erwarten können. Trotz dieser entmutigenden Ausgangslage lassen sich einige typische Befunde festhalten, die im folgenden erläutert werden sollen.

2.3.1 Häufigkeitsverteilung der Windgeschwindigkeit

Die Meßergebnisse einiger nach ihrer charakteristischen Lage ausgesuchter Stationen der Bundesrepublik aus dem Jahre 1973 sind in Tabelle 3 wiedergegeben. Man beachte die mitunter stark voneinander abweichenden Geberhöhen!

Als typisches Beispiel für gemessene Häufigkeitsverteilungen sind in Bild 5 die an vier ausgewählten Stationen erhaltenen Diagramme für die relative Häufigkeit als Funktion der Windgeschwindigkeit wiedergegeben.

Mit Ausnahme der windschwächsten Station Regensburg zeigt sich in allen Fällen ein ausgeprägtes Maximum der Häufigkeit bei etwa 2 bis 6 m/s und eine unterschiedliche Halbwertsbreite (Geschwindigkeitsintervall, das den Abstand der jeweils halben Maximalwerte kennzeichet) zwischen 4 und 7 m/s.

Station	Stationshöhe in m üb. NN	Geberhöhe in m üb.Grd.	mittl. Windgeschwdkt. in m/s
Hof	567	16	3,7
Helgoland	5		6,7
Emden	0	10	3,6
Nürnberg	310	10	2,6
München	527	10	3,1
Essen	128		3,9
Aachen	202	16	3,4
Trier	265	16	3,3
Freiburg	262		3,1
List	21	12	6,8
Hamburg	13	10	4,2
Bremen			4,3
Cuxhaven	12		5,5
Regensburg	376	10	1,7
Salzuflen	98	20	2,5
Wendelstein	1 832	6	6,0
Kahler Asten	842	25	5,9
Wasserkuppe	921	16	4,6
Frankfurt	110	10	3,3
Karlsruhe			2,8
Stötten			4,7
Braunlage	607	14	3,4

Tabelle 3: Meßdaten einiger Wetterstationen der BRD aus 1973 (nach /1/)

Je niedriger die mittlere Windgeschwindigkeit, um so niedriger liegt das Maximum der Verteilungskurve; an der prinzipiellen Verteilung ändert sich nichts wesentliches.

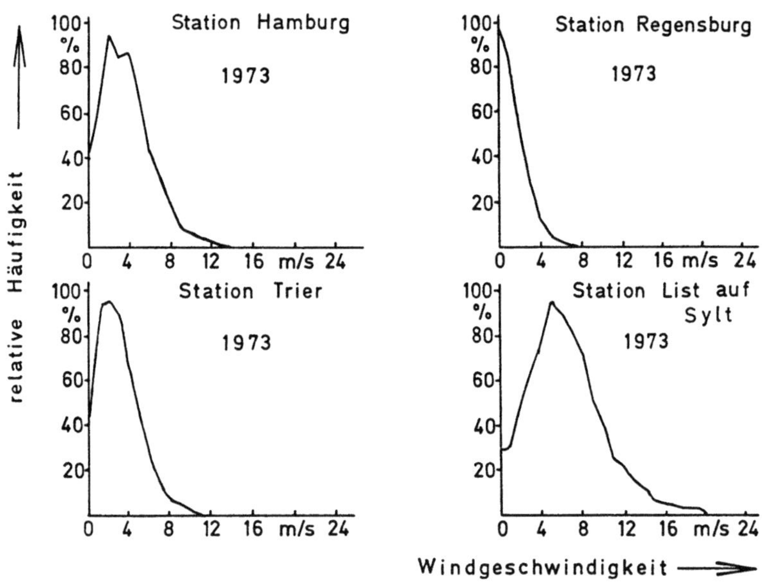

Bild 5: Relative Häufigkeit der Windgeschwindigkeiten an 4 Meßstationen (aus /1/), normiert auf den Spitzenwert

Zum Problem der Veränderlichkeit der Häufigkeitsverteilung der Windgeschwindigkeit mit der Höhe über Grund liegen einige am meteorologischen Mast der Gesellschaft für Kernforschung in Karlsruhe erzielte Ergebnisse vor, über die in /1/ berichtet wurde (vgl. Bild 6).

Das in Bodennähe recht ausgeprägte Maximum der Verteilungskurve verlagert sich mit zunehmender Höhe zu höheren Geschwindigkeiten hin und wird breiter und verwaschener.

Die letztgenannte Feststellung bedeutet, daß man in größerer Höhe zwar ein verbessertes Leistungsangebot erhält, allerdings erkauft durch eine viel stärkere Streubreite der mittleren Strömungsgeschwindigkeit.

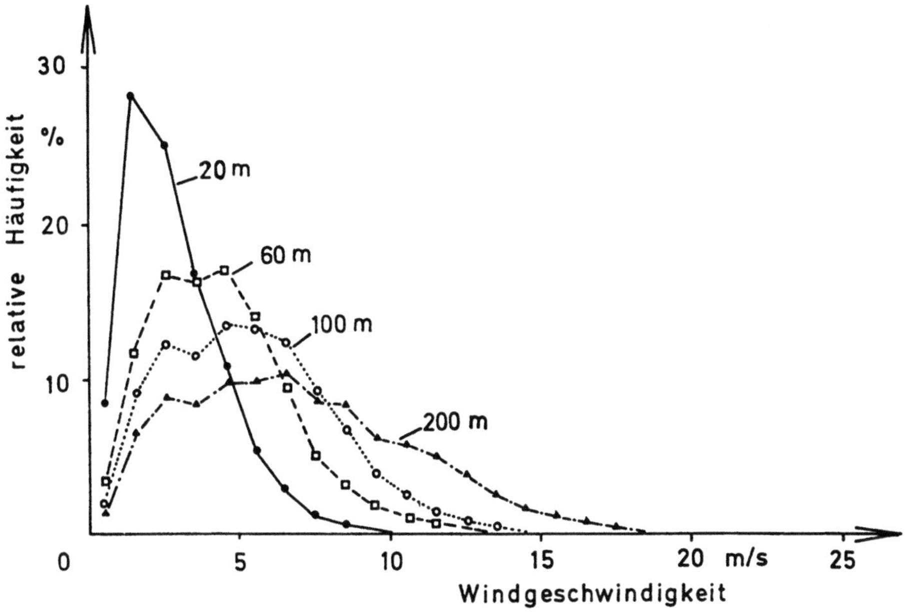

Bild 6: Absolute Häufigkeit der Windgeschwindigkeiten, gemessen am meteorologischen Mast der GfK Karlsruhe (aus /1/)

2.3.2 Höhenabhängigkeit der mittleren Windgeschwindigkeit

Natürlich ist für die Leistungsauslegung eines Windenergie-Konverters (WEK) die Kenntnis der jährlichen Häufigkeitsverteilung der Windgeschwindigkeiten (aus der sich das nach Windgeschwindigkeiten gestaffelte Leistungsangebot errechnen läßt) von vorrangiger Bedeutung.
Dennoch ergeben sich bereits aus der Veränderung des Jahresmittelwertes mit dem Bodenabstand wichtige Dimensionierungshinweise. Wie man Bild 7 entnimmt, steigt nämlich die mittlere Windgeschwindigkeit in der untersten Luftschicht extrem stark mit der Höhe an, so daß bei gegebener Wandlerfläche ein nur wenige Meter größerer Bodenabstand die Leistungsausbeute deutlich verbessern kann.

Wesentlich informativer sind die in der Dissertation von Hütter (/5/) zusammengetragenen Kurven, in denen im doppelt-logarithmischen Maßstab die Höhenabhängigkeit der mittleren Windgeschwindigkeit bis zu vielen Kilometern Höhe dargestellt ist.

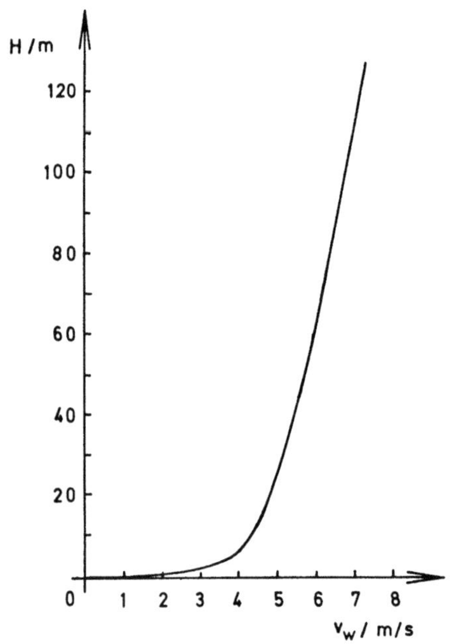

Bild 7: Typischer Zusammenhang zwischen mittlerer Windgeschwindigkeit und Bodenabstand (aus /4/)

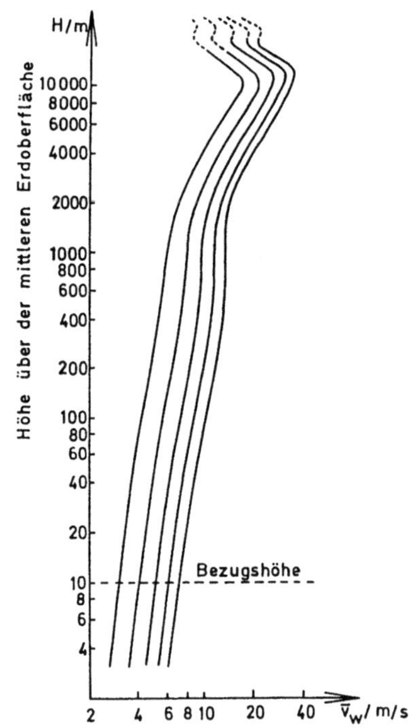

Bild 8: Höhenabhängigkeit des Jahresmittelwertes der Windgeschwindigkeit für verschiedene Orte (nach /5/)

Die Daten sind durch Ballon- und Flugzeugmessungen sowie Wolkenbeobachtung gewonnen. Bemerkenswert an der Graphik ist, daß die für verschiedene Bodenwindgeschwindigkeiten als Parameter (Standorteinfluß) gezeichneten Kurvenscharen sehr ähnlich verlaufen.

Man erkennt, daß in dem für eine technische Nutzung interessanten Bereich bis zu 1 km Höhe eine - wenn auch grobe - Abschätzung durch eine Regressionsgerade möglich ist. Nun entspricht aber eine lineare Funktion in einem Diagramm mit zweifach-logarithmischer Maßstabswahl der Achsen bekanntlich einem Potenzgesetz bei einfacher linearer Darstellung.

Nach einem Vorschlag von Harris /3/ wählt man für dieses Potenzgesetz zweckmäßigerweise die Form

$$\bar{v}_w(H) = \bar{v}_{wM} \cdot \left(\frac{H}{H_M}\right)^p \qquad (2\text{-}2)$$

Dabei ist $\bar{v}_{wM}$ die in der Bezugsmeßhöhe H_M beobachtete mittlere Windgeschwindigkeit, $\bar{v}_w(H)$ die in der über H_M gelegenen Bodenhöhe H zu erwartende Windgeschwindigkeit, und p ein von der Bodenstruktur mitbestimmter Exponent, dessen numerischer Wert zwischen 0,16 und 0,35 liegt.

Bei geeigneter Wahl des Exponenten p kann (2-2) sowohl für die Umrechnung von Stunden - als auch von Jahresmittelwerten verwendet werden. Andere Umrechnungsverfahren, die auf unterschiedliche Häufigkeitsverteilungen Rücksicht nehmen, sind komplizierter und benötigen mehr detaillierte Anfangsdaten ohne deshalb an Genauigkeit wesentlich zu gewinnen.

2.4 Schätzung des Windleistungspotentials der BRD aus Meßdaten

Die im vorigen Abschnitt erwähnten Meßergebnisse lassen sich in Verbindung mit dem oben aufgestellten Potenzgesetz (2-2) zu einer fundierteren Abschätzung des Leistungsangebotes in der Atmosphäre über der Bundesrepublik verwenden, als es mit den stark pauschalisierten Annahmen in Kapitel 1 möglich war. Unterstellen wir einmal zwecks Vereinfachung der Rechnung, daß die mittlere Windgeschwindigkeit in einer beliebigen Höhe über Grund H konstant ist (also nur von der Höhe selbst abhängt), dann ergibt sich der Energieinhalt dW einer differentiellen Atmosphärenschicht der Dicke dH als das Produkt aus Energiedichte $\rho_L \bar{v}_w^2(H)/2$ und differentiellem Schichtvolumen $dV = A \cdot dH$, wobei die Fläche A natürlich von der Höhe abhängt.

Der gesamte Energieinhalt der untersten Atmosphärenschicht der Bundesrepublik bis zu einer Höhe H_{max} läßt sich unter Verwendung der Beziehung (2-2) durch eine einfache Integration berechnen, wenn wir - was bei geringem Bodenabstand erlaubt ist - die Flächen der verschiedenen Luftschichten näherungsweise mit der Grundfläche der Bundesrepublik gleichsetzen.

$$W_{BRD} = \int_0^{H_{max}} \frac{\rho_L}{2} \bar{v}_w^2 (H) \cdot A_{BRD} dH = \frac{\rho_L A_{BRD} \bar{v}_{wM}^2}{2 H_M^{2p}} \cdot \int_0^{H_{max}} H^{2p} dH$$

Ausführung der Integration liefert den Ausdruck

$$W_{BRD} = \frac{\rho_L \bar{v}_{wM}^2 \cdot A_{BRD} \cdot H_{max}^{1+2p}}{2(1 + 2p) H_M^{2p}} \qquad (2\text{-}3)$$

Geht man von einer mittleren Windgeschwindigkeit $v_{wM} = 2 m/s$ in $H_M = 10$ m Bezugshöhe, einer Luftdichte $\rho_L = 1,2$ kg/m^3 und einem mittleren Exponenten $p = 0,25$ aus, so errechnet sich nach (2-3) für die Fläche $A_{BRD} = 2,5 \cdot 10^5 km^2$ der Bundesrepublik und eine Schichtdicke der untersten Atmosphäre von $H_{max} = 300$ m ein Energievorrat von $W_{BRD} = 1,825 \cdot 10^8$ kWh.

Unterstellt man, daß dieser Energiebetrag innerhalb einer Woche abgeschöpft und durch Nachlieferung aus anderen Teilen der Atmosphäre ausgeglichen werden kann, so kommt man zu einem möglichen Leistungsbeitrag der Windenergie von 1000 MW, das sind etwa 3 % der in der Bundesrepublik installierten elektrischen Kraftwerksleistung von ca. 36 000 MW.

3. Die grundlegenden physikalischen Konversionsprinzipien und ihr Wirkungsgrad

3.1 Energieumsetzung nach dem Widerstandsprinzip

Wird ein Körper von einem flüssigen oder gasförmigen Medium umströmt, so wirkt eine Reibungskraft auf ihn, die seiner auf das Medium bezogenen Relativgeschwindigkeit entgegengerichtet ist. Das Zustandekommen dieser Reibungskraft läßt sich energetisch dadurch erklären, daß aufgrund von Reibungsverlusten (Umwandlung mechanischer in Wärmeenergie) an der Grenzfläche zwischen Festkörper und Medium sowie im Medium selbst der nach dem Bernoullischen Gesetz in Strömungsrichtung vor dem Körper sich aufbauende statische Druck höher ausfällt, als derjenige auf seiner Rückseite.

Die physikalische Eigenart der Strömung hat wesentlichen Einfluß auf die Abhängigkeit der Reibungskraft von der (Relativ-) Geschwindigkeit $\vec{c}$.
Im Falle der laminaren oder auch schleichenden Strömung, die nur bei sehr niedrigen Geschwindigkeiten auftritt, gleiten unterschiedlich schnelle Schichten des Mediums in reiner Translationsbewegung übereinander hinweg und um den Körper herum. Die Reibungskraft F_R erweist sich in diesem Zustand als proportional zur Relativgeschwindigkeit ($F_R \sim c$).

Im Bereich höherer Geschwindigkeiten ändert sich das Bild der Strömung in eklatanter Weise. An physikalischen Unstetigkeitsstellen, wie sie etwa an scharfen umströmten Kanten des Festkörpers auftreten, aber auch an physikalischen Inhomogenitäten des Mediums, bilden sich spontane Wirbel. Diese rotierenden Elemente des Mediums bewegen sich gemeinsam mit den in reiner Translation befindlichen Teilen des Mediums in einer statistisch ungeordneten überlagerten Strömung, die als turbulent bezeichnet wird.
Die im turbulenten Strömungsbereich auftretende Reibungskraft wird durch das Newtonsche Widerstandsgesetz (3-1) beschrieben, wonach die Widerstandskraft proportional zum

Staudruck multipliziert mit der angeströmten (d.i. die senkrecht zur Strömungsrichtung projizierte) Fläche $A_\perp$, also zur Staukraft, ist.

$$F_w = c_w \cdot \frac{\rho_L}{2} c^2 \cdot A_\perp \quad (3\text{-}1)$$

Der Proportionalitätsfaktor c_w heißt Widerstandsbeiwert; er stellt eine pauschale Berücksichtigung des von der Körperform abhängigen und wegen seines statistischen Charakters nicht exakt berechenbaren Strömungsumfeldes dar. Bei nicht zu stark variierender Relativgeschwindigkeit kann c_w näherungsweise als konstant angesehen werden, so daß sich mit dieser Einschränkung die Widerstandskraft als proportional zum Quadrat der Geschwindigkeit erweist.

Als Beurteilungskenngröße für das Strömungsverhalten eines Mediums dient die Reynoldssche Zahl Re. Sie wird gemäß der Definitionsgleichung (3-2) aus der Dichte ρ und der Zähigkeit η des Mediums, der Relativgeschwindigkeit c zwischen Medium und dem mit ihm wechselwirkenden Festkörper, sowie einer charakteristischen Abmessung d des letzteren, gebildet.

$$Re = \frac{\rho \cdot d \cdot c}{\eta} \quad (3\text{-}2)$$

Für jede spezifische Strömungsführung existiert eine zugeordnete kritische Reynoldszahl Re_{krit} (im Sinne eines Orientierungswertes!), bei deren Überschreitung die Strömung von Laminarität in Turbulenz umschlägt.

Im Falle des durch unsre Themenwahl ausschließlich zur Debatte stehenden Mediums Luft hat man in dem für technische Zwecke interessanten Arbeitsbereich (bestimmt durch die Abmessung d und die Relativgeschwindigkeit c) ausnahmslos mit turbulenter Strömung zu rechnen.

Die auf einen vom Wind angeströmten Körper ausgeübte Widerstandskraft bietet die Möglichkeit, diesen Körper (den wir in diesem Zusammenhang in Zukunft auch als Widerstandselement bezeichnen wollen) als Energiewandler oder auch als Teil eines solchen zu betreiben. An dem durch die Widerstandskraft in Bewegung gesetzten Körper leistet der Wind unter Verlust an kinetischer Energie Arbeit, die - je nach den näheren Betriebsbedingungen - als Beschleunigungsarbeit (kinetische Energie) vom Konverter selbst aufgenommen, in Nutzarbeit umgewandelt und als Verlustenergie(Arbeit gegen Reibungskräfte) aufgezehrt wird. Stellt man eine Leistungsbilanz für die durch einen Windenergie-Konverter (WEK) gewonnene Nutzleistung P_N aus der ursprünglich angebotenen Windleistung P_W auf, so sind zwei Punkte von grundsätzlicher Bedeutung für das Verständnis seiner Funktion:

1. Schon aus rein physikalischen Gründen läßt sich immer nur ein Bruchteil η_{th} - wir wollen ihn als theoretischen Wirkungsgrad bezeichnen - einer Energieform in eine andere umwandeln, was natürlich auch für die pro Zeiteinheit umgesetzte Energie, die Leistung, gilt.

2. Aufgrund apparativer Unzulänglichkeiten liegt der in der technischen Praxis gewonnene Nutzleistungsanteil c_p - genannt Leistungsbeiwert - i.a. deutlich niedriger als der theoretische Wirkungsgrad.

Die von einem Windenergie-Konverter tatsächlich aus dem Wind abgezweigte Nutzleistung P_N ergibt sich also, indem man von dem theoretisch zu gewinnenden Leistungsanteil $\eta_{th}P_W$ die Leistungsverluste P_V abzieht bzw. durch Multiplikation des idealen Wirkungsgrades η_{th} mit dem praktischen Wirkungsgrad η_K des Energiewandlers auf den Leistungsbeiwert korrigiert.

$$\text{(3-3)} \quad \boxed{P_N = c_p \cdot P_W = \eta_{th} \cdot \eta_K \cdot P_W = \eta_{th} \cdot P_W - P_V} \quad (c_p < \eta_{th})$$

Es ist das historische Verdienst von Betz /4/, die mit den beiden physikalischen Grundprinzipien- dem Widerstands- und dem Auftriebseffekt - maximal erzielbaren theoretischen Wirkungsgrade η_{th} erstmals berechnet zu haben.

Bezüglich des Widerstandseffekts basiert seine Rechnung auf der Überlegung, daß die einfachste Möglichkeit des Energieentzugs aus dem Wind durch ein parallel zur Luftströmung bewegtes Widerstandselement gegeben ist. Dieser durch eine reine Translationsbewegung gekennzeichnete Konverter-Typ (wir wollen ihn als "Betz-Konverter" bezeichnen) hat zwar den Nachteil, wegen seines Bewegungstyps (Translation) als stationäres Aggregat ungeeignet zu sein (lediglich für den Antrieb von Schiffen und Segelwagen ist er bekannt geworden), dafür entfallen jedoch alle jene Komplikationen, die für einen rotierenden Konverter (Windrotor) senkrechter Achse typisch sind: die im Betrieb sich ständig ändernde Anströmfläche, der bei senkrecht zur Windrichtung orientierter Achse auftretende Leistungsverlust in der Rücklaufphase und die mögliche Rückwirkung der Rotorbewegung auf die Anströmverhältnisse.

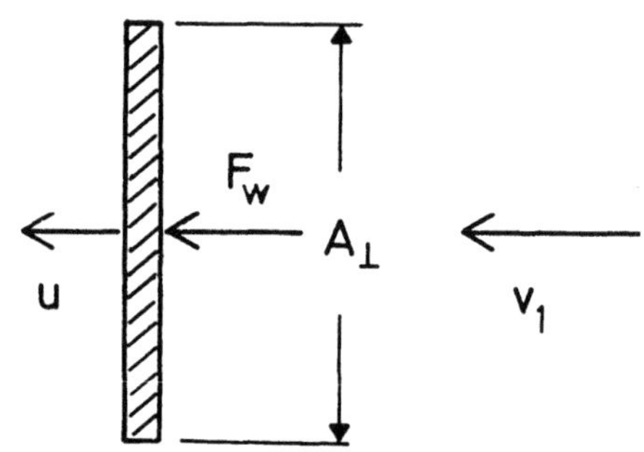

Bild 9: Prinzip des idealisierten Betz-Konverters

Betrachten wir nun den idealisierten (verlustfreien) Betz-Konverter im stationären Betrieb. Vor der vom Wind mit der konstanten Geschwindigkeit v_1 angeblasenen Fläche A baut sich ein Staudruck auf, der der Relativgeschwindigkeit v_1-u entspricht. Bei konstanter Absolutgeschwindigkeit des Widerstandselements u ist die am Element bzw. Konverter umgesetzte Leistung gleich dem Produkt aus Widerstandskraft F_W und Geschwindigkeit u.

$$(3\text{-}4) \qquad P_N = F_W \cdot u = c_w \cdot \frac{\rho_L}{2} (v_1-u)^2 \cdot A.u$$

Unter Verwendung des Widerstandsgesetzes (3-1) folgt aus diesem Ansatz der zuletzt in (3-4) angegebene Ausdruck. Division der Beziehung durch das primäre Windleistungsangebot $P_W = \rho_L v_1^3 \cdot A/2$ auf der Konverterfläche A liefert den zunächst für einen beliebigen Betriebszustand gültigen theoretischen Wirkungsgrad η_w [3)]

(3-5) $$\eta_w = c_w \cdot \left(1 - \frac{u}{v_1}\right) \cdot \frac{u}{v_1}$$

Dieser Ausdruck gewinnt an Übersichtlichkeit, wenn man den Begriff der sog. Schnelläufigkeit oder Schnellaufzahl λ einführt, die als das Verhältnis von absoluter Eigengeschwindigkeit des schnellsten bewegten Konverterelements zur absoluten Windgeschwindigkeit v_1 im ungestörten Bereich vor dem Konverter definiert wird. [4)]
Mithilfe dieser Definition (3-6) erhält man die allgemeine normierte Darstellung für die Leistungskennlinie des idealisierten Betz-Konverters (3-7).

(3-6) $$\boxed{\lambda = \frac{u_{max}}{v_1}}$$

(3-7) $$\boxed{\eta_w = c_w \cdot (1 - \lambda)^2 \cdot \lambda}$$

Der prinzipielle Verlauf der Leistungskennlinie ist der Funktion (3-7) auf den ersten Blick zu entnehmen:

Da aus physikalischen Gründen die Schnellaufzahl nicht kleiner als null (Stillstand) und nicht größer als eins (bei verschwindender Relativgeschwindigkeit des Widerstandselements wird der antreibende Staudruck null !) werden kann, die den dazwischenliegenden Schnellaufzahlen zugeordneten Wirkungsgrade aber positiv sind, muß die Leistungskurve nach den Regeln der Mathematik ein Maximum besitzen.

---

3) Zur Vermeidung umständlicher Indizierung wird beim Widerstandskonverter $\eta_{th} = \eta_w$ gesetzt.

4) Wegen der reinen Translationsbewegung besitzen alle Elemente des Betz-Konverters die gleiche Schnellaufzahl!

Die Lage dieses Extremums, die wir durch den Wert λ_{opt} (optimale Schnellaufzahl) kennzeichnen wollen, sowie seinen Betrag, erhalten wir, indem wir die erste Ableitung der Funktion $\eta_w(\lambda)$ nach λ bilden, diese Ableitung null setzen und aus dem so festgelegten Wert von λ_{opt} nach (3-7) den maximalen Wirkungsgrad $\eta_{w\ max}$ berechnen:

$$\frac{d\eta_w}{d\lambda} = c_w \cdot \left[(1-\lambda)^2 - 2\,(1-\lambda)\right] = 0$$

$$\lambda_{opt} = 1/3$$

$$\boxed{\eta_{w\ max} = \eta_w\,(\lambda_{opt}) = \frac{4}{27}\cdot c_w} \tag{3-8}$$

Wenn man berücksichtigt, daß bei rotierenden Widerstandselementen bzw. -Konvertern im wesentlichen mit zusätzlichen leistungsmindernden (nicht lagerreibungsbedingten) Effekten gerechnet werden muß, dann stellt der Ausdruck (3-8) nicht nur den maximalen Wirkungsgrad des idealisierten Betz-Konverters, sondern sogar den des Widerstandskonverters allgemein dar.

Der maximale Wirkungsgrad des Betz-Konverters ist nach (3-8) dem Widerstandsbeiwert des verwendeten Profils proportional. Für eine Abschätzung des mit einem Widerstandskonverter maximal erreichbaren Wirkungsgrades mag es genügen, den c_w-Wert der konkaven Halbkugel (von der Hohlseite angeblasen) zu verwenden, der mit 4/3 zu den höchsten unter den geometrisch einfachen Profilen zählt. Man errechnet für diesen Fall ein $\eta_{w\ max} \approx 19{,}7_5$ %, so daß man näherungsweise die 20 %-Marke als oberen Grenzwert für den Wirkungsgrad eines Widerstandskonverters ansehen kann.

Den konkreten Verlauf einer solchen normierten Leistungskennlinie des idealisierten Betz-Konverters gibt Bild 10 wieder. Die zugehörigen numerischen Daten, berechnet in λ-Schritten von 0,1 und für $c_w = 4/3$, sind in Tabelle 4 zusammengestellt.

Dem Betrachter wird der im oberen Kurventeil ($\lambda > \lambda_{opt}$) gelegene Wendepunkt auffallen, der bei real gemessenen Leistungskennlinien entweder gar nicht oder allenfalls im unteren Kurvenbereich auftritt.

λ	η_w/%
0,1	10,8
0,2	17,07
0,3	19,60
0,4	19,20
0,5	16,67
0,6	12,8
0,7	8,4
0,8	4,27
0,9	1,20
1	0

Tabelle 4: Numerische Daten zur normierten Leistungskennlinie des idealisierten Betz-Konverters

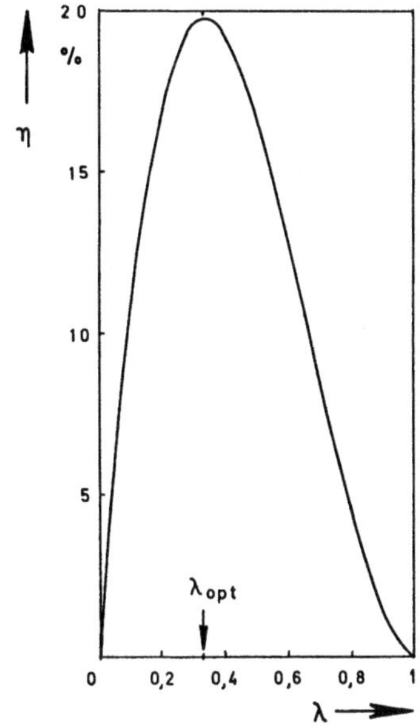

Bild 10: Normierte Leistungskennlinie des idealisierten Betz-Konverters für $c_w = 4/3$

Tatsächlich verschwindet der Wendepunkt im Falle berechneter realer Betz-Konverter-Kennlinien, wie sie sich unter Berücksichtigung von Lagerreibungsverlusten ergeben, völlig.

3.2 Energieumsetzung nach dem Auftriebsprinzip

Die Strömungmechanik reibungsfreier Medien wird durch zwei Erhaltungssätze beherrscht, den Massenerhaltungssatz, genannt Kontinuitätsgleichung, und den Energieerhaltungssatz (hingeschrieben für die Volumeinheit strömenden Mediums), genannt Bernoullische Gleichung.

Beide Gesetzmäßigkeiten sind zum Verständnis der Vorgänge wichtig, die beim Energieentzug des Windes durch das sog. idealiserte Windrad nach Betz /4/ ablaufen.

Man versteht darunter ein mithilfe der sog. Auftriebskraft angetriebenes Windrad mit zur Luftströmung paralleler Achse, dessen Ausdehnung in Windrichtung im Idealfall zu einer Ebene im mathematischen Sinne (der "Entzugsebene") zusammengeschrumpft ist.

Zur besseren Veranschaulichung der Erhaltungssätze wie auch der zu besprechenden Vorgänge am idealisierten Windrad möge die in Bild 11 wiedergegebene mehrteilige Skizze dienen.

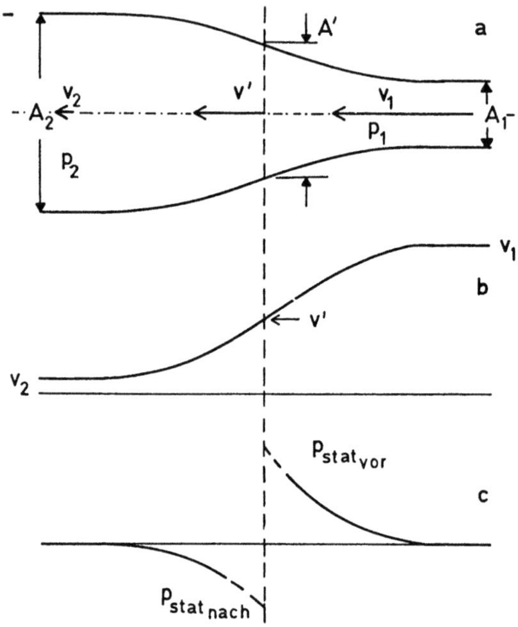

Bild 11: Illustration zu den Erhaltungssätzen und zu den Verhältnissen am idealen Windrad.

Zu Beginn unserer Betrachtung möge Teilskizze a) eine sich erweiternde rotationssymmetrische Rohrleitung mit dem Eintrittsquerschnitt A_1 und dem Austrittsquerschnitt A_2 darstellen. Der Massenerhaltungssatz verlangt, daß der Massenstrom, d.i. die pro Zeiteinheit eine Querschnittsfläche A passierende Masse $\dot{m}$ an jeder Stelle gleich groß ist. Berücksichtigt man noch, daß der Massenstrom gleich dem mit der Massendichte ρ multiplizierten Volumenstrom $\dot{V}$ ist, der Volumenstrom aber dem Produkt aus Rohrquerschnitt A und mittlerer Durchsatzgeschwindigkeit $\overline{v}$ des Mediums entspricht, so bekommt man die Kontinuitätsgleichung in ihrer allgemeinen Formulierung :

$$\dot{m} = \rho \cdot \dot{V} = \rho \cdot A \cdot \overline{v} = \text{const} \qquad (3\text{-}9)$$

Im Falle inkompressibler Flüssigkeiten oder bei vernachlässigbarer Kompression eines Gases im Verlaufe der betrachteten Zustandsänderungen vereinfacht sich der Massenerhaltungssatz zum Volumerhaltungssatz, einer speziellen - aber häufiger verwendeten - Fassung der Kontinuitätsgleichung:

(3-10) $$\dot{V} = A \, . \, v = \text{const}$$

Angewendet auf die Teilskizze a) in Bild 11 besagt die Kontinuitätsgleichung, daß zwischen den Geschwindigkeiten des Mediums im Eintritts- und im Austrittsquerschnitt die Beziehung $A_1 v_1 = A_2 v_2$ besteht, d.h. die Abströmgeschwindigkeit v_2 liegt um das Flächenerweiterungsverhältnis A_2/A_1 niedriger als die Zuströmgeschwindigkeit v_1.

Der Energieerhaltungssatz, angeschrieben für die Volumeinheit des strömenden Mediums, besagt, daß die Summe aus potentieller und kinetischer Energiedichte oder (wegen der allgemeinen Äquivalenz von Energiedichten und Drucken bzw. Spannungen) die Summe aus statischem und Staudruck an jeder Stelle der Strömung gleich groß ist.

(3-11) $$p_{ges} = p_{stat} + p_{Stau} = p_{stat} + \rho v^2/2 = \text{const}$$

Diese auch als Bernoullische Gleichung bezeichnete Formulierung des Energiesatzes beschreibt den Verlauf des statischen Druckes in der durch Skizze a) (Bild 11) dargestellten Strömung als Funktion der durch die Kontinuitätsgleichung geregelten Strömungsgeschwindigkeit. Bezeichnet man die statischen Drucke im Eintritts- und Austrittsquerschnitt mit p_1 und p_2, so folgt aus der Bernoullischen Gleichung die Äquivalenz der für beide Querschnitte erstellten Druckbilanzen:

$$p_1 + \rho v_1^2/2 = p_2 + \rho v_2^2/2$$

Gemäß der aus der Kontinuitätsgleichung resultierenden Schlußfolgerung, daß die Abflußgeschwindigkeit v_2 in der

Querschnittsfläche A_2 deutlich unter der Zustromgeschwindigkeit v_1 im Querschnitt A_1 liegen muß, folgt aus der obigen Druckbilanz, daß dementsprechend der statische Druck $p_2 > p_1$ sein muß.

Ein optisch anschauliches Bild von der Geschwindigkeits- und Druckverteilung in einer Strömung ergibt sich durch das Einzeichnen von Stromlinien, das sind Bahnkurven, die (in einem beliebigen Querschnitt äquidistant ausgesuchte) Volumelemente des Mediums im Verlaufe ihrer Bewegung beschreiben. In einer laminaren Rohrströmung ähnelt die Form der Stromlinien der Begrenzungslinie der Wand, die man als eine Art Grenzstromlinie ansehen kann. Bei turbulenter Strömung existieren zwar keine Stromlinien im ursprünglichen Sinne mehr, doch läßt sich in etwas großzügigerer Interpretation ihre Bedeutung als eine statistische Beschreibung der Translationsbewegung aufrechterhalten. Nach der oben gegebenen Definition nähern sich die Stromlinien einander bei einer Querschnittsverengung (Geschwindigkeitssteigerung) und entfernen sich voneinander bei einer Querschnittserweiterung (Verlangsamung der Strömungsgeschwindigkeit).

Das Stromlinienbild gestattet bei entsprechender Deutung der Teilskizze a) in Bild 11 eine orientierende Vorstellung über die Strömungsverhältnisse am idealisierten Windrad. Hierzu denken wir uns einen die gestrichelt gezeichnete Windradebene senkrecht durchsetzenden rotationssymmetrisch ausgebildeten Luftstrom, der in der Zeichenebene von den beiden durchgezogenen, geschweiften Stromlinien begrenzt wird. Der durch die beiden äußersten Stromlinien in der Windradebene definierte Querschnitt A' des Luftstroms stimme gerade mit der Windradfläche A_R überein. Während der Luftstrom weit vor dem Konverter noch die volle Windgeschwindigkeit v_1 und einen deutlich kleineren Querschnitt A_1 besitzt, bildet sich mit Annäherung an die Windradebene ein mit abnehmender Anströmgeschwindigkeit wachsender statischer Druck $p_{stat\ vor}$ aus, der unmittelbar vor dem Windrad seinen größten Wert erreicht. Aufgrund des Energieentzugs durch Arbeitsleistung beim Durchströmen des Windrades fällt der statische Druck $p_{stat\ nach}$

unmittelbar dahinter auf ein wesentlich unter dem Normaldruck p_1 (Atmosphärendruck) im ungestörten Bereich gelegenes Niveau, d.h. es entsteht ein Unterdruck. Unter stetigem[5] Geschwindigkeitsverlust des Mediums, der von einer weiteren Zunahme des Strömungsquerschnitts begleitet wird, nähert sich der statische Druck von unten wieder dem normalen Atmosphärendruck ($p_2 = p_1$),der schließlich bei einer Endgeschwindigkeit v_2 und einem Abströmquerschnitt A_2 erreicht wird (Teilskizzen a - c in Bild 11).

Kommen wir nun zur Abschätzung der Nutzleistung, die das von der Auftriebskraft angetriebene idealisierte Windrad dem Winde zu entziehen vermag. Zum Charakter der Auftriebskraft selbst sei - ohne die noch ausführlicher zu behandelnden Details vorwegzunehmen - gesagt, daß es sich um eine senkrecht zur Strömungsrichtung orientierte Kraft handelt, die ein von einem flüssigen oder gasförmigen Medium umströmter Körper erfährt, wenn sich aufgrund einer Stromlinienasymmetrie ein Unterschied der seitlich entstehenden statischen Drucke ergibt.

Die dem Wind abgewonnene Leistung P_N läßt sich einerseits als Energieverlust des die Windradebene pro Zeiteinheit durchsetzenden Luftstromes ansetzen, andererseits als die vom Wind mit der Durchsatzgeschwindigkeit v' gegen eine den Leistungsentzug bewirkende Bremskraft sekundlich geleistete Arbeit des Rades, die sich wiederum als Impulsverlust der Luftströmung pro Zeiteinheit ansehen läßt:

$$P_N = \frac{\dot{m}}{2} (v_1^2 - v_2^2) = \dot{m} (v_1 - v_2) \cdot v'$$

Die oben aufgestellte Leistungsbilanz erlaubt den Schluß, daß die Durchsatzgeschwindigkeit der Luftströmung in der Radebene gerade dem arithmetischen Mittelwert aus der ungestörten Zu- und Abströmgeschwindigkeit entspricht.

---

5) wie er sich bei stetigem Stromlinienverlauf aus der Kontitätsgleichung ergibt!

Mithilfe dieses Ergebnisses folgt dann auch der explizite Ausdruck für die gewonnene Nutzleistung P_N:

$$(3\text{-}12) \qquad v' = \frac{1}{2}(v_1 + v_2)$$

$$(3\text{-}13) \qquad P_N = \frac{1}{2}\rho_L A_R v'(v_1^2 - v_2^2) = \frac{1}{4}\rho_L A_R (v_1 + v_2)(v_1^2 - v_2^2)$$

Führt man nun wieder - ungeachtet der Querschnittserweiterung im Zustrom - den Wirkungsgrad als das Verhältnis der Nutzleistung P_N zu der im ungestörten Bereich auf der Konverterfläche A_R angebotenen Primärwindleistung $P_W = \rho_L v_1^3 A_R/2$ ein, so erhält man die Beziehung[6)]

$$(3\text{-}14) \qquad \eta_a = \frac{1}{2}\cdot\left(1 + \frac{v_2}{v_1}\right)\cdot\left[1 - \left(\frac{v_2}{v_1}\right)^2\right]$$

Ähnlich wie im Falle unsres Vorgehens bei der Berechnung des Wirkungsgrades des idealisierten Widerstandskonverters läßt sich hier naheliegenderweise als geeignete Variable ξ das Verhältnis der Abfluß- zur Zustromgeschwindigkeit v_2/v_1 verwenden; wir wollen es (Geschwindigkeits-) Abbremsverhältnis oder einfach Abbremszahl nennen.

$$(3\text{-}15) \qquad \boxed{\xi = \frac{v_2}{v_1}}$$

$$(3\text{-}16) \qquad \boxed{\eta_a = \frac{1}{2}(1 + \xi)(1 - \xi^2)}$$

Wie man sich leicht überlegt, muß der (allenfalls positive) Wirkungsgrad zwischen den Abbremszahlen $\xi = 1$ und $\xi = 0$ ein Maximum besitzen, da Abbremszahlen größer eins oder kleiner null nicht auftreten können.

---

6) Der allgemeine theoretische Wirkungsgrad des Auftriebskonverters sei η_a!

$\xi = 1$ würde nämlich besagen, daß der Luft keine Leistung entzogen wird, während $\xi = 0$ die Geschwindigkeitsverminderung bis zum Stillstand und demzufolge die totale Durchsatzblockade bedeuten würde, ein Zustand, der ebenfalls keinen Leistungsgewinn zuläßt.

Das zur Erlangung eines maximalen Wirkungsgrades anzustrebende optimale Abbremsverhältnis ξ_{opt} und der damit zu verwirklichende höchste Wirkungsgrad $\eta_{a\ max}$ ergeben sich aus dem Verschwinden der ersten Ableitung der Funktion $\eta_a(\xi)$ nach ξ.

$$\frac{d\eta_a}{d\xi} = \frac{1}{2}\left[(1 - \xi^2) - 2\xi(1 + \xi)\right] = 0$$

$\xi_{opt} = 1/3$ (da $\xi = -1$ keine physikalisch sinnvolle Lösung!)

(3-17) $$\boxed{\eta_{a\ max} = \frac{16}{27} = 59{,}3\ \%}$$

Dieser im Vergleich zum Widerstandskonverter recht hohe maximale Wirkungsgrad von annähernd 60 % favorisiert zweifellos das mittels Auftriebskraft angetriebene Windrad mit horizontaler Achse gegenüber dem Widerstandskonverter. Welche sonstigen Gesichtspunkte neben der Effizienz noch von Bedeutung sein können, wird an späterer Stelle noch zu erörtern sein.

Zum Verlauf des Wirkungsgrades als Funktion der Abbremszahl, der in Bild 12 wiedergegeben ist, muß noch eine Anmerkung nachgetragen werden: Während Gl. (3-16) im oberen Wertebereich $\xi \gtrsim 1/3$ recht vernünftige Daten zu liefern scheint, kann dies für Abbremsverhältnisse nahe bei null nicht mehr behauptet werden. Formal strebt der Wirkungsgrad für ξ gegen null dem Grenzwert 0,5 (50 %) zu, was natürlich nicht richtig sein kann, da ein Verschwinden der Abbremszahl ξ eine totale Blockade der Wandlerfläche, also eine Undurchlässigkeit wie bei einem Widerstandskonverter bedeuten würde. In diesem Falle wird aber der Ansatz, wonach die Durchsatzgeschwindigkeit v' dem arithmetischen Mittel aus Zu- und Abströmgeschwindigkeit gleichkommt, hinfällig. Es leuchtet auch ein, daß bereits bei Annäherung an die totale Durchsatzblockade in zunehmendem Maße eine Umströmung des Hindernisses eintritt, so daß die Geschwindigkeit v_2 im Abstrom weniger aus dem die Radebene passierenden Volumdurchsatz als vielmehr aus dem um das Hindernis herumgeleiteten Luftstrom resultiert.

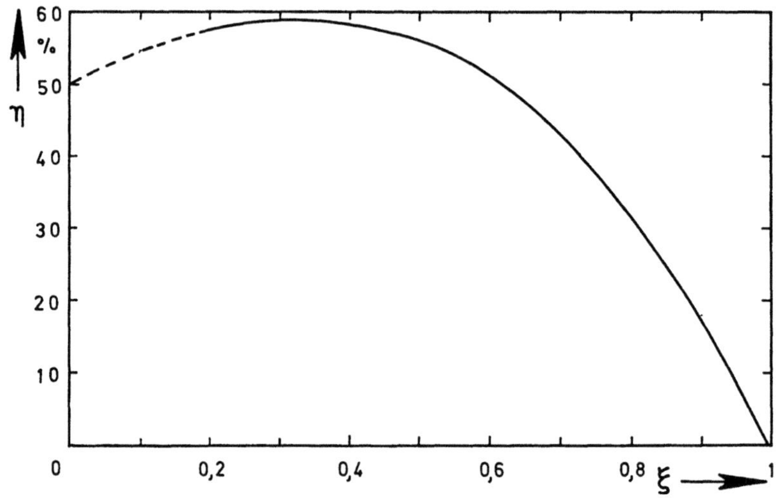

Bild 12: Wirkungsgrad des Idealisierten Windrades (nach Betz /4/) als Funktion des Abbremsverhältnisses.

ξ	η_a/%
0,1	54,5
0,2	57,6
0,3	59,1
0,4	58,8
0,5	56,2
0,6	51,2
0,7	43,3
0,8	32,4
0,9	18,0
0,0	0

Tabelle 5: Numerische Daten zur Leistungskennlinie des idealisierten Windrades.

4 Die wichtigsten Windenergie-Konverter (WEK) und ihre Eigenschaften

4.1 Typenübersicht der Windenergie-Konverter

Angesichts der zahlreichen erprobten, im Versuchsstadium befindlichen und vorgeschlagenen Windenergie-Konverter-Bauarten erscheint es hilfreich, einen nach Prinzipzusammenhängen und entwicklungsgeschichtlicher Reihenfolge aufgebauten Stammbaum der Windkonverterfamilien zu erstellen, um zu einem raschen Überblick zu gelangen (Bild 13).

Je nach dem zur Umwandlung von Windenergie in mechanische Arbeit verwendeten physikalischen Grundprinzip unterscheidet man Konverter nach

a) dem Auftriebsprinzip (Auftriebskonverter)

b) dem Widerstandsprinzip (Widerstandskonverter)

Beide Stammfamilien verzweigen jeweils in zwei Linien, die sich in der Orientierung der Drehachse voneinander unterscheiden:
Die Horizontalachsen-Konverter und die Vertikalachsen-Konverter. Während bei Auftriebskonvertern mit horizontaler Drehachse ausschließlich die parallel zum Wind ausgerichtete Achse benutzt wird, sind im Falle von Horizontalachsen-Widerstandskonvertern sowohl parallel als auch senkrecht zur Windrichtung orientierte Achsen (je nach spezifischer Baugeometrie) vorstellbar.
Im Hinblick auf die zu erwartenden vergleichsweise bescheidenen Wirkungsgrade von Widerstandskonvertern lohnt sich der für Horizontalachsenausführungen notwendige technische Aufwand zur Achsnachführung bei wechselnder Windrichtung in keinem Falle, so daß - im Gegensatz zu den bekannten Wasserrädern - Widerstandskonverter mit waagerechter Achse in praxi nicht bekannt geworden sind.

Demzufolge lassen sich von der praktischen Bedeutung her drei Konverter-Grundtypen unterscheiden:

1. der Horizontalachsen-WEK nach dem Auftriebsprinzip,
2. der Vertikalachsen-WEK nach dem Auftriebsprinzip,
3. der Vertikalachsen-WEK nach dem Widerstandsprinzip,

die im folgenden näher behandelt werden sollen. Alle weiteren in Bild 13 aufgeführten Bauarten stellen Varianten oder Weiterentwicklungen dieser Konverter-Grundtypen dar.

4.2 Der Horizontalachsen-WEK nach dem Auftriebsprinzip

4.2.1 Vereinfachte Darstellung der Eigenschaften eines Horizontalachsen-Auftriebskonverters nach Betz

4.2.1.1 Eigenschaften eines Tragflügels

Bereits im voraufgegangenen Kapitel 3 wurde erwähnt, daß bei seitlich asymmetrischer Ausbildung der Stromlinien um einen von einem Medium umströmten Körper auf diesen nicht nur eine Längskraft parallel zur Strömungsrichtung (die Widerstandskraft $\vec{F}_w$), sondern auch eine Querkraft senkrecht zur ankommenden Strömung, die Auftriebskraft $\vec{F}_a$, wirksam wird.
Den sehr unterschiedlichen Charakter der beiden Kräfte macht man sich leicht klar, wenn man die Wirkung der vom angeströmten Körper auf das Medium gerichteten Gegenkräfte beachtet: Während die Gegenkraft zur Widerstandskraft $\vec{F}_w$ das Medium durch Reibung und Wirbelbildung abbremst, verursacht die der Auftriebskraft zugeordnete Gegenkraft $-\vec{F}_a$ primär eine reine Umlenkbewegung, also keinen zusätzlichen Energieverlust neben der evtl. durch die Auftriebskraft selbst am Körper geleisteten Arbeit. Es erscheint daher besonders zweckmäßig, einen Körper für den Antrieb durch ein strömendes Medium so zu formen, daß die Auftriebskraft F_a im Vergleich zur Widerstandskraft F_w möglichst groß ausfällt.

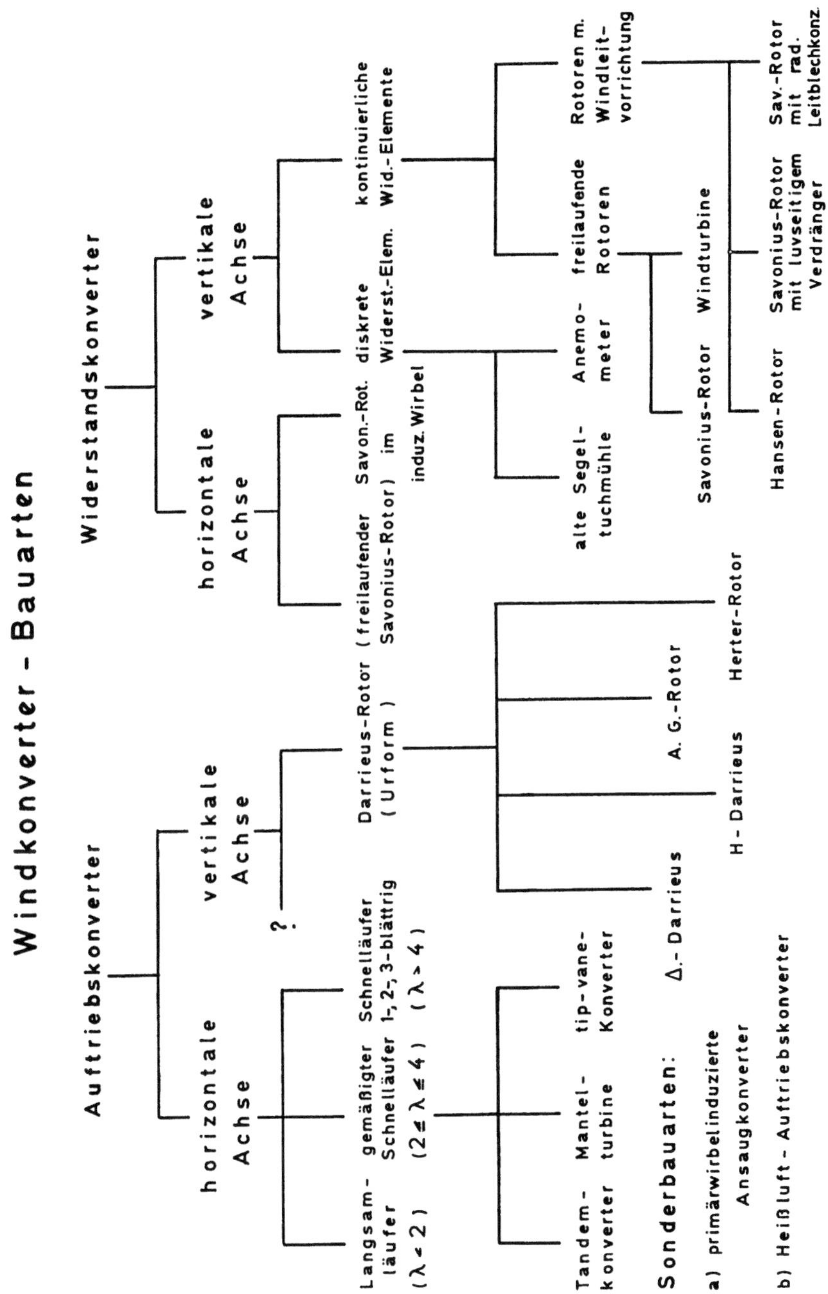

Bild 13: Typenübersicht Windenergie-Konverter (WEK - Stammbaum)

Ein solcher Körper, dessen prinzipielle Querschnittsform Bild 14 zeigt, heißt Tragflügel. Man kann ihn näherungsweise als plattenförmigen Körper beschreiben, dessen gegen die Strömung gekehrte Kante stark verrundet ist, während ihr leeseitiges Pendant scharf ausläuft, und dessen breite Flächen auf einer Seite konvex (nach außen gewölbt), auf der anderen eben oder schwach konkav (nach innen gewölbt) verlaufen.

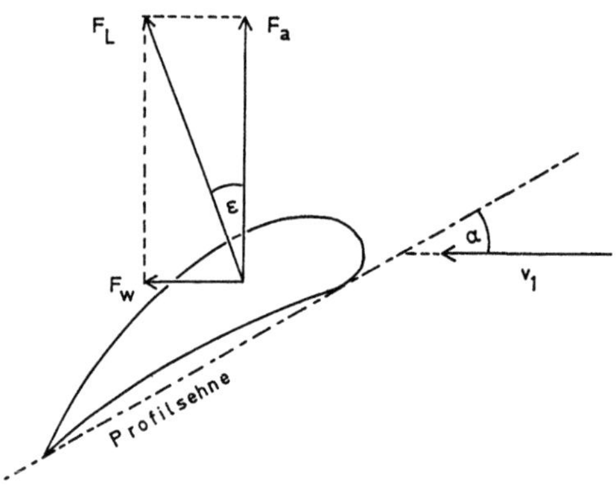

Bild 14: Orientierung der Kräfte an einem Tragflügel

Das angestrebte optimale Verhältnis von Auftriebs- zu Widerstandskraft wird bei einer (profilabhängigen) Schrägstellung des Flügels erreicht, als deren quantitatives Maß der sog. "Anstellwinkel" α dient. Man versteht darunter den Neigungswinkel der Profilsehne gegenüber der Anströmrichtung.

Um die Eigenschaften von Tragflügeln darzustellen und Vergleiche zu ermöglichen, bezieht man sich auf einen Normalkörper, der dem Wind bei gleicher Geschwindigkeit c und Ansichtsfläche A ausgesetzt ist. Als Normalkörper wählt man einen solchen, für den die vom Wind ausgeübte Kraft

(4-1) $$F_o = \frac{\rho_L}{2} c^2 \cdot A$$

ist. Dies trifft in etwa für ebene quadratische Flächen zu, die senkrecht zum Wind orientiert sind ($c_w \simeq 1$). Somit kann man die an einem Flügel auftretenden Kräfte (Auftriebskraft F_a, Widerstandskraft F_w, resultierende Kraft F_L) mithilfe von Verhältniszahlen (sog. Beiwerten) beschreiben.

(4-2) $$F_a = c_a \cdot \frac{\rho_L}{2} c^2 \cdot A$$

(4-3) $$F_w = c_w \cdot \frac{\rho_L}{2} c^2 \cdot A$$

(4-4) $$F_L = c_{res} \cdot \frac{\rho_L}{2} c^2 \cdot A$$

Da die Kräfte $\vec{F}_a$ und $\vec{F}_w$ aufeinander senkrecht stehende Komponenten der resultierenden Kraft $\vec{F}_L$ (die auch als Luftkraft bezeichnet wird) sind, gilt für die Beiwerte nach Pythagoras

(4-5) $$c_{res} = \sqrt{c_a^2 + c_w^2}$$

Weil nach Definition die Beiwerte c_a und c_w nur von der Form und dem Anstellwinkel α , nicht aber von der Größe der Fläche A abhängen, besitzen geometrisch ähnliche Flügel dieselben Beiwerte.

Im Gegensatz zum Vorgehen bei Widerstandskörpern, wo die senkrecht zur Windrichtung projizierte Fläche $A_\perp$ (der sog. "Hauptspant") als Bezugsfläche dient, wird beim Tragflügel üblicherweise die größte projizierte Fläche überhaupt gewählt, das ist das Produkt aus Flügellänge l ("Spannweite") und Flügelbreite t ("Flügeltiefe"). Zur geometrischen Definition dieser Kenngrößen vgl. Bild 15!

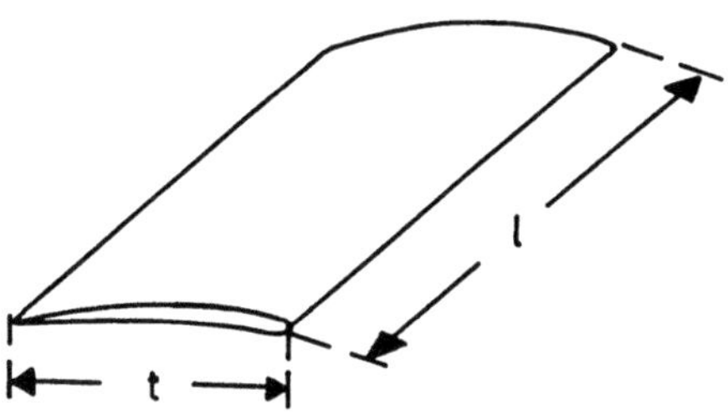

Bild 15: Tragflügelkenngrößen (l Spannweite, t Flügeltiefe)

Der Einfluß des Anstellwinkels auf den Widerstandsbeiwert c_w und den Auftriebsbeiwert c_a im Falle verschiedener Wölbflächen und Tragflügelprofile ist den Bildern 16 a - f zu entnehmen. Allerdings ist in diesen Diagrammen kein Randwiderstandseinfluß berücksichtigt, wie er bei Flügeln endlicher Spannweite zu beachten ist. Dieser Randwiderstand (auch induzierter Widerstand genannt) hat nichts mit der Profilform zu tun, sondern mit Wirbelbildungs- und Umströmungseffekten am Tragflügelende. Nach der Theorie der Tragflügel bewirken diese Nebeneffekte eine Vergrößerung des Widerstandsbeiwertes gegenüber einem unendlich langen Flügel um den Betrag $c_{w\,i}$, welcher als induzierter Widerstandsbeiwert bezeichnet wird.

(4-6) $$c_{w_i} = \frac{c_a^2}{\pi} \cdot \frac{t}{l}$$

4.2.1.2 Vorgänge am Flügel eines Windrades

Wir nehmen ein Windrad mit horizontaler Achse parallel zur Luftströmung an, deren Geschwindigkeit in der Radebene mit der im Falle des idealisierten Windrades berechneten Durchsatzgeschwindigkeit v' übereinstimmen möge. Diese Annahme ist gegenüber der Realität schon insoweit eine Vereinfachung, als aufgrund der durch die Auftriebskraft bewirkten Drehbewegung des Rades auch eine Querablenkung des Luftstromes in der Radebene eintritt, so daß die tatsächliche Durchsatzgeschwindigkeit höher ausfällt, als das arithmetische Mittel aus der ungestörten Anströmgeschwindigkeit v_1 und der weit hinter dem Rotor beobachteten Abflußgeschwindigkeit v_2. Wegen des mit dieser Querbewegung aber auch verbundenen Energieverlusts sei hier angenommen, daß sich beide Effekte in erster Näherung gegenseitig kompensieren.

Von ungleich größerer Bedeutung ist dafür der Umstand, daß ein im beliebigen Abstand r von der Radachse herausgegriffenes Tragflügelelement der Fläche A_F^* bei mit der Winkelgeschwindigkeit ω drehendem Rotor bereits eine Absolutgeschwindigkeit vom Betrage u = r · ω gegenüber der ruhenden Luft besitzt.

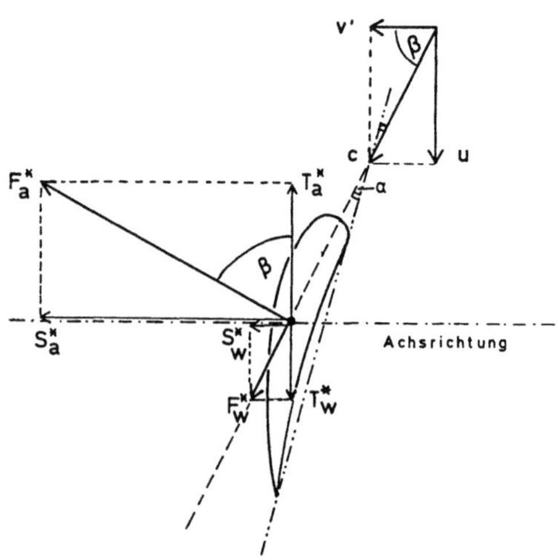

Bild 17: Geschwindigkeiten und Kräfte an einem Tragflügelelement

Demzufolge muß - wie Bild 17 demonstriert - die für Auftriebs- und Widerstandskraft verantwortliche Relativgeschwindigkeit $\vec{c}$ erst durch vektorielle Addition ermittelt werden. Die Relativgeschwindigkeit $\vec{c}$ ist gegenüber der absoluten Windgeschwindigkeit $\vec{v}'$ in der Radebene (und damit gegenüber der Rotorachse) um den Winkel β geneigt, dessen Betrag sich aus der einfachen trigonometrischen Beziehung

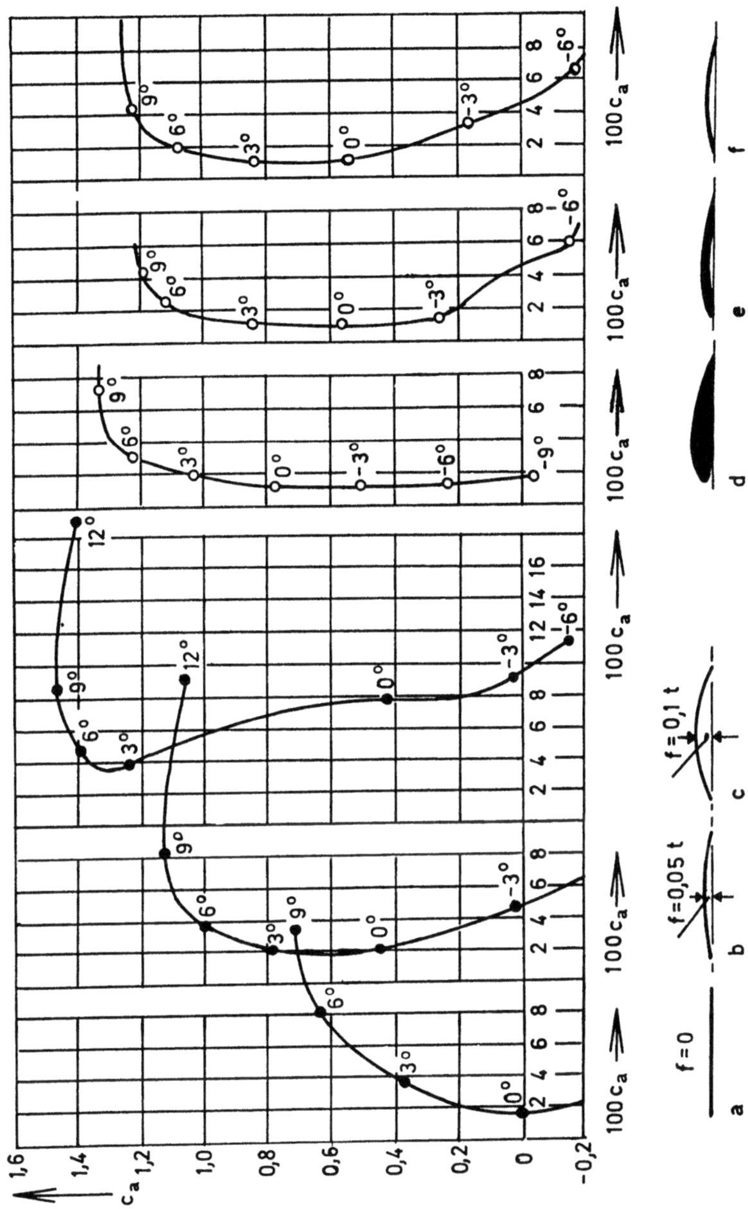

Bild 16: Auftriebs- und Widerstandsbeiwerte verschiedener gewölbter Flächen und Tragflügelprofile als Funktion des Anstellwinkels (nach /4/)

(4-7) ergibt. Man beachte, daß sich der tatsächliche Anstellwinkel α des Flügelelements aus der Richtung zur Relativgeschwindigkeit $\vec{c}$ bestimmt und nach (4-7) wegen der Proportionalität der Kreisbahngeschwindigkeit u zum Achsabstand r auch noch als Funktion des letzteren angesehen werden muß.

(4-7) $$\tan\beta = \frac{u}{v'}$$

Die auf das Flügelelement wirkende Auftriebskraft $\vec{F}_a^*$ (parallel zu $\vec{c}$) und die gleichzeitig wirksame Widerstandskraft $\vec{F}_w^*$ (senkrecht zu $\vec{c}$) zerlegen wir jeweils in eine achsiale und in eine tangentiale Komponente. Die Summe der Tangentialkomponenten T^* entspricht der gesamten Antriebskraft auf das Flügelelement, die Summe der Achsialkräfte S^* repräsentiert die resultierende Schubkraft. Wie man der Zeichnung in Bild 17 unmittelbar entnimmt, errechnen sich diese beiden Kräfte aus den Beziehungen

(4-8) $$S^* = F_a^* \sin\beta + F_w^* \cos\beta$$

(4-9) $$T^* = F_a^* \cos\beta - F_w^* \sin\beta$$

Für die weiteren Betrachtungen erweist es sich als vorteilhaft, zunächst einmal den Einfluß der Widerstandskraft (die bei einem guten Tragflügelprofil ohnehin klein gegenüber der Auftriebskraft ist) zu vernachlässigen, um dann später die Auswirkung dieser Vernachlässigung zu überprüfen.

A) Betrachtungen unter Vernachlässigung der Widerstandskraft

Unterstellen wir, daß $F_w^* \ll F_a^*$ bzw. $c_w^* \ll c_a^*$ angenommen werden darf, so ergibt sich mit dieser Vereinfachung durch Division der Beziehung (4-8) und (4-9) als Näherung:

(4-10) $$\frac{S^*}{T^*} = \tan\beta = \frac{u}{v'}$$

Führen wir nun für das betrachtete Flügelelement im Abstand r von der Drehachse die Flügeltiefe t und die radiale Ausdehnung l ein, so ergibt sich als einwirkende Auftriebskraft

$$(4\text{-}11) \qquad F_a^* = c_a^* \cdot \frac{\rho_L}{2} c^2 \cdot l \cdot t$$

Die für die Energieentnahme aus der Luft verantwortliche Schubkraft auf das Flügelelement ist wegen $c_w << c_a$
$S^* = F_a^* \sin\beta$.
Im Falle eines aus z Tragflügeln bestehenden Windrades ist die auf z gleichberechtigt zu behandelnde Flügelelemente wirkende Schubkraft

$$(4\text{-}12) \qquad S^* = z.F_a^* \sin\beta = z.c_a^* \cdot \frac{\rho_L}{2} \cdot c.u.l.t$$

Wir wollen nun daran gehen, die zur Erlangung eines maximalen Wirkungsgrades und einer dementsprechenden optimalen Abbremsung des Windes benötigte optimale Flügeltiefe t_{opt} in einer Ringzone der radialen Ausdehnung l und vom mittleren Achsabstand r zu berechnen.

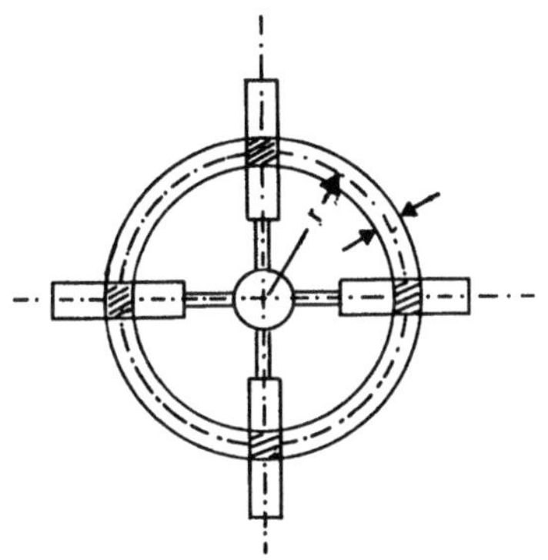

Bild 18: Einflußringzone von Flügelelementen gleichen Achsabstandes r

Die von der durch die Ringzone strömenden Luft auf die Flügelelemente ausgeübte Schubkraft S^* läßt sich wieder (wie schon anläßlich der Betrachtungen zum idealisierten Windrad) durch den sekundlichen Impulsverlust des Massenstromes $\dot{m} = \rho_L \cdot \dot{V}$ ausdrücken.

$$(4\text{-}13) \qquad S^* = \rho_L.\dot{V}.(v_1 - v_2)$$

Ersetzt man in (4-13) den Volumenstrom mithilfe der Ringzonenfläche und der Durchsatzgeschwindigkeit v', und beseitigt außerdem in (4-13) die unbekannte Endgeschwindigkeit v_2 im Abstrom unter Ausnutzung des schon beim idealisierten Windrad erhaltenen Ergebnisses, daß die Durchsatzgeschwindigkeit $v' = (v_1 + v_2)/2$ dem arithmetischen Mittelwert aus Zu- und Abströmgeschwindigkeit entspricht, dann bekommt man der Reihe nach:

$$S^* = \rho_L . 2\pi\, r.l.v' \left[v_1 - (2v' - v_1)\right]$$

$$= 4\pi\, \rho_L . r.l.v'(v_1 - v')$$

Gleichsetzen dieses Ausdrucks mit jenem, den wir zuletzt in (4-12) hergeleitet hatten, führt schließlich zu einer Beziehung, die nach der Flügelbreite t aufgelöst die Form hat

$$\text{(4-14)} \qquad t = \frac{4}{c_a^*} \cdot \frac{2\pi r}{z} \cdot \frac{v'}{u} \cdot \frac{v_1 - v'}{c}$$

Aus den Rechnungen zum idealisierten Windrad wissen wir, daß bei maximaler Nutzung die optimale Abbremszahl $\xi_{opt} = 1/3$, also $v_{2\ opt} = v_1/3$ ist, was mit dem Wert $2v_1/3$ für die optimale Durchsatzgeschwindigkeit v' gleichbedeutend ist. Für die gesuchte optimale Flügelbreite t_{opt} erhält man somit aus (4-14)

$$\text{(4-15)} \qquad \boxed{t_{opt} = \frac{2\pi r}{z} \cdot \frac{8}{9c_a^*} \cdot \frac{v_1^2}{u.c}} \qquad (\text{mit } c = c_{opt} = \sqrt{u^2 + 4v_1^2/9}$$

Die Interpretation dieser Beziehung wird anschaulicher, wenn man den Völligkeitsgrad σ (dessen Kehrwert von Hütter /5/ Gitterteilung genannt wird) als das Verhältnis der von Tragflügel(elemente)n abgedeckten - also undurchlässigen - Fläche zur Gesamtfläche (hier einer Ringzone) einführt.

$$\text{(4-16)} \qquad \sigma^* = \frac{z.t}{2\pi r}$$

Ordnet man nach (4-16) der optimalen Flügelbreite t_{opt} einen optimalen Völligkeitsgrad σ_{opt} zu, so ergibt sich nach Umstellung aus (4-15)

$$\text{(4-17)} \qquad \sigma^*_{opt} = \frac{8}{9c_a^*} \cdot \frac{v_1^2}{u.c}$$

In einer bestimmten durch den Radius r definierten Ringzone wird zur Erlangung eines maximalen Wirkungsgrades ein optimaler Völligkeitsgrad σ^*_{opt} zwecks günstigster Abbremsung der durchströmenden Luft benötigt, dessen numerischer Wert durch die auf der rechten Seite von (4-17) berücksichtigten Verhältnisse dieser Zone festgelegt wird.

Bei sonst gleichen Verhältnissen und vorgegebener Flügelzahl z muß die Flügelbreite $t_{opt} \sim r$ gewählt werden. Erhöht man die Anzahl der Flügel z, so kann unter gleichen Umständen $t_{opt} \sim 1/z$ verringert werden. Bedenkt man weiter, daß wegen $u = \omega . r$ die Tangentialgeschwindigkeit einer Zone bei Annäherung an die Radachse abnimmt, dann muß sich zur Achse hin der benötigte Völligkeitsgrad erhöhen. Auch die mit zunehmender Effizienz (steigender Auftriebsbeiwert c^*_a) der Profile abnehmende Flügelbreite (bzw. Völligkeitsgrad) ist anschaulich unmittelbar verständlich.

Besonders interessant wird die Aussagekraft der Formel (4-15), wenn wir die Gesamtheit des Windrades - oder besser gesagt die äußerste Ringzone - ins Auge fassen. Definiert man als absolute Schnellaufzahl eines Windrades das Verhältnis seiner Umfangsgeschwindigkeit zur ungestörten Anströmgeschwindigkeit,

(4-18) $$\boxed{\lambda = \frac{u_{max}}{v_1} = \frac{\omega . R}{v_1}}$$

so läßt sich aus Näherungsbetrachtungen der Zusammenhang zwischen Baugeometrie und Schnelläufigkeit herleiten.

a) Langsamläufer:

Für einen extremen Langsamläufer kann man $\lambda \ll 1$ annehmen, so daß sich aus (4-15) näherungsweise ergibt:

(4-19) $$t_{opt} = \frac{2\pi R}{z} \cdot \frac{4}{3c^*_a} \cdot \frac{1}{\lambda}$$

b) Schnelläufer:

Im Falle eines Schnelläufers kann im Gegensatz dazu von $\lambda \gg 1$ ausgegangen werden, was zu der Näherungsgleichung

$$(4\text{-}20) \qquad t_{opt} = \frac{2\pi R}{z} \cdot \frac{8}{9c_a^*} \cdot \frac{1}{\lambda^2}$$

führt. Man entnimmt der Beziehung (4-20) im Vergleich zu (4-19), daß Schnelläufer mit geringerer Blattzahl bzw. kleinerer Flügelbreite auskommen als Langsamläufer, was durch die Praxis bestätigt wird.

B) Betrachtungen zum Einfluß des Flügelwiderstandes

Läßt man die Annahme fallen, daß die auf ein Flügelelement ausgeübte Widerstandskraft F_w^* klein gegenüber der Auftriebskraft F_a^* sein soll, so muß man auf die ohne Vernachlässigungen aufgestellten Gleichungen (4-8) und (4-9) zurückgreifen. Dividiert man die pro Element wirksame Tangentialkraft T^* durch die Schubkraft S^* und führt gleichzeitig nach allgemeiner Gepflogenheit das Verhältnis von Widerstands- zu Auftriebskraft als sog. Gleitzahl E^* ein, so erhält man die Beziehung

$$(4\text{-}21) \qquad \frac{T^*}{S^*} = \frac{1 - E^* . \tan\beta}{1 + E^* . \cot\beta} \cdot \frac{1}{\tan\beta}$$

mit

$$(4\text{-}22) \qquad \boxed{E^* = \frac{F_w^*}{F_a^*}} \qquad \text{(Gleitzahl)}$$

Unter Berücksichtigung von (4-7) läßt sich aus (4-21) das Verhältnis der vom Wind am Flügelelement verrichteten Leistung $T^* . u$ zu der dem Wind abgenommenen Gesamtleistung $S^* . v'$ berechnen, das wir als Wirkungsgrad des Tragflügelelements oder als spezifischen Flügelwirkungsgrad η_F^* bezeichnen können.

$$(4\text{-}23) \qquad \eta_F^* = \frac{T^* . u}{S^* . v'} = \frac{1 - E^* . \tan\beta}{1 + E^* . \cot\beta}$$

Es ist vorteilhaft, in der vorstehenden Gleichung (4-23) die Winkelfunktion wieder mithilfe der Definition (4-7) durch das Geschwindigkeitsverhältnis u/v' auszudrücken. Man erhält so

(4-24) $$\boxed{\eta_F^{*} = \frac{1 - E^{*}\cdot u/v'}{1 + E^{*}\cdot v'/u} = \frac{1 - E^{*}\cdot \lambda'^{*}}{1 + E^{*}/\lambda'^{*}}}$$

wenn man zweckmäßigerweise noch eine effektive Schnelläufigkeit λ'^{*} der Ringzone einführt, die sich auf die tatsächliche Durchsatzgeschwindigkeit v' bezieht.

(4-25) $$\boxed{\lambda'^{*} = \frac{u}{v'}}$$ (zonenspezifische effektive Schnelllaufzahl)

Offensichtlich kommt es bei der Verfolgung des Zieles, einen möglichst großen Flügelwirkungsgrad zu erreichen, sowohl auf die Gleitzahl E^{*} als auch auf die gewünschte Schnelläufigkeit an.

Im Falle eines Schnelläufers wird $\lambda' \gg 1$, so daß insbesondere an den Flügelspitzen extrem niedrige Gleitzahlwerte gefordert sind, d.h. daß an die Profilgestaltung eines Schnelläufers sehr hohe Qualitätsansprüche zu stellen sind. Wegen der viel niedrigeren Schnellaufzahl eines Langsamläufers werden zu seiner Herstellung lediglich einfache Profile mit normalen Gleitzahlwerten benötigt.

C) Ungleichmäßige Ausnutzung der Windradfläche

Bisher war stillschweigend angenommen worden, daß die durch die Radkreisfläche strömende Luft zur Erzielung einer optimalen Wirkung durch die Flügel beliebig beeinflußt werden kann. Stehen die Flügel aber sehr weit auseinander, so ergeben sich aufgrund der unvollkommenen Ausnutzung der Radkreisfläche gewisse Minderleistungen. Wenn der Einfluß des Flügelabstandes dennoch nicht so groß ausfällt, wie es auf den ersten Blick scheinen will, so hängt dies damit zusammen, daß Windräder mit großem Flügelabstand Schnelläufer sind und die relative Anströmgeschwindigkeit $\vec{c}$ daher sehr stark geneigt unter dem Winkel β gegen die Achse verläuft. Denkt man sich daher ein Stück einer Radringzone herausgegriffen und in einer Ebene ausgebreitet, so ist die vom Wind gesehene Flügelperiodizität s, die mit der von einem Flügel zu beeinflussende Streifenbreite übereinstimmt, deutlich kleiner, als der Flügelabstand (baugeometrischer Streifenabstand) s_o. Offensichtlich gilt

$$s = s_o \cdot \cos\beta \tag{4-26}$$

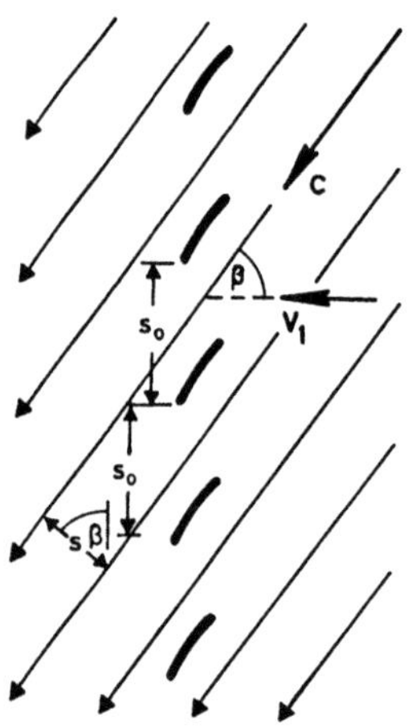

Bild 19: Effektive Einflußstreifenbreite der Flügelelemente eines Radsektors

Für die zu erwartenden Ungleichmäßigkeiten des Luftstromes ist somit nicht der Flügelabstand, sondern die nach (4-26) berechnete Streifenbreite verantwortlich. Nach Betz erfolgt der Ausgleich sehr bald hinter der Radebene, sofern sich die Flügel noch weit über die Zeichenebene hinaus erstrecken. In der Nähe der Flügelenden ist dies zwangsläufig anders. Dort finden Ausgleichströmungen, bedingt durch die ziemlich plötzliche Änderung der Kraftwirkung zwischen Flügel und Luft sowohl quer zu den Flügeln als auch in deren Längsrichtung statt. Die Verminderung der Luftverzögerung an den Flügelenden ist natürlich keine Unstetigkeit im mathematischen Sinne; sie erstreckt sich ebenso in den Außenraum wie zwischen die Flügel, und zwar um so weiter nach innen, je weiter sie voneinander entfernt sind, je größer also die Streifenbreite s ist.

Übernimmt man einmal einen von Prandtl anläßlich von Rechnungen zum Schraubenpropeller erhaltenen Näherungsansatz für das Windrad, so läßt sich dessen am Rand nachlassende Wirkung durch eine Korrektur berücksichtigen, die zu einem von der

Streifenbreite s abhängigen effektiven Raddurchmesser führt:

(4-27) $$\boxed{D_{eff} = D - 0{,}44 \cdot s}$$

4.2.1.3 Dimensionierungsbeispiele

Um die Reihenfolge und das Ineinandergreifen der verschiedenen Kenngrößen und Betriebsdaten bei der konstruktiven Auslegung zu veranschaulichen, folgen wir einem Vorschlag von Betz /4/ und vollziehen die Rechnungen für eine konkrete Aufgabenstellung:

Für eine zugrunde gelegte Windgeschwindigkeit von $v_1 = 5$ m/s ist ein Windrad - einmal als Langsamläufer und einmal als Schnelläufer - so zu dimensionieren, daß seine Nutzleistung $P_N = 20$ PS $= 14{,}7$ kW ≈ 15 kW beträgt.
Zusätzliche Vorgaben seien:
Blattzahl $z = 20$, Schnellaufzahl $\lambda = 1{,}2$ für den Langsamläufer,
Blattzahl $z = 4$, Schnellaufzahl $\lambda = 6$ für den Schnelläufer.

Der besseren Einsicht wegen sollen die Rechnungen zuerst für den Fall I normaler Betriebsbedingungen, danach für den Fall II stärkerer Abweichungen davon ausgeführt werden.

I. Rechnung für den Normalbetrieb ($c = c_{opt}$, $\lambda = \lambda_{opt}$)

A) Bestimmung des wirksamen Durchmessers

Der eigentlichen Dimensionierungsrechnung sind einige Überlegungen voranzustellen, da sie die Startbedingungen für die Rechnung mitbestimmen.

Die erste Überlegung betrifft den Umstand, daß der innere in der Umgebung der Radnabe gelegene Teil der kreisförmigen Windradfläche sowohl aus theoretischen als auch aus praktischen Gründen kaum einen Beitrag zur Gesamtleistung erbringt. Einesteils ist der Drehmomentenanteil der inneren kurzen Flügelstutzen ebenso wie ihre Geschwindigkeit sehr

klein, andernteils wirkt die total undurchlässige Radnabe im gleichen Sinne wie die gesamte Lagerung der Radachse als Störstelle, die eine geordnete Durchströmung des Rades im achsnahen Bereich verhindert. Als Grundlage für die weitere Rechnung soll von einem "verlorenen" inneren Durchmesseranteil von 1/3 des effektiven Gesamtdurchmessers ausgegangen werden ($D_o = D_{eff}/3$).
Mit diesem Ansatz errechnet sich die tatsächlich nutzbare Konverterkreisfläche zu

$$A_{R\ eff} = \frac{\pi}{4}\,(D_{eff}^2 - D_o^2) = \frac{2}{9}\,\pi\,D_{eff}^2 \tag{4-28}$$

Der Einfachheit halber sei der verlorene Flächenanteil für Langsam- und Schnelläufer gleich groß angenommen.

Die zweite Überlegung betrifft den tatsächlich erreichbaren Wirkungsgrad des Konverters, den sog. Leistungsbeiwert c_p. Läßt man Achslagerverluste und den inneren Teil der Windradfläche außer acht, dann wird von dem nach Betz abgeschätzten theoretischen Wirkungsgrad η_a des idealisierten Windrades der durch den Flügelwirkungsgrad η_F bedingte Anteil in Nutzleistung umgewandelt ($c_p = \eta_a \cdot \eta_F$). Der unter Nominalbedingungen maximal erreichbare Leistungsbeiwert ist demnach $c_{pmax} = \eta_{a\ max} \cdot \eta_F = \frac{16}{27} \cdot \eta_F$.

Mit den Vorgaben der Aufgabenstellung und den zusätzlichen Annahmen eines Flügelwirkungsgrades $\eta_F = 0{,}9 = 90\ \%$, und einer Luftdichte $\rho_L = 1{,}25\ \mathrm{kg/m^3}$, läßt sich zunächst die notwendige effektive Nutzfläche des Windrades errechnen. Man erhält aus der explizit formulierten Konverter-Grundgleichung

$$P_N = c_p \cdot \frac{\rho_L}{2}\,v_1^3 \cdot A_{R\ eff} = \eta_a \cdot \eta_F \cdot \frac{\rho_L}{2}\,v_1^3 \cdot A_{R\ eff} \tag{4-29}$$

speziell bei Annahme des durch das Nutzleistungsmaximum gekennzeichneten Betriebszustandes

$$A_{R\ eff} = \frac{P_{Nmax}}{\eta_{a\ max} \cdot \eta_F \cdot \frac{\rho_L}{2}\,v_1^3} = \frac{15\,000 \cdot 2}{\frac{16}{27} \cdot 0{,}9 \cdot 1{,}25 \cdot 125} = \underline{360\ \mathrm{m^3}}$$

Diese Konverternutzfläche entspricht nach (4-28) einem effektiven Raddurchmesser von $D_{eff} = 22{,}708\ m \approx 22{,}7\ m$.

B) Bestimmung der Geschwindigkeiten an den Flügelspitzen

Zur Erhöhung der Übersichtlichkeit sind die folgenden Berechnungen weitestgehend in tabellarischer Form zusammengestellt.

Bau- u. Betriebsdaten	Langsamläufer	Schnelläufer
v_1	5 m/s	5 m/s
$v' = \frac{2}{3} v_1$	10/3 = 3,33 m/s	3,33 m/s
$\lambda = u/v_1$	1,2	6,0
u	6,0 m/s	30 m/s
$\tan\beta = \frac{u}{v'_{opt}} = \frac{3u}{2v_1}$	1,8	9
β	$60{,}945^\circ \approx 61^\circ$	$83{,}6598^\circ \approx 83{,}7^\circ$
$\cos\beta$	0,4856	0,1104
$c = \sqrt{u^2 + v'^2_{opt}}$	6,8638 ≈ 6,86 m/s	30,1846 ≈ 30,18 m/s

C) Bestimmung des wirklichen Durchmessers und der Nenndrehzahl

Bau- u. Betriebsdaten	Langsamläufer	Schnelläufer
Flügelabstand $s_o = \pi D_{eff}/z$	$3{,}567 \approx 3{,}57$ m	$17{,}834 \approx 17{,}83$ m
effektiver Flügelabstd. $s = s_o \cdot \cos\beta$	1,73 m	1,97
tatsächlicher Durchm. $D = D_{eff} + 0{,}44\,s$	23,47	23,57 m
Umfang $U = \pi \cdot D$	73,73 m	74,0 m
Winkelgeschwindigkeit $\omega = \frac{u}{D/2}$	$0{,}51\ s^{-1}$	$2{,}54_5\ s^{-1}$
Drehzahl $n = 60 \cdot \frac{\omega}{2\pi}$	$\approx 4{,}9\ min^{-1}$	$\approx 24{,}3\ min^{-1}$

D) Berechnung der durchschnittlichen Flügelbreite (bei 2/3 des Gesamtradius, d.h. $r = \bar{r} = \frac{2}{3} R$)

Bau- u. Betriebsdaten	Langsamläufer	Schnelläufer
mittlerer Umfang $\bar{U} = 2\pi\bar{r} = \frac{2}{3}\pi D$	$49{,}1_5$ m	$49{,}3_6$ m
$\lambda(\bar{r}) = u(\bar{r})/v_1$	0,8	4
$\frac{c}{v_1} = \sqrt{\left(\frac{v'}{v_1}\right)^2 + \left(\frac{u}{v_1}\right)^2}$	1,04	4,06
Profil	gewölbte Platte (Bild 16 b)	Flügelprofil (Bild 16 e)
Anstellwinkel α	3°	$1{,}5^o$
Auftriebsbeiwert c_a	0,8	0,7
optimale Flügelbreite $t_{opt} = \frac{2\pi\bar{r}}{z} \cdot \frac{8}{9c_a} \cdot \frac{v_1^2}{u \cdot c}$	$3{,}28_2 \approx 3{,}28$ m	$0{,}965 \approx 0{,}97$ m

E) Berechnung der mittleren Flügelstellung

Bau- u. Betriebsdaten	Langsamläufer	Schnelläufer
$\tan\beta = \frac{u}{v'} = \frac{3u}{2v_1}$ (für $\bar{r} = \frac{2}{3}R$)	1,2	6
β	$50{,}2^\circ$	$80{,}5^\circ$
Anstellwinkel α	3°	$1{,}5^\circ$
Flügelstellung zur Achse $\alpha + \beta$	$53{,}2^\circ$	82°

F) Berechnung der Flügelbreite und Flügelstellung am äußeren Flügelende ($r = R$)

Bau- u. Betriebsdaten	Langsamläufer	Schnelläufer
äußerer Umfang $U_a = \pi D$	73,73 m	74,0 m
Schnellaufzahl $\lambda = \frac{u(R)}{v_1}$	1,2	6,0
$\frac{c}{v_1} = \sqrt{\left(\frac{v'}{v_1}\right)^2 + \left(\frac{u}{v_1}\right)^2}$	$1{,}3727 \approx 1{,}37$	$6{,}0369 \approx 6{,}04$
Profil	Bild 16 b	Bild 16 f
Anstellwinkel α	2°	$1{,}5^\circ$
Auftriebsbeiwert c_a	0,7	0,7
$t_{opt} = \frac{2\pi R}{z} \cdot \frac{8}{9c_a} \cdot \frac{v_1^2}{c.u}$	$2{,}848 \approx 2{,}85$	$0{,}649 \approx 0{,}65$ m
$\tan\beta = \frac{u}{v'} = \frac{3u}{2v_1}$	1,8	9
β	$60{,}94_5^\circ \approx 61^\circ$	$83{,}66^\circ \approx 83{,}7^\circ$
Flügelstellung zur Achse $\alpha + \beta$	$63{,}0^\circ$	$85{,}2^\circ$

G) Berechnung der Flügelbreite und Flügelstellung am inneren Flügelende ($r_i = R/3$)

Bau- u. Betriebsdaten	Langsamläufer	Schnelläufer
$U_i = 2\pi r_i = \frac{\pi}{3} D$	24,578 ≈ 24,58 m	24,682 ≈ 24,68 m
$\lambda(r_i) = \frac{u(r_i)}{v_1}$	0,4	2,0
$\frac{c}{v_1} = \sqrt{\left(\frac{v'}{v_1}\right)^2 + \left(\frac{u}{v_1}\right)^2}$	0,7774 ≈ 0,78	2,1082 ≈ 2,11
Profil	Bild 16 b	Bild 16 d
Anstellwinkel α	6°	$1{,}5^\circ$
Auftriebsbeiwert c_a	1,0	0,9
$t_{opt} = \frac{2\pi r_i}{z} \cdot \frac{8}{9c_a} \cdot \frac{v_1^2}{c.u}$	3,501 ≈ 3,50 m	1,444 ≈ 1,44 m
$\tan\beta = \frac{u}{v'} = \frac{3u}{2v_1}$	0,6	3,0
β	30,9637 ≈ 31°	71,5650 ≈ $71{,}6^\circ$
Flügelstellung $\alpha + \beta$	37°	$73{,}1^\circ$

Die aus den bisherigen Rechnungen hervorgehenden Flügelformen und Radabmessungen sind in Bild 20 in zwei vergleichenden Skizzen nebeneinander dargestellt.

Anmerkung: Bei starker Überdeckung der Flügel - wie hier am inneren Rand des Langsamläufers - sind die bisher vorgenommenen vereinfachenden Betrachtungen nicht zulässig, doch sollen entsprechende Korrekturen hier vernachlässigt werden.

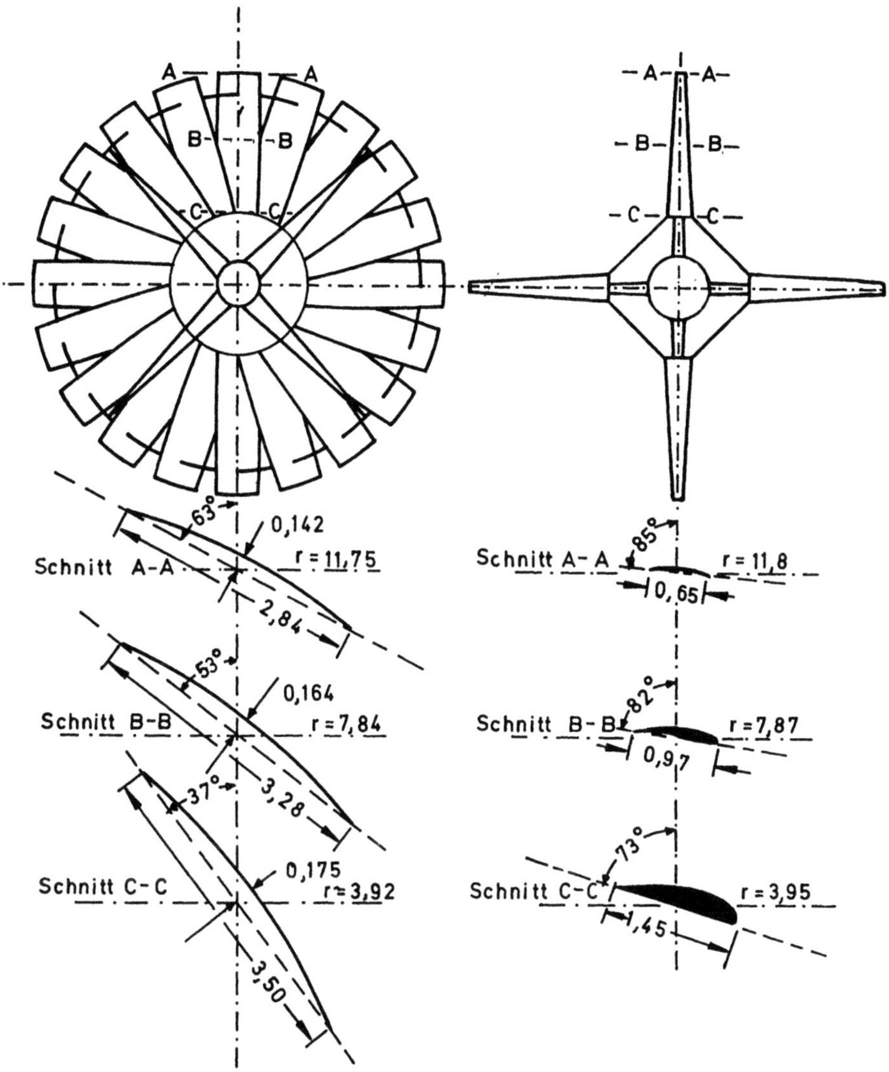

Bild 20: Vergleichende Skizze der nach dem Dimensionierungsbeispiel von Betz /4/ berechneten Windräder

H) Abschätzung des mittleren Wirkungsgrades der Flügel ($r=\bar{r}$)

Im Gegensatz zu den selbsttragenden Flügelprofilen des Schnelläufers benötigen die Blätter des Langsamläufers eine Stützkonstruktion (z.B. aus Rundmaterial) zu ihrer Befestigung, welche einen zusätzlichen Windwiderstand erzeugt, der sich additiv aus den Widerständen der Einzelteile zusammensetzt. Dieser zusätzliche Windwiderstand der Halterung führt zu einer Gleitzahlkorrektur, die bei der Abschätzung des Flügelwirkungsgrades nach (4-23) zu berücksichtigen ist. Da bei Einführung der Gleitzahl immer die Verhältnisse in einer kleinen radialen Zone maßgebend waren, haben wir bei der Aufstellung der gesuchten Gleitzahlkorrektur E_H^* die Summe aller Halterungswiderstände in einer Ringzone der Ausdehnung 1 zur entsprechenden Summe aller Auftriebskräfte der Flügel ins Verhältnis zu setzen.
Man errechnet so

$$(4\text{-}30) \qquad E_H^* = \frac{\frac{\rho_L}{2} c^2 \cdot 1 \cdot \sum c_{wHi}^* \cdot d_i}{\frac{\rho_L}{2} c^2 \cdot 1 \cdot \sum c_{ai}^* \cdot t_i} = \frac{d_H \cdot c_{wH}}{z \cdot t \cdot c_a^*} ,$$

wenn man mit d_H die in einer Ringzone auftretende Summe aller Dickenmaße der Halterungselemente und mit c_{wH} den allen als gemeinsam unterstellten Widerstandsbeiwert bezeichnet. Auf die beschriebene Weise ergibt sich eine im Hinblick auf den Halterungseinfluß korrigierte Gleitzahl, die bei der Berechnung des Flügelwirkungsgrades (radienabhängig) einzusetzen ist.

$$(4\text{-}31) \qquad E_{F\,korr}^* = E_F^* + E_H^*$$

<u>Beispiel:</u> Den Rechnungen von Betz weiterhin folgend, nehmen wir an, daß die Stützkonstruktion des im Tabellenbeispiel behandelten Langsamläufers aus insgesamt 16 Rohren von je 5 cm Durchmesser besteht, deren Widerstandsbeiwert c_{wH} = 1,2 sei.

Unter Verwendung der Tabellenwerte aus Abschnitt D) folgt damit als Gleitzahlkorrektur für die Halterung

$$E_H^* = \frac{16.5.10^{-2}.1,2}{20.3,28.0,8} = 0,01829 \approx 0,018$$

Nach dieser Einlassung zur Gleitzahlkorrektur führen wir die unterbrochene tabellarische Berechnung der Windraddaten fort.

Bau- u. Betriebsdaten	Langsamläufer	Schnelläufer
$\tan\beta = \frac{u}{v'} = \frac{3u}{2v_1}$	1,2	6,0
Profil	Bild 16 b	Bild 16 e
Anstellwinkel α	3°	$1,5^\circ$
Auftriebsbeiwert c_a^*	0,8	0,7
Widerstandsbeiwert c_w^*	0,022	0,01
Gleitzahl $E_F^* = c_w^*/c_a^*$	0,028	0,014
Flügelwirkungsgrad $\eta_F^* = \frac{1-E_F^*\tan\beta}{1+E_F^*\cot\beta}$	$0,944 \approx 94,4$ %	$0,913 \approx 91,3$ %
$\eta_{F\,korr}^* = \frac{1-E_{F\,korr}^*\tan\beta}{1-E_{F\,korr}^*\cot\beta}$	0,91 = 91 %	-

I) Abschätzung des Flügelwirkungsgrades am äußeren Flügelende

Bau- u. Betriebsdaten	Langsamläufer	Schnelläufer
$\tan\beta = \frac{u}{v'} = \frac{3u}{2v_1}$	1,8	9,0
Profil	Bild 16 b	Bild 16 e
Anstellwinkel α	2°	1,5
Auftriebsbeiwert c_a^*	0,7	0,7
Widerstandsbeiwert c_w^*	0,019	0,01
Gleitzahl $E_F^* = c_w^*/c_a^*$	0,027	0,014
korrigierte Gleitzahl $E_{F\,korr}^* = E_F^* + E_H^*$	0,051	-
Flügelwirkungsgrad η_F^*	0,937 ≈ 93,7 %	0,873 ≈ 87,3 %
$\eta_{F\,korr}^*$	0,883 ≈ 88,3 %	-

J) Abschätzung des Flügelwirkungsgrades am inneren Flügelende

Bau- u. Betriebsdaten	Langsamläufer	Schnelläufer
$\tan\beta = \frac{u}{v'} = \frac{3u}{2v_1}$	0,6	3,0
Profil	Bild 16 b	Bild 16 d
Anstellwinkel α	6°	$1{,}5^{\circ}$
Auftriebsbeiwert c_a^*	1,0	0,9
Widerstandsbeiwert c_w^*	0,039	0,014
Gleitzahl $E_F^* = c_w^*/c_a^*$	0,039	0,016
korrigierte Gleitzahl $E_{F\,korr}^* = E_F^* + E_H^*$	0,053	-
η_F^*	0,917 ≈ 91,7 %	0,947 ≈ 94,7 %
$\eta_{F\,korr}^*$	$0{,}889_6$ ≈ 89 %	-

Die in den voranstehenden Tabellen ermittelten Werte für den Flügelwirkungsgrad am äußeren und inneren Flügelrand sowie in der Flügelmitte gestatten die Berechnung eines für das ganze Windrad repräsentativen mittleren Flügelwirkungsgrades η_F. Wegen der dem Umfang und damit dem betreffenden Radius proportionalen Größe der den verschiedenen Wirkungsgraden zugeordneten Einwirkzonen ist der über die Radien gewichtete Mittelwert von Interesse. Man erhält so

$$(4\text{-}32)\qquad \bar{\eta}_F = \frac{r_i\,\eta^*_{Fi} + \bar{r}\,\eta^*_F(r) + r_a\,\eta^*_{Fa}}{r_i + \bar{r} + r_a} = \frac{\frac{1}{3}\eta^*_{Fi} + \frac{2}{3}\,\eta^*_F(r) + \eta^*_{Fa}}{2}$$

Für den Langsamläufer ergibt sich als mittlerer Flügelwirkungsgrad 90,5 %, für den Schnelläufer 89,9 % also nur eine unwesentliche Abweichung von den in der Flächenabschätzung postulierten 90 %.

II. Vom Normalfall abweichende Betriebszustände

Die im vorangegangenen Teil I ausgeführten Rechnungen basierten auf der Grundannahme, daß der Windkonverter unter optimalen Bedingungen betrieben wird, so daß das Abbremsverhältnis des Windes stets 1/3 beträgt und seine Drehzahl sich nach der für die Auslegung gewählten Schnellaufzahl (und Windgeschwindigkeit) richtet. Für den Fall, daß der Arbeitspunkt des Windrades sich stärker vom Optimalzustand entfernt, wie z.B. beim Anlauf aus dem Stillstand nach einer Flaute, oder, weil aus konstruktiven oder preislichen Gründen die günstigsten Baudaten nicht eingehalten wurden, schlägt Betz orientierende numerische Betrachtungen vor, die im folgenden ausgeführt werden.

A) Langsamläufer

Beginnen wir mit dem im vorigen Abschnitt behandelten Langsamläufer und nehmen als konstruktive Vereinfachung Flügel von konstanter Breite und Stellung sowie gleichbleibendem

Profil an. Die verwendete Flügelbreite und Stellung möge den für 2/3 des Maximalradius R errechneten günstigsten Verhältnissen entsprechen. Demnach sind die Flügel außen zu breit und innen zu schmal; weiterhin ist der Winkel $\alpha + \beta$ der Sehne mit der Radachse außen zu klein und innen zu groß. Wir wollen nun die Abweichung von den günstigsten Betriebsbedingungen getrennt für den äußersten und den innersten Radius besprechen.

Verhältnisse im äußersten Querschnitt

Würde die Luft so verzögert, wie es den günstigsten Verhältnissen entspricht, so wäre im vorigen Abschnitt der Winkel $\beta = 61^\circ$ und $\alpha + \beta = 53^\circ$, d.h. man hätte die gleichen Werte wie bei 2/3 des Maximalradius. Der Wind würde demnach die Flügel unter einem Anstellwinkel von $\alpha = -8^\circ$ treffen, wobei der Flügel bereits keinen Auftrieb mehr erfährt und daher der Luft keine Energie entziehen kann.

Würde die Luft nicht verzögert, so wäre $u/v' = u/v_1 = 1{,}2 = \tan\beta$ und somit $\beta = 50^\circ$ und man erhielte einen Anstellwinkel von $53^\circ - 50^\circ = 3^\circ$. Bei diesem Anstellwinkel würde aber der Flügel Kräfte ausüben ($c_a = 0{,}8$) und die Luft verzögern, so daß also die ursprüngliche Annahme nicht mehr zutrifft, die Luft werde nicht verzögert.

Realität ist, daß die Luft etwas weniger verzögert wird, als es den günstigsten Verhältnissen entspricht. Das Maß der Verzögerung kann man etwa durch Probieren finden, indem man einige Verzögerungen annimmt, die sich dabei ergebenden Anstellwinkel berechnet und dann ermittelt, bei welchem Anstellwinkel die von den Flügeln ausgeübten Kräfte gerade die Verzögerung ergeben, welche den betreffenden Anstellwinkel bedingt.

Beispiel für diese Methode:

Die Gleichung für die Flügelbreite t_{opt} (4-15) kann in die Form gebracht werden

$$\frac{c_{opt}}{v_1} \cdot \frac{u}{v_1} \cdot c_a^{*} \cdot \frac{z.t_{opt}}{2\pi r} = 4\,\frac{v'}{v_1}\,(1 - v'/v_1)$$

In unsrem Fall ist $u/v_1 = 1{,}2$ und $\frac{z.t_{opt}}{2\pi R} = \frac{20.3{,}28}{73{,}9} = 0{,}89$

Man erhält damit

$$\text{(4-33)}\quad \frac{c_{opt}}{v_1} \cdot c_a^{*} = 3{,}75\,\frac{v'}{v_1}\,(1 - v'/v_1)$$

Um festzustellen, wann diese Beziehung erfüllt ist (d.h. für welches Verhältnis v'/v_1) gehen wir folgendermaßen vor:

Es werden der Reihe nach verschiedene Werte $v'/v_1 = 0{,}80$, 0,85, 0,90 usw. angenommen, woraus sich bestimmte Werte auf der rechten Seite von (4-33) ergeben. Sodann bestimmt man aus v'/v_1 jeweils mit $\tan\beta = u/v' = u/v_1 . v_1/v' = 1{,}2 v_1/v'$ den zugeordneten Winkel β, aus dem sich wegen der getroffenen Wahl $\alpha + \beta = 53^{o}$ auch der Winkel α ergibt. Damit ist aber c_a^{*} bestimmt. Die Größe c/v_1 läßt sich aus

$$\frac{c}{v_1} = \sqrt{\left(\frac{v'}{v_1}\right)^2 + \left(\frac{u}{v_1}\right)^2} = \sqrt{\left(\frac{v'}{v_1}\right)^2 + 1{,}2^2}$$

berechnen, so daß in (4-33) auch die linke Seite für verschiedene angenommene v'/v_1-Werte numerisch bestimmt ist.

Das "richtige" v'/v_1-Verhältnis ist offenbar dann gewählt worden, wenn in (4-33) die rechte und die linke Seite einander gleich sind.

Man registriert die beste Übereinstimmung bei $v'/v_1 \approx 0{,}87$. Diesem Wert entspricht ein Abbremsverhältnis von $\xi = v_2/v_1 \approx 0{,}74$, dem laut entsprechendem Diagramm ein theoretischer Wirkungsgrad von 39 % zuzuordnen ist ($\eta_{a\ \text{außen}} = 0{,}39$).

Versuch zur numerischen Näherungslösung:

$\frac{v'}{v_1}$	$\frac{u}{v'}=1,2\frac{v_1}{v'}$	β	α	c_a^*	$\frac{c}{v_1}$	$\frac{c}{v_1} \cdot c_a^*$	$3,75\frac{v'}{v_1}(1-\frac{v'}{v_1})$
0,80	1,5	56,3°	-3,3°	-0,2	1,44	-0,288	0,60
0,85	1,41	54,6°	-1,6	+0,2	1,47	+0,294	0,478
0,90	1,33	53°	0°	+0,45	1,50	+0,675	0,338
0,87	1,38	54,1°	-1,1°	+0,3	1,48	+0,444	0,424
0,88	1,36	53,7°	-0,7°	+0,35	1,49	+0,522	0,396

Außerdem ergibt sich aber auch ein schlechterer Flügelwirkungsgrad als im Normalfalle. Sieht man vom Widerstand der Stützkonstruktion ab, so ist für $\alpha \approx -1^\circ$ $E^* = c_w^*/c_a^* = 0,03/0,3 = 0,1$ und $\tan \beta = u/v' = 1,2/0,87 = 1,38$.

Damit erhält man für den Flügelwirkungsgrad
$\eta_F^* = \frac{1 - 0,1 \cdot 1,38}{1 + 0,1/1,38} = 0,80 = 80\ \%$, woraus sich dann für den Gesamtwirkungsgrad des Rades im äußersten Querschnitt ein Wert von $0,39 \cdot 0,8 = 31\ \%$ errechnet.

Diese wesentliche Verminderung des Wirkungsgrades gegenüber dem Optimalfall ist weniger eine Folge der falschen Flügelbreite als vielmehr der ungünstigen Stellung, deren Einfluß sogar teilweise durch die Überbreite kompensiert wird.

Verhältnisse im innersten Querschnitt

Das Vorgehen zur Berechnung der Betriebsdaten am inneren Flügelende verläuft analog zu denen am äußeren Ende und kann daher erspart bleiben. Im Prinzip lassen sich auch starke Abweichungen der Schnellaufzahl $\lambda = u/v_1$ vom Nennwert (wie sie etwa beim Anlauf mit $\lambda = 0$ auftreten) auf dem gleichen Wege behandeln. Allerdings steht dem oft die Schwierigkeit entgegen, daß die Flügel unter sehr großem Anstellwinkel arbeiten, für die ihre c_a- und c_w-Werte nicht bekannt sind. Hier muß mit Schätzungen operiert werden.

B) Schnelläufer

Bei früherer Gelegenheit hatten wir im Falle eines günstigen Profils und Anstellwinkels näherungsweise als Antriebskraft $T^* = F_a^* \cos\beta$ gefunden, wofür wegen $\cos\beta = v'/c$ auch geschrieben werden kann

$$(4\text{-}34) \qquad T^* = \frac{\rho_L}{2} c \cdot A^* \cdot c_a^* \cdot v'$$

Blieben die Flügeleigenschaften (bei konstantem c_a^* und c_w^*) unverändert, so wäre die Antriebskraft $T^* \sim c$ und somit

$$T^* \sim \sqrt{v'^2 + u^2} = v'\sqrt{1 + (u/v')^2}$$

Bezeichnet man die auf die Radebene bezogene Schnellaufzahl mit $\lambda' = u/v'$, so erkennt man, daß vor allem beim Schnellläufer, die Antriebskraft im Falle des Anlaufs ($\lambda' = 0$, $c \approx v' \approx v_1$) viel schwächer sein muß als im normalen Betriebszustand, für den wir in unsrem Zahlenbeispiel auf $\bar{r} = 2R/3$ bezogen $c \approx 4v_1$ ermittelt hatten. Die inneren Flügelteile sind in dieser Hinsicht günstiger, die äußeren aber noch ungünstiger. Dabei war noch vorausgesetzt, daß die Beiwerte c_a und c_w unveränderlich sind. Um dies zu gewährleisten, müßte man aber die Flügel drehbar lagern und verstellen. Meist wird man aus Kostengründen diesen Aufwand vermeiden wollen und so nicht in der Lage sein, den jeweils günstigsten Anstellwinkel einzuregeln, wodurch die Verhältnisse noch wesentlich ungünstiger werden.

Das Flügelprofil steht nämlich unter einem zu großen Anstellwinkel α zum Wind (im Beispiel 82°), so daß man beinahe nur noch einen Windwiderstand F_w^* anstelle eines im Vergleich dazu großen Auftriebs beobachtet;infolgedessen muß in der Formel für die Antriebskraft der Widerstand berücksichtigt werden: $T^* = F_a^* \cos\beta - F_w^* \sin\beta$. T^* ergibt sich demgemäß viel kleiner als nach der einfachen Formel, in welcher nur der Auftriebsterm vorkam. Gehen wir für eine rohe Schätzung davon aus, daß die resultierende Kraft ungefähr dieselbe Richtung hat wie im Normalzustand (also angenähert senkrecht zur Profilsehne) und proportional zu c^2 ist, so würde sich die Antriebskraft T^* sogar auf etwa 1/6 der bei gleicher Windstärke im Normalzustand auftretenden Kraft reduzieren. In Anbetracht des dem Anlaufen entgegenwirkenden Flügelwiderstandes kann die effektive Antriebskraft sogar noch geringer als beim Anlauf sein.

Bei geringen Änderungen von u/v_1 gegenüber den normalen Verhältnissen macht die mit der Anstellwinkeländerung verbundene Änderung von c_a^* wesentlich mehr aus als der Einfluß der Geschwindigkeitsänderung in c. Daher nimmt nach Erreichen des Höchstwertes von c_a^* die Kraft T^* zunächst zu, wenn u/v_1 abnimmt.

Beim Längsamläufer ändert sich die Relativgeschwindigkeit c nur wenig, wenn u/v_1 kleiner wird; außerdem nimmt der Anstellwinkel nicht solch extreme Werte an wie beim Schnelläufer. Hier wächst daher die Antriebskraft mit abnehmender Drehzahl bei konstanter Windgeschwindigkeit. Man erkennt einen wesentlichen Nachteil des Schnelläufers gegenüber dem Langsamläufer: seine Drehmomentschwäche im Anlaufbereich. Wenn er bei zu schwachem Wind einmal stehengeblieben ist, erreicht er erst bei stärkerem Wind ein wieder ausreichendes Anlaufmoment.

4.2.1.4 Leistungs- und Momentenbeiwerte

Bereits im Zusammenhang mit der Aufstellung der allgemeinen Leistungsbilanz eines WEK hatten wir den Leistungsbeiwert c_p (manchmal auch Leistungsziffer genannt) als den tatsächlich erreichten Gesamtwirkungsgrad einer Anlage eingeführt (vgl. (3-3)!). Im Hinblick auf die nicht direkt im Wirkungsgrad η_K des Windrades erfaßte geringere Effizienz des äußeren Flügelbereichs berechnen wir den maximalen Leistungsbeiwert der im vorigen Abschnitt betrachteten Windräder aus seiner Definition, d.h. als Quotienten aus Nutzleistung P_N und dem auf der gesamten Konverterfläche angebotenen Windleistung. Unter Vernachlässigung der leicht unterschiedlichen Raddurchmesser von Langsam- und Schnelläufer erhalten wir zunächst für den näherungsweise angenommenen Raddurchmesser $D = 23{,}5$ m eine Wandlerfläche von $\pi D^2/4 = 435\ m^2$ und auf dieser Fläche für die Auslegungswindgeschwindigkeit von $v_1 = 5$ m/s ein Windleistungsangebot $P_W = 34\ 000$ W. Die maximale Leistungsziffer ist demnach für beide Windkonverter annähernd $c_{p\ max} = 15\ 000$ W/ $34\ 000$ W $= 0{,}44_2$. Aufgrund der Beziehung $c_{p\ max} = (16/17)\cdot\eta_K$ ergibt sich als korrigierter Wirkungsgrad des Windrades

$$\eta_{R\ eff} = \eta_{K\ eff} = 0{,}75\ .$$

Neben dem am häufigsten für die Beurteilung eines WEK verwendeten Leistungsbeiwert c_p wird oft auch noch ein sog. Drehmomentenbeiwert c_M benutzt. Man definiert ihn als Verhältnis des in einem beliebigen Betriebszustand wirkenden Antriebsmoments M zu einem Bezugsmoment M_o, das sich bei voller Übertragung der Windleistung P_W einstellen würde, wenn die Umfangsgeschwindigkeit u_{max} gleich der Windgeschwindigkeit v_1 wäre. Da die Leistung des Rades als Produkt aus Drehmoment und Winkelgeschwindigkeit angesetzt werden kann, erhält man durch Umformungen der Reihe nach

$$c_M = \frac{M}{M_o} = \frac{P_N/\omega}{P_W/\omega_o} = c_p \cdot \frac{v_1/R}{u/R} = c_p/\lambda$$

Auch hier ist wieder außer der allgemeingültigen Definition des Drehmomentenbeiwertes (manchmal Drehmomentenzahl genannt)

$$\boxed{c_M = \frac{M}{M_o} = c_p/\lambda} \qquad (4\text{-}35)$$

noch der dem Maximum der Leistungskurve zugeordnete Momentenbeiwert c_{Mopt} zu beachten, den wir wegen des Bezugs zur optimalen Schnellaufzahl λ_{opt} als optimalen[7)] Leistungsbeiwert bezeichnen wollen.

Die optimalen Drehmomentenbeiwerte im Falle der beispielartig durchgerechneten Windräder ergeben sich aus dem näherungsweise bestimmten maximalen Leistungsbeiwert $c_{p\ max}$ durch Division mit der optimalen Schnellaufzahl λ_{opt}.

---

7) Nicht zu verwechseln mit dem maximalen Drehmomentenbeiwert

Man erhält so für den Langsamläufer $c_{Mopt} = 0{,}44_2/1{,}2 = 0{,}37$, und für den Schnelläufer $c_{Mopt} = 0{,}44_2/6 = 0{,}07_4$. Die numerischen Daten für die im Leistungsmaximum anfallenden Drehmomente M_{opt} findet man durch Umformung der Relation (4-35), wenn man für M_o die maximale Staukraft multipliziert mit dem Radius R des Windrades einsetzt:

$$(4\text{-}36) \qquad M = M_o \cdot c_M = \frac{\rho_L}{2} v_1^2 \cdot \frac{\pi}{4} D^2 \cdot \frac{D}{2} \cdot c_M$$

Mit den früher benutzten Ausgangsdaten für die Luftdichte und Windgeschwindigkeit ($\rho_L = 1{,}25$ kg/m^3, $v_1 = 5$ m/s), sowie der genäherten Konverterfläche $\pi D^2/4 \approx 435$ m^2 bei $D \approx 23{,}5$ m bekommt man die numerische Beziehung

$$(4\text{-}37) \qquad M \approx 79\,863 \cdot c_M$$

Daraus ergibt sich unter Verwendung der oben ermittelten optimalen Drehmomentenbeiwerte c_{Mopt} ein Drehmoment $M_{opt} \approx 29550$ Nm für den Langsamläufer und ein deutlich niedrigeres von $M_{opt} \approx$ 5 910 Nm für den Schnelläufer. Die zur Kontrolle über die elementare Beziehung $M_{opt} = P_{Nmax}/\omega_{opt}$ berechneten Drehmomente betragen 29 410 Nm und 5 890 Nm; Abweichungen basieren auf den mehrfachen Rundungsfehlern in c_M, D und A_R .

In starker Konzentration lassen sich die Ergebnisse der bisherigen Betrachtungen zum Horizontalachsen-Auftriebskonverter (HAK) folgendermaßen zusammenfassen:

Das Windrad stellt einen Energie- bzw. Leistungswandler dar, der primär angebotene translatorische Leistung (ausgedrückt als achsiale Schubkraft des Windes multipliziert mit der Durchsatzgeschwindigkeit) mit einem konvertereigenen Wirkungsgrad η_K in rotatorische Leistung (ausgedrückt durch Drehmoment und Winkelgeschwindigkeit) umsetzt. Während der im Leistungsmaximum mit annähernd Windgeschwindigkeit als Umfangsgeschwindigkeit umlaufende Langsamläufer diese Leistung bei kleiner Drehzahl und großem Drehmoment erbringt, ist es beim Schnelläufer umgekehrt.

Die Drehmomentschwäche des Schnelläufers - vor allem im Stillstand - prädestiniert diese Konverterbauart für Gebiete mit häufig vorkommenden großen Windgeschwindigkeiten (Küstenbereich), während der Langsamläufer sein beeindruckendes Drehmoment besonders in Schwachwindzonen (Binnenland) ausspielen kann. Ein weiterer Gesichtspunkt, der zugunsten des Langsamläufers spricht, ist der Umstand, daß die Qualitätsanforderungen an die zu seiner Herstellung benötigten Tragflügelprofile wesentlich unter denen des Schnelläufers liegen, was einer kostengünstigen Fertigung (z.B. im Eigenbau) entgegenkommt. Wenn dennoch seit etwa dem zweiten Quartal des 20. Jahrhunderts ein kontinuierlicher Trend zum Schnelläufer zu beobachten ist, dann hat dies im wesentlichen zwei Gründe:

- Seit der Erfindung des elektrischen Generators hat mit fortschreitender Entwicklung der Technik und ihrer Ausbreitung der Bedarf an elektrischer Energie aufgrund ihrer vielseitigen Verwendbarkeit ständig zugenommen; zum Antrieb eines Generators ist aber der Schnelläufer wegen seines höheren Drehzahlniveaus geeigneter als der Langsamläufer.

- Der durch das ungeheure Interesse der industrialisierten Länder an der Anwendung des Flugzeugs (Luftverkehr und militärische Zwecke) herbeigeführte Erkenntnisgewinn auf dem Gebiet der Aerodynamik (Vorgänge an Tragflügeln und Propellern) hat zusammen mit den qualitativ und quantitativ stark verbesserten Produktionsmethoden und den in den letzten drei Jahrzehnten entwickelten leichtbauenden und hochfesten Werkstoffen (armierte Kunststoffe) nie gekannte Möglichkeiten zum Bau von Hochleistungskonvertern nach dem Auftriebsprinzip geschaffen, die inzwischen bis in den Megawatt-Bereich hineinreichen.

Aller Voraussicht nach wird unter den konventionellen Windenergie-Konvertern der schnellaufende HAK - der im nächsten Kapitel ausführlicher besprochen werden soll - seine führende Rolle auch in Zukunft behaupten.

4.2.2 Darstellung der Eigenschaften eines Horizontalachsen-Auftriebskonverters (nach Hütter /5/)

Die stark vereinfachenden Betrachtungen nach Betz sind sehr geeignet, die grundsätzlichen Zusammenhänge wie auch einige Ergebnisse spezieller Art einzusehen und zur Beschreibung von Betriebszuständen samt der sie beeinflussenden Baumerkmale benötigte Kenngrößen zu definieren. Bei detaillierter Analyse der Vorgänge zeigt es sich allerdings, daß dieVereinfachungen nach Betz (wie etwa die Drallfreiheit) nicht haltbar sind, da sie wichtige Informationen über das tatsächliche Verhalten von Windenergie-Konvertern schon im Ansatz unterdrücken.

Professor Hütter, dessen Überlegungen in diesem Kapitel auszugsweise wiedergegeben werden sollen, gebührt das Verdienst, als erster eine Reihe grundlegender und wichtiger Ansätze von höherem Allgemeingültigkeitsgrad aufgestellt zu haben, als dies bei den älteren Rechenansätzen nach Professor Betz der Fall ist.

4.2.2.1 Verhalten eines Radelements

A) Die Geschwindigkeiten

Wir beginnen unsere Betrachtungen mit der Leistungsbilanz derjenigen Leistung, die die Luft beim Durchströmen der Radebene an ein differentielles Radelement abgibt. Darunter soll ein kreisringförmiger Radquerschnitt im Abstand r von der Radnabe verstanden werden, dessen radiale Ausdehnung die differentielle Länge dr haben möge. Wechselwirkungen mit anderen Radelementen seien ausgeschlossen. Gehen wir von einem Luftstrom aus, der unter Einwirkung einer differentiellen Schubkraft dS^* mit gleichmäßiger Durchsatzgeschwindigkeit v' drallfrei auf das Radelement einwirkt, so wird diese Leistung $v'\,dS^*$ einesteils an das Radelement abgegeben, zum andern in eine sekundliche Rotationsenergie der das Radelement durchsetzenden Luft umgewandelt (die beim Umströmen der Tragflü-

gelelemente ebenfalls zur Rotation veranlaßt wird!).
Bezeichnen wir den am Radelement induzierten Drehmomentenbeitrag mit dM^{*}, die Winkelgeschwindigkeit des Rades mit ω, so entspricht der differentielle Leistungsbeitrag am Radelement dem Ausdruck ωdM^{*}. Die sekundlich der Luft vermittelte Rotationsenergie läßt sich mithilfe der kleinen Winkelgeschwindigkeit $\Delta\omega$ und dem Trägheitsmoment des das Radelement sekundlich passierenden Luftstroms $\dot{I}^{*}$ in der Form $\dot{I}^{*}\Delta\omega^2/2$ ausdrücken, so daß die Leistungsbilanz für das Radelement lautet:

(4-38) $$v'dS^{*} = \omega dM^{*} + \frac{1}{2}\dot{I}^{*}\Delta\omega^2$$

Ersetzt man die sekundliche Drehimpulsänderung durch das differentielle Drehmoment dM^{*}, so läßt sich die Beziehung (4-38) in die Form bringen

$$(\omega + \frac{\Delta\omega}{2})\, dM^{*} = v'\, dS^{*}$$

Drückt man nunmehr noch das differentielle Drehmoment dM^{*} mithilfe des Radius r und der differentiellen Tangentialkraft dT^{*} aus und beachtet, daß $u = r \cdot \omega$ die Bahngeschwindigkeit des Radelements ist, dann gewinnt man daraus die Form

(4-39) $$(u + \frac{\Delta u}{2})\, dT^{*} = v'dS^{*} = u'dT^{*}$$

Hierbei ist als Abkürzung

(4-40) $$u' = u + \frac{\Delta u}{2}$$

gesetzt worden. Dieser Ausdruck erinnert an das Ergebnis von Betz (das Hütter, statt für das ganze Rad, anhand des Durchsatzes an einem Radelement herleitet), wonach die achsiale Durchsatzgeschwindigkeit v' dem arithmetischen Mittelwert aus Anströmgeschwindigkeit v_1 und Abströmgeschwindigkeit v_2 gleich ist. Setzt man in dieser Beziehung $v_2 = v_1 - \Delta v$, so erhält man

$$v' = \frac{1}{2}(v_1+v_2) = \frac{1}{2}\left[v_1 + (v_1 - \Delta v)\right] \qquad \text{oder}$$

(4-41) $v' = v_1 - \frac{\Delta v}{2}$

Die bisher aufgefundenen Zusammenhänge zwischen den verschiedenen Geschwindigkeiten (v_1, v_2, v', Δv, u, u' usw.) bedürfen einer Veranschaulichung, die der Leser den Vektordiagrammen in Bild 21 entnehmen möge.

Bild 21: a) Vektorieller Zusammenhang der am WEK zu unterscheidenden Geschwindigkeiten, b) Zusammensetzung der Absolutgeschwindigkeit im Abstrom eines differentiellen Radelements

Ohne den der Luft beim Durchströmen des Radelements aus Drehimpulserhaltungsgründen vermittelten Drall würden sich in der Radebene die Achsialgeschwindigkeit des Windes v_1 und die tangentiale Bahngeschwindigkeit des Radelements $u = \omega \cdot r$ zu einer Relativgeschwindigkeit $\vec{c}_1 = \vec{v}_1 + \vec{u}$ überlagern. Da nun aber die das Radelement durchsetzende Luft eine der Raddrehung entgegengerichtete Rotation mit der (absoluten) Tangentialgeschwindigkeit $\Delta u/2$ ausführt, erhöht sich die tangentiale Relativgeschwindigkeit der das Radelement passierenden

Luft in der Radebene um den Betrag $\Delta u/2$ auf den Wert $u' = u + \Delta u/2$, während sich gleichzeitig die translatorische Anströmgeschwindigkeit v_1 um $\Delta v/2$ auf den Wert $v' = v_1 - \Delta v/2$ verringert. Die resultierende räumliche Relativgeschwindigkeit ergibt sich somit zu $\vec{c}' = \vec{v}' + \vec{u}'$. Weit hinter dem Windrad hat sich unter Verlust an Translationsenergie die Achsialgeschwindigkeit des Windes auf den Betrag v_2 verringert und die relative tangentiale Bahngeschwindigkeit um einen zusätzlichen Wert $\Delta u/2$ auf $u_2 = u' + \Delta u/2 = u_1 + \Delta u$ gesteigert, was einer resultierenden Relativgeschwindigkeit $\vec{c}_2 = \vec{v}_2 + \vec{u}_2$ entspricht. Der restliche Energieinhalt der durch das Radelement geströmten Luft weit hinter der Radebene korreliert natürlich zur absoluten Geschwindigkeit des Luftstroms

$$(4\text{-}42) \qquad \vec{v}_2^{\,*} = \vec{v}_2 + \overrightarrow{\Delta u}$$

Die vom Windradelement aufgenommene Leistung ωdM^*, ausgedrückt durch die Differenz der Energieinhalte des pro Sekunde das Radelement passierenden Luftstroms, liefert die Beziehung

$$\omega dM^* = \omega \cdot \dot{I}^* d\omega = \frac{u}{r} \cdot \dot{m} r^2 . \frac{\Delta u}{r} = \dot{m}.u.\Delta u = \frac{\dot{m}}{2} (v_1^2 - v_2^{*2})$$

woraus sich unter Berücksichtigung von (4-42) und kurzer Umformung die Relation

$$(u + \Delta u)^2 = v_1^2 - v_2^2 + u^2$$

ergibt. Verwendet man im folgenden neben der schon von Betz benutzten Definition (3-15) des Abbremsverhältnisses ξ die Abkürzungen

$$(4\text{-}43) \qquad \mu = 1 + \xi \qquad \text{und}$$

$$(4\text{-}44) \qquad K = 1 - \xi^2 ,$$

so folgt zunächst aus der obigen Geschwindigkeitsrelation

$$(u + \Delta u)^2 = v_1^2(1 - \xi^2) + u^2$$

$$= K \cdot v_1^2 + u^2$$

und schließlich

(4-45) $$\Delta u = \sqrt{K \cdot v_1^2 + u^2} - u$$

Gemäß (4-40) folgt daraus für die relative Umlaufgeschwindigkeit

(4-46) $$u' = \frac{1}{2}\,(u + \sqrt{K \cdot v_1^2 + u^2}\,)$$

Für die Absolutgeschwindigkeiten des Luftstroms in und weit hinter der Radebene gilt

(4-47) $$v' = \frac{\mu}{2} \cdot v_1$$

(3-15) $$v_2 = \xi \cdot v_1$$

(4-48) $$v_2^* = \sqrt{\xi^2 \cdot v_1^2 + \Delta u^2}$$ nach Pythagoras und (4-42)

B) Der Leistungsbeiwert bei Reibungsfreiheit

Dividiert man die Verlustleistung des Luftstroms pro Radelement durch die auf dieser Fläche dA_R^* angebotene primäre Windleistung, so erhält man den theoretischen Wirkungsgrad η_{th}^* 8) eines Radelements, den man auch spezifischen theoretischen Wirkungsgrad nennen könnte.

$$\eta_{th}^* = \frac{\frac{\rho_L}{2} dA_R^* \; v'(K.v_1^2 - \Delta u^2)}{\frac{\rho_L}{2}\; v_1^3 . \; dA_R^*} = \frac{v'(K.v_1^2 - \Delta u^2)}{v_1^3}$$

8) Bei Hütter /5/ wird dieser spezifische theoretische Wirkungsgrad als Leistungbeiwert c_{p_o} bei Reibungsfreiheit bezeichnet.

$$\eta^*_{th} = \frac{\mu}{2v_1^2}\,(K \cdot v_1^2 - \Delta u^2)$$, woraus sich schließlich

(4-49) $$\boxed{\eta^*_{th} = \frac{\mu}{2}\left(K - \frac{\Delta u^2}{v_1^2}\right)}$$ ergibt.

Wegen der Zuordnung des spezifischen theoretischen Wirkungsgrades zu einem Radelement, und damit zu einem bestimmten Radius r, führen wir eine auf das Radelement bezogene Schnelllaufzahl λ^* ein mit

(4-50) $$\lambda^* = \frac{u}{v_1} = \frac{\omega r}{v_1} \quad ,$$

So läßt sich der für den theoretischen Wirkungsgrad des Radelements gefundene Ausdruck (4-49) nach einigen Umformungen als reine Funktion des Abbremsverhältnisses ξ und der spezifischen Schnellaufzahl λ^* darstellen.

$$\eta^*_{th} = \frac{\mu}{2}\left[K - \frac{1}{v_1^2}\left(K \cdot v_1^2 + u^2 + u^2 - 2.u\sqrt{K.v_1^2+u^2}\right)\right]$$

$$= \frac{\mu}{2}\left[K - \left(K + 2\,\lambda^{*2} - 2\,\lambda^*\sqrt{K + \lambda^{*2}}\right)\right]$$

$$= \frac{\mu}{2}\left[-2\,\lambda^{*2} + 2\,\lambda^*\sqrt{K + \lambda^{*2}}\right]$$

$$= \mu\,\lambda^*\left[\sqrt{K + \lambda^{*2}} - \lambda^*\right]$$

(4-51) $$\boxed{\eta^*_{th} = (1 + \xi)\,\lambda^*\left[\sqrt{1 - \xi^2 + \lambda^{*2}} - \lambda^*\right]}$$

Betrachten wir den theoretischen Wirkungsgrad des Radelements als eine Funktion der Abbremszahl ξ und die Schnellaufzahl λ^* als Parameter, so läßt sich das zur Erlangung des maximalen Wirkungsgrades erforderliche optimale Abbremsverhältnis ξ_{opt} durch explizite Lösung der Extremwertaufgabe

$$\frac{d\eta^*_{th}}{d\xi} = o = \lambda^*\left[\left(\sqrt{1+\lambda^{*2}-\xi^2} - \lambda^*\right) + \frac{\xi(1+\xi)}{\sqrt{1+\lambda^{*2}-\xi^2}}\right]$$

bestimmen. Unter Verwendung der Abkürzung $1 + \lambda^{*2} = a$ lautet die Bedingungsgleichung für die gesuchten optimalen Geschwindigkeitsverhältnisse (mit der spezifischen Schnellaufzahl λ^* als Parameter

$$4\xi^4 + 4\xi^3 - 3a\xi^2 - 2a\xi + a = o \quad (4\text{-}52)$$

Die aus (4-52) für verschiedene Schnellaufzahlen λ^* berechneten Abbremsverhältnisse ξ_{opt} sind in Tabelle 6 wiedergegeben.

λ^*	ξ_{opt}
0	0,500
0,2	0,436
0,4	0,420
0,8	0,371
1,2	0,357
2,0	0,345
2,8	0,339
3,6	0,336
6,0	0,335
∞	0,333

Tabelle 6: Abhängigkeit der optimalen Abbremszahl von der Schnellläufigkeit.

Man erkennt, daß die von Betz /4/ als optimal ermittelte Bremszahl von 1/3 asymptotisch mit wachsender Schnellaufzahl angestrebt wird. Die Annäherung an den Betzschen Wert ist jedoch schon für Schnellaufzahlen oberhalb 3 recht gut. Wie man weiterhin der Tabelle entnimmt, liegt das optimale Geschwindigkeitsverhältnis immer im Zahlenbereich zwischen 1/2 und 1/3.

Ausgiebigere Informationen als sie von dieser reinen Extremalbetrachtung her erwartet werden können, lassen sich natürlich aus der Funktionaldarstellung $\eta^*_{th}(\xi, \lambda^*)$ herausholen.

Trägt man z.B. den Wirkungsgrad als Funktion der Abbremszahl ξ für verschiedene Schnellaufzahlen als Parameter auf, so erhält man eine Kurvenschar, die mit zunehmendem λ^* immer mehr mit dem von Betz unter der Voraussetzung der drallfreien Luftströmung abgeleiteten Wirkungsgradverlauf übereinstimmt (vgl. Bild 12!)

Eine graphische Auswertung, bei der die Abhängigkeit des Wirkungsgrades von der Schnellaufzahl bei jeweils konstant gehaltener Abbremszahl ξ betrachtet wird, zeigt, daß zur Erlangung eines maximalen Wirkungsgrades - wie wir bereits

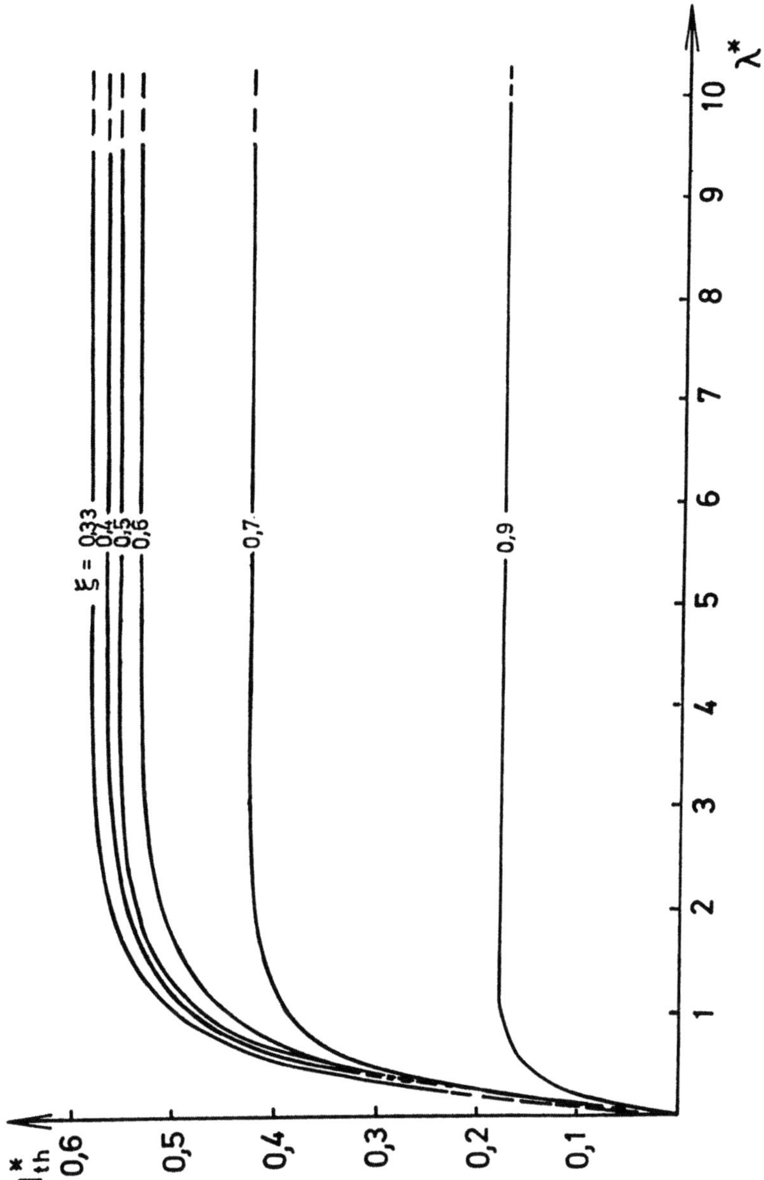

Bild 23: Spezifischer theoretischer Wirkungsgrad η^*_{th} als Funktion der Schnellaufzahl (des Radelements) λ^* mit der Abbremszahl ξ als Parameter (nach /5/)

wissen - ein möglichst nahe bei 1/3 gelegenes Abbremsverhältnis zu wählen ist, außerdem aber auch, daß bei vorgegebenem Geschwindigkeitsverhältnis eine Mindestschnellaufzahl einzuhalten ist, um den bei diesem Abbremsverhältnis möglichen maximalen Wirkungsgrad zu erzielen. Dabei liegt diese minimale Schnellaufzahl um so höher, je stärker die Abbremszahl den Wert 1/3 annähert (Bild 23).

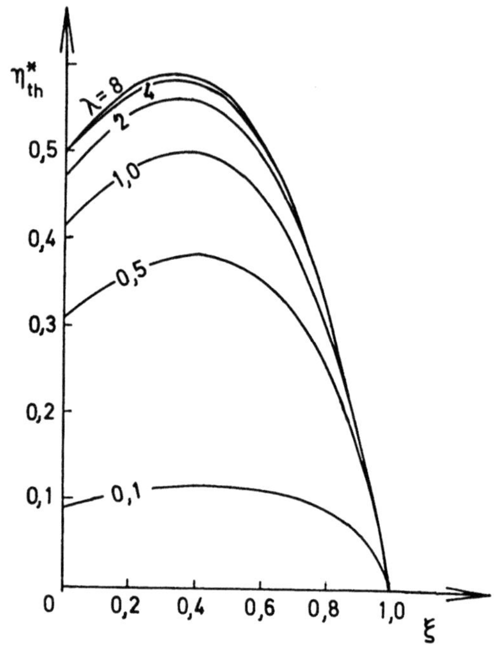

Bild 22: Spezifischer theoretischer Wirkungsgrad η^*_{th} als Funktion der Bremszahl ξ (λ^* Param.) (nach /5/)

C) Der spezifische Momentenbeiwert

Hütter, der den spezifischen theoretischen Wirkungsgrad η^*_{th} ja als Leistungsbeiwert (ohne Reibung, d.h. verlustfrei) bezeichnet hat, führt mit der Beziehung

$$dM^* = c^*_M \cdot \frac{\rho_L}{2} v_1^2 \cdot r \cdot dA^*_R$$

konsequenterweise einen (spezifischen) Drehmomentenbeiwert c^*_M ein, der mit dem spezifischen Leistungsbeiwert c^*_p (= η^*_{th}) gekoppelt ist. Definiert man diesen spezifischen Leistungsbeiwert $c^*_{p_o}$ mittels

$$c^*_{p_o} = \frac{\omega \, dM^*}{\frac{\rho_L}{2} v_1^3 \cdot dA^*_R} = \frac{c^*_M \cdot \frac{\rho_L}{2} v_1^2 \cdot r \cdot dA^*_R \cdot \frac{u}{r}}{\frac{\rho_L}{2} v_1^3 \cdot dA^*_R} ,$$

so ergibt sich, analog zu Betz /4/ (vgl. 4-35), jedoch auf das Radelement bezogen, der gleiche Zusammenhang zwischen (spezifischem) Leistungsbeiwert und (spezifischer) Schnelllaufzahl:

(4-53) $$c^{*}_{p_o} = c^{*}_{M} \cdot \lambda^{*} = \eta^{*}_{th}$$

Bei bekanntem Leistungsbeiwert (spezifischem theoretischem Wirkungsgrad) läßt sich also der Drehmomentenbeiwert des Radelements mithilfe der spezifischen Schnellaufzahl - sofern letztere von null verschieden ist - leicht berechnen.

D) Berücksichtigung der Reibung

Bei reibungsfreier Umströmung des Tragflügelelements würde die resultierende differentielle Gesamtkraft mit der differentiellen Auftriebskraft dF^{*}_{a} übereinstimmen und infolgedessen senkrecht auf der Richtung der relativen Durchsatzgeschwindigkeit $\vec{c}'$ in der Blattebene stehen, die mit der Blattebene den Winkel φ' bilden möge. Die zusätzlich parallel zur Profilsehne und damit parallel zur relativen Anströmgeschwindigkeit $\vec{c}'$ auf das Flügelelement wirkende differentielle Widerstandskraft dF^{*}_{w} führt jedoch, wie Bild 24 demonstriert, zu einer Winkelneigung ε der Resultierenden dF^{*}_{ges} von der Senkrechten zur Profilsehne weg zur Konverterachse hin.

Der Neigungswinkel

(4-54) $$\varepsilon = \arctan \frac{dF^{*}_{w}}{dF^{*}_{a}}$$

wird als Gleitwinkel bezeichnet.

Vergleichen wir die differentielle Nutzleistung $dP^{*}_{N} = u.dT^{*}$ (dT^{*} differentielle Tangentialkraft auf das Flügelelement) mit der dem Wind vom Element entzogenen Leistung $dP^{*}_{W} = v'.dS^{*}$, so erhalten wir den Flügelwirkungsgrad η^{*}_{F}.

(4-55) $$\eta^{*}_{F} = \frac{dP^{*}_{N}}{dP^{*}_{W}} = \frac{u.dT^{*}}{v'.dS^{*}}$$

Mithilfe einer Komponentenzerlegung der Auftriebs- und der Widerstandskraft in eine achsiale und in eine zur Radebene parallele Komponente erhält man für die tangentiale Kraft dT^* und die Schubkraft dS^* die Beziehungen

$$dT^* = dF_a^* \sin \varphi' - dF_w^* \cos \varphi'$$

$$dS^* = dF_a^* \cos \varphi' + dF_w^* \sin \varphi'$$

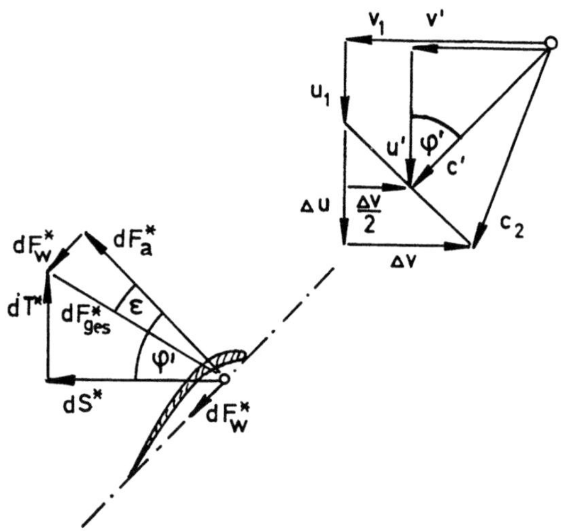

Bild 24: Zum Einfluß der Reibungskraft auf die resultierende Kraft am Tragflügelelement

Einsetzen in (4-55) liefert auf dem Wege einiger Umformungen für den spezifischen Flügelwirkungsgrad

$$\eta_F^* = \frac{u}{v'} \cdot \frac{dF_a^* \sin \varphi' - dF_w^* \cos \varphi'}{dF_a^* \cos \varphi' + dF_w^* \sin \varphi'}$$

$$= \frac{u}{v'} \cdot \frac{\sin \varphi' - \tan \varepsilon \cdot \cos \varphi'}{\cos \varphi' + \tan \varepsilon \cdot \sin \varphi'}$$

$$= \frac{u}{\frac{\mu}{2} v_1} \cdot \frac{1 - \tan \varepsilon / \tan \varphi'}{1 + \tan \varepsilon \cdot \tan \varphi'} \cdot \tan \varphi'$$

Führt man an dieser Stelle die absolute (aber elementspezifische) Schnellaufzahl $\lambda^* = u/v_1$ ein, und daneben noch eine auf die Durchsatzgeschwindigkeit bezogene effektive Schnellaufzahl $\lambda'^* = u'/v'$ [9], so folgt daraus weiter

$$\eta_F^* = \frac{2\,\lambda^*}{\mu\,\lambda'^*} \cdot \frac{1 - \tan\varepsilon \cdot \lambda'^*}{1 + \tan\varepsilon \,/\, \lambda'^*}$$

Eliminiert man nun noch - den Gepflogenheiten der Flugmechanik folgend - den Gleitwinkel durch die Gleitzahl E (hier als elementenspezifische Gleitzahl E^* anzusehen), so ergibt sich wegen $E = \cot\varepsilon$ schließlich die Relation

$$\eta_F^* = \frac{2\,\lambda^*}{\mu} \cdot \frac{E^* - \lambda'^*}{E^* \cdot \lambda'^* + 1} \tag{4-56}$$

Für den Fall großer Gleitzahlen E^* (kleiner Gleitwinkel ε) sowie ausreichend hoher Schnellaufzahlen λ'^* läßt sich dieser Ausdruck - wie eine Näherungsbetrachtung zeigt - sehr stark vereinfachen. Für $E^* \cdot \lambda'^* \gg 1$ erhält man nämlich unter Berücksichtigung der Definitionen der beiden Schnellaufzahlen

$$\eta_F^* \approx \frac{2\,\lambda^*}{\mu\,\lambda'^*}\,(1 - \lambda'^*/E^*) = \frac{2 \cdot \frac{u}{v_1}}{\mu\,\frac{u'}{v'}}\,(1 - \lambda'^*/E^*)$$

Da bei hohen Schnellaufzahlen $u' \approx u$ gesetzt werden darf, ergibt sich bei Verwendung der Relation (4-47) schließlich

$$\eta_F^* \approx 1 - \lambda'^*/E^* \tag{4-57}$$

---

[9] Man beachte, daß die von Hütter benutzte Definition für die spezifische, auf die Radebene bezogene Schnellaufzahl wegen des Dralls von der Betzschen Definition (4-25) abweicht!

Nachdem wir nun sowohl den spezifischen Flügelwirkungsgrad η_F^* (der in der Literatur mitunter auch Profilwirkungsgrad heißt) als auch den theoretischen Wirkungsgrad des Radelements η_{th}^* (= $c_{p_0}^*$ bei Hütter) bestimmt haben, läßt sich der reale (verlustbehaftete) Wirkungsgrad des Radelements, der nach allgemeiner Gepflogenheit als Leistungsbeiwert c_p^* des Radelements zu bezeichnen ist, explizit berechnen. Ausgehend von der Definitionsgleichung $c_p^* = \eta_{th}^* \cdot \eta_F^*$ (= $c_{p_0}^* \cdot \eta_F^*$ nach Hütter) erhalten wir

$$c_p^* = \frac{\mu}{2}\left(K - \frac{\Delta u^2}{v_1^2}\right) \cdot \frac{2\,\lambda^*}{\mu} \cdot \frac{E^* - \lambda'^*}{E^* \lambda'^* + 1}$$

$$= \frac{\lambda^*(E^* - \lambda'^*)}{E^* \lambda'^* + 1} \cdot 2\,\lambda^*\left(\sqrt{1 + \lambda^{*2} - \xi^2} - \lambda^*\right)$$

$$= 2\,\lambda^{*2}\left(\sqrt{1 + \lambda^{*2} - \xi^2} - \lambda^*\right) \cdot \frac{E^* - \lambda'^*}{E^* \lambda'^* + 1}$$

$$= 2\,\lambda^{*2}\left(\sqrt{1 + \lambda^{*2} - \xi^2} - \lambda^*\right) \cdot \frac{E^* - \frac{u'}{v'}}{E^* \cdot \frac{u'}{v'} + 1}$$

$$c_p^* = 2\,\lambda^{*2}\left(\sqrt{1 + \lambda^{*2} - \xi^2} - \lambda^*\right) \cdot \frac{E^* - \frac{2u'}{\mu\,v_1}}{E^* \cdot \frac{2u'}{\mu\,v_1} + 1}$$

Konsequente Rückführung der Größen u', μ und K mittels der schon früher aufgestellten Beziehungen (4-46), (4-43) und (4-44) auf die Abbremszahl und die spezifische Schnellaufzahl erlaubt schließlich die Darstellung des spezifischen Leistungsbeiwertes c_p^* als eine nur von ξ und λ^* abhängige Funktion

$$(4\text{-}58) \qquad c_p^* = 2\,\lambda^{*2}\left[\sqrt{1 + \lambda^{*2} - \xi^2} - \lambda^*\right] \frac{(1+\xi)E^* - \left[\sqrt{1 + \lambda^{*2} - \xi^2} + \lambda^*\right]}{(1+\xi) + E^*\left[\sqrt{1 + \lambda^{*2} - \xi^2} + \lambda^*\right]}$$

Die nach (4-58) unter Berücksichtigung der Reibung für einen Gleitwinkel von $\varepsilon = 0{,}032$ berechnete Abhängigkeit des Leistungsbeiwertes eines Radelements von der (spezifischen) Schnellaufzahl ist in Bild 25 zusammen mit dem entsprechenden Verlauf für reibungsfreie Profile eingetragen. Die aus verschiedenen Ursachen herrührenden Verlustanteile sind zum Vergleich eingezeichnet.

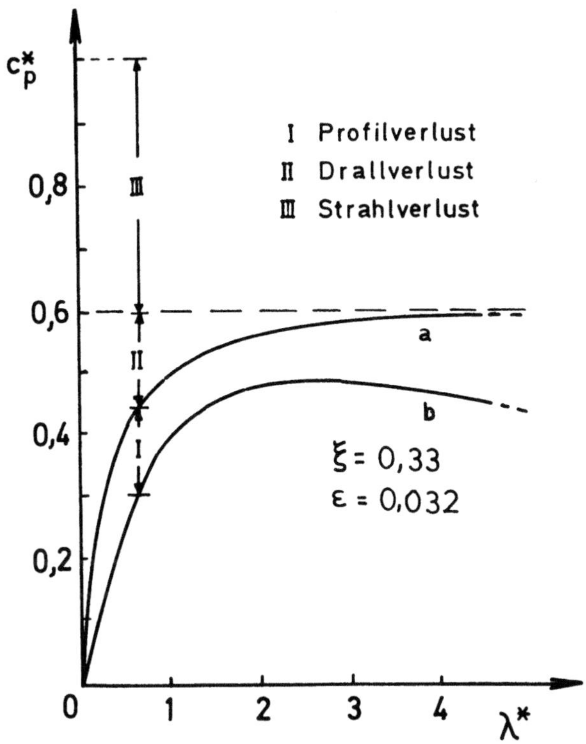

Bild 25: Leistungsbeiwert c_p^* eines reibungsfreien und eines reibungsbehafteten Radelements (Gleitwinkel $\varepsilon = 0{,}032$) als Funktion der Schnellaufzahl

E) Der Widerstandsbeiwert der Radkreisfläche

Die Widerstandszahl des gesamten Rades ist im Hinblick auf die Dimensionierung des Montageturmes von Interesse. Um sie zu ermitteln beginnen wir mit der Widerstandsziffer eines Radelements c_w^*, die wir unmittelbar als Quotient aus der differentiellen Schubkraft dS^* auf das Radelement und der auf dessen Fläche anfallenden Staukraft (Staudruck mal Elementenfläche) definieren. Bei Reibungsfreiheit (der Profile) gilt:

$$c_w^* = \frac{dS^*}{\frac{\rho_L}{2} v_1^2 \cdot dA_R^*} = \frac{2\,\rho_L dA_R^* \cdot v'(v_1 - v_2)}{\rho_L dA_R^* \cdot v_1^2} = \frac{2v'(v_1 - v_2)}{v_1^2}$$

Unterstellt man wieder, daß die Durchsatzgeschwindigkeit v' dem arithmetischen Mittelwert aus An- und Abströmgeschwindigkeit entspricht, dann folgt weiter

$$c_w^* = 1 - \xi^2 = c_{wRo} \quad (4\text{-}59)$$

d.h. die Widerstandszahl ist nur vom Geschwindigkeitsverhältnis ξ abhängig, somit also für das ganze Rad insoweit repräsentativ, als über seinen gesamten Querschnitt das gleiche Abbremsverhältnis erreicht werden kann.

4.2.2.2 Charakteristik des Rades

Im vorigen Kapitel ist anhand der Betrachtung eines Radelements, das als kreisringförmige Teilfläche des Windrades von differentieller Radialausdehnung definiert wurde, der grundsätzliche Zusammenhang zwischen Abbremszahl, Schnellaufzahl, Gleitzahl und Leistungsbeiwert erarbeitet worden. Die Ergebnisse lassen sich jedoch nicht so ohne weiteres verallgemeineren, sondern bedürfen einiger Ergänzungen, die vor allem die Wirkung von Profilgittern und den Einfluß des Strömungsabrisses am Tragflügel betreffen.

A) Zusammenhang zwischen Auftriebszahl, Geschwindigkeitsverhältnis und Schnellaufzahl

Es ist selbstverständlich, daß für einen nach dem Auftriebsprinzip arbeitenden Windenergie-Konverter der Auftriebsbeiwert von größter Bedeutung ist, und zwar im Falle des Horizontalachsenkonverters die Auftriebsziffer eines Profilgitters, d.i. eine ebene periodische Anordnung von Auftriebsprofilen. Für die Berechnung des Auftriebsbeiwertes eines solchen Gitters gibt es zwei Wege, die im folgenden beschritten werden sollen.

<u>1. Möglichkeit:</u> Die am Profilgitter eines Radelements auftretende Auftriebskraft dF_a^* wird durch den sekundlichen Impulsverlust der durchströmenden Luft ausgedrückt.

Man erhält

$$dF_a^* = c_a^* \cdot \frac{\rho_L}{2} c'^2 \cdot z \cdot t \cdot dr = \rho_L \cdot 2\pi r dr \cdot v' \cdot \Delta c_\perp$$

Bei Verwendung der Gitterteilung[10] $\tau^* = \frac{2\pi r}{z \cdot t}$ ergibt sich aus diesem Ansatz eine Beziehung für den spezifischen Auftriebsbeiwert

$$c_a^* = \frac{2\tau \cdot v' \cdot \Delta c_\perp}{c'^2} \tag{4-60}$$

Die auf der rechten Seite von Gleichung (4-60) auftretenden Geschwindigkeiten lassen sich sämtlich auf die primäre Windgeschwindigkeit v_1 und andere zur Beschreibung des Betriebszustandes bereits benutzte Kenngrößen wie die Abbrems- und die Schnellaufzahl zurückführen. Dabei gilt:

$$v' = \frac{\mu}{2} v_1$$

$$\Delta c = \sqrt{\Delta v^2 + \Delta u^2}$$

$$= \sqrt{(v_1 - v_2)^2 + \left(\sqrt{K \cdot v_1^2 + u^2} - u\right)^2}$$

$$= v_1 \sqrt{(1 - \xi)^2 + \left(\sqrt{K + \lambda^{*2}} - \lambda^*\right)^2}$$

---

10) $\tau = 1/\sigma$ Kehrwert des Völligkeitsgrades (4-16)

und schließlich für die relative Anströmgeschwindigkeit in der Radebene

$$c' = \sqrt{v'^2 + u'^2}$$

$$= \sqrt{\left(\frac{\mu}{2} v_1\right)^2 + \frac{1}{4}\left(u + \sqrt{K.v_1^2 + u^2}\right)^2}$$

$$= \frac{v_1}{2}\sqrt{\mu^2 + \left(\lambda^* + \left(\sqrt{K + \lambda^{*2}}\right)^2\right.}$$

Mit diesen drei Ausdrücken findet man für die gesuchte Auftriebsziffer zunächst

$$c_a^* = 4\,\mu\,\tau \cdot \frac{\sqrt{(1-\xi)^2 + \left(\sqrt{K + \lambda^{*2}} - \lambda^*\right)^2}}{\mu^2 + \left(\sqrt{K + \lambda^{*2}} + \lambda^*\right)^2} \quad ,$$

woraus sich dann explizit die Form

$$c_a^* = 4(1+\xi)\tau \frac{\sqrt{(1-\xi)^2 + \left(\sqrt{K + \lambda^{*2}} - \lambda^*\right)^2}}{(1+\xi)^2 + \left(\sqrt{K + \lambda^{*2}} + \lambda^*\right)^2} \tag{4-61}$$

ergibt.

2. Möglichkeit: Nach Weinig (/6/,/7/) läßt sich der Auftriebsbeiwert der Profile eines Gitters durch eine Relation der Form

$$c_a^* = 2\pi K_G \cdot \eta_d \cdot \sin\alpha' \tag{4-62}$$

beschreiben, worin α' den Winkel zwischen der Nullauftriebsrichtung des Profils und der Relativgeschwindigkeit $\vec{c}'$ in der Radebene, K_G eine den Gittereinfluß auf den Anstieg des Auftriebsbeiwertes beschreibende Größe, und η_d eine von der Pro-

fildicke abhängige Kennzahl ist, die eine Abminderung des Anstiegs von c_a^* infolge unterschiedlicher Grenzschichtdicken auf Saug- und Druckseite berücksichtigt.
Bezeichnet man den Winkel zwischen Radebene und Nullauftriebsrichtung mit γ, den Winkel zwischen der relativen Durchsatzgeschwindigkeit $\vec{c}\,'$ und der Radebene mit φ', so ist der Winkel zwischen Anströmrichtung und Nullauftriebsrichtung eines Profilelements $\alpha' = \varphi' - \gamma$. Eine Umformung mithilfe der trigonometrischen Additionstheoreme erlaubt es, (4-62) in die Fassung

$$c_a^* = 2\pi K_G \eta_d \sin\varphi'(\cos\gamma - \cot\varphi' \sin\gamma)$$

zu bringen, aus der wegen $\cot\varphi' = u'/v'$ und $\sin\varphi' = v'/c'$ weiter folgt

$$c_a^* = 2\pi K_G \eta_d \frac{v'}{c'} \left(\cos\gamma - \frac{u'}{v'} \sin\gamma\right)$$

$$= 2\pi K_G \eta_d \frac{v'\cos\gamma - u'\sin\gamma}{c'}$$

$$= 2\pi K_G \eta_d \frac{\frac{\mu}{2} v_1 \cos\gamma - u'\sin\gamma}{\frac{v_1}{2}\sqrt{\mu^2 + \left(\sqrt{K + \lambda^{*2}} + \lambda^*\right)^2}}$$

$$= 2\pi K_G \eta_d \frac{\mu\cos\gamma - \left(\sqrt{K + \lambda^{*2}} + \lambda^*\right)\sin\gamma}{\sqrt{\mu^2 + \left(\sqrt{K + \lambda^{*2}} + \lambda^*\right)^2}}$$

Tauscht man hierin noch μ gegen $1 + \xi$ aus, so erhält man schließlich die zu (4-61) adäquate Darstellung

$$c_a^* = 2\pi K_G \eta_d \frac{(1 + \xi)\cos\gamma - \left(\sqrt{K + \lambda^{*2}} + \lambda^*\right)\sin\gamma}{\sqrt{(1 + \xi)^2 + \left(\sqrt{K + \lambda^{*2}} + \lambda^*\right)^2}} \qquad (4\text{-}63)$$

Die beiden Beziehungen (4-61) und (4-63) sind nach Vorgabe von τ, K_G und η_d (Baubedingungen), sowie Neigungswinkel γ (Betriebsbedingung) nur noch Funktionen von λ^* und ξ. Durch Gleichsetzen der für den Auftriebsbeiwert gefundenen Ausdrücke kann bei gegebenem λ^* die Größe ξ bestimmt werden, womit der achsiale Leistungsbeiwert festgelegt ist.

Die Ermittlung der ξ-Werte erfolgt am praktischsten in der Weise, daß aus Gleichung (4-61) und (4-63) jeweils c_a^* als Funktion von ξ berechnet wird, und zwar für geeignet gewählte λ^*-Werte als Parameter (vgl. Bild 26 und 27). Man erhält bei Darstellung der c_a^*- ξ-Kurven im gleichen Diagramm Schnittpunkte der Kurven aus (4-61) mit jenen aus (4-63) bei gleichen λ^*-Daten, die die zugehörigen c_a^*- und ξ-Werte liefern. Zwei nach dieser Methode vorgenommene Auswertungen sind in Bild 28 und 29 demonstriert.

Aus den gemessenen Polaren (Diagrammdarstellung von c_a über c_w) des verwendeten Flügelprofils ist der Zusammenhang zwischen Auftriebsbeiwert c_a^* und Gleitzahl E^* und somit der Profilwirkungsgrad gegeben (vgl. Bild 30).

Bei unbegrenzt anliegender Strömung ist damit der Zusammenhang zwischen Leistungsbeiwert c_p^* und Schnellaufzahl λ^* sowie Abbremszahl ξ hergestellt:

$$c_p^* = f\ (\xi,\ \lambda^*, E^*)$$

Ein solcher Fall liegt vor bei Windrädern mit kleinem λ^* und großem γ.

B) Berücksichtigung des Abreißens der Strömung

Bei Radelementen, die für große Schnellaufzahlen λ^* entworfen sind, γ also ein kleiner Winkel ist, reißt die Strömung bei kleinen Drehzahlen (kleinen λ^*-Werten) am Blatt ab. Dieser Umstand ist in Gleichung (4-63) nicht berücksichtigt, weshalb sich nach dieser Formel Auftriebsbeiwerte oberhalb des realen Maximalwertes $c_{a\ max}^*$ ergeben können.

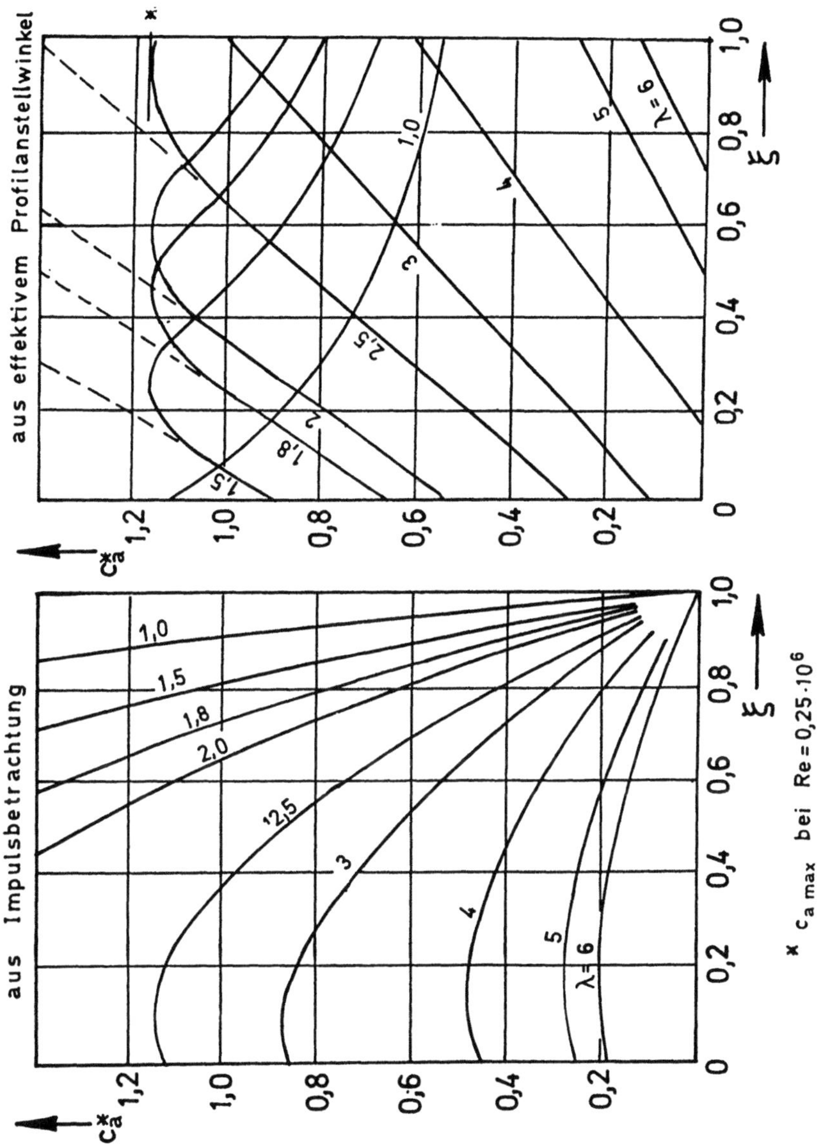

Bild 26 und 27: Spezifischer Auftriebsbeiwert c_a^* als Funktion der Abbremszahl ξ , einmal nach Impulsbetrachtung, einmal nach der aerodynamischen Propellertheorie (aus /5/)

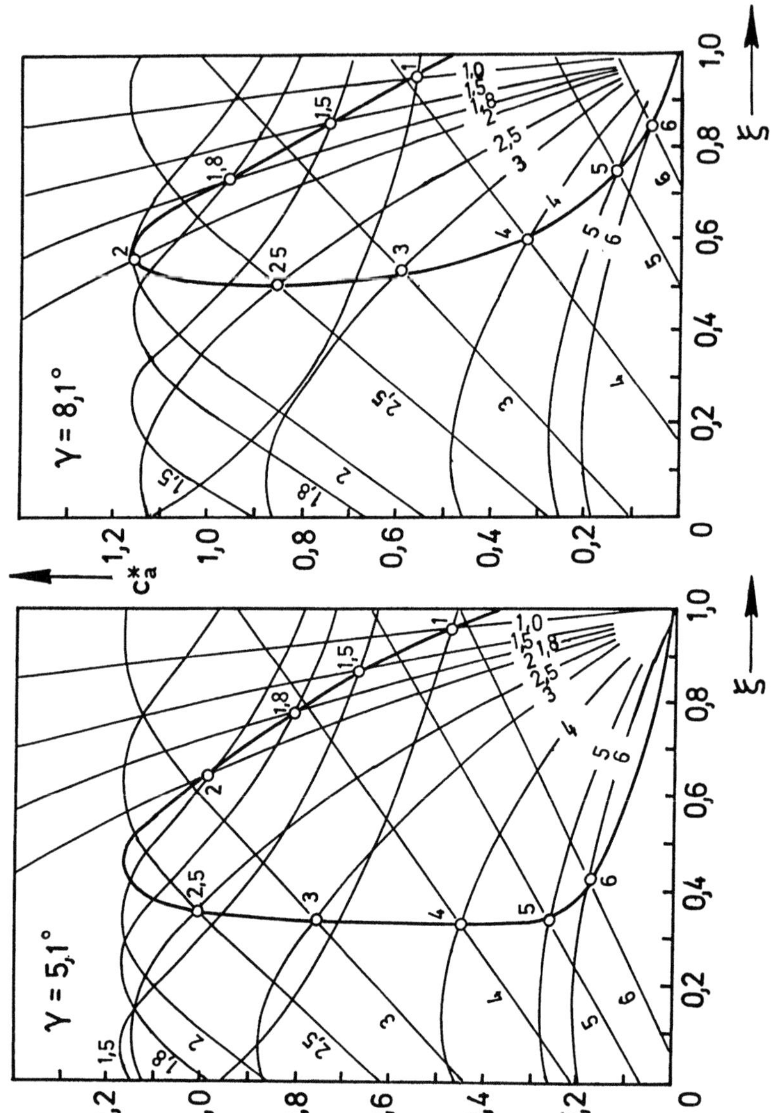

Bild 28 und 29: Nach der graphischen Methode für verschiedene Schnellaufzahlen und zwei Neigungswinkel γ ermittelte Wertepaare c_a^*, ξ (aus /5/)

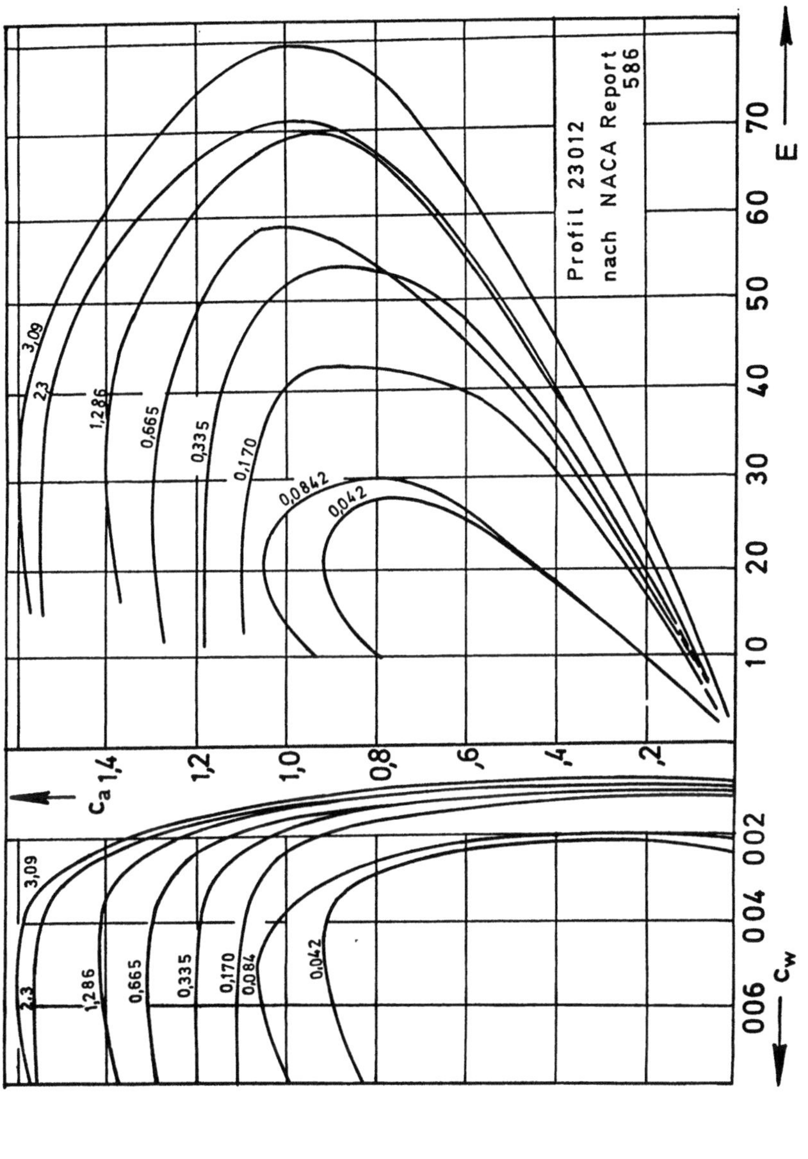

<u>Bild 30:</u> Zur graphischen Ermittlung des Zusammenhangs zwischen Auftriebsbeiwert und Profilgleitzahl aus den sog. Polaren (/5/)

Um die tatsächlichen Auftriebsbeiwerte zu ermitteln, wird in gemessenen c_a-α-Kurven der lineare c_a-Verlauf über $c_{a\ max}$ fortgesetzt und das Verhältnis des sich daraus ergebenden Idealwertes von c_a zu dem tatsächlichen c_a-Wert bestimmt (vgl. Bild 31). Auf diese Weise erhält man einen Korrekturfaktor $p_{c_a} = c_{a\ eff}/c_{a\ ideal}$ als Funktion von $c_{a\ ideal}$, mit dem alle nach der Formel (4-63) berechneten Werte zu multiplizieren sind (bereits in den Diagrammen in Bild 26 - 29 berücksichtigt!), um dem beim Strömungsabriß tatsächlich auftretenden Zusammenhang zwischen c_a und ξ zu entsprechen.

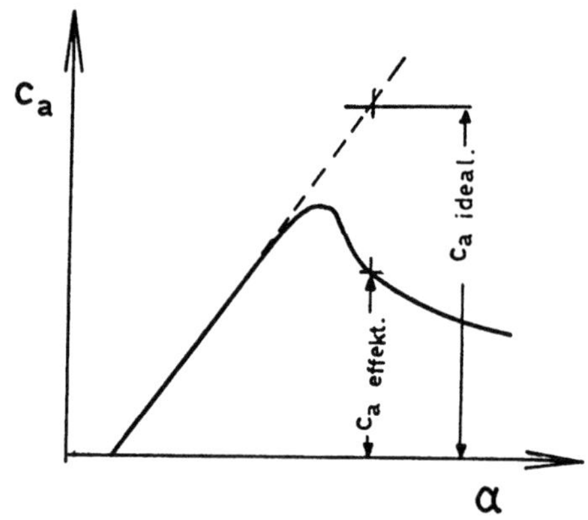

Bild 31: Prinzip zur Ermittlung der Auftriebskorrektur p_{c_a} (aus /5/)

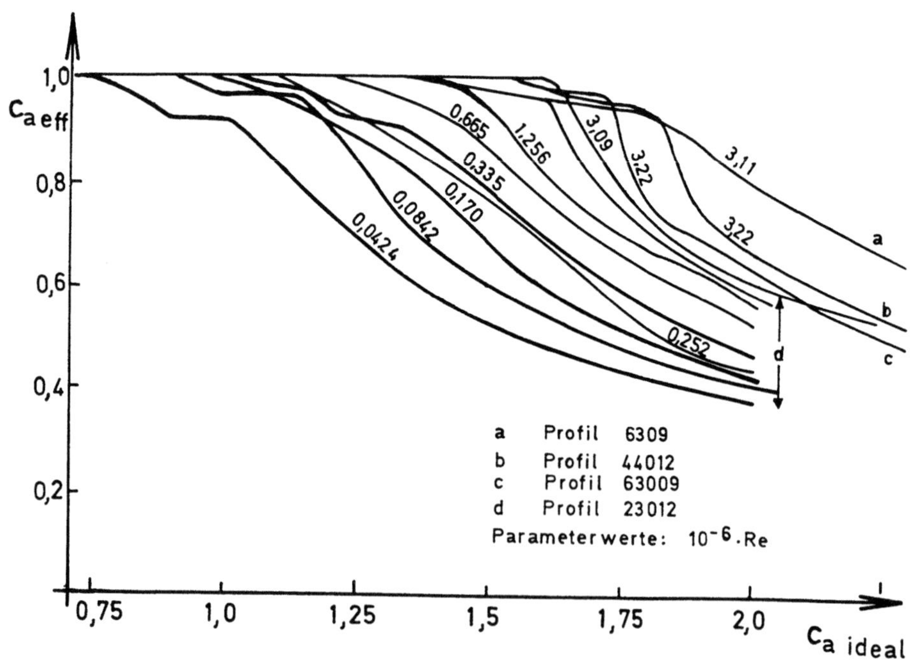

Bild 32: Verlauf des korrigierten Auftriebsbeiwertes als Funktion des idealen am Beispiel einiger Profile (aus /5/ , nach NACA-Report 586)

Die beschriebene Auftriebskorrektur ist Reynoldszahl-abhängig, wobei letztere auch den Wert von $c_{a\ max}$ beeinflußt.

Einige Beispiele für die Auftriebskorrektur verschiedener Profile und den Einfluß der Reynolds-Zahl enthält Bild 32.

C) Die Anwendung auf das ganze Rad

Das für ein Flügelelement des Rades gefundene $c_p^* - \lambda^*$ - Diagramm kann unter den folgenden Voraussetzungen als gültig für das ganze Windrad angesehen werden:

1. Der Abstand des wirksamen (repräsentativen) Elementes von der Drehachse muß bei gleichmäßiger Durchströmung gleich dem Schwerpunktsabstand eines Radkreisflächensektors von derselben sein, also $r_{wirksam} \approx 0{,}75$ R. Unter Berücksichtigung des Dralleinflusses und der stetigen Wirbelablösung folgt (von Hütter /5/ ohne Beweis angegeben)

(4-64) $$r_{wirksam} \approx 0{,}72\ R$$

2. Die bisher mit λ^* bezeichnete Schnellaufzahl des Elements vom Radius r muß auf die Schnellaufzahl λ des Rades bei r = R umgerechnet werden.

(4-65) $$\lambda = \lambda^* \cdot \frac{R}{r} = \lambda(r) \cdot \frac{R}{r} = \lambda(R)$$

3. Durch eine zusätzliche Korrektur von λ muß dem Umstande Rechnung getragen werden, daß γ, K_G und η_d mit dem Blattradius veränderlich sind. Alle λ-Werte werden mit dem Korrekturfaktor

(4-66) $$p_\lambda = \frac{2}{R^2 \cdot \lambda\,(r_{wirksam})_{max}} \int_0^R \lambda(r)_{max}\ r\ dr$$

multipliziert.

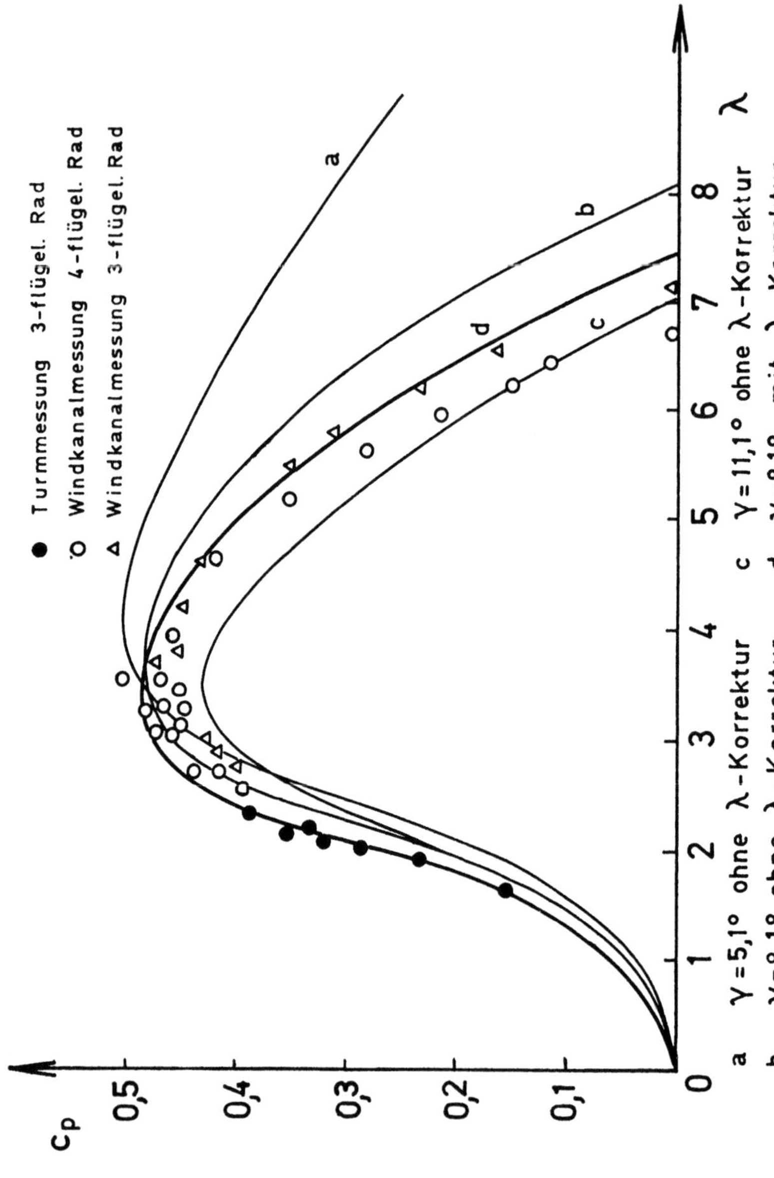

Bild 33: Vergleich von c_p-λ-Kennlinien, berechnet nach der in diesem Kapitel geschilderten Methode, mit Messungen am gleichen Windrad im Windkanal und auf Turm I der Ventimotor-Versuchsanlage (aus /5/)

Die Schnellaufzahl bei $c_p = 0$, λ_{max}, wird für $\xi = 1$ erreicht. Es ist

$$(4\text{-}67) \qquad \lambda_{max} = -\frac{\gamma}{2n} + \sqrt{\frac{1}{n} + \left(\frac{\gamma}{2n}\right)^2} \qquad \left(\text{mit } n = \frac{c_{wp}}{2\pi\,\eta_d K_G}\right)$$

Dieses Resultat erhält man aus der Bedingung $dT^* = 0$, da dann für $\lambda_{max} \gg 1$ näherungsweise gilt

$$(4\text{-}68) \qquad \frac{c_{wp}}{2\pi\,\eta_d K_G} = \arctan\frac{1}{\lambda_{max}}\left(\arctan\frac{1}{\lambda_{max}} - \gamma\right)$$

$$\approx \frac{1}{\lambda_{max}}\left(\frac{1}{\lambda_{max}} - \gamma\right)$$

4.2.2.3 Das ganze Rad

Die bisherigen Betrachtungen galten für ein Radelement, das für die hindurchströmende Luft den Ablenkmechanismus eines Tragflügels haben und gleichzeitig eine gleichmäßig über die Fläche verteilte Beeinflussung der Strömung bewirken sollte.

In Wirklichkeit ist jedoch auf dem Radumfang nur eine endliche Zahl von Profilen gleicher Tiefe angeordnet, deren Größe in radialer Richtung (von der Drehachse gerechnet) veränderlich ist.

Auch die Zirkulation ist in radialer Richtung veränderlich; daher löst sich von jedem Blatt eine Wirbelschicht, die aus den benachbarten Wirbelfäden der sich in Strömungsrichtung fortsetzenden Zirkulationselemente herrührt. Diese Wirbelschicht beeinflußt die An- und Abströmverhältnisse. Bei gegebener Tiefenverteilung als Funktion des Radius stellt sich eine bestimmte Zirkulationsverteilung ein, wobei das Merkmal aller Verteilungen, die realisiert werden können, in der Abnahme der Zirkulation nach den beiden Flügelenden bei $r = o$ und $r = R$ zu sehen ist.

Die Folge der stetigen Wirbelablösung ist ein zusätzlicher induzierter Widerstand der Tragflügel. Die Wirkung des Windrades selbst besteht in erster Linie darin, daß sich gegenüber dem Fall einer unendlichen Blattzahl nicht über den ge- ganzen Windradradius von r = o bis r = R das optimale Abbremsverhältnis ξ_{opt} erreichen läßt.

A) Der Grundriß

Als Grundlage für die weiteren Überlegungen soll zunächst (ohne Rücksicht auf die Realisierbarkeit) jene Tiefenverteilung bestimmt werden, die für jeden Radius das gleiche Geschwindigkeitsverhältnis ξ (z.B. auch ξ_{opt}) ergeben würde, wenn man gegenseitige Beeinflussung der Flügel ausschließt (unendliche Spannweite).

Wir setzen die Leistung dP^*_δ der durch den Kreisringsektor vom Winkel $\delta = 2\pi/z$ strömenden Luftmasse gleich der Leistung der an dem Blattelement von der Tiefe t wirkenden Luftkraft $dF^*_{L\ ideal}$:

$$dP^*_\delta = \frac{\rho_L}{2}(v_1^2 - v_2^{*2})v' \cdot \delta \cdot r \cdot dr = r\,\omega\, dF^*_{L\ ideal} \cdot \sin\varphi'$$

Setzt man bei zunächst verlustlos angenommenem Blatt

$$c^*_{res} \approx c^*_a \quad , \qquad \sin\varphi' = \frac{v'}{c'} \qquad \text{und}$$

$$dF^*_{L\ ideal} = c^*_a \cdot \frac{\rho_L}{2} c'^2 \cdot t_o dr \quad ,$$

so erhält man

$$(4\text{-}69) \qquad t_o \cdot c_{res} = \frac{v_1^2 - v_2^{*2}}{\omega \cdot c'} \cdot \delta$$

Multipliziert man $t_o \cdot c_{res}$ mit $c'/2$, so ergibt sich die sog. Zirkulation

$$\Gamma = \frac{\delta}{2\omega}(v_1^2 - v_2^{*2}) = \frac{\delta\, r}{2\, u}(v_1^2 - v_2^{*2}) \quad ,$$

für die man wegen

$$v_1^2 - v_2^{*2} = 2u\left(\sqrt{K \cdot v_1^2 + u^2} - u\right)$$

auch schreiben kann

$$(4\text{-}70) \qquad \Gamma = r\, v_1\, \delta\left(\sqrt{K + \lambda^{*2}} - \lambda^*\right)$$

Im Falle drallfreier Strömung ist $v_2^* = v_2$ und somit $v_1^2 - v_2^{*2} = K \cdot v_1^2$, wodurch sich (4-70) zu

$$\Gamma = \frac{\delta . K . v_1^2}{2\omega} = \text{const} \quad (\text{bei } \xi = \text{const})$$

vereinfacht, was dem Rechteckflügel mit unendlicher Spannweite entspricht.

Dem Ansatz zur Herleitung des Zirkulationsausdruckes entnimmt man die Beziehung

$$c_a^* . t_o \cdot \frac{c'}{2} = \delta . r . v_1 \left(\sqrt{K + \lambda^{*2}} - \lambda^*\right)$$

die sich unter Verwendung eines bereits in Abschnitt 4.2.2.2, A gefundenen Ausdrucks für die Relativgeschwindigkeit c' in die Form

$$t_o = \frac{2\,\delta\, r\, v_1 \left(\sqrt{K + \lambda^{*2}} - \lambda^*\right)}{c_a^* \cdot \frac{v_1}{2} \sqrt{\mu^2 + \left(\lambda^* + \sqrt{K + \lambda^{*2}}\right)^2}}$$

bringen läßt. Der im Nenner auftretende Wurzelausdruck erlaubt - wenn man die Abkürzungen K und μ rückgängig macht und den Radikanden explizit hinschreibt - eine weitere Vereinfachung, mit deren Hilfe man die Flügeltiefe t_o wie folgt beschreiben kann:

$$(4\text{-}71) \qquad t_o = \frac{\delta . r}{c_a^*} \cdot \sqrt{2}^{\,3} . \frac{\sqrt{K + \lambda^{*2}} - \lambda^*}{\sqrt{1 + \xi + \lambda^*\left(\sqrt{K + \lambda^{*2}} + \lambda^*\right)}} = \frac{\delta . r}{c_a^*} \cdot \Theta$$

Die Verteilungsfunktion Θ ist nur noch von ξ und λ^* abhängig. Im Hinblick auf die bei Schnelläufern gerechtfertigte Annahme $K/\lambda^{*2} \ll 1$ gilt $\sqrt{K + \lambda^{*2}} \approx \lambda^*(1 + K/2\lambda^{*2})$, woraus sich als Näherung für die Verteilungsfunktion ergibt:

$$\Theta \approx \frac{\sqrt{2}^{\,3} \cdot \frac{K}{2\lambda^*}}{\sqrt{\mu + \lambda^* \left[\lambda^* \cdot \left(1 + \frac{K}{2\lambda^{*2}}\right) + \lambda^*\right]}}$$

$$\approx \frac{\sqrt{2}\,K}{\lambda^* \sqrt{\mu + \frac{K}{2} + 2\lambda^{*2}}}$$

$$\approx \frac{K}{\lambda^{*2} \cdot \sqrt{1 + \frac{2\mu + K}{4\lambda^{*2}}}}$$

(4-72) $$\Theta \approx \frac{K}{\lambda^{*2} + \frac{K + 2\mu}{8}}$$

Da im Falle $\lambda^{*2} \gg K$ auch $\lambda^{*2} \gg \frac{K + 2\mu}{8}$ angenommen werden darf, läßt sich in gröberer Annäherung schreiben

(4-73) $$\Theta \approx \frac{K}{\lambda^{*2}}$$ (vgl. Bild 34 a)

<u>B) Die Beiwerte des ganzen Rades bei unendlicher Blattzahl</u>

Wie sich aus (4-71) ergibt, nimmt die Flügeltiefe t (bei Nichtberücksichtigung der Reibung mit t_o zu bezeichnen) mit wachsender Blattzahl z ab:

(4-71) $$t_o = \frac{2\pi r}{z \cdot c_a^*} \cdot \Theta$$

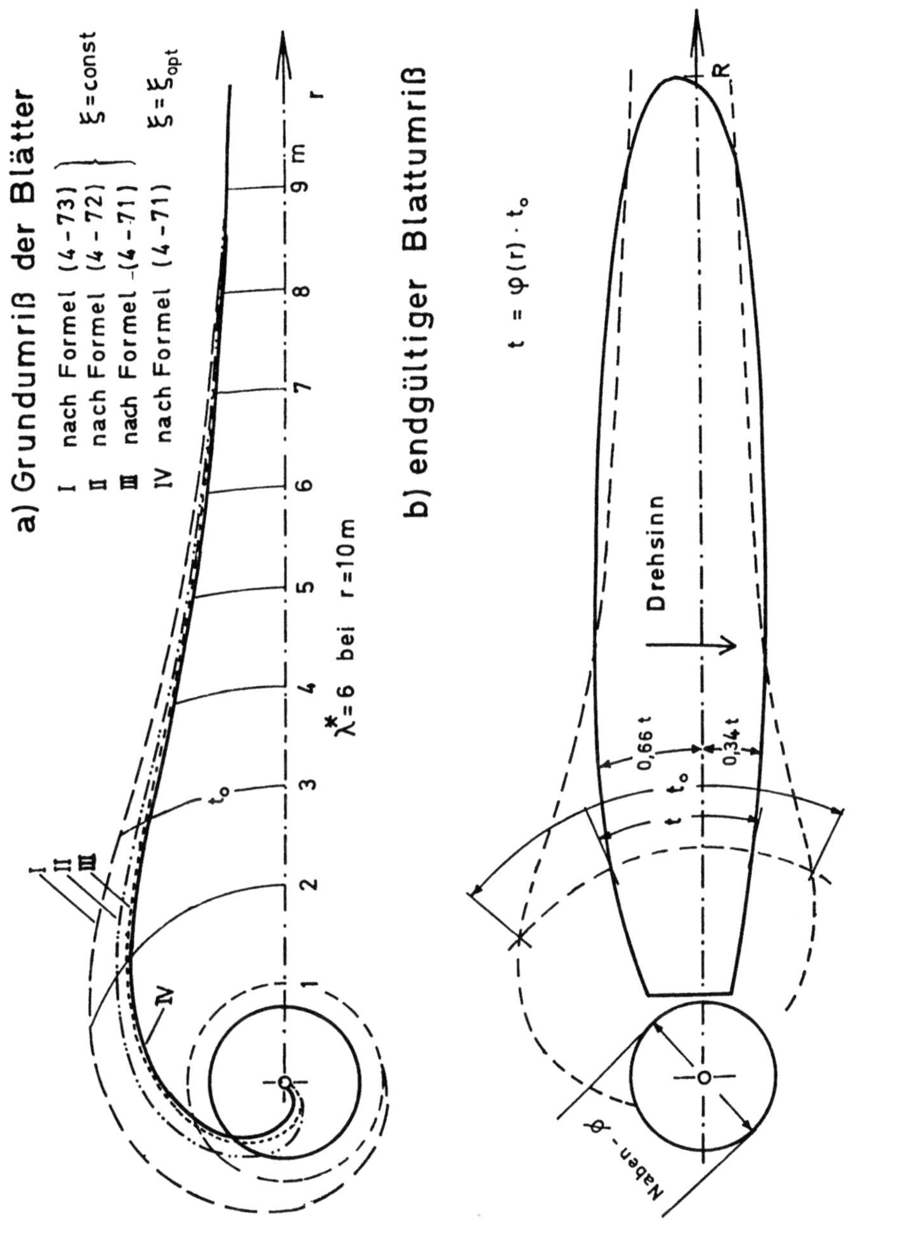

Bild 34 a,b: Vorläufiger und endgültiger Blattumriß nach Berechnungen von Hütter /5/

Mit der Blattiefe wird aber auch die Zirkulation

$$\Gamma = \frac{1}{2}\, c_a^{*} . t \cdot c'$$

und damit der Zirkulationsabfall $\frac{d\Gamma}{dr}$ nach den Blattenden kleiner. Bei unendlicher Blattzahl verhält sich das ganze Rad wie die Summe der Elemente, aus denen es sich zusammensetzt. Die Größen der Beiwerte c_p, c_M und c_w für das ganze Rad können einfach durch Integration über den Blattradius aus den örtlichen Beiwerten der Elemente bestimmt werden.

Für den Leistungsbeiwert des Rades bekommt man so

$$(4\text{-}74) \qquad c_p = \frac{2}{R^2} \int_0^R c_p(r) . r dr = \frac{2}{R^2} \int_0^R c_p^{*} . r dr \quad ,$$

wobei wegen $\lambda(r) = \lambda^{*} = \lambda(R) . \frac{r}{R} = \lambda . \frac{r}{R} \sim r$ ist.

Der Momentenbeiwert des Rades ergibt sich daraus einfach zu

$$(4\text{-}75) \qquad c_M = c_p / \lambda$$

Zwecks Bestimmung des gesamten Widerstandsbeiwertes nach dem analogen Ansatz

$$(4\text{-}76) \qquad c_w = \frac{2}{R^2} \int_0^R c_w(r) . r dr$$

empfiehlt sich die graphische Integration, da bei veränderlicher Blattdicke und Gleitzahl die Variation von c_p^{*} mit r - wenn überhaupt als geschlossene Funktion angebbar - die Rechnung zu sehr komplizieren würde.

C) Der Einfluß der stetigen Wirbelablösung

Bei endlicher Blattzahl muß der Einfluß der stetigen Wirbelablösung berücksichtigt werden. Hierfür bieten sich zwei Mög-

lichkeiten an:
Nach Betz /4/ wird mit (4-27) ein reduzierter bzw. effektiver Durchmesser eingeführt, der sich dort allerdings auf die bei Schräganströmung wirksame Flügelperiodizität s, bei Hütter /5/ auf die Flügeltiefe t_o stützt.

Eine andere von Prantdl /8/ stammende Methode ersetzt die nach rückwärts abgehenden Wirbelschichten durch ein System von Ebenen quer zur Stromrichtung und berechnet aus dieser idealisierenden Annahme ebenfalls einen reduzierten Durchmesser mit

$$D_{red} = D \left(1 - 1{,}39 \frac{\sin \varphi'}{z}\right) \tag{4-77}$$

Der Zirkulationsabfall gegen die Flügelspitzen ist durch die Beziehung

$$\Gamma = \frac{8R}{z} \cdot \frac{v'}{\lambda} \cdot \text{arc cos } e^{-\frac{1-\frac{r}{R}}{2\pi} \cdot \frac{z}{\sin \varphi'}} \tag{4-78}$$

gegeben. Für die Vorausberechnung des Leistungsbeiwertes und die Abschätzung des Einflusses der Blattzahl reichen diese Formeln aus. Zum Vergleich verschiedener Blattumrisse kann die Zirkulationsverteilung über den Blattradius bei gegebener Profilform ausgehend von der Prandtdlschen Integralgleichung, unter Berücksichtigung der über den Blattradius veränderlichen Anblasegeschwindigkeit c' und des Einflusses der schraubenförmig in Stromrichtung abgehenden Wirbelflächen berechnet werden.

Aus der örtlichen Größe der Zirkulation und der gegebenen Flügeltiefe wird der örtliche (spezifische) Auftriebsbeiwert bestimmt. Damit ist sowohl E^* als auch das Geschwindigkeitsverhältnis ξ ermittelt. Letzteres folgt aus c_a^* und der aus den getroffenen Annahmen bekannten Schnellaufzahl. Der örtliche Leistungsbeiwert c_p^* ergibt sich aus (4-58), woraus durch Integration über r nach (4-74) der Leistungsbeiwert des ganzen Rades hervorgeht.

D) Die günstigste Blattzahl

Die im vorigen Abschnitt erwähnte Beziehung (4-77) erlaubt den Vergleich der Leistungsbeiwerte eines Rades von endlicher Blattzahl z und eines solchen von unendlicher Blattzahl, da der Leistungsbeiwert proportional zur wirksamen Radfläche ist.

$$(4\text{-}79) \qquad c_p(z) = c_p(\infty) \cdot \left(1 - \frac{\sin \varphi'}{z}\right)^2$$

Der Einfluß der Blattzahl ist bei Windrädern großer Schnelllaufzahl wesentlich geringer als bei solchen mit kleiner Schnelläufigkeit.

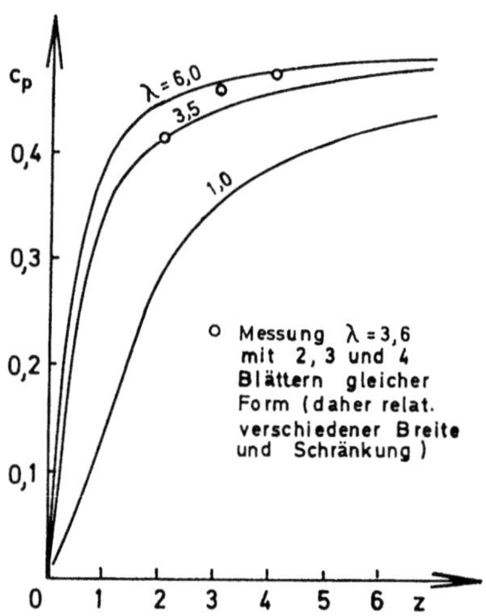

Bild 35: Beeinflussung des Leistungsbeiwertes durch die Blattzahl des Windrades (aus /5/)

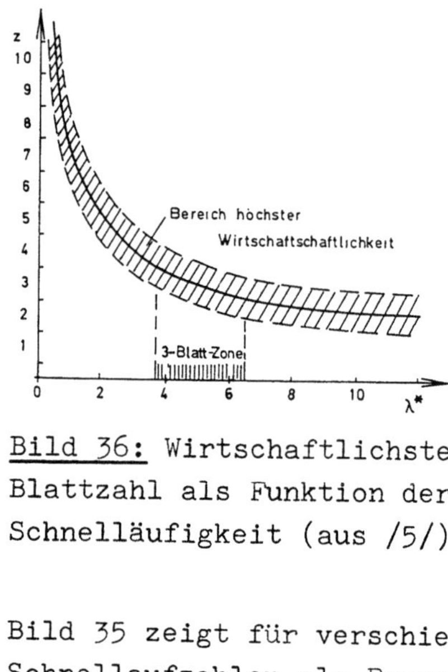

Bild 36: Wirtschaftlichste Blattzahl als Funktion der Schnelläufigkeit (aus /5/)

Bild 35 zeigt für verschiedene Schnellaufzahlen als Parameter die Zunahme des Leistungsbeiwertes mit der Blattzahl. Man erkennt, daß bei extremen Schnelläufern ($\lambda \geq 6$) schon mit zwei Flügeln nahezu der Grenzwert erreicht wird, und mehr als drei Blätter praktisch keinen Gewinn mehr bringen.

Obwohl sich die von Hütter /5/ angestellten Wirtschaftlichkeitsbetrachtungen in absoluten Zahlen ausgedrückt nicht auf die heutigen Verhältnisse übertragen lassen, besitzt die von ihm als Trendkurve ermittelte Wirtschaftlichkeitsaussage wegen ihrer grundsätzlichen Richtigkeit zeitlose Gültigkeit. Man entnimmt der in Bild 36 wiedergegebenen Bewertungskurve, daß schon aus ökonomischen Gesichtspunkten Langsamläufer Vielblatt-Anordnungen sein sollten, extreme Schnelläufer dagegen höchstens zwei bis drei Flügel haben sollten. Hinsichtlich der bislang nicht gesondert angesprochenen gemäßigten Schnelläufer ($2 \leq \lambda \leq 4$) kann bei großzügiger Interpretation des Wirtschaftlichkeitsdiagramms von einer günstigen Blattzahl zwischen vier und sechs ausgegangen werden, in befriedigender Übereinstimmung mit bisherigen praktischen Erfahrungen. Allerdings ist einzuräumen, daß die Wirtschaftlichkeitsaussage stark von der Absolutgröße des Konverters und von Standort und Anwendungszweck beeinflußt wird, so daß individuelle Kalkulationen unverzichtbar erscheinen.

Die bemerkenswerte Abhängigkeit der Rotorkosten von der Blattzahl z, vor allem bei großen Anlagen, ist durch die mit z wachsenden Fertigungskosten (Zahl der Einzelteile!) bedingt, die durch gleichzeitige Abnahme der (für gleiche Leistung) benötigten Flügellänge bei weitem nicht kompensiert werden können.

E) Die Winkelverteilung über dem Radius

Die Verteilung des Einstellwinkels, d.i. der Winkel γ , den die Null-Anströmrichtung eines Tragflügelprofils mit der Windradebene bildet, über dem Radius wird durch folgende Größen bestimmt:

1. durch die tatsächliche Schnellaufzahl λ'^{*} des betr. Schnitts,

2. durch den lokalen Auftriebsbeiwert c_a^*, der erzielt werden soll (nicht jener, der unter Berücksichtigung der stetigen Wirbelablösung wirklich erreicht wird!),

3. durch die Gitterkonstante K_G ,

4. durch die Profilkonstante η_d .

Wegen $c_a^* \approx 2\pi \cdot \eta_d K_G \left(\arc\tan \frac{1}{\lambda'^*} - \gamma \right)$

gilt für den Einstellwinkel explizit:

$$\gamma = \arc\tan \frac{1}{\lambda'^*} - \frac{c_a^*}{2\pi\eta_d K_G} \qquad (4\text{-}80)$$

Der günstigste Blattumriß wird für einen bestimmten Auftriebsbeiwert berechnet, für den $E^* \approx E^*_{opt}$ ist. Da die maßgebende Größe aber nicht der Auftriebsbeiwert, sondern die Zirkulation ist, d.h. im wesentlichen das Produkt $c_a^* \cdot t$, kann man durch Abweichungen vom Bestwert der Auftriebszahl fabrikatorisch einfache Blattumrisse erreichen. Durch Korrektur des Schränkungsverlaufs kann $c_a^* \cdot t$ auf die erforderliche Größe gebracht werden.

F) Profile für Windradflügel

Die Profilauswahl erfolgt bei Windrädern ausschließlich nach dem Gesichtspunkt, die größtmögliche Gleitzahl zu erzielen. Deren Abhängigkeit von den einzelnen Profilkenngrößen wie Dicke, Dickenlage, Kontur, Wölbungshöhe, Wölbungslage (Angaben in Prozent der Profiltiefe), sowie von der Reynoldszahl, ist speziellen Veröffentlichungen über Flügelprofile zu entnehmen (z.B. den bei Hütter /5/ zitierten Arbeiten Nr.21-28).

Es muß allerdings ein Profil ausgewählt werden, das neben einem möglichst hoch liegenden Bestwert der Gleitzahl E auch ein möglichst flaches Gleitzahlmaximum aufweist, weil so die Kuppe im c_p- λ-Diagramm verbreitert wird und die Verluste des Rades bei den ständig schwankenden Betriebsbedingungen klein bleiben.

Die Lage des Gleitzahloptimums auf der Polaren hängt von der Profildicke und der Wölbungshöhe ab und wird für fast alle infragekommenden Profile ungefähr bei 0,7 bis 0,9 erreicht (vgl. Bild 37).

Bei Variation von Dicke und Wölbung eines Profils zeigt sich, daß das Gleitzahloptimum dickerer Profile bei einer geringeren Wölbungshöhe liegt, als jenes dünnerer Profile.

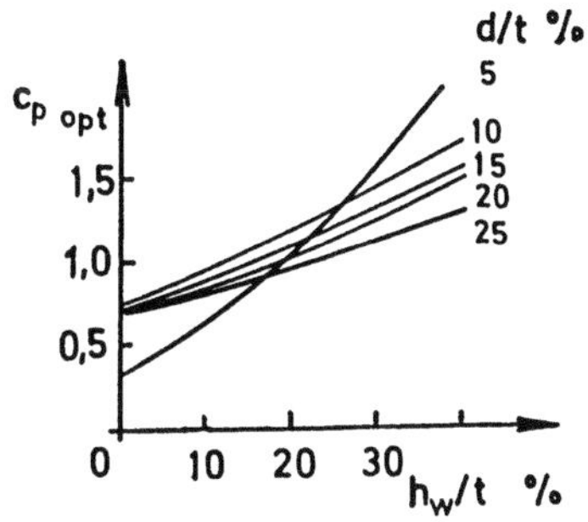

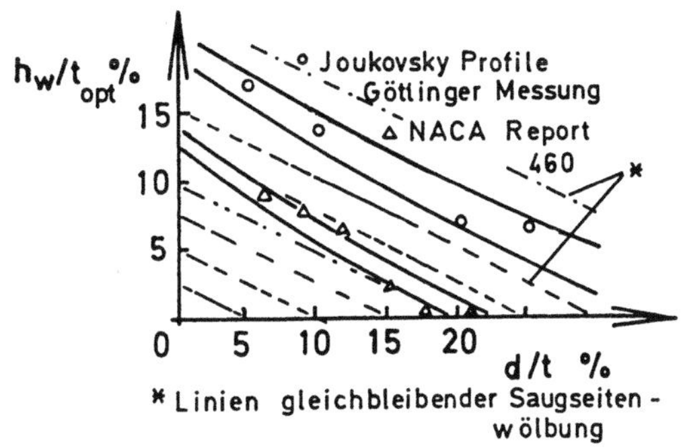

Bild 37: Optimaler Leistungsbeiwert in Abhängigkeit von der Profilwölbung (relative Dicke als Parameter)

Bild 38: Optimale relative Wölbungshöhe h_w/t über der relativen Profildicke d/t (eingezeichnet: Linien gleicher Saugseitenwölbung)

Die günstigste Wölbungshöhe wird also vorrangig nicht durch die Wölbung der Skelettlinie, sondern durch die Wölbung der Profilsaugseite bestimmt. Diese Tatsache kommt sehr deutlich zum Ausdruck, wenn man die Bestwerte von E aus einer systematischen Wölbungs- und Dickenvariation in ein Feld mit Linien konstanter Saugseitenwölbung einträgt (Bild 38).

Die Größe der laminaren Anlaufstrecke an einem Profil hängt ab von der Reynoldszahl und der Profilform. Große Anlaufstrecken haben geringe Profilwiderstände, also gute Gleitzahlen zur Folge. Diejenige Reynoldszahl (Re), bei der die Gleitzahl eines Profils ein Maximum erreicht, hängt unter anderem auch von der Wölbungshöhe ab. Bei gegebener Re-Zahl kann allein durch die Wahl einer ganz bestimmten Wölbung eine Gleitzahl realisiert werden, die sich sonst erst im Bereich wesentlich höherer Re-Zahlen erreichen ließe (vgl. Bilder 39, 40).

Die Abhängigkeit des Gleitwinkels von der Wölbungslage ist gegenüber den bereits erwähnten Abhängigkeiten bedeutend geringer. Ein ziemlich flaches Optimum liegt bei etwa 20 % Wölbungsrücklage (Bild 41).

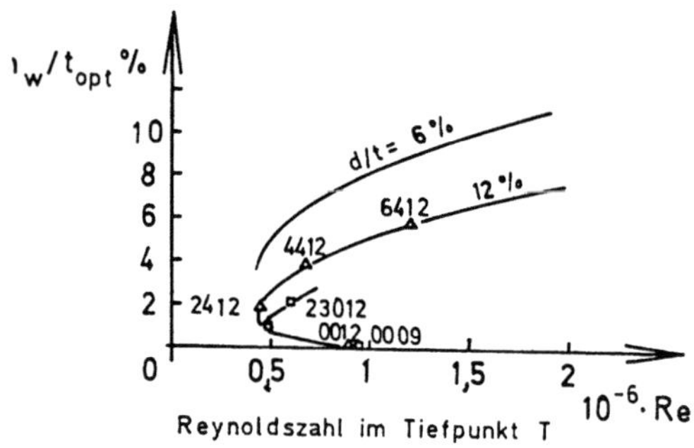

Bild 39: Optimale relative Wölbhöhe h_w/t als Funktion der Reynoldszahl Re

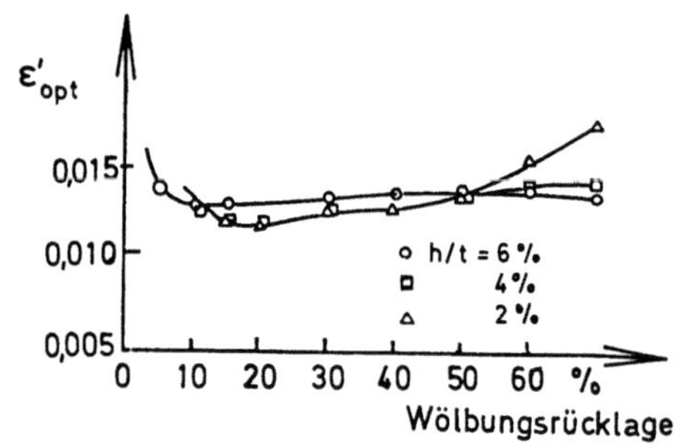

Bild 41: Optimaler Gleitwinkel ε_{opt} als Funktion der Wölbungsrücklage für 12 % relative Profildicke

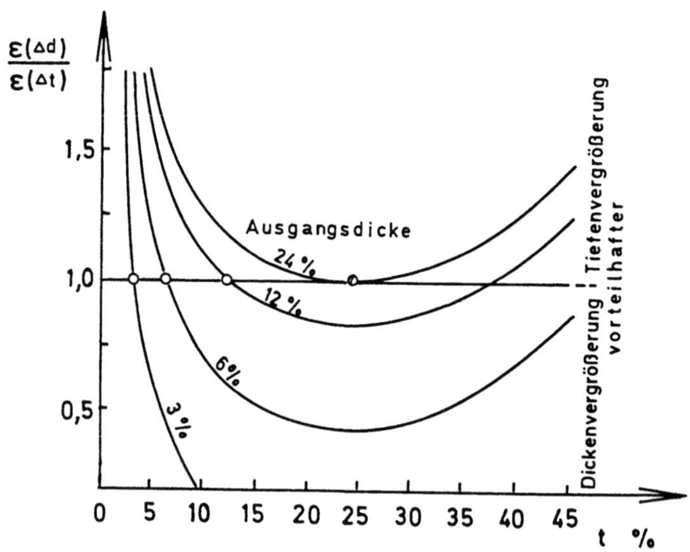

Bild 42: Quotient aus der durch Dickenänderung bewirkten Gleitwinkeländerung zu der durch Tiefenänderung verursachten Gleitwinkeländerung; verschiedene Ausgangsdicken als Parameter.

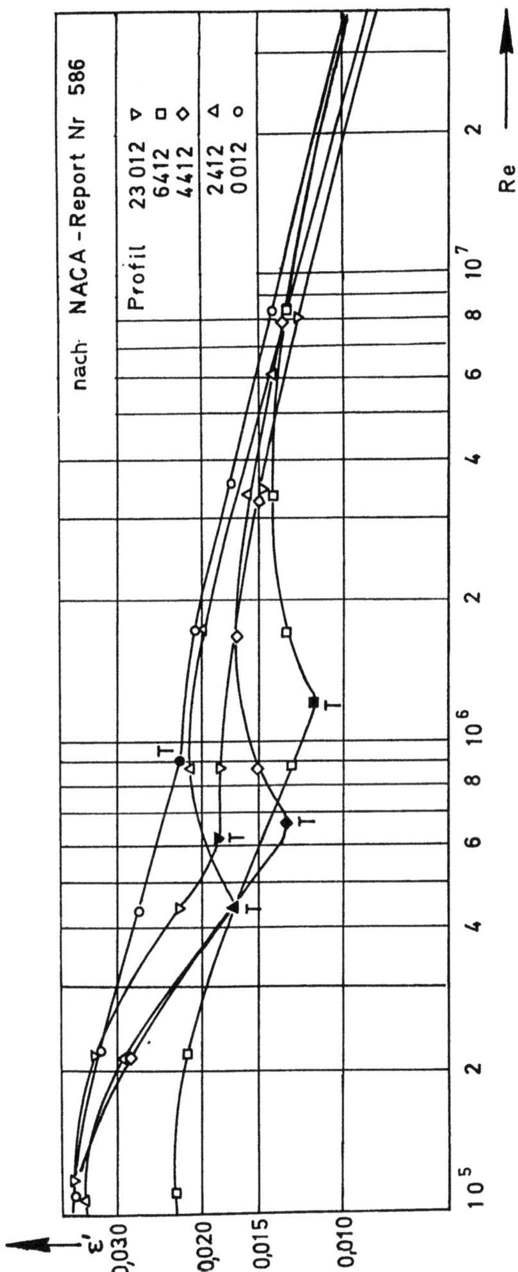

Bild 40: Gleitwinkel als Funktion der Reynoldszahl für verschiedene Profile (aus /5/)

Die Wurzel der einzelnen Blätter muß aus Festigkeitsgründen fast immer mit großer Bauhöhe ausgeführt werden. Dabei stellt sich die Frage, ob diese Stärke mit Profilen großer prozentualer Dicke bei kleiner Tiefe oder besser mit geringer Dicke bei großer Tiefe anzustreben sei.

Bis zu sehr großen Profildicken ist die Verdickung des Profils unter Beibehaltung der aus dem optimalen Umriß zu erwartenden Tiefe vorteilhafter, wie der Vergleich der Gleitwinkeländerungen bei Dickenvergrößerung unter Beibehaltung der Profiltiefe mit der Gleitwinkeländerung bei Tiefenvergrößerung unter Beibehaltung der Profildicke zeigt (Bild 42).

4.2.3 Zusammenfassende Betrachtung des Horizontalachsen-Auftriebskonverters

Nach dem Auftriebsprinzip arbeitende Windenergie-Konverter mit horizontaler Achse repräsentieren die leistungsfähigste der klassischen Konverterbauarten. Die Dimensionierungsgrundlagen aus aerodynamischer Sicht sind weitgehend bekannt und umfangreiche praktische Erfahrungen liegen bis zu Nominalleistungen von etwa 300 kW vor.

Lediglich im Bereich der erst in den letzten Jahren ins Versuchsstadium gelangten Hochleistungskonverter (Nutzleistung im Megawattgebiet) sind noch Schwierigkeiten zu bewältigen, die teils mit der Festigkeitsauslegung aufgrund nicht exakt vorauskalkulierbarer Schwingungsneigung von Bauteilen (Resonanz- und Ermüdungsproblematik), teils mit der Standfestigkeit (Lebensdauer) besonders hoch beanspruchter Teile (wie Lager und Getriebe) zu tun haben. Erst wenn man die rein maschinenbaulichen Probleme von Anlagen dieser Größenordnung etwas besser beherrscht, wird sich zeigen, inwieweit hier schon Realisierbarkeitsgrenzen erreicht sind, die aus dem derzeitigen Stand der Technik resultieren.

Wesentlich günstiger stellt sich die Situation für Windkraftanlagen bis zu 300 kW Leistung dar, die sich bereits in kommerzieller Fertigung befinden und einen beachtlichen Reifegrad erlangt haben. Hier läßt sich in erster Näherung eine Einteilung in drei Leistungsklassen vornehmen, die in gewissem Umfang auch mit Bau- und Kostenaufwand korrelieren und meist typische Unterschiede im Einsatzzweck erkennen lassen. Man unterscheidet:

- Kleinkonverter ($P_N \lesssim 5$ kW)
- Konverter mittlerer Leistung (5 kW $< P_N \lesssim 30$ kW)
- Großkonverter (30 kW $< P_N \lesssim 300$ kW)

Anlagen kleiner und mittlerer Nennleistung sind vorrangig in industriefernen und wenig erschlossenen (meist binnenländischen) Zonen unter dem Gesichtspunkt der Energieselbstversorgung gefragt. Da in diesem Anwendungsbereich Robustheit, niedrige Erstellungskosten (Eigenbau !) und direkter Einsatz mechanischer Energie (Wasserpumpenantrieb!) oft eine größere Rolle spielen, als die Erzielung eines optimalen Wirkungsgrades oder die Erzeugung von vielseitig verwendbarer elektrischer Energie, hat der Langsamläufer - insbesondere in extrem binnenländischen Gebieten - hier seinen Platz behaupten können.

Wie schon an früherer Stelle bemerkt wurde, nimmt mit zunehmendem Wunsch nach flexibler Einsatzmöglichkeit das Interesse an der Gewinnung elektrischer Energie zu. Da Elektrogeneratoren möglichst mit Drehzahlen der Größenordnung 2000 bis 3000 min^{-1} betrieben werden sollten, würde man bei Verwendung von Langsamläufern als Antriebsaggregat hohe (mehrstufige, und damit stark verlustbehaftete) Getriebeübersetzungen benötigen, die sehr große Drehmomente übertragen müssen und so extreme Materialbeanspruchung erfahren. Aufgrund der gegenüber einem gleich großen Langsamläufer fünf bis sechs mal höheren Schnelläufigkeit weist in diesem Zusammenhang ein Schnelläufer deutliche Vorteile auf, die dann auch in praxi zu seiner Bevorzugung für die Elektrokonversion geführt haben. Leider bewegt man sich jedoch auch bei Einsatz von Schnellläufern technisch interessanter Nennleistung auf einem recht niedrigen Drehzahlniveau, wie die zur vergleichenden Orientierung des Lesers für eine schon recht günstige Windgeschwindigkeit von v_1 = 10 m/s aufgestellte Übersichtstabelle vor Augen führt, die nach (4-18) berechnet wurde.

λ	R = 1	2	5	10	20	50 m
1	95,5	47,7	19,1	9,5	4,8	1,9
2	191	95,5	38,2	19,1	9,5	3,8
3	287	143	57,3	28,6	14,3	5,7
4	382	191	76,4	38,2	19,1	7,6
5	478	239	95,5	47,7	23,9	9,5
6	573	287	115	57,3	28,6	11,5
7	668	334	134	66,8	33,4	13,4
8	764	382	153	76,4	38,2	15,3

Tabelle 7: Nenndrehzahlen von Windkonvertern unterschiedlicher Schnelläufigkeiten und Radien in min^{-1}

Den Daten der Tabelle 7 entnimmt man, daß nur schnellaufende Windräder kleiner Leistung (Durchmesser) mit einstufigen Getrieben niedriger Übersetzung auskommen, während man sich bei Großkonvertern selbst im Falle einer großen Schnellaufzahl mit der gleichen Problematik konfrontiert sieht wie beim Langsamläufer. Hier liegt denn auch einer der Gründe, warum versucht wurde, schnellaufende Auftriebskonverter mit vertikaler Achse zu entwickeln, da sie - wenigstens im Prinzip - die Möglichkeit bieten, die zur Erzeugung einer großen Nutzleistung benötigte Fläche bei kleinem Radius (gleichbedeutend mit hoher Drehzahl!) und großer Achslänge bereitzustellen.

Ein weiteres bauartbedingtes Problem des HAK ist das der Nachführung, da natürlich zur Erzielung der maximalen Leistung die Radebene stets senkrecht zur momentanen Windrichtung orientiert sein muß. In den beiden unteren Leistungsklassen genügt es, diese Orientierung durch senkrecht zur Windradebene angebrachte geeignet dimensionierte Windfahnen, oder mithilfe des Winddruckes auf das als Leeläufer ausgebildete Rad vom Wind selbst vornehmen zu lassen. Die auf Kreiselwirkung beruhende ungeheure Belastung des Turmdrehknopfes macht im Falle von Groß- und vor allem Hochleistungskonvertern eine andere Technik notwendig:
Weicht die Windrichtung um mehr als einen vorgewählten Winkelbetrag und über eine gleichfalls vorzugebende Mindestzeit von der Sollrichtung (Achsrichtung) ab, so erfolgt das Nachdrehen der Windradebene in die Senkrechtstellung - kontrolliert durch richtungsempfindliche Windmeßsonden - mithilfe von Servomotoren.

Die besonders günstige Eigenschaft des HAK, aufgrund der in jeder Umlaufphase gleichberechtigten Beteiligung aller Flügel- bzw. Windradflächenelemente dem Wind im Vergleich zu anderen klassischen Konvertersystemen - wie etwa den noch zu besprechenden Vertikalachsenkonvertern - eine optimale Wirkfläche zu bieten, wird im Falle eines die Auslegungsgrenzen des WEK übersteigenden Sturmes zur besonderen Gefahr. Da es nicht sinnvoll ist, eine Konverteranlage (hier sind in erster Linie die Blätter beansprucht) über ein aus ökonomischen Betrachtungen gerechtfertigtes Maß (das sich aus der Verteilung des jährlichen Energieangebots über der Windgeschwindigkeit ergibt) auf Festigkeit zu dimensionieren - schließlich würde so mit überhöhten Herstellungskosten (Materialaufwand!) der Leistungsbeiwert im normalen Arbeitsbereich abgesenkt (Erhöhung von Trägheitsmoment und Reibung!)- müssen andere Maßnahmen ergriffen werden:
Im Falle von Groß- und Hochleistungskonvertern dominiert die Arretierung der Blätter, meist kombiniert mit Parallelstellung der senkrecht zum Erdboden orientierten Radebene zur Windrichtung.

Das von Honeff /9/ seinerzeit vorgeschlagene Kippen der Drehkreisfläche in die Waagrechte hat in praxi nicht Eingang finden können, im wesentlichen wohl wegen der mit zusätzlichen Kosten verbundenen technischen Komplikation, die zudem noch die Störanfälligkeit der Anlage erhöhen würde. Die gleiche Technik wie oben läßt sich natürlich im Prinzip auch bei HAKn der beiden unteren Leistungsklassen anwenden. Bei schnellaufenden Kleinkonvertern genügt allerdings oft schon das Arretieren des Rades. Eine bei schnellaufenden Konvertern der Leistungsstufe II verschiedentlich angewandte Sicherungstechnik besteht darin, die einzelnen Blätter jeweils um eine in der Radebene gelegene und senkrecht zum betreffenden Blattradius orientierte Achse drehbar zu lagern, und bei Überschreiten einer auslegungsbedingten Drehzahl alle Blätter einheitlich um einen mit wachsender Drehzahl (Windgeschwindigkeit) zunehmenden Winkel aus der normalerweise senkrechten Radebene zu kippen, derart, daß die Blätter auf einem immer flacher werdenden symmetrischen Konus um die Radachse umlaufen. Im Falle von Schnelläufern mittlerer Leistung, die zugunsten von Einfachheit und Robustheit und unter Verzicht auf maximalen Radwirkungsgrad mit nicht tordierten Blättern (Profilsehnen aller Blattelemente unabhängig vom Achsabstand in einer Ebene!) ausgerüstet sind, bietet sich als Sturmsicherung die Parallelstellung aller Flügel zum Wind (sog. "Fahnenstellung") durch Drehen der Blätter um ihre jeweilige Längsachse an.
Abschließend seien kurz die Vor- und Nachteile des Horizontalachsen-Auftriebskonverters nebeneinandergestellt:

Vorteile:	Nachteile:
1. Hoher Wirkungsgrad (Leistungsbeiwert	1. Nachführaufwand
2. Optimale Materialausnutzung durch spezifisch große Wandlerfläche	2. Sturmsicherungsproblem
3. Bekannte aerodynamische Dimensionierungsgrundlagen	3. Drehzahlreduzierung mit zunehmender Leistung

4.3 Der Vertikalachsen-WEK nach dem Auftriebsprinzip

4.3.1 Varianten des Vertikalachsen-Auftriebskonverters (VAK)

Ein Windrotor mit vertikaler Achse besitzt gegenüber einem solchen horizontaler Achsenorientierung den gravierenden Vorteil, daß die Drehachse ohne jede technische Regulierungsmaßnahme stets auf der ausschließlich zur Energiegewinnung genutzten horizontalen Windkomponente senkrecht steht, der Rotor also windrichtungsunabhängig arbeitet. Dieser Umstand ist nun zwar schon sehr lange - wahrscheinlich seit einigen tausend Jahren - bekannt, doch hat das im Laufe der Zeit fast erloschene Interesse am Vertikalachsen-WEK erst durch den mit dem Fortschritt der Aerodynamik ermöglichten zielbewußten Einsatz des Auftriebsprinzips anstelle des nur für kleine Schnellaufzahlen (Drehzahlen) und niedrige Wirkungsgrade geeigneten Widerstandsprinzips deutliche Neubelebung erfahren.

Das Geburtsjahr des modernen Vertikalachsen-Auftriebskonverters (VAK) scheint in etwa mit dem Zeitpunkt der Patenterteilung (1931) auf den nach Darrieus benannten Rotor zusammenzufallen /10/.

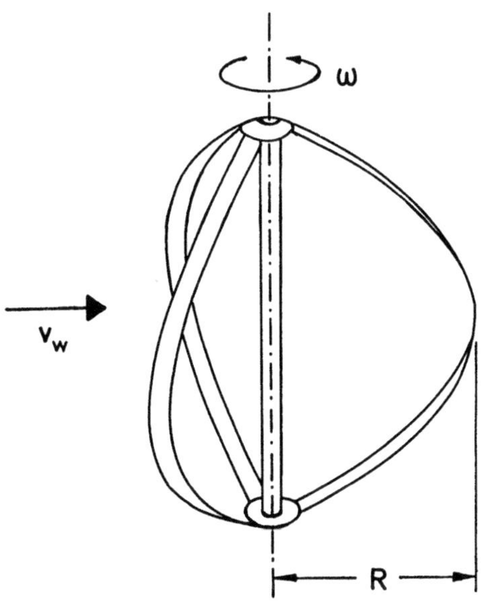

Bild 43: Prinzip-Bild des Darrieus-Rotors

Grundidee des Darrieus-Rotors ist - neben der vertikalen Achsführung- die Befestigung der in einer Ebene gekrümmten Tragflügel mit beiden Enden an der Rotorachse, wobei die geometrische Form dieser Kurve gerade derjenigen entspricht, die sich bei Verwendung undehnbaren aber biegsamen Flügelmaterials bei konstanter Drehzahl unter der ausschließlichen Wirkung der Zentrifugalkraft einstellen würde.

Wie aus der Mechanik bekannt ist, wird die so definierte Krümmungslinie durch den hyperbolischen Cosinus beschrieben, wegen seiner Übereinstimmung mit der Durchhangkurve einer beidseitig festgehaltenen Kette im populäreren Sprachgebrauch auch Kettenlinie genannt. Die bei Drehung der Kettenlinie um die oben definierte Achse entstehende rotationssymmetrische Figur heißt Pananemone oder auch Troposkien.

Der Vorzug einer Formgebung der Tragflügel nach dem Vorschlag von Darrieus besteht darin, daß im stationären Betrieb keine (radialen) Scherkräfte in den Blättern auftreten. Im Hinblick auf den Seitenwechsel der Anblasrichtung, den die Flügel bei jedem Umlauf erfahren, werden nur symmetrische Profile verwendet. Außerdem entfällt die Unterscheidung in Schnell- und Langsamläufer, da ausschließlich schnellaufende VAK (als deren Stammvater der Darrieus-Rotor angesehen werden darf), mit geringer Blattzahl (i.a. 2 bis 4) gebaut werden.
Dies hat seinen Grund darin, daß die (in Windrichtung gesehen) auf der rückwärtigen Rotorseite laufenden Flügel dem mit wachsender Blattzahl immer stärker verwirbelten und undefinierter werdenden Abluftstrom der gerade auf der Vorderseite umlaufenden Tragflügel ausgesetzt sind, wobei zu beachten ist, daß der ein Flächensegment des Rotorquerschnitts passierende Luftstrom pro Blattumlauf doppelt unterbrochen wird.

Die beim Darrieus-Rotor mit einem geometrischen Trick herbeigeführte günstige Tragflügelbelastung durch reine Längskräfte (Beanspruchung auf Dehnung) wird durch einen Nachteil erkauft:
Den Hauptdrehmomenten- und damit auch Leistungsbeitrag zum Rotorantrieb leisten die parallel zur Achse orientierten Tragflügelelemente in der am weitesten von der Achse entfernten Äquatorzone, während die näher zur Achse gelegenen Blattelemente dementsprechend von geringer Effizienz sind. Diesem Umstand trägt der Vorschlag Rechnung, den Darrieus-Rotor nur in der Äquatorzone mit Auftriebsprofilen zu versehen und in Achsnähe durch kostengünstigere (aerodynamisch unwirksame) Versteifungen zu ersetzen.

Im Prinzip konsequenter ist natürlich die Idee, die Tragflügel von vornherein parallel zur Achse anzubringen, da so alle Flügelelemente den größtmöglichen Abstand von der Rotorachse haben und außerdem mit der vollen Auftriebskraft einen Antriebsbeitrag leisten. Obwohl ein solcher VAK mit achsenparallelen Blättern die nächstliegende, ja angemessenste Form eines Vertikalachsen-Konverters zu sein scheint, trifft man sie bislang fast nur bei Anlagen kleiner und mittlerer Leistung an, so daß bis heute mit einer gewissen Berechtigung nicht der geradflügelige VAK, sondern der Darrieus-Rotor als Urtypus des Vertikalachsen-Auftriebskonverters betrachtet wird.[11)] Die Bevorzugung der Darrieus-Form bei größeren Anlagen hängt damit zusammen, daß bei der üblichen Befestigung der Blätter beim Geradflügler an mittig angreifenden Auslegerarmen (ähnlich wie beim Anemometer) - sofern man gleichzeitig hohe Drehzahlen anstrebt - enorme Stabilitätsprobleme an den benötigten langen freitragenden Blättern auftreten. Verstrebungen beeinträchtigen den aerodynamischen Wirkungsgrad, eine Halterung der Flügelenden an Stützscheiben (vergleichbar zum Savonius-Rotor) hat - hauptsächlich wohl wegen der damit verbundenen Totlasterhöhung und Verteurung - im technisch relevanten Leistungsbereich keine Anhänger gefunden. Versuche mit unkritischeren Geradflüglern kurzer Blattlänge, die unter Verzicht auf größtmögliche Drehzahlausnutzung mit großem Achsabstand arbeiten, scheinen erfolgversprechender.

Ein weiteres Argument, welches dem Geradflügler durchaus noch eine Chance in der Konkurrenz zum Darrieus-Rotor einräumt, ist die Verstellbarkeit von Flügeln und Achsabstand (Haltearm), teils zur Optimierung der Anströmbedingungen während eines Umlaufs, teils zur Anpassung an die Windbedingungen. Vollständigkeitshalber sei noch eine als "Delta-Darrieus" (-Rotor) bekannt gewordene VAK-Bauart erwähnt, bei der die gerade ausgeführten Flügel mit einem Ende drehbar an der

---

11) Der geradflügelige VAK mit mittiger Blatthalterung wird daher sogar "H-Darrieus" genannt.

Rotorachse befestigt sind, gegen welche sie mittels einer variablen Verstrebung von der Parallel- bis zur Senkrechtstellung geneigt werden können. Es ist einzusehen, daß die technisch bestechende Einfachheit der Anordnung den erwartungsgemäß niedrigen Rotorwirkungsgrad nicht zu kompensieren vermag.

4.3.2 Abschätzung des Wirkungsgrades für den geradflügeligen Vertikalachsen-Auftriebskonverter

Der geradflügelige VAK (repräsentiert durch den H-Darrieus oder den Endscheiben-Darrieus) weist gegenüber der Originalausführung als Troposkien-Rotor den Vorzug auf, daß in jeder Winkelposition der Drehbewegung alle Elemente eines Flügels stets den gleichen Anströmbedingungen unterworfen sind. Trotz dieses für eine mathematische Darstellung der Betriebseigenschaften des Rotors vereinfachenden Umstandes steht ein quantitativ in allen Punkten befriedigendes theoretisches Rechenmodell noch aus. Hierfür sind im wesentlichen folgende Gründe verantwortlich:

- Im Gegensatz zum HAK ändern sich während der Rotordrehung dauernd die Anströmbedingungen aller Flügel(elemente), so daß sich überhaupt kein stationärer Zustand ausbilden kann.
- Die Auftriebs- und Widerstandsbeiwerte der verwendeten Flügel müssen in einem möglichst großen Bereich der Reynoldszahl und für alle denkbaren Anströmrichtungen bekannt sein.
- Die mathematische Beschreibung der Vorgänge am Tragflügel setzt die Kenntnis des räumlichen Geschwindigkeitsfeldes voraus, welches den das Rotorvolumen durchfließenden Luftstrom definiert.

Gerade das zuletzt erwähnte Problem bereitet die größten Schwierigkeiten. Um wenigstens zu annähernd gültigen Aussagen zu gelangen, bleibt daher nichts anderes übrig, als von gleichfalls näherungsweise gültigen vereinfachenden Annahmen ausgehend, zu quantitativ beschreibbaren Verhältnissen zu kommen. Den nachfolgenden Betrachtungen, die das Ziel haben, einen Ansatz zur Abschätzung des Wirkungsgrades zu finden, möge im Sinne einer solchen Vereinfachung die Annahme zugrundegelegt werden, daß der Luftstrom, der das von den rotierenden Blättern begrenzte Volumen durchsetzt, durch eine einheitliche Geschwindigkeit v' charakterisiert ist, deren Richtung mit der des ungestörten Windes übereinstimmt, und deren Betrag (wie bei einem Horizontalachsen-Auftriebskonverter) dem arithmetischen Mittelwert aus den Windgeschwindigkeiten v_1 und v_2 weit vor und weit hinter dem Rotor entsprechen möge. Geht man - wie es zur Abschätzung des maximalen Wirkungsgrades statthaft erscheint - von der optimalen Abbremszahl $\xi_{opt} = 1/3$ aus, so entspricht dies einer Durchsatzgeschwindigkeit von zwei Dritteln der Windgeschwindigkeit ($v' = 2v_1/3$). Wenngleich das hier unterstellte Geschwindigkeitsfeld a priori keine Rücksicht auf die durch die Rotordrehung sicher verursachte Querablenkung der Luftströmung nimmt, so dürfte doch die den Verhältnissen beim HAK entsprechende Annahme für den Betrag der Durchsatzgeschwindigkeit den realen Gegebenheiten näher kommen, als der Ansatz einer ungestörten Geschwindigkeit v_1 im Energieentzugsbereich des Konvertervolumens.

Die oben getroffene Vereinbarung zur Strömungsgeschwindigkeit im Bereich des Rotordrehkreises ermöglicht die Berechnung der resultierenden Anströmgeschwindigkeit $\vec{c}$ eines Blattes bzw. Blattelementes nach Betrag und Richtung aus rein geometrischen Betrachtungen als Funktion der Winkelposition φ des Flügel(elements) bei Vorgabe der für den stationären Betrieb kennzeichnenden Schnelläufigkeit λ. Die für jede Flügelposition nach den Regeln der Vektoraddition ermittelte Relativgeschwindigkeit $\vec{c}$ legt auch die jeweilige Richtung der Widerstandskraft $\vec{F}_w$ und der Auftriebskraft $\vec{F}_a$ fest, wie in Bild 44 und 45 am Beispiel einer kleinen ($\lambda = 0,5$) und einer mittelgroßen Schnellaufzahl ($\lambda = 2$) für je vier Umlaufphasen demonstriert ist. Wären auch die Beträge der auf ein Blattelement wirkenden Kräfte bekannt, bzw. direkt berechenbar, so ließe sich daraus - wenn auch zunächst ohne Berücksichtigung von Wechselwirkungseffekten (Interferenz) der Flügel - die mittlere Umlaufleistung eines Blattes und daraus die des Rotors ermitteln. In Ermangelung ausreichender Berechnungsgrundlagen begnügen wir uns mit der Abhängigkeit des auf die Profilsehne bezogenen Anstellwinkels α von der Drehwinkelposition φ.

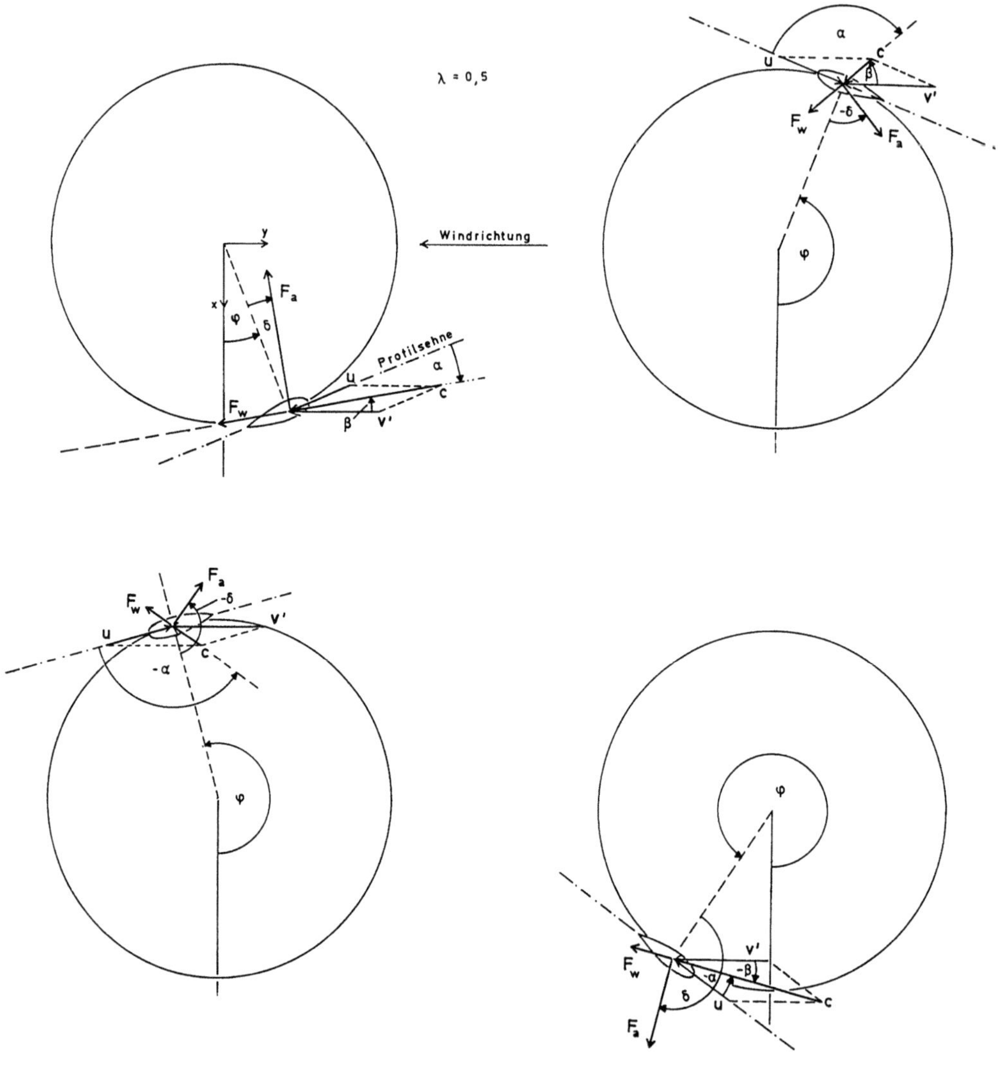

Bild 44: Orientierung der Relativgeschwindigkeit $\vec{c}$ und der Tragflügelkräfte in Bezug auf Profilsehne und den Umlaufradius für eine geringe Schnelläufigkeit λ=0,5 in 4 Umlaufphasen

Als Bezugsrichtung für die Festlegung des Umlaufwinkels φ diene die x-Achse eines räumlichen kartesischen Koordinatensystems, dessen z-Achse der Rotorachse im positiven Drehsinne zugeordnet und dessen y-Achse der Windrichtung entgegengesetzt orientiert sei.

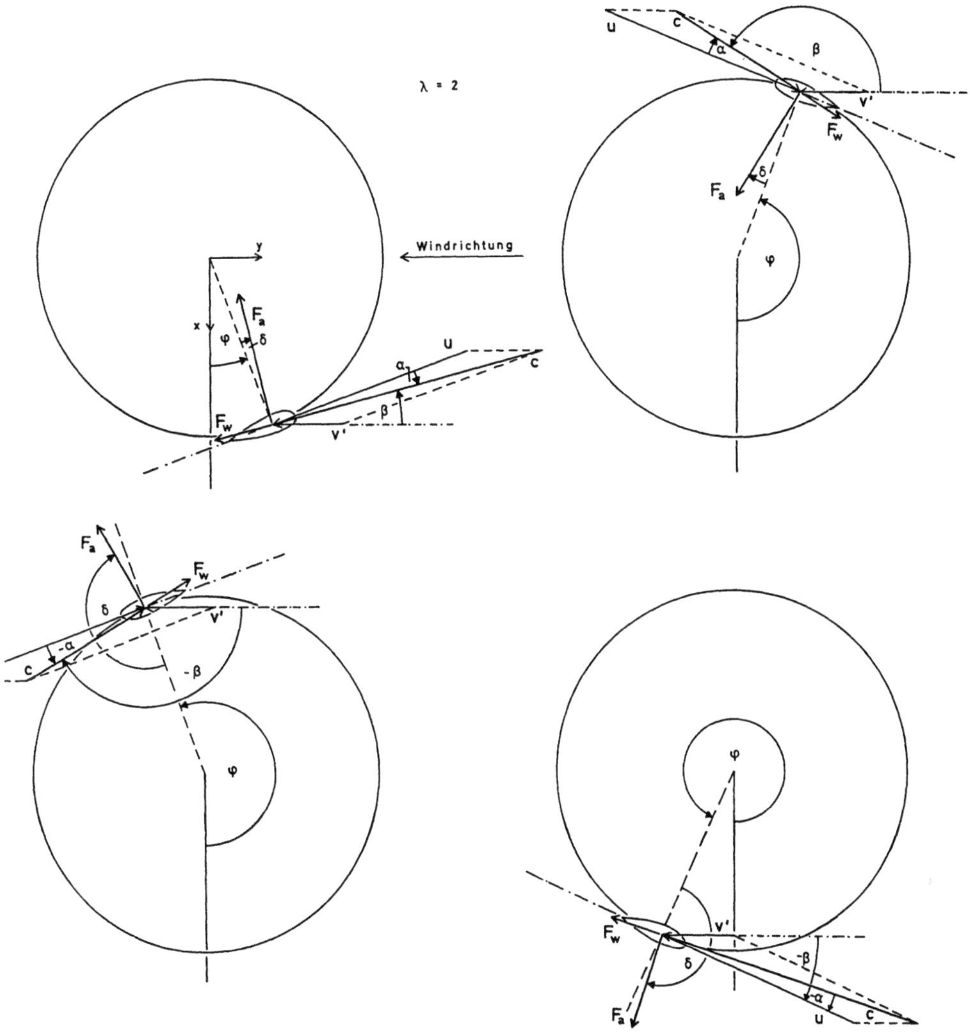

Bild 45: Orientierung der Relativgeschwindigkeit $\vec{c}$ und der Tragflügelkräfte in Bezug auf Profilsehne und Umlaufradius für eine mittelgroße Schnelläufigkeit $\lambda = 2$ in vier Umlaufphasen

φ°	α° λ = 0,5	λ = 1	λ = 2	λ = 4	λ = 6
0	0	0	0	0	0
10	5,7161	3,9976	2,4952	1,4241	0,9963
20	11,4430	7,9803	4,9616	2,8215	1,9707
30	17,1929	11,9325	7,3693	4,1651	2,9012
40	22,9765	15,8366	9,6859	5,4269	3,7657
50	28,8111	19,6719	11,8757	6,5783	4,5422
60	34,7150	23,4132	13,8979	7,5891	5,2087
70	40,7123	27,0281	15,7047	8,4282	5,7439
80	46,8355	30,4734	17,2395	9,0633	6,1273
90	53,1301	33,6901	18,4349	9,4623	6,3402
100	59,6620	36,5937	19,2103	9,5938	6,3665
110	66,5313	39,0591	19,4704	9,4298	6,1943
120	73,8979	40,8934	19,1066	8,9483	5,8175
130	82,0329	41,7854	18,0031	8,1377	5,2372
140	88,5702	41,2114	16,0524	7,0015	4,4638
150	103,9357	38,2620	13,1868	5,5625	3,5176
160	119,0138	31,4005	9,4254	3,8667	2,4298
170	143,5158	18,6267	4,9250	1,9830	1,2411
180	180	0	0	0	0
190	-143,5158	-18,6267	- 4,9250	-1,9830	-1,2411
200	-119,0138	-31,4005	- 9,4254	-3,8667	-2,4298
210	-103,9357	-38,2620	-13,1868	-5,5625	-3,5176
220	- 88,5702	-41,2114	-16,0524	-7,0015	-4,4638
230	- 82,0329	-41,7854	-18,0031	-8,1377	-5,2372
240	- 73,8979	-40,8934	-19,1066	-8,9483	-5,8175
250	- 66,5313	-39,0591	-19,4704	-9,4298	-6,1943
260	- 59,6620	-36,5937	-19,2103	-9,5938	-6,3665
270	- 53,1301	-33,6901	-18,4349	-9,4623	-6,3402
280	- 46,8355	-30,4734	-17,2395	-9,0633	-6,1273
290	- 40,7123	-27,0281	-15,7047	-8,4282	-5,7439
300	- 34,7150	-23,4132	-13,8979	-7,5891	-5,2087
310	- 28,8111	-19,6719	-11,8757	-6,5783	-4,5422
320	- 22,9765	-15,8366	- 9,6859	-5,4269	-3,7657
330	- 17,1921	-11,9325	- 7,3693	-4,1651	-2,9012
340	- 11,7161	- 7,9803	- 4,9616	-2,8215	-1,9963
350	- 5,7161	- 3,9976	- 2,4952	-1,4241	-0,9963
360	0	0	0	0	0

Tabelle 8: Anblaswinkel α eines Flügelelements des VAKs als Funktion des Drehwinkels φ für verschiedene Schnellaufzahlen λ als Parameter (ξ = 1/3 konstant gehalten)

Die rein geometrisch begründete Berechnung des Anstellwinkels als Funktion des Drehwinkels bei vorgegebener Schnellauf- und Abbremszahl als Parameter ist trivial und braucht daher nicht explizit vorgeführt werden.

Das numerische Ergebnis für die gesuchte funktionale Abhängigkeit gibt Tabelle 8 für insgesamt fünf verschiedene Parameterwerte der Schnellaufzahl zwischen 0,5 und 6 bei unveränderlich angenommener Abbremszahl $\xi_{opt} = 1/3$ wieder. Der Anstellwinkel α ist positiv gewertet, wenn in Bewegungsrichtung des Flügel(element)s gesehen, die resultierende Windgeschwindigkeit c gegenüber der Profilsehne (wegen symmetrischer Profilform mit der Nullauftriebsrichtung identisch) von rechts[12] kommt, d.h. die Anströmung von der Außenseite her erfolgt; das negative Vorzeichen bedeutet dementsprechend Anströmung von links bzw. von der Innenseite.

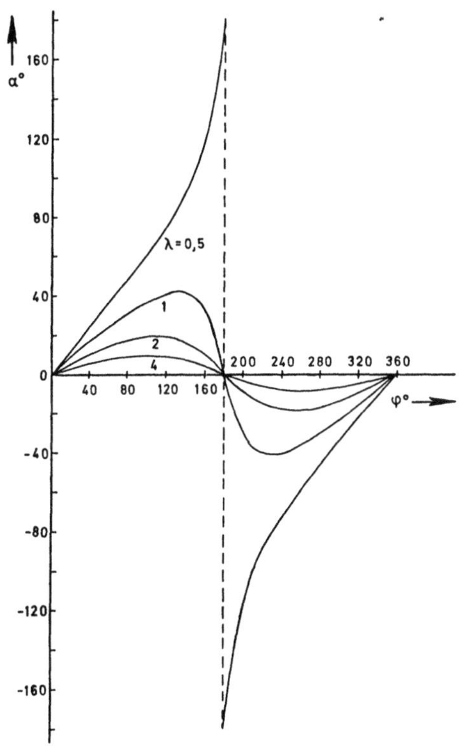

Bild 46: Neigungswinkel der resultierenden Geschwindigkeit zur Profilsehne als Funktion der Umlaufwinkelposition des Flügels.

Die graphische Darstellung des Anstellwinkels als Funktion des Drehwinkels zeigt, daß man im Bereich sehr niedriger Schnellaufzahlen mit sehr großen Beträgen des Anblaswinkels und sprunghaftem Vorzeichenwechsel in der 180° - Stellung zu rechnen hat, während im Bereich höherer Schnellaufzahlen die Übergänge kontinuierlich erfolgen und die maximale Winkelabweichung der Relativgeschwindigkeit von der Richtung der Profilsehne (hier mit der Richtung der Rotordrehkreistangenten übereinstimmend) mit wachsender Schnellläufigkeit immer geringer wird.

12) Umlauf im mathematisch positiven Sinne angenommen!

Bereits bei $\lambda = 4$ liegt der größte Anblaswinkel unter 10°. Für noch weiter zunehmende Werte von λ nähert sich die Abhängigkeit des Anblaswinkels von der Winkelposition des Flügels sogar immer mehr dem Verlauf einer Sinus-Funktion (Bild 46). Diesem Umstand kommt im Hinblick auf unsere weiteren Überlegungen insofern eine besondere Bedeutung zu, als bei tangentialer Ausrichtung der Profilsehne zum Rotordrehkreis - wie wir sie bei den bisherigen Betrachtungen vorausgesetzt haben - der Neigungswinkel δ der für den Rotorantrieb besonders wichtigen Auftriebskraft $\vec{F}_a$ zum Umlaufradius mit diesem Anströmwinkel α übereinstimmt. Da nun die drehmomentenwirksame, senkrecht zum Radius orientierte Komponente der Auftriebskraft $F_a \cdot \sin\delta$ für kleine Neigungswinkel δ durch den Ausdruck $F_a \cdot \delta$ bzw. $F_a \cdot \alpha$ ersetzt werden kann, der Anblaswinkel α seinerseits sinusförmig mit der Winkelposition φ variiert, kann man im Bereich konstanter, aber hoher Schnellläufigkeit ($\lambda = \text{const} = 4$) und für den Fall schwacher Veränderlichkeit der Auftriebskraft F_a von einem annähernd sinusförmig mit dem Umlaufwinkel φ verlaufenden und leistungsbestimmenden Drehmoment ausgehen. Nach diesen Vorbetrachtungen, die uns in den Stand versetzen sollen, die nachfolgenden Ausführungen besser zu verstehen bzw. zu interpretieren, kommen wir zur Abschätzung des maximalen Wirkungsgrades eines geradflügeligen Vertikalachsenkonverters nach der sog. Strahltheorie.

Grundlage dieser Theorie ist eine phänomenologische Modellvorstellung von der Wirkungsweise des Windrotors. Man denkt sich die auf Leistungsentzug an der durchströmenden Luft beruhende Aktivität des Rotors repräsentiert durch eine induzierte Geschwindigkeit $\vec{w}$, die sich der ursprünglichen Windgeschwindigkeit $\vec{v}_1$ nach Betrag und Richtung derart überlagert, daß die resultierende Luftgeschwindigkeit im Wirkungsbereich des Rotors der beobachteten realen Strömung entspricht. Im Hinblick auf den vom Konverter bewirkten Leistungsentzug und der damit zwangsläufig gekoppelten Verminderung der Luftgeschwindigkeit bedeutet dies in grober Vereinfachung, daß die induzierte Geschwindigkeit der primären Strömungsgeschwindigkeit im wesentlichen entgegengerichtet ist.

Bezeichnen wir wieder die ungestörte Windgeschwindigkeit weit vor dem Rotor mit $\vec{v}_1$, die Endgeschwindigkeit weit hinter dem Konverter mit $\vec{v}_2$, und die Durchsatzgeschwindigkeit mit $\vec{v}'$ (vgl. Kapitel 3.2), so läßt sich unter Verwendung der induzierten Windgeschwindigkeit $\vec{w}$ die effektive Durchsatzgeschwindigkeit $\vec{v}'$ an einer durch den Positionswinkel φ gekennzeichneten Stelle des vorderen Rotordrehkreises (gedachte Flügelstellung) mithilfe einer radialen und einer tangentialen Komponente ($\bar{v}_r'$, $\bar{v}_t'$) beschreiben.

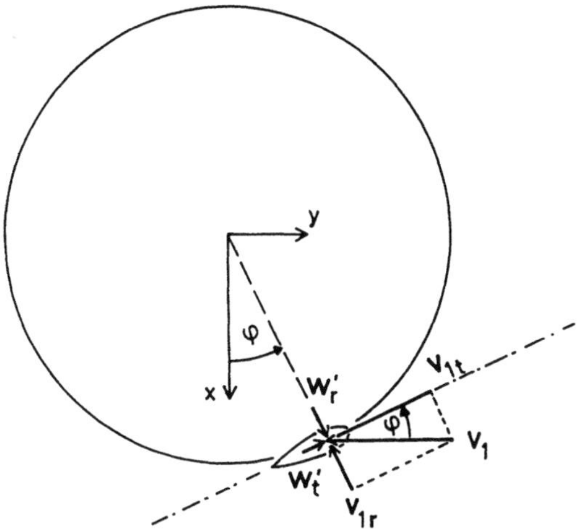

Bild 47: Zur Veranschaulichung der induzierten Windgeschwindigkeit

Unterstellen wir auch hier wieder das bereits aus den früheren Betzschen Betrachtungen gewonnene Resultat, daß die Durchsatzgeschwindigkeit v' dem arithmetischen Mittelwert aus Zu- und Abströmgeschwindigkeit (v_1, v_2) entspricht, so ergibt sich für die gesuchte Komponentendarstellung (Bild 47)

(4-81) $v_r' = v_1 \sin\varphi - w_r' = v_1 \sin\varphi - w_r/2$

(4-82) $v_t' = v_1 \cos\varphi - w_t' = v_1 \cos\varphi - w_t/2$

Setzen wir nun die auf einem differentiellen Flächenelement $dA = h \cdot ds$ des (vorderen [13]) Rotordrehkreises gewonnene Leistung dP gleich dem Energieverlust des Luftstromes, der die-

[13] Der Leistungsgewinn an der hinteren Rotorwirkfläche wird wegen der undefinierten Anströmverhältnisse vernachlässigt!

ses Flächenelement pro Zeiteinheit durchsetzt, so gilt

(4-83) $$dP = \frac{1}{2}\, d\dot{m}\, (v_1^2 - v_2^2)$$

Da für den durch das Flächenelement hindurchtretenden Luftstrom nur die radiale Komponente v_r' der Winddurchsatzgeschwindigkeit verantwortlich ist, läßt sich der differentielle Massenstrom mithilfe der Beziehung

(4-84) $$d\dot{m} = \rho_L \cdot H \cdot ds \cdot v_r' = \rho_L H ds (v_1 \sin\varphi - w_r/2)$$

ausdrücken. Explizit ergibt sich so für die differentielle Nutzleistung, die an einem Flächenelement gewonnen wird:

$$dP = \frac{1}{2}\, \rho_L H ds (v_1 \sin\varphi - w_r/2)(v_1^2 - v_2^2)$$

Spaltet man die Abströmgeschwindigkeit hinter dem Rotor in eine radiale und eine tangentiale Komponente auf und setzt

(4-85) $$v_{2r} = v_1 \sin\varphi - w_r$$

(4-86) $$v_{2t} = v_1 \cos\varphi - w_t \qquad ,$$

so bekommt man nach einigen Umformungen für die differentielle Nutzleistung die Beziehung

(4-87) $$dP = \frac{1}{2}\, \rho_L H ds (v_1 \sin\varphi - w_r/2)(-w_r^2 - w_t^2 + 2v_1 w_t \cos\varphi + 2v_1 w_r \sin\varphi\,)$$

Im Hinblick auf die periodische Variation der Antriebskraft F_a während des Umlaufs eines Tragflügels liegt es nahe, die induzierte Windgeschwindigkeit w, und damit auch deren Komponenten, in Form von Fourierreihen anzusetzen, wie es seinerzeit schon von Just /11/ vorgeschlagen wurde.

$$w_r = A_{or} + A_{1r}\cos\varphi + B_{1r}\sin\varphi + \ldots + A_{nr}\cos n\varphi + B_{nr}\sin n\varphi$$

$$w_t = A_{ot} + A_{1t}\cos\varphi + B_{1t}\sin\varphi + \ldots + A_{nt}\cos n\varphi + B_{nt}\sin n\varphi$$

Beschränken wir uns auf den bei hohen Schnellaufzahlen vorliegenden Fall der praktisch sinusförmigen Variation der Antriebskraft, so genügt es, bei der weiteren Rechnung nur die reinen sinus-Terme zu berücksichtigen.

(4-88) $w_r = B_{1r} \sin\varphi$

(4-89) $w_t = B_{1t} \sin\varphi$

Bringt man diese Ausdrücke in die Beziehung für die differentielle Nutzleistung ein, so erhält man

(4-90) $$dP = \frac{1}{2}\rho_L H ds\left(v_1 \sin\varphi - \frac{B_{1r}}{2}\sin\varphi\right)\left(-B_{1r}^2 \sin^2\varphi - B_{1t}^2 \sin^2\varphi + 2v_1 B_{1t} \cos\varphi \sin\varphi + 2v_1 B_{1r} \sin^2\varphi\right)$$

Ersetzt man in (4-90) das Bogenelement $ds = Rd\varphi$ und führt außerdem statt der absoluten Fourierkoeffizienten B_{1r} und B_{1t}, die die Dimension einer Geschwindigkeit haben, die auf die Windgeschwindigkeit v_1 normierten relativen Koeffizienten

(4-91) $b_{1r} = B_{1r}/v_1$

(4-92) $b_{1t} = B_{1t}/v_1$

ein, so gewinnt man eine nur noch vom Positionswinkel φ abhängige Darstellung der differentiellen Leistung.

(4-93) $$dP = \frac{1}{2}\rho_L v_1^3 HRd\varphi\left(1 - \frac{b_{1r}}{2}\right)\left(-b_{1r}^2 \sin^3\varphi - b_{1t}^2 \sin^3\varphi + 2b_{1t} \sin^2\varphi \cos\varphi + 2b_{1r} \sin^3\varphi\right)$$

Die gesamte auf der vorderen Rotorwirkfläche gewonnene Leistung ergibt sich durch Integration über den Winkelbereich 0 bis π .

$$P = \int_0^{\pi} dP \tag{4-94}$$

$$P = \frac{1}{2}\,\rho_L v_1^3 HR\left(1 - \frac{b_{1r}}{2}\right)\left(-b_{1r}^2 - b_{1t}^2 + 2b_{1r}\right)\int_0^{\pi} \sin^3\varphi\, d\varphi$$

$$= \frac{2}{3}\,\rho_L v_1^3 HR\left(1 - \frac{b_{1r}}{2}\right)\left(-b_{1r}^2 - b_{1t}^2 + 2b_{1r}\right)$$

Beachtet man, daß die Rotorquerschnittsfläche $A = 2\cdot H\cdot R$ ist, so folgt schließlich für die gesamte Nutzleistung

$$P = \frac{1}{3}\,\rho_L v_1^3 A\left(1 - \frac{b_{1r}}{2}\right)\left(-b_{1r}^2 - b_{1t}^2 + 2b_{1r}\right)\quad , \tag{4-95}$$

woraus sich durch Division mit der Windangebotsleistung der Wirkungsgrad η errechnet.

$$\boxed{\eta = \frac{2}{3}\left(1 - \frac{b_{1r}}{2}\right)\left(-b_{1r}^2 - b_{1t}^2 + 2b_{1r}\right)} \tag{4-96}$$

Führt man an dieser Stelle als Verhältnis aus induzierter Tangentialgeschwindigkeit zu induzierter Radialgeschwindigkeit einen Induktionsparameter q ein, der mit dem Quotienten aus den relativen Fourierkoeffizienten übereinstimmt,

$$q = \frac{b_{1t}}{b_{1r}} = \frac{w_t}{w_r} \tag{4-97}$$

so läßt sich der Wirkungsgrad durch die Beziehung

$$\eta = \frac{2}{3}\cdot\left[\frac{1}{2}\,(1 + q^2)b_{1r}^3 - (2 + q^2)b_{1r}^2 + 2b_{1r}\right] \tag{4-98}$$

darstellen. Das Maximum des Wirkungsgrades findet man durch Differentiation nach b_{1r} und Bestimmung desjenigen Wertes, für den diese Ableitung verschwindet.
Der Einfluß des Parameters q ist sehr klein. Bei verschwindendem q findet man η_{max} = 39,5 %; im Falle eines extrem hohen und unrealistischen Wertes q = 1 würde sich aus Relation

(4-99) immer noch ein maximaler Wirkungsgrad von 38,5 % ergeben.

$$\frac{d\eta}{db_{1r}} = o = \frac{2}{3}\left[\frac{3}{2}(1 + q^2)b_{1r}^2 - 2(1 + q^2)b_{1r} + 2\right]$$

$$b_{1r}^* = b_{1r_{opt}} = \frac{2(2 + q^2)}{3(1 + q^2)}\left\{1 \pm \sqrt{1 - \frac{3(1 + q^2)}{(2 + q^2)}}\right\} \tag{4-99}$$ [14)]

Es sei interessehalber erwähnt, daß das obige Ergebnis für den maximalen Wirkungsgrad eines geradflügeligen VAK auch durch eine etwas einfachere Abschätzung gewonnen werden kann.

Geht man nämlich von der bereits als annähernd richtig verifizierten Vorstellung aus, daß der VAK im wesentlichen aus der in radialer Richtung die vordere Drehkreisfläche durchsetzenden Luftströmung seine Nutzleistung entnimmt, dann kann der maximale Wirkungsgrad des (geradflügeligen) VAKs bestenfalls dem auf das radial orientierte Windleistungsangebot bezogenen Betzschen Wirkungsgrad des idealisierten Windrades entsprechen.

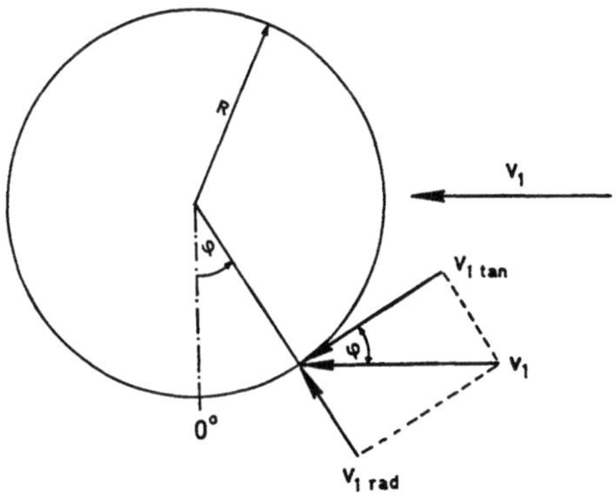

Bild 48: Zur Berechnung des radialen Windleistungsangebots

Wie man sich anhand der Skizze in Bild 48 klarmacht, errechnet sich das radiale Windleistungsangebot entlang der gesamten Rotorkreisperipherie durch Summation der auf der differentiellen Fläche $H \cdot R \cdot d\varphi$ vorliegenden radialen Leistungsdichte $\rho_L v_{1rad}^3/2$ über die vordere Drehkreishälfte, mathematisch also durch Integration über den Positionswinkel φ zwischen o und π.

---

14) Dem Minuszeichen kommt hier keine physikalische Bedeutung zu!

Unter Berücksichtigung der rein geometrisch begründeten Beziehung $v_{1rad} = v_{1r} = v_1 \sin\varphi$ findet man so

$$P_{wr} = \int_0^{\pi} \frac{\rho_L}{2}(v_1 \sin\varphi)^3 H \cdot R d\varphi$$
$$= \frac{4}{3} \cdot \frac{\rho_L}{2} v_1^3 \cdot H \cdot R$$

Dieses radiale Leistungsangebot steht zu dem in üblicher Weise auf die senkrecht zur Windrichtung projizierte Rotordrehfläche bezogenen Windleistungsangebot $P_w = \rho_L v_1^3 \cdot H \cdot R$ im Verhältnis 2:3.

Der maximale Wirkungsgrad des geradflügeligen VAK läßt sich demnach zu

$$\eta_{\substack{a\ max \\ (VAK)}} = \frac{P_{wr}}{P_w} \cdot \eta_{\substack{a\ max \\ (HAK)}} = \frac{2}{3} \cdot 59{,}3\ \% \simeq 40\ \% \qquad (39{,}5\ \%)$$

abschätzen, was recht gut mit dem von Just erhaltenen Ergebnis (/11/) übereinstimmt.

Um das Resultat der bislang durchgeführten Wirkungsgradabschätzung angemessen zu beurteilen, ist es notwendig, sich nochmals die vereinfachenden Bedingungen vor Augen zu halten, unter denen die Berechnungen vorgenommen wurden:
Trotz der endlichen Blattzahl wurde eine gleichmäßige Nutzung der Rotorstirnfläche angenommen, was bei geringer Blattzahl wegen der sehr unterschiedlichen Flächenbelegung, bei großer Blattzahl wegen gegenseitiger Beeinflussung (Interferenz) der Flügel und Behinderung des Luftdurchsatzes eine sehr starke Idealisierung bedeutet. Die Konsequenz der erwähnten Idealisierung ist sicherlich eine zu günstige Wirkungsgradabschätzung. Die Vernachlässigung der Leistungsbeiträge auf der Rotorleeseite verursacht eine Verminderung des berechneten Wirkungsgrades, doch muß - so lange auf positionsabhängige Anstellwinkelsteuerung der Blätter verzichtet wird - mit recht geringen Wirkungsgradverbesserungen durch Nutzung der rückwärtig umlaufenden Flügel gerechnet werden.

Unterstellt man den leeseitigen Blättern einen Einfluß, wie er von der Hintereinanderanordnung zweier Horizontalachsen-Konverter (Tandem-Konverter) bekannt ist, so dürfte die Wirkungsgradanhebung maximal 5 %, unter Berücksichtigung der ungünstigeren Strömungsgeometrie wohl eher 3 %, betragen. Die bislang außer acht gelassenen Profilverluste und die (beim geradflügeligen VAK auftretenden) Endverluste lassen in praxi - ebenfalls im Umfange einiger Prozente - geringere Wirkungsgrade als geschätzt erwarten.
Von vorn herein weniger klar erscheint der Effekt, der mit der Annahme einer rein radial orientierten Strömung durch den Rotor verbunden ist. Sein Einfluß läßt sich wohl erst durch sehr detaillierte Rechnungen, die das fundierte Verständnis aller Vorgänge am Rotor voraussetzt, sowie anhand entsprechender Meßdaten klären. In Anbetracht aller in Erwägung genommener Effekte bzw. Vereinfachungen läßt sich der Standpunkt vertreten, daß der durch unsere Abschätzung ermittelte Wirkungsgrad von etwas unter 40 % einen eher etwas zu hohen als zu niedrigen Wert darstellt.

Überlegungen zum Wirkungsgrad eines Darrieus-Rotors:
Bereits bei der Vorstellung der verschiedenen Varianten des VAKs wurde darauf hingewiesen, daß der Darrieus-Rotor aufgrund seiner (nach einer Kettenlinie gekrümmten) Blattform gegenüber einem geradflügeligen VAK gleicher äquatorialer Breite eine verminderte Nutzleistung erbringen sollte. Hierfür sind aber nicht allein die mit der Radiusverringerung zu den Polenden hin verbundenen Drehmomentverluste der einzelnen Flügelsegmente verantwortlich zu machen. Beachtet man nämlich, daß für den als Schnelläufer besonders prädestinierten Darrieus-Rotor die zum Antrieb benutzte Auftriebskraft nicht nur vom Auftriebsbeiwert c_a, sondern quadratisch von der Anströmgeschwindigkeit c abhängt, letztere aber bei hoher Schnelläufigkeit annähernd mit der Umfangsgeschwindigkeit $u = \omega \cdot r$ übereinstimmt, dann muß die Leistungseinbuße nach den Blattenden hin noch gravierender ausfallen.

Wir wollen nun den Versuch unternehmen, die Nutzleistung eines Darrieus-Rotors mit der eines geradflügeligen Vertikalachsen-Konverters zu vergleichen, indem wir den Nutzleistungsbeitrag eines gebogenen Darrieus-Rotorblattes mit dem eines geraden VAK-Blattes gleicher Höhe und gleichen Äquatorachsabstandes in Relation setzen. Unter Berücksichtigung der unterschiedlichen Rotoranströmflächen ergibt sich so auch eine näherungsweise Abschätzung des relativen Wirkungsgrades eines Darrieus-Rotors bezogen auf denjenigen des geradflügeligen VAKs.

A) Geradflügel-VAK (GVAK)

Der differentielle Leistungsbeitrag eines Flügelelementes im stationären Umlauf mit der Winkelgeschwindigkeit ω bei einem Drehmomentenbeitrag dM ist

$$dP = \omega \cdot dM = \omega \cdot R \cdot dF_a$$

Setzt man die Auftriebskraft dF_a für einen Schnelläufer proportional zur Umfangsgeschwindigkeit $u = \omega \cdot R$ an, so gilt weiter

$$dP = k \cdot \omega^3 R^3 dz$$

wobei dz die differentielle Blattlänge in Achsrichtung bedeutet.
Die Gesamtleistung des Blattes ist dann

$$P_{Bl,GVAK} = k \cdot \omega^3 R^3 H = 2k\,\omega^3 \quad ,$$

wenn wir der Einfachheit halber den Blattradius R und ebenso die halbe Blattlänge (Höhe) H/2 einheitlich gleich 1 m annehmen. Die dem Wind dargebotene Rotorfläche des GVAK ist $A_{GVAK} = 2R \cdot H$; im Falle der oben angenommenen Maße H/2 =R=1m sind das 4 m^2.

B) Darrieus-Rotor

Um den Vergleich zu vereinfachen, gehen wir auch hier wieder von einem Rotor aus, dessen größter Radius R der halben Achslänge bzw. Bauhöhe H/2 entspricht, und die beide - um das numerische Rechenprogramm nicht unnötig zu komplizieren - zu je 1 m angenommen sein sollen. Die für den Darrieus-Rotor charakteristische Flügelbiegung folgt einer Kettenlinie, die mathematisch durch den Verlauf des hyperbolischen Cosinus dargestellt wird. Mithilfe eines Polarkoordinatensystems, dessen z-Achse mit der Drehachse des Rotors übereinstimmt und dessen Bezugsebene mit der Ebene des größten Drehkreises zusammenfällt, läßt sich die Flügelform durch die Beziehung

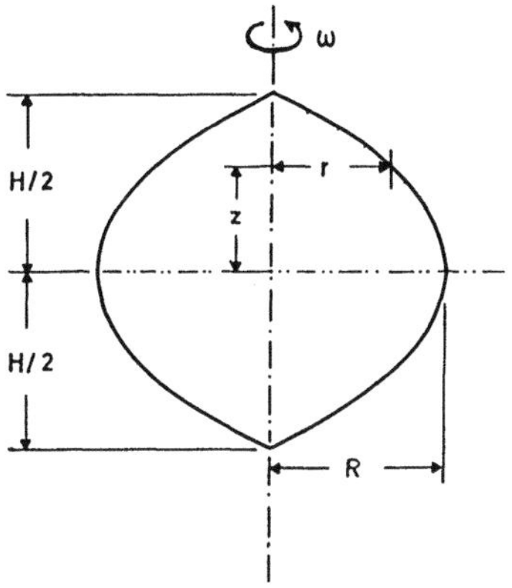

Bild 49: Geometrie des Darrieus-Rotors

$$r = R \cdot \left(1 - \frac{\cosh Bz - 1}{\cosh B \cdot H/2 - 1}\right)$$

beschreiben, wobei der Parameter B im Falle der quadratisch ausgelegten Querschnittsfläche dem reziproken Wert von H/2 bzw. von R entspricht. Gehen wir wieder von den gleichen Voraussetzungen wie im Falle des Geradflüglers aus, dann ist die Leistung des differentiellen Blattelements

$$dP = \omega \cdot dM = \omega \cdot r \cdot dF_a = k \cdot \omega^3 r^3 ds$$

wobei ds ein differentielles Längenelement des Flügels bedeutet. Die Gesamtleistung des Flügels ergibt sich durch Integration über die gesamte Blattlänge. Drückt man in bekannter Weise das Bogenelement mithilfe der Kurvensteigung dr/dz aus, indem man

$$ds = \sqrt{1 + \left(\frac{dr}{dz}\right)^2}\, dz$$

in die Leistungsbeziehung einbringt, so erstreckt sich die Integration zur Bestimmung der Blattgesamtleistung über den Bereich z = - H/2 bis z = + H/2.

Aus Symmetriegründen braucht bei Verdoppelung des Ergebnisses die Integration nur über das Intervall von z = o bis H/2 ausgeführt zu werden. Mit den Grenzen R = H/2 = 1 m lautet die Beziehung zur Leistungsberechnung explizit

$$P_{Bl,Darr} = 2k\,\omega^3 \int r^3 ds$$

$$= 2k\,\omega^3 R^3 \int_o^1 \left(1 - \frac{\cosh Bz - 1}{\cosh BH/2 - 1}\right)^3 \sqrt{1 + \left(\frac{RB \cdot \sinh Bz}{\cosh BH/2 - 1}\right)^2} dz$$

$$= 2k \cdot \omega^3 \int_o^1 \left(1 - \frac{\cosh z - 1}{\cosh 1 - 1}\right)^3 \sqrt{1 + \left(\frac{\sinh z}{\cosh 1 - 1}\right)^2} dz$$

Die numerische Integration liefert als Resultat

$$P_{Bl,Darr} = 0{,}5534 \cdot 2k \cdot \omega^3$$

d.h. der Leistungsbeitrag des Darrieus-Rotors wäre - gleichmäßige Nutzung der vom Flügel bestrichenen Fläche unterstellt - nur etwa 55 % derjenigen eines Geradflüglers gleicher Maximalabmaße. Für den Wirkungsgrad gilt dies natürlich nicht, da hier noch die vom rotierenden Blatt definierte Querschnittsfläche des Rotors zu berücksichtigen ist. Diese Fläche errechnet sich (unter den schon früher getroffenen Vereinbarungen) zu

$$A_{Darr} = 4 \int_o^{H/2} r \cdot dz = 4 \int_o^1 \left(1 - \frac{\cosh z - 1}{\cosh 1 - 1}\right) dz$$

$$= 4 \left(1 - \frac{\sinh 1 - 1}{\cosh 1 - 1}\right)$$

$$= 2{,}7096 \text{ m}^2$$

Für das Wirkungsgradverhältnis von Darrieus-Rotor zu Geradflügler ist dann das flächenbezogene Blattleistungsverhältnis einzusetzen:

$$\frac{\eta_{Darr}}{\eta_{GVAK}} = \frac{P_{Darr}/A_{Darr}}{P_{GVAK}/A_{GVAK}} = \frac{2k \cdot \omega^3 \cdot 0{,}5534/2{,}7096}{2k \cdot \omega^3 \;/\; 4} = 0{,}817$$

Mit η_{GVAK} = 39,5 % erhält man so $\eta_{Darr} \approx$ 32,3 %.
Interessehalber sei vermerkt, daß eine auf der Parabelnäherung der Kettenlinie beruhende Abschätzung einen Wert von 32,1 % ergibt.
Natürlich kann dieser Betrag von 32 % bis 33 % für den Wirkungsgrad eines Darrieus-Rotors nur als grob geschätzter Orientierungswert angesehen werden, der insoweit vernünftig erscheint, als er den vermuteten Trend bestätigt, wonach der normale Darrieus-Rotor etwas ungünstiger als der geradflügelige VAK liegt. Die weitergehende Überlegung, daß der reale Leistungsbeiwert niedriger anzusetzen sei als der Wirkungsgrad, man also in Wirklichkeit mit noch geringeren Leistungsausbeuten zu rechnen habe, ist hier nicht sinnvoll, da es sich ja nur um eine Schätzung handelt, die sogar ihrerseits auf einer Näherungsbetrachtung für den Geradflügler basiert.
In angemessen großzügiger Interpretation erscheinen demnach Leistungsbeiwerte (c_p) von etwa 40 % für den VAK in H-Form, die durch Blattverstellung während des Umlaufs auf möglicherweise 45 % gebracht werden könnten, sowie von etwa 35 % für einen Darrieus-Rotor in Originalform vorstellbar. Wesentlich darüber liegende Daten - sei es in Experiment oder Rechnung - bedürfen der sorgfältigen Überprüfung und ggf. Ursachenforschung.

4.3.3 Bisherige Ergebnisse und Erkenntnisse

In Anbetracht der enormen Schwierigkeiten, die aufgrund der instationären Strömungsbedingungen einer detaillierten Erforschung der Vorgänge am Darrieus-Rotor entgegenstehen, wird es niemanden verwundern, wenn derzeit konstatiert werden muß, daß diese Bemühungen noch im vollen Gange sind.

Theoretische Ansätze zur Berechnung der Leistungskennlinie bzw. des Leistungskoeffizienten des Darrieus-Rotors sind - wie allein aus der in /12/ aufgeführten Zitatesammlung hervorgeht - schon oft versucht worden. Die Hauptunsicherheit in den dabei erzielten Resultaten beruht zum einen auf der nicht quantitativ abgesicherten Annahme eines induzierten Geschwindigkeitsfeldes im Arbeitsbereich des Rotors, zum andern auf dem Fehlen einer Grundlage zur Berücksichtigung von Interferenzeffekten der Rotorblätter untereinander. Demgemäß ist in der Literatur eine nicht unbeträchtliche Streuung der theoretischen Ergebnisse zu beobachten. So reichen die maximal ermittelten Leistungsbeiwerte von etwas über 30 % bis nahezu 80 %, wie man den Bildern 50 bis 52 entnehmen kann.

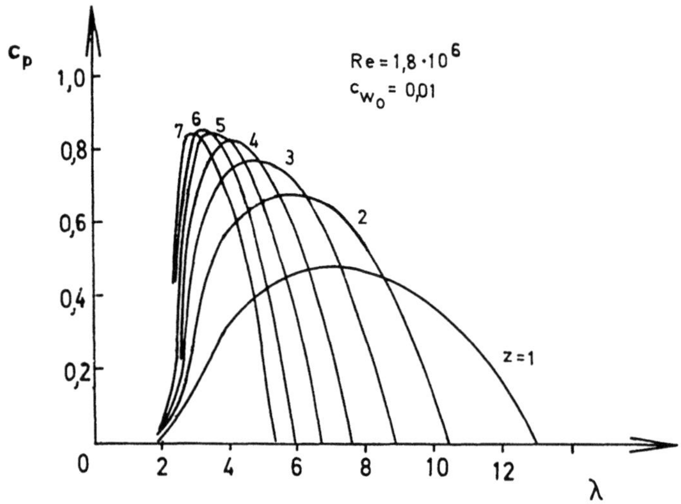

Bild 50: Berechneter Leistungsbeiwert als Funktion der Schnellaufzahl für einen Darrieus-Rotor mit der Blattzahl als Parameter (nach /13/)

Die Rechnung gibt allem Anschein nach den vom Experiment bestätigten Trend wieder, daß mit steigender Blattzahl die maximale Schnelläufigkeit abnimmt und das Leistungsmaximum schmäler, d.h. kritischer, wird. Die Realitätsnähe von Leistungsbeiwerten bis zu 80 % erscheint jedoch fraglich. Es darf wohl angenommen werden, daß die hier zu unterstellende Leistungsüberhöhung in den bei hohen Blattzahlen nicht mehr zu vernachlässigenden Interferenzeffekten ihre Ursache hat.

Etwas gemäßigter, doch immer noch auf recht hohem Niveau präsentieren sich die in /14/ publizierten Daten. Immerhin bestätigen sie ebenfalls - sowohl rechnerisch als auch experimentell das Absinken der maximalen wie auch der optimalen Schnellaufzahl mit zunehmender Anzahl der Rotorblätter, vor allem aber auch das zu erwartende Zurückbleiben der Meßdaten gegenüber den kalkulierten Daten.

Den erwähnten relativ hohen Leistungswerten laut Rechnung stehen andere - meist experimentelle - Daten gegenüber, die wesentlich näher an die im letzten Abschnitt geschätzten

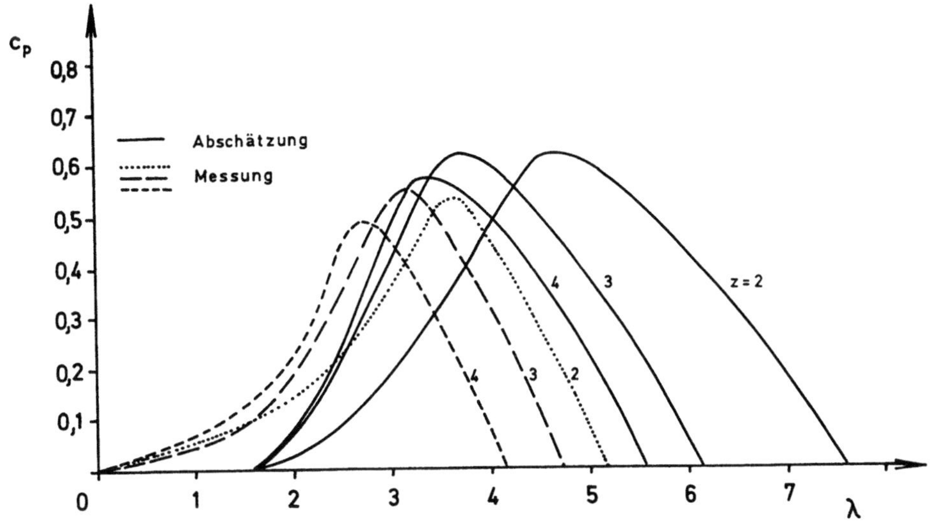

Bild 51: Berechnete und gemessene (normierte) Leistungskennlinien an einem Darrieus-Rotor nach /14/

Werte herankommen. Auch diese Daten, die sich allerdings nur auf zwei- und dreiblättrige Ausführungen beziehen (Bild 52, nach /12/) zeigen die mit geringer werdender Blattzahl sinkende Tendenz der Schnelläufigkeit, ohne allerdings die in /13/ prognostizierte Zunahme der Maximalleistung zu bestätigen, deren Niveau sich - jedenfalls beim Übergang vom zwei- zum dreiblättrigen Rotor - kaum verändert. Die Beeinflussung der Kennlinie durch die Blattzahl läßt sich hauptsächlich auf den Völligkeitsgrad σ zurückführen, der in der älteren deutschsprachigen Literatur (/5/,/11/) als das Verhältnis der belegten (also undurchlässigen) Rotoroberfläche zur gesamten Fläche definiert ist und somit aus der mit der Blattzahl multiplizierten Flügeltiefe dividiert durch den Rotorumfang errechnet wird. In der englischsprachigen Literatur wird als Völligkeit (solidity) meist der Quotient aus der Gesamtflügeltiefe und dem Rotorradius bezeichnet, so daß sich beide Definitionen um den Faktor 2π unterscheiden.

Wie in /12/ weiter ausgeführt wird, zeigen die nach unterschiedlichen Annahmen für das induzierte Geschwindigkeitsfeld getätigten Rechnungen im unteren Bereich (unterhalb des Leistungsmaximums) meist gute Übereinstimmung, jedenfalls soweit es sich um amerikanische Arbeiten handelt.

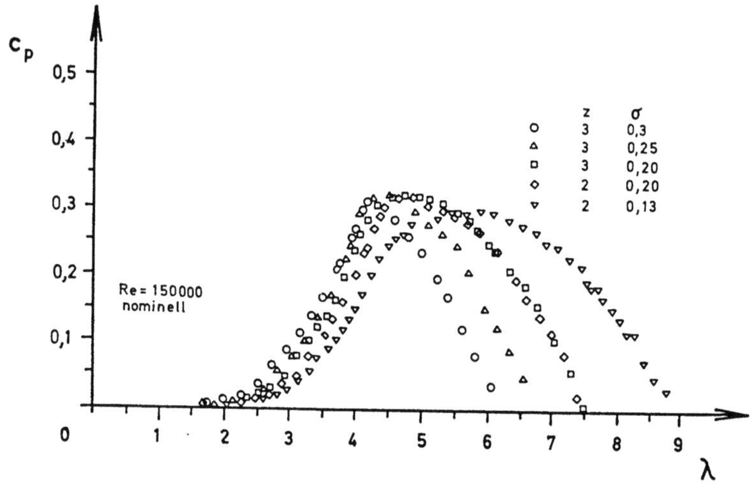

Bild 52: Einfluß der Völligkeit auf den Leistungsbeiwert bei konstanter Reynoldszahl für Darrieus-Rotoren in zwei-und dreiblättriger Ausführung (nach /12/)

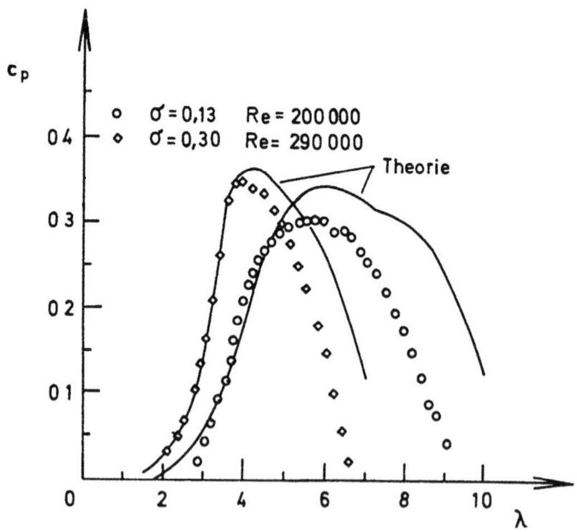

Bild 53: Vergleich experimenteller Daten mit solchen, die auf der Basis eines von einer Vielzahl von Stromröhren ausgehenden Modells berechnet wurden (nach /12/)

Im Leistungsbereich oberhalb des Maximums unterscheiden sich die theoretischen Voraussagen je nach dem zugrundegelegten Modell. Das eine Modell (englisch: single streamtube) geht von einer einheitlichen Strömung (Stromröhre) durch den Rotor aus, während das andere eine Vielzahl sich gegenseitig nicht beeinflussender Stromröhren (im differentiellen Sinne) unterstellt (multiple streamtube). Das letztgenannte Modell liefert im oberen Kennlinienbereich höhere Werte als das erste, i.a. auch höhere als das Experiment, wie Bild 53 demonstriert. Beiden Modellen gemeinsam ist allerdings die Annahme, daß die auf der Rotorleeseite umlaufenden Blätter sich im gleichen induzierten Geschwindigkeitsfeld bewegen wie diejenigen auf der Luvseite. Man erkennt, daß noch eine Vielzahl systematischer Messungen und Berechnungen notwendig sein wird, um befriedigende Übereinstimmung zwischen Theorie und Praxis zu erzielen.

Die wesentlichen Vor- und Nachteile eines Darrieus-Rotors gegenüber einem Horizontalachsen-Auftriebskonverter lassen sich anhand eines kurzen Katalogs verdeutlichen:

Vorteile:

1. Windrichtungsunabhängigkeit (keine Nachführregelung!)
2. Blattverstellung unnötig
3. verringerte Festigkeitsprobleme wegen doppelter Halterung der Blätter
4. einfachere und damit kostengünstigere Herstellung der symmetrischen Flügelprofile
5. höhere Sturmsicherheit (in Verbindung mit 1 - 3)
6. einfachere Leistungsabnahme an der senkrechten Rotorwelle

Nachteile:

1. kein selbständiges Anlaufen möglich (Anlaufhilfe durch gekoppelte Savonius-Rotoren oder Polung des Generators als Motor)

2. geringerer Leistungsbeiwert als beim HAK

3. Leistungsabgabe erst ab etwa 4 - 5 m/s Windgeschwindigkeit brauchbar

4. merklicher Leistungsabfall außerhalb des Maximums(Regelungsaufwand!)

5. Flatterneigung der Blätter aufgrund periodischer Richtungsänderung der Kräfte

6. einfacher Rotoraufbau wird durch Materialaufwand kompensiert, da der Rotor bei aerodynamisch gleicher Fläche einen kleineren Anströmquerschnitt gegenüber dem Wind aufweist.

Hinsichtlich des experimentellen und technischen Standes der Entwicklung ist folgendes festzustellen:
Abgesehen von kleineren Versuchsanlagen im Bereich von maximal etwa 5 kW Nutzleistung sind einige mittlere und große Anlagen für Nennleistungen zwischen ca. 30 kW bis 200 kW in Entwicklung oder fertiggestellt (/12/). Der Bau von Großanlagen wird vor allem in den USA vorangetrieben. In jedem Fall handelt es sich derzeit noch um Forschungsprojekte; Dauertesterfahrungen über lange Betriebszeiten stehen noch aus.
Als Aufstellplätze für VAK kommen vor allem weite Flachlandebenen in Frage, wie sie die USA, Kanada, Argentinien, Sibirien und - mit bescheidenerem Windaufkommen - die Norddeutsche Tiefebene anbieten.

4.4 Der Vertikalachsen-WEK nach dem Widerstandsprinzip

Wie schon an einer früheren Stelle (Kap.3) gezeigt wurde, läßt sich aus der Untersuchung der Leistungsbilanz eines parallel zum Wind (reibungsfrei geführten) Widerstandselements der maximale Wirkungsgrad eines Widerstandskonverters abschätzen. Der Realitätsbezug der Leistungskennlinie (Bild 10) im ganzen ist jedoch sehr gering einzuschätzen. Nun ist es durch Einführung von bewegungshemmenden Reibungskräften, wie sie durch zwangsläufig benötigte Führungselemente verursacht werden, möglich, den idealisierten "Betz-Konverter" zu einem praxisnäheren Rechenmodell, dem "realen Betz-Konverter" zu gestalten (/15/). Als Konsequenz aus diesem Anpassungsschritt ergeben sich nicht nur realere Wirkungsgrade und Schnellaufzahlen, sondern es wird der Einfluß der Windgeschwindigkeit auf diese Kenngrößen deutlich und berechenbar. Weiterhin verschwindet in den so ermittelten realen Leistungskennlinien der in praxi nie beobachtete Wendepunkt oberhalb des Leistungsmaximums. Darüberhinaus lassen sich interessante Erkenntnisse zum Anlaufverhalten bei Beaufschlagung durch eine Sprungfunktion gewinnen, wie etwa der Umstand, daß höhere Reibungsverluste zwar den Wirkungsgrad verringern, jedoch auch gleichzeitig die Anlaufzeit (definiert als diejenige Zeit, die vergeht, bis vom Zeitpunkt der Sprungerregung 90 % der Endgeschwindigkeit erreicht sind) herabsetzen. Trotz dieser Verbesserungen am Betz-Modell lassen sich die Verhältnisse, die an einem in seiner Translationsbewegung befindlichen Widerstandselement herrschen, nicht so ohne weiteres auf einen Konverter mit rotierenden Widerstandselementen übertragen. Hierfür gibt es hauptsächlich zwei Gründe:

1. Aufgrund der Drehbewegung bietet das angeströmte Element dem Wind dauernd eine andere Fläche an.

2. Während eines halben Umlaufs wird das Widerstandselement vom Wind abgebremst, statt angetrieben.

Eine weitere Komplikation, die das Verhalten des ganzen Rotors betrifft, tritt bei Verwendung mehrerer Widerstandselemente - für die wir analog zum Auftriebskonverter die Bezeichnung "Blätter beibehalten wollen - auf: Interferenzeffekte der Flügel(strömungen) untereinander, die wir bis zu einem gewissen Grade als "Abschattungswirkung gegen den Primärwind" deuten können.

Die erwähnten Schwierigkeiten bzw. Effekte lassen den Schluß zu (und darin bestand der geniale Einfall von Betz), daß ein rotierendes Widerstandselement ja höchstens einen kleineren Wirkungsgrad aufweisen könne, als ein solches in Translationsbewegung, so daß letzteres zur Abschätzung des maximalen Wirkungsgrades verwendet werden darf.

Im folgenden soll nun der Versuch unternommen werden, Rechenmodelle bzw. -ansätze zu entwickeln, mit deren Hilfe das Verhalten rotierender Widerstandselemente, ja ganzer Widerstandskonverter näherungsweise kalkuliert werden kann.

Die noch im Detail zu besprechenden Rechnungen setzen verschiedene vereinfachende Annahmen voraus, die teilweise grundsätzlicher Natur sind, teilweise aber auch mit dem Fortschritt der Untersuchungen entbehrlich werden. Unabhängig davon erscheint es aber sinnvoll, den Gang der Betrachtungen in folgender Reihenfolge vorzunehmen, da sie dem Verlauf der Erkenntnis vom Einfachen zum Komplizierteren entsprechen:

I. Vertikalachsen-Widerstandskonverter mit diskreten Blattelementen, deren Ausdehnung gegenüber dem Umlaufradius (Rotorradius) vernachlässigbar ist (idealisiertes Anemometer)

II. Vertikalachsen-Widerstandskonverter mit diskreten Blattelementen, deren Ausdehnung nicht gegenüber dem Rotorradius vernachlässigt werden kann (reales Anemometer)

III. Vertikalachsen-Widerstandkonverter mit kontinuierlichen Blattelementen, die von der Rotorachse bis zur Peripherie reichen (Kompaktrotoren, Widerstandsturbinen)

4.4.1 Konverter mit diskreten Widerstandselementen (Anemometer-Typen)

4.4.1.1 Das idealisierte Anemometer

Ergänzend zu der nur groben Definition in der Einleitung zu diesem Kapitel wollen wir noch einmal verdeutlichen, was im folgenden unter einem "idealisierten Anemometer" verstanden werden soll:

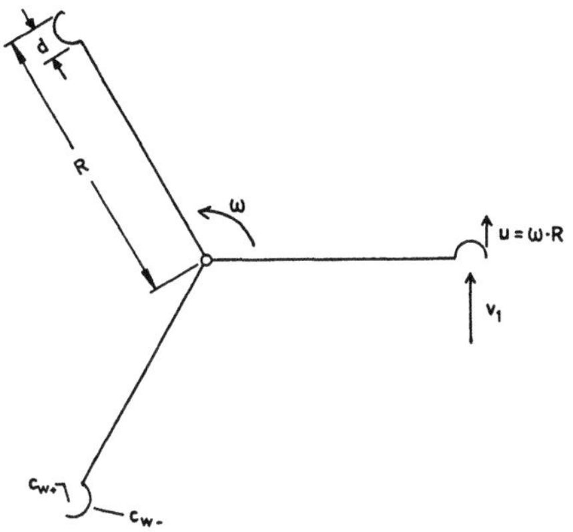

Bild 54: Geometrische Veranschaulichung des idealisierten Anemometers

An den Enden unendlich dünner (im Sinne strömungstechnischer Bedeutungslosigkeit) Tragarme, die alle gleich lang sind und in einer Ebene in gleichen Winkelabständen waagrecht an der (reibungsfrei gelagerten) Rotorachse angebracht sind, sei je ein Widerstandselement befestigt. Alle Widerstandselemente mögen identische Form besitzen und so zu den Tragarmen orientiert sein, daß sie ihre größte wirksame Fläche A_0 dem Wind präsentieren, wenn der jeweilige Arm ebenfalls senkrecht zur Windgeschwindigkeit ausgerichtet ist. Weiterhin möge die größte Querabmessung eines Widerstandelements d vernachlässigbar gegenüber dem maximalen Rotordrehkreisradius R sein ($d \ll R$!).

Neben diesen die Baugeometrie betreffenden Annahmen wollen wir den nachfolgenden Rechnungen noch zwei weitere zur Seite stellen, die das Verhalten der Widerstandselemente in der

Strömung betreffen:

1. Die auf ein Element einwirkende Relativgeschwindigkeit errechne sich mithilfe der ungestört gedachten primären Windgeschwindigkeit v_1 unter Berücksichtigung der Winkelgeometrie

2. Die der Konkav- und Konvexseite (Vorder- und Rückseite) eines Elements zugeordneten Widerstandsbeiwerte c_{W+} und c_{W-} seien im Verlaufe des jeweils aktiven Teils ihres Umlaufs (Gleichlauf- und Gegenlaufphase) konstant.

A) Mittlerer Leistungsgewinn eines rotierenden Widerstandselements

Zur Berechnung der mittleren Leistung, die ein rotierendes Element während eines stationär gedachten Umlaufs aus dem Wind aufnimmt, gehen wir von der Momentanleistung $P_+(\varphi)$ aus, die der Luftstrom der Geschwindigkeit v_1 gerade an den durch die Winkelposition φ (Bezugsrichtung senkrecht zum Wind) beschriebenen Widerstandskörper abgibt (Bild 55). Der Betrag der relativen Anströmgeschwindigkeit in der Gleichlaufphase ist offenbar gleich $v_1 - u \cos\varphi$, wenn man die Bahngeschwindigkeit $u = \omega \cdot R$ einführt und beachtet, daß die Leistung des Stromes als Staukraft, multipliziert mit der Geschwindigkeit $u \cdot \cos\varphi$ in Richtung dieser Antriebskraft anzusetzen ist. Nach dem Newtonschen Widerstandsgesetz ist für die wirksame Staukraft neben dem entsprechenden c_W-Wert und der relativen Anströmgeschwindigkeit die senkrecht zum Wind projizierte Elementenfläche $A_0 \cdot \cos\varphi$ verantwortlich, so daß man für die gesuchte

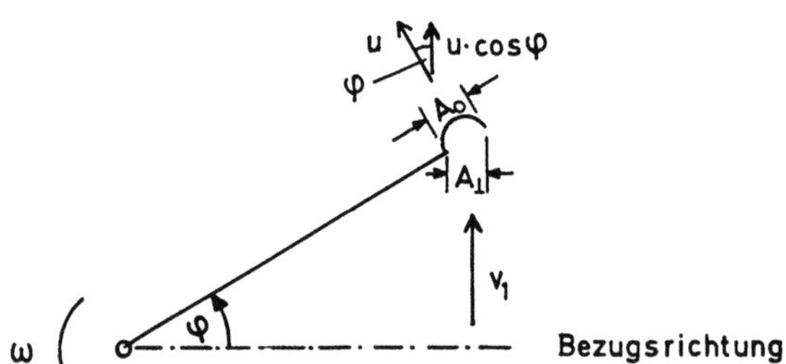

Bild 55: Zur Berechnung der Momentanleistung am Element

Momentanleistung am Blatt setzen kann

(4-100) $$P_+(\varphi) = c_{w+} \cdot \frac{\rho_L}{2}(v_1 - u\cos\varphi)^2 A_o \cdot u \cdot \cos^2\varphi$$

Unter Verwendung der Schnellaufzahl $\lambda = u/v_1$ und der auf der Elementenfläche A_o angebotenen primären Windleistung $P_w = \frac{\rho_L}{2} v_1^3 \cdot A_o$ läßt sich die Beziehung (4-100) in die Form bringen

(4-101) $$P_+(\varphi) = c_{w+} P_w (1 - \lambda\cos\varphi)^2 \cdot \lambda\cos^2\varphi$$

Der mittlere Leistungsgewinn $\bar{P}_+$ in der Gleichlaufphase ergibt sich durch Berechnung des integralen Mittelwertes von $P_+(\varphi)$ im Winkelbereich $-\pi/2 \leq \varphi \leq \pi/2$

(4-102) $$\bar{P}_+ = \frac{1}{\pi}\int_{-\pi/2}^{+\pi/2} P_+(\varphi)d\varphi = \frac{c_{w+}P_w}{\pi}\int_{-\pi/2}^{+\pi/2}(1 - \lambda\cos\varphi)^2 \lambda\cos^2\varphi\, d\varphi$$

Die Ausführung dieser einfachen Rechnung ergibt, wie der Leser leicht nachvollziehen mag, die Lösung

(4-103) $$\boxed{\bar{P}_+ = c_{w+}P_w \cdot \left(\frac{\lambda}{2} - \frac{8}{3\pi}\lambda^2 + \frac{3}{8}\cdot\lambda^3\right)}$$

In analoger Weise zu dem hier praktizierten Vorgehen findet man für die momentane Verlustleistung in der Gegenlaufphase $P_-(\varphi)$ - unter Berücksichtigung der einander entgegengerichteten Geschwindigkeiten von Widerstandselement und Luftströmung - die Beziehung

(4-104) $$P_-(\varphi) = c_{w-}P_w\,(1 + \lambda\cos\varphi)^2 \cdot \lambda\cos^2\varphi$$

Nach der entsprechenden Mittelwertbildung folgt für den mittleren Verlustbeitrag der Gegenlaufphase betragsmäßig

(4-105) $$\boxed{\bar{P}_- = c_{w-}P_w \cdot \left(\frac{\lambda}{2} + \frac{8}{3\pi}\lambda^2 + \frac{3}{8}\lambda^3\right)}$$

Der mittlere Leistungsgewinn des Widerstandselements während eines Umlaufs ergibt sich aus dem über die entsprechenden Winkelbereiche gewichteten Gesamtleistungsmittelwert des

Blattes $\bar{P}_{Bl}$, für den gilt

(4-106) $$\bar{P}_{Bl} = \frac{\pi \cdot \bar{P}_+ - \pi \cdot \bar{P}_-}{2\pi} = \frac{1}{2} (\bar{P}_+ - \bar{P}_-)$$

Aufgrund der vernachlässigbaren Ausdehnung eines Elements läßt sich daraus in einfacher Weise die gesamte mittlere Nutzleistung eines Rotors $\bar{P}_{R,\ -Bl.}$ gewinnen, indem man die mittlere Blattleistung mit der Blattzahl z multipliziert:

(4-107) $$\bar{P}_{R,z\text{-}Bl.} = z \cdot \bar{P}_{Bl}$$

B) Normierte Leistungskennlinie eines 2-Blatt-Rotors

Bevor wir uns konkret mit der Berechnung der normierten Leistungskennlinie befassen, wie sie durch den Verlauf des Wirkungsgrades als Funktion der Schnellaufzahl repräsentiert wird, ist zuvor noch ein Wort zum Abschirmproblem zu verlieren. Die in der Gegenlaufphase aufgrund der einander entgegengerichteten Geschwindigkeitskomponenten relativ hohe Relativ- bzw. Anblasegeschwindigkeit des rotierenden Blattes bewirkt trotz des wesentlich niedrigeren c_w-Wertes der Konvexseite einen merklichen Leistungsverlust, der den in der Gleichlaufphase erzielten Leistungsgewinn durch Abbremsen im Primärwind selbst reduziert. Es erscheint daher interessant, zu überprüfen, inwieweit sich eine Verbesserung in der Leistungskennlinie erreichen läßt, wenn man die Widerstandselemente während ihrer Gegenlaufphase (d.h. auf der Gegenlaufseite) vor dem Primärwind abschirmt, so daß sie lediglich gegen ruhende Luft anlaufen müssen. Für die folgenden Rechnungen empfiehlt sich somit eine Fallunterscheidung zwischen nicht abgeschirmtem (normalem) und abgeschirmtem Konverterbetrieb. Die weiteren Untersuchungen an Widerstandskonvertern werden zeigen, daß nur im Falle von Anemometern (Widerstandskonverter mit diskreten Antriebselementen) die Betriebsweise durch entsprechende bauliche Maßnahmen (Schutzwand vor Primärwindanströmung) beeinflußbar ist, während bei Kompaktrotoren - zumindest oberhalb bestimmter Schnellaufzahlen - eine Art automatischer Selbstabschirmung des Rotors eintritt.

a) Unabgeschirmte Betriebsweise

Die im vorigen Abschnitt gefundenen Beziehungen für den Zusammenhang zwischen der mittleren Blattleistung in Gleich- und Gegenlaufphase (4-103, 4-104) einerseits, sowie zwischen mittlerer Rotor- und mittlerer Blattleistung andererseits (4-106, 4-107), gestatten nunmehr die Bestimmung der mittleren Nutzleistung P_N bzw. $P_{R,2-Bl}$ eines 2-blättrigen Rotors. Verwendet man, wie es sich bei den weiteren Rechnungen als bequem erweist, das Verhältnis der c_w-Werte von Konkav- und Konvexseite als Abkürzung, die wir im folgenden mit $\varkappa$ bezeichnen wollen,

$$\text{(4-108)} \qquad \boxed{\varkappa = c_{w+}/c_{w-}}$$

so ergibt sich für die gesuchte Nutzleistung im stationären Betrieb

$$\text{(4-109)} \qquad \bar{P}_{R,2-Bl} = c_{w-} P_w \left[\varkappa\left(\frac{\lambda}{2} - \frac{8}{3\pi}\lambda^2 + \frac{3}{8}\lambda^3\right) - \left(\frac{\lambda}{2} + \frac{8}{3\pi}\lambda^2 + \frac{3}{8}\lambda^3\right)\right]$$

Division dieser Beziehung durch P_w führt zu einem allenfalls mit dem Wirkungsgrad des Betz-Konverters vergleichbaren physikalischen Wirkungsgrad des idealisierten Anemometers, da P_w das Nutzleistungsangebot auf der (praktisch differentiell angenommenen) Elementfläche A_o bedeutet.

$$\text{(4-110)} \qquad \boxed{\bar{\eta}_{R,2-Bl} = c_{w-} \left[\varkappa\left(\frac{\lambda}{2} - \frac{8}{3\pi}\lambda^2 + \frac{3}{8}\lambda^3\right) - \left(\frac{\lambda}{2} + \frac{8}{3\pi}\lambda^2 + \frac{3}{8}\lambda^3\right)\right]}$$

Eine dem technischen Sprachgebrauch entsprechende Definition des Rotorwirkungsgrades läßt sich aus (4-109) leider nicht gewinnen. Würde man nämlich die nach obiger Beziehung erzielte Nutzleistung auf die von den Rotorelementen bestrichene Querschnittfläche $A_R = 2R \cdot d$ beziehen, wobei die maximale Anströmfläche eines Widerstandselements $A_o = d^2$ angenommen sein soll, so würde sich bei differentieller Interpretation von d natürlich ein verschwindender Wirkungsgrad ergeben.

Einer quantitativen Betrachtung der durch die Funktion (4-110) gegebenen Kennlinie ist eine grundsätzliche Kurvendiskussion voranzustellen, die sich mit dem Verlauf einer Parabel 3. Ordnung beschäftigt, als die man die Funktion (4-110) ja anzusehen hat, und zwar besonders im Hinblick darauf, daß alle noch zu besprechenden Widerstands-Konverter-Kennlinien in dieser Form darstellbar sind. Eine solche Parabel gehorcht der allgemeinen Gleichung

$$\eta = A\cdot\lambda + B\cdot\lambda^2 + C\cdot\lambda^3 \qquad (4\text{-}111)$$

Als ganze rationale Funktion besitzt sie entweder drei reelle Nullstellen oder eine reelle und zwei komplexe Nullstellen, wobei wir aus physikalischen Gründen zumindest zwei reelle Nullstellen erwarten, da ja außer dem Trivialfall $\lambda_1 = 0$ (Stillstand) sicher noch eine maximale Schnellaufzahl λ_{max} existieren müßte, die genau jenen Betriebszustand kennzeichnet, bei dem die in der Gleichlaufphase von den Blättern aufgenommene Leistung ohne Abnahme einer Nutzleistung im angestrebten Sinne durch die pro Zeiteinheit gegen die anströmende Luft geleistete Reibungsarbeit verloren geht (Leerlauf). Wie man sich anschaulich sofort klarmacht, muß natürlich im Falle dreier reeller Nullstellen mit einem Minimal- und einem Maximalwert, sowie einem zwischen beiden liegenden Wendepunkt gerechnet werden.

Eine nach den Regeln der Infinitesimalrechnung vorgenommene Kurvendiskussion, deren detaillierte Ausführung wir dem Leser hier ersparen wollen, ergibt folgende charakteristischen Kennwerte der Parabel 3. Ordnung:

1. Nullstellen:

$$\lambda_1 = 0 \quad \text{(Stillstand)}$$

$$\lambda_{2,3} = -\frac{B}{2C}\left(1 \pm \sqrt{1 - \frac{4A\cdot C}{B^2}}\right) \text{, symm. zu } \lambda_4 = -\frac{B}{2C} \qquad (4\text{-}112)$$

Die Nullstellen sind reell, wenn A und C verschiedene Vorzeichen besitzen, oder (bei gleichem Vorzeichen) $4A\cdot C < B^2$ ist. Weiterhin ist zu erkennen, daß bei verschiedenen Vorzeichen von B und C beide (als reell unterstellten) Nullstellen positiv sein müssen, da der Wurzelausdruck betragsmäßig kleiner als eins ist, während bei Gleichheit der Vorzeichen von B und C beide Nullstellen negativ ausfallen.

2. Extrema:

(4-113) $$\lambda_{5,6} = -\frac{B}{3C}\left(1 \pm \sqrt{1 - \frac{3A\cdot C}{B^2}}\right), \text{ symm. zu } \lambda_7 = -\frac{B}{3C}$$

Beide Extrema sind reell, sofern A und C unterschiedliche Vorzeichen aufweisen, oder (bei gleichem Vorzeichen) $3A\cdot C < B^2$ gilt. Sofern reelle Werte vorliegen, treten bei gleichem Vorzeichen von B und C beide Extrema nur im negativen Abszissenbereich auf, bei ungleichen Vorzeichen beide nur im positiven Gebiet. Nebenbei bemerkt ist natürlich die für die Existenz reeller Nullstellen erhobene Forderung $4A\cdot C < B^2$ die schärfere, so daß im Falle reeller Nullstellen allemal auch reelle Extrema vorhanden sind. Die aus der Bedingung des Verschwindens der ersten Ableitung $d\eta/d\lambda$ gewonnenen Extrema lassen sich nach Überprüfung des Vorzeichens der zweiten Ableitung $d^2\eta/d\lambda^2$ an den für die Lage der Extrema charakteristischen Abszissenstellen λ_5 und λ_6 als Maximum bzw. Minimum identifizieren. Aus der Beziehung

$$\frac{d^2\eta}{d\lambda^2} = \eta'' = 2B + 6C\cdot\lambda_{5,6}$$

ergibt sich folgende Zuordnung:

$\eta'' < 0$ (Maximum) bei $\lambda = \lambda_5$, wenn $B > 0$

$\eta'' > 0$ (Minimum) bei $\lambda = \lambda_5$, wenn $B < 0$

$\eta'' > 0$ (Minimum) bei $\lambda = \lambda_6$, wenn $B > 0$

$\eta'' < 0$ (Maximum) bei $\lambda = \lambda_6$, wenn $B < 0$

3. Wendepunkt:

Aus der Bedingung $\eta'' = 0$ findet man für die Abszissenlage des Wendepunktes den Wert $\lambda_7 = -B/3C$, d.h. der Wendepunkt liegt symmetrisch zwischen den Extremwerten von η .

Nach dieser Grundsatzbetrachtung zum charakteristischen Verlauf einer Parabel dritter Ordnung kehren wir zur Leistungs- bzw. Wirkungsgradkennlinie des idealisierten Anemometers (4-110) zurück, die sich nach Umordnung in der Form (4-111) darstellen läßt. Wie der Vergleich der beiden zitierten Beziehungen ergibt, erhält man im Falle des idealisierten Anemometers:

(4-114) $$A = \frac{1}{2}(\varkappa - 1)$$

(4-115) $$B = -\frac{8}{3\pi}(\varkappa + 1)$$

(4-116) $$C = \frac{3}{8}(\varkappa - 1)$$

Der den Koeffizienten gemeinsame Faktor c_{w-} wird ausgeklammert, so daß im Falle der reibungsfreien Achslagerung alle Wirkungsgrad-Kennlinien von Anemometern von der Form sind:

(4-115) $$\boxed{\eta_R = c_{w-} \cdot (A \cdot \lambda + B \cdot \lambda^2 + C \cdot \lambda^3)}$$

Natürlich ändert ein allen Koeffizienten multiplikativ zugeordneter Faktor nichts an der Lage der Nullstellen und Extrema. Von Bedeutung ist nun, daß sich nicht nur im Falle des idealisierten Anemometers, sondern sogar bei allen später noch zu behandelnden Widerstandskonverter-Kennlinien die entsprechenden Koeffizienten A und C stets als positiv, B dagegen immer als negativ erweist. Daraus läßt sich zunächst einmal der Schluß ziehen, daß alle Nullstellen und Extrema (soweit reell!) nur im Bereich positiver λ-Werte liegen können, was ja aus anschaulichen Gründen auch nicht anders zu erwarten war. Weiterhin hat das negative Vorzeichen von B die Konsequenz, daß der erste oberhalb der Nullstelle $\lambda_1 = 0$ gelegene Extremwert ein Maximum sein muß. Der physikalisch sinnvolle Kurventeil der Parabel wird zu höheren Schnellaufzahlen durch die zweite Nullstelle λ_3 (vom Ursprung aus gerechnet) begrenzt, da der rein mathematisch durch die Parabelfunktion für höhere λ-Werte definierte Kurvenast negativen Wirkungsgraden entsprechen würde. Allerdings ist zu beachten, daß wegen des grundsätzlich gleichen Vorzeichens für die Konstanten A und C immer streng genommen zu prüfen ist, ob die zur Fixierung des Maximums und der oberen Nullstelle im praktisch relevanten Kurvenbereich - wir wollen die zugeordneten Schnellaufzahlen λ_{opt} und λ_{max} nennen - maßgebenden Wurzelausdrücke in (4-112) und (4-113) reell bleiben. Dies ist - wie hier vorausgeschickt sei - nur bis zu einem vom Einzelfall abhängigen kritischen maximalen c_w-Wert-Verhältnis erfüllt, das i.a. von technisch realisierbaren Widerstandselementen jedoch nicht erreicht wird.

Die gesuchte maximale Schnellaufzahl λ_{max} des idealisierten Anemometers ergibt sich gemäß den vorausgegangenen Überlegungen aus der mit λ_3 bezeichneten Nullstelle der Parabelfunktion (4-115) unter Verwendung der für die Koeffizienten A, B und C gefundenen Ausdrücke (4-114), (4-115), (4-116):

$$(4\text{-}116) \qquad \lambda_{max} = \frac{4}{3} \cdot \frac{8}{3\pi}\frac{(\varkappa + 1)}{(\varkappa - 1)} \left\{ 1 - \sqrt{1 - \frac{3}{4} \cdot \left(\frac{3\pi}{8} \frac{(\varkappa - 1)}{(\varkappa + 1)} \right)^2 } \right\}$$

Die zur Berechnung des maximalen Wirkungsgrades η_{max} benötigte optimale Schnellaufzahl λ_{opt} folgt entsprechend der für die Lage des Maximums der Parabelfunktion festgestellten Beziehung (4-113) aus dem Wert λ_6 (Minuszeichen des Wurzelausdrucks).

$$(4\text{-}117) \qquad \lambda_{opt} = \frac{8}{9} \cdot \frac{8}{3\pi}\frac{(\varkappa + 1)}{(\varkappa - 1)} \left\{ 1 - \sqrt{1 - \frac{9}{16} \cdot \left(\frac{3\pi}{8}\frac{(\varkappa - 1)}{(\varkappa + 1)} \right)^2 } \right\}$$

Bevor wir mithilfe der aufgestellten Formeln konkrete Werte ausrechnen, ist es an der Zeit, sich mit den numerischen Grenzdaten zu befassen, die den praktisch möglichen Wertebereich für c_{w+} und c_{w-}, sowie auch für $\varkappa$, definieren. Hier scheint nun allerdings eine an den Untersuchungszielen der Strömungsmechanik gemessen unorthodoxe Fragestellung vorzuliegen. Es interessiert nämlich in erster Linie das Problem, für Widerstandskörper zum Antrieb von Konvertern eine Baugeometrie zu ermitteln, die sich durch möglichst große $\varkappa$-Werte, d.h. möglichst große Quotionten aus den c_w-Werten einander gegenüberliegender Seiten eines Körpers auszeichnet. Die Bemühungen der Vergangenheit zielten jedoch mehr darauf ab, herauszufinden, welche Profile zu entweder sehr hohen oder sehr niedrigen (Automobilbau!) c_w-Werten führen. So ist denn die diesbezügliche Aussagekraft der Literatur nicht sehr groß. Der höchste in praxi beobachtete c_w-Wert liegt anscheinend bei 1,6, der niedrigste bei 0,056, was zum Zwecke der Abschätzung und in Ermangelung einer genaueren Fehlerangabe sicher mit dem Wert 0,06 angemessener berücksichtigt wird. Da diese Daten mit Sicherheit nicht an einem Körper realisierbar sein werden, wird der aus diesen Extremwerten gebildete $\varkappa$-Wert von 1,6/0,06 = 26,7 eine nicht überschreitbare Grenze für $\varkappa$ darstellen. Unter den bekannten Profilen besitzt die Hohlhalbkugel mit $c_{w+} = 4/3$ und $c_{w-} = 1/3$ das höchste $\varkappa = 4$.

Um abzuschätzen, in welchem Umfang die wichtigsten Kenngrößen der Anemometerkennlinie (wie maximale und optimale Schnellaufzahl, maximaler Wirkungsgrad) durch die wesentlichen Kennziffern der antreibenden Widerstandselemente (c_w-Werte, $\varkappa$-Zahlen) beeinflußt werden, wollen wir versuchsweise die gesuchten Leistungskenngrößen auf der Basis dreier hypothetisch angenommener Widerstandselemente-Typen (I-III) berechnen.

Typ I: Hohlhalbkugel (ausgezeichnet durch den höchsten bisher belegten $\varkappa$-Wert)

$c_{w+} = 4/3$, $c_{w-} = 1/3$, $\varkappa = 4$

Typ II: Nach einschlägigen Versuchen zur Maximierung von $\varkappa$ als evtl. realisierbar angenommenes Widerstandselement

$c_{w+} = 1{,}5$, $c_{w-} = 0{,}15$, $\varkappa = 10$

Typ III: Rein hypothetisch durch gleichzeitige Ausstattung mit sowohl dem höchsten wie auch (in Gegenrichtung) niedrigsten experimentell (an verschiedenen Körpern) beobachteten c_w-Wert erdachtes Element, dessen $\varkappa$-Wert in praxi mit Sicherheit nicht überschreitbar sein dürfte

$c_{w+} = 1{,}6$, $c_{w-} = 0{,}06$, $\varkappa = 26{,}7$

Von den obigen Daten ausgehend errechnet man für den zweiblättrigen Anemometeraufbau in unabgeschirmter Betriebsweise

	Typ I	Typ II	Typ III
λ_{max} =	$0{,}39_5$	$0{,}62_2$	$0{,}82_7$
λ_{opt} =	$0{,}19_1$	$0{,}28_5$	$0{,}34_8$
$\bar{\eta}_{R,2-Bl\,max}$ =	4,7 %	9,0 %	12,2 %

Wie schon vermutet, bleiben die maximalen Wirkungsgrade deutlich hinter den Betzschen Schätzwerten für die reine Translationsbewegung zurück. Nach diesem Ergebnis ist es natürlich recht interessant festzustellen, wie sich der schon erläuterte Abschirmeffekt auf die entsprechenden Anemometerdaten auswirkt.

b) Abgeschirmte Betriebsweise

In Anbetracht der Tatsache, daß sich die Abschirmung definitionsgemäß lediglich auf den Leistungsverlust in der Gegenlaufphase auswirkt, gilt für den Leistungsgewinn eines Widerstandselements in der Gleichlaufphase nach wie vor die Beziehung

$$(4\text{-}103) \qquad \bar{P}_+ = c_{W+} P_W \cdot \left(\frac{\lambda}{2} - \frac{8}{3\pi} \lambda^2 + \frac{3}{8} \lambda^3 \right)$$

Der Leistungsverlust während der Gegenlaufbewegung errechnet sich diesmal allerdings nicht nach (4-105), sondern - wie der Leser leicht nachvollzieht - gemäß dem Ansatz

$$(4\text{-}118) \qquad \bar{P}_- = c_{W-} \cdot \frac{\rho_L}{2} u^2 \cdot A_o \cdot u = c_{W-} \cdot \frac{\rho_L}{2} v_1^3 \cdot A_o \cdot \left(\frac{u}{v_1}\right)^3$$

Da dieser Momentanwert offenbar nicht von der Winkelposition abhängt, stimmt er mit dem für die Gegenlaufphase gültigen Mittelwert $\bar{P}_-$ überein, der sich unter Verwendung des Windleistungsangebots P_W in die Form bringen läßt

(4-119) $$\boxed{\bar{P}_- = c_{W-} P_W \cdot \lambda^3}$$

Die Nettoleistung des rotierenden Blattelements beträgt somit

(4-120) $$\bar{P}_{Bl} = \frac{1}{2} c_{W-} P_W \left[\varkappa \left(\frac{\lambda}{2} - \frac{8}{3\pi} \lambda^2 + \frac{3}{8} \lambda^3 \right) - \lambda^3 \right]$$

Multiplikation dieses Ausdrucks mit 2 liefert die mittlere Rotorleistung, anschließende Division durch P_W den mittleren Wirkungsgrad des 2-blättrigen Anemometers mit Abschirmung.

(4-121) $$\boxed{\bar{\eta}_{R,2-Bl} = c_{W-} \left[\varkappa \left(\frac{\lambda}{2} - \frac{8}{3\pi} \lambda^2 + \frac{3}{8} \lambda^3 \right) - \lambda^3 \right]}$$

Auch diese Beziehung entspricht der allgemeinen Formel für eine Parabel dritter Ordnung, diesmal unter Benutzung der Abkürzungen

(4-122) $$A = \frac{\varkappa}{2}$$

(4-123) $$B = -\frac{8}{3\pi} \varkappa$$

(4-124) $$C = \frac{3}{8} \varkappa - 1$$

Die maximale Schnellaufzahl errechnet sich wieder aus der Nullstelle der allgemeinen Parabelfunktion:

$$\lambda_{max} = -\frac{B}{2C} \left(1 - \sqrt{1 - \frac{4A \cdot C}{B^2}} \right)$$

$$= \frac{\frac{8}{3\pi} \cdot \varkappa}{2\left(\frac{3}{8}\varkappa - 1\right)} \left(1 - \sqrt{1 - \frac{4 \cdot \frac{\varkappa}{2} \left(\frac{3}{8}\varkappa - 1\right)}{\left(\frac{8\varkappa}{3\pi}\right)^2}} \right)$$

Nach Umformung ergibt sich

(4-125) $$\lambda_{max} = 4 \cdot \frac{8\varkappa}{3\pi(3\varkappa - 8)} \left\{ 1 - \sqrt{1 - \frac{1}{4} \left(\frac{3\pi}{8}\right)^2 \cdot \frac{(3\varkappa - 8)}{\varkappa}} \right\}$$

Die optimale Schnellaufzahl λ_{opt} entspricht der Extremwertposition λ_6:

$$\lambda_{opt} = -\frac{B}{3C}\left(1 - \sqrt{1 - \frac{3A \cdot C}{B^2}}\right)$$

$$= \frac{\frac{8}{3\pi}\varkappa}{3\left(\frac{3}{8}\varkappa - 1\right)}\left(1 - \sqrt{1 - \frac{3 \cdot \frac{\varkappa}{2}\left(\frac{3}{8}\varkappa - 1\right)}{\left(\frac{8\varkappa}{3\pi}\right)^2}}\right)$$

Für λ_{opt} findet man schließlich die Formulierung

$$\lambda_{opt} = \frac{8}{3} \cdot \frac{8}{3\pi}\,\frac{\varkappa}{(3\varkappa - 8)}\left\{1 - \sqrt{1 - \frac{3}{16} \cdot \left(\frac{3\pi}{8}\right)^2 \cdot \frac{3\varkappa - 8}{\varkappa}}\right\} \quad (4\text{-}126)$$

Mithilfe der Beziehung (4-121), (4-125) und (4-126) errechnen sich für das abgeschirmte, 2-blättrige, idealisierte Anemometer folgende Daten:

	Typ I	Typ II	Typ III
λ_{max} =	$0{,}65_2$	$0{,}79_3$	$0{,}94_2$
λ_{opt} =	$0{,}31_7$	$0{,}35_6$	$0{,}38_1$
$\bar{\eta}_{R,2\text{-}Bl\,max}$ =	10,3 %	12.4 %	13,8 %

C) Normierte Leistungskennlinie eines 3-Blatt-Rotors

Die als vernachlässigbar angenommene Ausdehnung der Blattelemente des idealisierten Anemometers erlaubt in einfachster Weise die Erweiterung der Rechnung auf mehr als 2-blättrige Systeme. Wir wollen uns hier mit der Betrachtung eines 3-blättrigen Anemometers begnügen, das sich in der Praxis ja bereits gegenüber der früheren 4-blättrigen Ausführung durchgesetzt hat.

Infolge der geringen Ausdehnung bei großem Achsabstand können Abschattungseffekte außer acht bleiben und die mittlere Rotorleistung ist

$$\bar{P}_{R,3-Bl} = 3 \cdot \bar{P}_{Bl} = 3 \cdot \frac{1}{2}(\bar{P}_+ - \bar{P}_-)$$

Offensichtlich ergibt sich gegenüber der 2-Blatt-Bauweise lediglich ein um den Faktor 3/2 größerer Wirkungsgrad.

$$\boxed{\bar{\eta}_{R,3-Bl} = \frac{3}{2}\,\bar{\eta}_{R,2-Bl}} \qquad (4\text{-}127)$$

Diese rein multiplikative Veränderung der Wirkungsgradfunktion hat die Konsequenz, daß sich die charakteristischen Schnellaufzahlen λ_{opt} und λ_{max} gegenüber der 2-blättrigen Ausführung nicht ändern, sondern ausschließlich die maximalen Wirkungsgrade.

a) Unabgeschirmte Betriebsweise

Wie bereits erläutert erhöhen sich die für unsere hypothetischen Widerstandselemente erzielbaren Wirkungsgrade gegenüber der im Abschnitt B) betrachteten 2-Blatt-Ausführung auf das Anderthalbfache:

	Typ I	Typ II	Typ III
$\bar{\eta}_{R,3-Bl\,max}$	= 7,0 %	13,5 %	18,3 %

b) Abgeschirmte Betriebsweise

In analoger Weise folgt für die abgeschirmte Anordnung aus den Daten der 2-blättrigen Ausführung

	Typ I	Typ II	Typ III
$\bar{\eta}_{R,3-Bl\,max}$	=15,4 %	18,6 %	20,7 %

D) Datenvergleich und -übersicht

Die bisher für das idealisierte Anemometer errechneten Daten sind der Übersichtlichkeit wegen in der nachfolgenden Tabelle zusammengestellt.

Kenngröße	Blattzahl	Typ I a	Typ I b	Typ II a	Typ II b	Typ III a	Typ III b
λ_{max}	z = 2	$0{,}39_5$	$0{,}65_2$	$0{,}65_2$	$0{,}79_3$	$0{,}82_7$	$0{,}94_2$
	z = 3	$0{,}39_5$	$0{,}65_2$	$0{,}65_2$	$0{,}79_3$	$0{,}82_7$	$0{,}94_2$
λ_{opt}	z = 2	$0{,}19_1$	$0{,}31_7$	$0{,}28_5$	$0{,}35_6$	$0{,}34_8$	$0{,}38_1$
	z = 3	$0{,}19_1$	$0{,}31_7$	$0{,}28_5$	$0{,}35_6$	$0{,}34_8$	$0{,}38_1$
$\bar{\eta}_{R,max}$	z = 2	4,7 %	10,3 %	9,0 %	12,4 %	12,2 %	13,8 %
	z = 3	7,0 %	15,4 %	13,5 %	18,6 %	18,3 %	20,7 %

Tabelle 9: Kenndaten des idealisierten Anemometers in zwei- und dreiblättriger Ausführung (a - ohne, b - mit Abschirmung)

Man entnimmt der Aufstellung, daß im realisierbar erscheinenden Bereich (Typ I) die mit dem "Betz-Konverter" direkt vergleichbaren Wirkungsgrade deutlich hinter der Betzschen Abschätzung zurückbleiben, wie ja zu vermuten war. Durch Abschirmung in der Gegenlaufphase reduziert sich der Abstand, vor allem in der 3-blättrigen Bauart. Weiterhin ist zu erkennen, daß die mit der Abschirmung erzielbare Verbesserung des Wirkungsgrades um so weniger ins Gewicht fällt, je höher die durch das c_w-Verhältnis gekennzeichnete Effizienz des verwendeten Widerstandselementes bereits ist.
Bemerkenswert erscheint schließlich noch, daß die in der antriebslosen Umlaufphase verursachten Leistungsverluste durch die turbulenten Reibungseffekte des Blattelements in der Luft selbst schon für die lagerreibungsfreie Ausführung eine wesentlich unter eins liegende maximale Schnellaufzahl erwarten

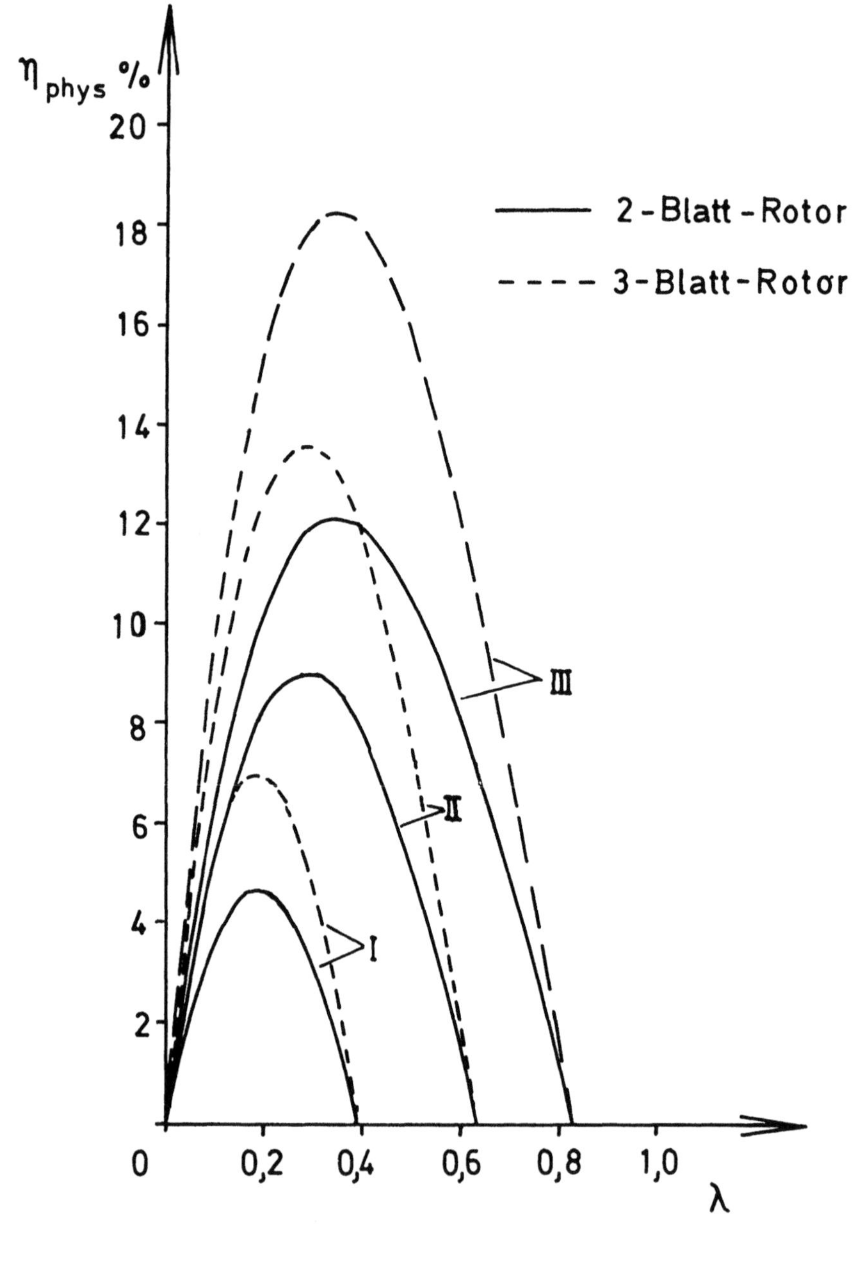

Bild 56: Leistungskennlinien des idealisierten Anemometers für 2- und 3-blättrige Ausführung (unabgeschirmte Anordnung) Näheres zur Typenbezeichnung vgl. Text!

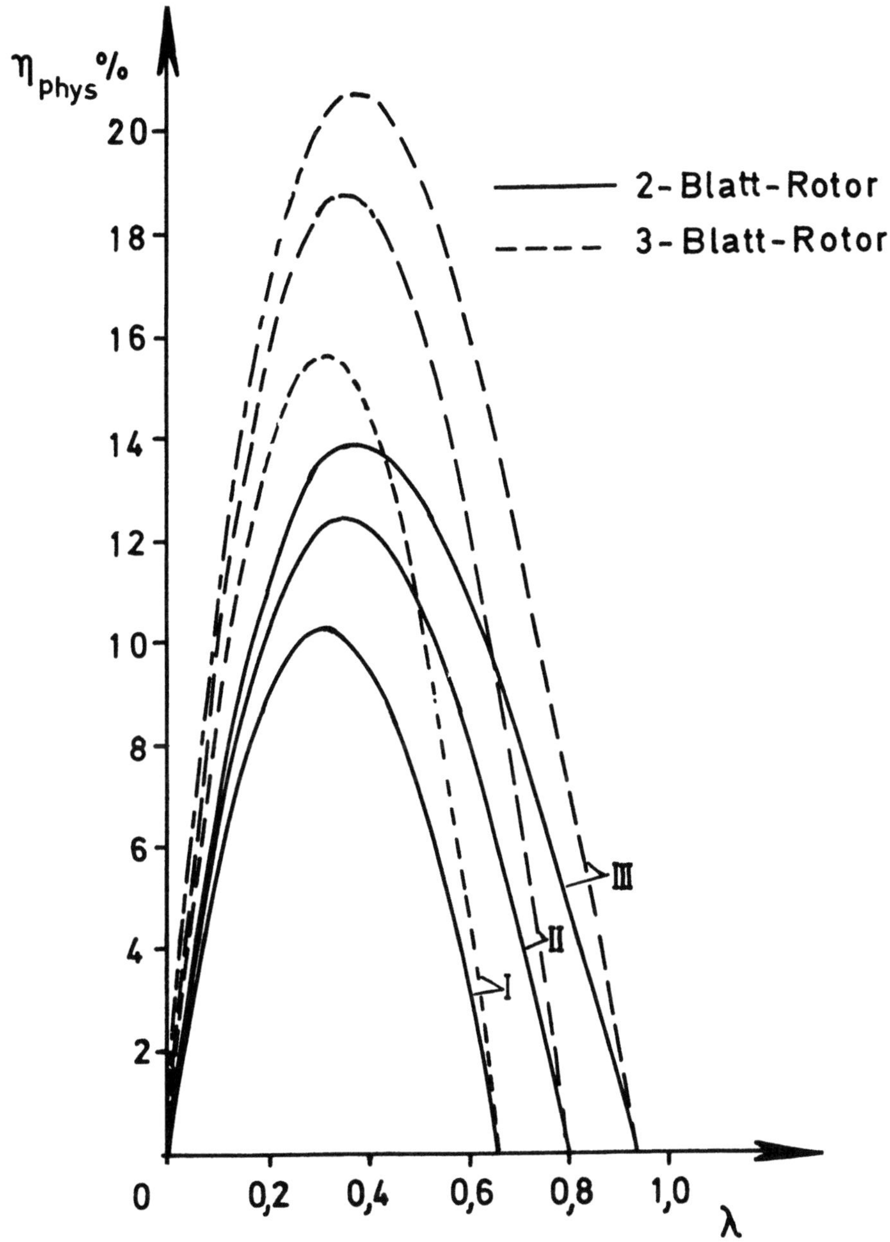

Bild 57: Leistungskennlinien des idealisierten Anemometers für 2- und 3-blättrige Ausführung (abgeschirmte Anordnung)

lassen. Die (normierten) Leistungskennlinien für die hypothetisch angenommenen idealisierten Anemometertypen I bis III sind in den Diagrammen der Bilder 56 und 57 wiedergegeben. Man beachte, daß bei technisch realen Anemometern aufgrund unausbleiblicher Abschattungseffekte keine solch starke Verbesserung des Wirkungsgrades durch Steigerung der Blattzahl möglich sein wird.

4.4.1.2 Das reale Anemometer

Die Beschäftigung mit dem Modell des idealisierten Anemometers hat eine erste vorsichtige Orientierung über die mit dem Übergang vom Betzschen Translations- zum Rotationskonverter der Anemometerbauart verbundenen Leistungsverhalten ermöglicht. So ist deutlich geworden, wie die für rotierende Widerstandselemente nachteiligen Anströmbedingungen (periodisch veränderliche Wirkfläche, Leistungsverluste in der Gegenlaufphase) den maximalen Rotorwirkungsgrad und seine maximale Schnellaufzahl herabmindern.

Wir wollen nunmehr die sehr einschränkende und praxisferne Baubedingung des idealisierten Anemometers einer gegenüber dem Umlaufradius kleinen Ausdehnung des Widerstandselements fallen lassen,und stattdessen zulassen, daß sich das Widerstandselement vom Maximalradius (Rotorradius) $R_2 = R$ bis zu einer beliebigen Entfernung R_1 zwischen 0 und R erstreckt. Um auch in diesem Falle noch Leistungsberechnungen vornehmen zu können, müssen wir ein Tabu verletzen. Wir setzen das Newtonsche Widerstandsgesetz (3-1) auch für einen differentiellen Flächenanteil des Blattelements an, obwohl der sog. Widerstandsbeiwert c_W immer als pauschale Bewertungsziffer für das gesamte Strömungsprofil um einen ganzen Körper angesehen wird und für Teile desselben seine ursprüngliche Bedeutung verliert. Als Argument für dieses unorthodoxe Vorgehen ließe sich anführen, daß c_W in gewissem Sinne als Mittelwert für die zu einem Körper zusammengefaßten Teilkörper bzw. -flächen angesehen werden kann.

In Anbetracht der solcherart erhaltenen Resultate ist der Verfasser zu der Ansicht gelangt, daß das größere Problem die in den Rechnungen unterstellte zeitliche Konstanz (bzw. Winkelunabhängigkeit) des c_w-Werts sein dürfte. Die Verwendung von Anströmwinkel-abhängigen c_w-Koeffizienten, die durch quantitative Messungen belegt sein müssen, würde die Realitätsnähe der Rechenergebnisse merklich verbessern.

Vor Beginn der Rechnungen unterscheiden wir aus systematischen Gründen

A) Anemometer mit Widerstandselementen konstanter Höhe (H)

B) Anemometer mit Elementen nicht konstanter Höhe H(r)[15]

A) Reales Anemometer mit Widerstandselementen konstanter Höhe

a) Unabgeschirmte Betriebsweise

Neben der in der Einleitung zu diesem Kapitel erhobenen Forderung, das Newtonsche Widerstandsgesetz auch für ein differentielles Flächenelement ansetzen zu können, sei weiterhin noch einschränkend festgelegt, daß die Betrachtungen sich ausschließlich mit 2-blättrigen Anemometern beschäftigen, um Komplikationen durch gegenseitige Abschattung zu vermeiden.

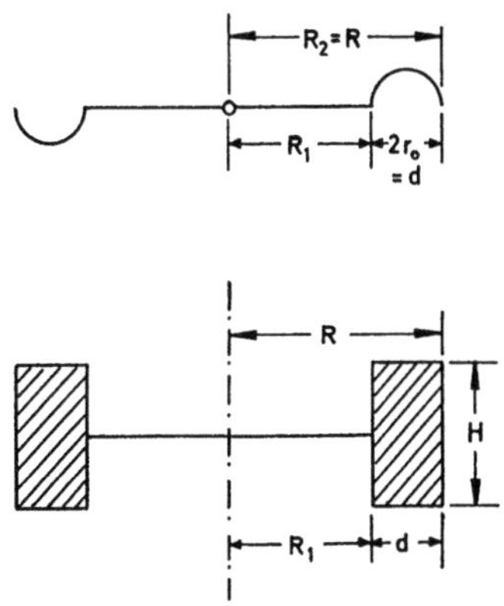

Bild 58: Zur Definition der geometrischen Baukenngrößen

Die nachfolgende Skizze möge zur Veranschaulichung der in den Rechnungen verwendeten Abkürzungen dienen. Die maximal vom Rotor bestrichene Kreisfläche habe den Radius $R_2 = R$, während mit R_1 der Achsabstand des inneren Blattrandes bezeichnet sei. Die parallel zum radialen Tragarm ausgerichtete maximale Quer-

15) Hier werden nur solche mit kreisförmigem (Maximal-)Querschnitt berechnet (Beispiel: Halbkugelanemometer)

schnittsfläche des Widerstandselements habe senkrecht zum Radius (parallel zur Achse) die konstante Länge bzw. Höhe H. Bei einer radialen Ausdehnung $d = R_2 - R_1 = R - R_1$ des Elements ist seine maximale Anströmfläche somit $A_o = H \cdot d$.

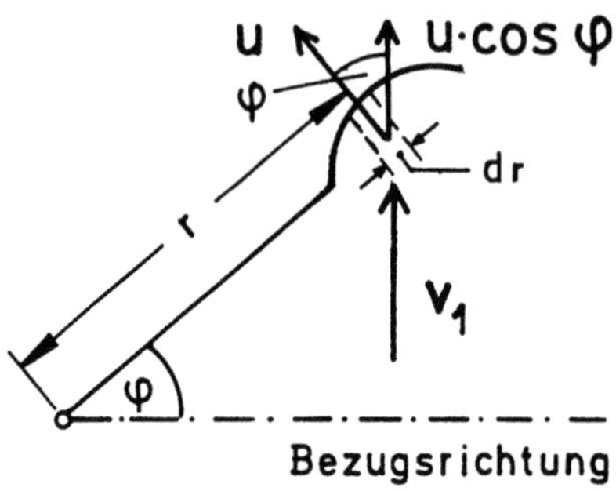

Bild 59: Zur Berechnung der differentiellen Momentanleistung

Geht man von einer relativ schwach gewölbten Fläche des Widerstandselements aus, die jedoch ausreicht, um deutlich unterschiedliche c_w-Werte auf Konkav- und Konvexseite zu gewährleisten ($c_{w+} > c_{w-}$), so läßt sich für ein Flächenelement H.dr des Widerstandskörpers in einer durch den Positonswinkel φ definierten Stellung ganz analog zum Vorgehen beim idealisierten Anemometer die (differentielle) Momentanleistung dP (φ) berechnen. Wie schon im Falle des idealisierten Anemometers sei der Positionswinkel in der Querstellung zum Wind zu null festgelegt.

Bezeichnen wir in weitergehender Analogie die Momentanleistung am differentiellen Blattelement in der Gleichlaufphase mit $dP_+(\varphi)$, so läßt sich für diese Leistung der Ausdruck

$$(4\text{-}128) \qquad dP_+(\varphi) = c_{w+} \cdot \frac{\rho_L}{2} (v_1 - u\cos\varphi)^2 H dr \cdot \cos\varphi \cdot u\cos\varphi$$

anschreiben. Berücksichtigen wir, daß die Bahngeschwindigkeit des Flächenelements $u = \omega \cdot r$, sein Maximalwert $u_{max} = \omega \cdot R$ aber der Umfangsgeschwindigkeit des Rotors entspricht, die nach der Beziehung $u_{max} = \lambda \cdot v_1$ mit der Windgeschwindigkeit v_1 verknüpft ist, so läßt sich (4-128) mithilfe der Gleichung

$$(4\text{-}129) \qquad \boxed{\frac{u}{v_1} = \frac{u}{u_{max}} \cdot \frac{u_{max}}{v_1} = \frac{r}{R} \cdot \lambda}$$

vereinfachen, insbesondere, wenn man als normierte Variable

$$(4\text{-}130) \qquad \frac{r}{R} = x$$

einführt.

Man erhält

(4-131) $dP_{+}(\varphi) = c_{W+} \frac{\rho_L}{2} v_1^3 \cdot H \cdot R(1 - \lambda x \cos\varphi)^2 \cdot \lambda x \cos^2\varphi \, dx$

Die gesamte Momentanleistung des Widerstandselements ergibt sich durch Integration über den Blattradius von R_1 bis $R_2 = R$, bzw. über x von $x_1 = R_1/R$ bis $x_2 = R_2/R = 1$.

(4-132) $P_{+}(\varphi) = c_{W+} \frac{\rho_L}{2} v_1^3 \cdot H \cdot R \int_{x_1}^{1} (1 - \lambda x \cos\varphi)^2 \lambda x \cos^2\varphi \, dx$

Ausführung der Integration liefert:

(4-133) $P_{+}(\varphi) = c_{W+} \frac{\rho_L}{2} v_1^3 \cdot H \cdot R \left[\frac{\lambda}{2}(1-x_1^2)\cos^2\varphi - \frac{2}{3}\lambda^2(1-x_1^3)\cos^3\varphi + \frac{\lambda^3}{4}(1-x_1^4)\cos^4\varphi \right]$

Die mittlere Blattleistung in der Gleichlaufphase wird als integraler Mittelwert über dem Winkel φ im Bereich $-\pi/2$ bis $+\pi/2$ berechnet.

Die Rechnung ergibt für den gesuchten mittleren Leistungsgewinn im Antriebsbereich der Drehbewegung

(4-134) $\boxed{\bar{P}_{+} = K_{+} \left[\frac{1}{4} \lambda (1-x_1^2) - \frac{8}{9\pi} \lambda^2 (1-x_1^3) + \frac{3}{32} \lambda^3 (1-x_1^4) \right]}$

Dabei ist zwecks Abkürzung

(4-135) $K_{+} = c_{W+} \frac{\rho_L}{2} v_1^3 \cdot H \cdot R$

gesetzt worden. Für die mittlere Verlustleistung in der Gegenlaufphase findet man in entsprechender Weise

(4-136) $\boxed{\bar{P}_{-} = K_{-} \left[\frac{1}{4} \lambda (1-x_1^2) + \frac{8}{9\pi} \lambda^2 (1-x_1^3) + \frac{3}{32} \lambda^3 (1-x_1^4) \right]}$

(4-137) $K_{-} = c_{W-} \frac{\rho_L}{2} v_1^3 \cdot H \cdot R$

Gemäß dem früheren Ansatz, wonach die mittlere Leistung eines Blattes pro Umlauf sich aus dem über die entsprechenden Winkelbereiche gewichteten Mittelwert aus Antriebs- und Verlustleistung errechnet, bekommt man für das 2-blättrige Anemometer

$$\bar{P}_{R,2\text{-}Bl} = 2\cdot\bar{P}_{Bl} = 2\cdot\frac{\pi\bar{P}_+ - \pi\bar{P}_-}{2\pi} = \bar{P}_+ - \bar{P}_-$$

Unter Verwendung der Ausdrücke (4-134) und (4-136) folgt daraus

$$\text{(4-138)}\quad \bar{P}_{R,2\text{-}Bl} = \frac{1}{4}(K_+-K_-)(1-x_1^2)\lambda - \frac{8}{9\pi}(K_+-K_-)(1-x_1^3)\,\lambda^2 + \frac{3}{32}(K_+-K_-)(1-x_1^4)\,\lambda^3$$

Dividieren wir diese Rotorleistung durch das Leistungsangebot auf der vom Element dem Wind maximal repräsentierten Querschnittfläche, so ergibt sich der analog zum Betz-Konverter und zum idealisierten Anemometer definierbare physikalische Wirkungsgrad

$$\text{(4-139)}\quad \bar{\eta}_{\substack{R,2\text{-}Bl\\ phys}} = \frac{\bar{P}_{R,2\text{-}Bl}}{\frac{\rho_L}{2}\,v_1^3\cdot H.d} = \frac{\bar{P}_{R,2\text{-}Bl}}{\frac{\rho_L}{2}\,v_1^3\cdot H(1-x_1)}$$

Führt man auch hier wiederum $\varkappa$ als Verhältnis der für die konkave und die konvexe Seite gültigen c_w-Werte (c_{w+}/c_{w-}) ein, so ergibt sich zunächst explizit

$$\bar{\eta}_{\substack{R,2\text{-}Bl\\ phys}} = \frac{c_{w-}}{(1-x_1)}\left[\frac{1}{4}(\varkappa-1)(1-x_1^2)\lambda - \frac{8}{9\pi}(\varkappa+1)(1-x_1^3)\lambda^2 + \frac{3}{32}(\varkappa-1)(1-x_1^4)\lambda^3\right]$$

Es empfiehlt sich, diesen Ausdruck so umzuformen, daß der Grenzübergang $x_1 \longrightarrow 1$ sofort einsichtig wird. Hierzu schreiben wir die den Parameter x_1 enthaltenden Klammerausdrücke so, daß sie sich durch $(1-x_1)$ dividieren lassen und erhalten danach wieder den aus der Berechnung des idealisierten Anemometers bekannten Ausdruck

$$\text{(4-115)}\quad \bar{\eta}_{\substack{R,2\text{-}Bl\\ phys}} = c_{w-}(A\lambda + B\lambda^2 - C\lambda^3)$$

sofern man die Koeffizienten folgendermaßen abkürzt:

(4-140) $$A = \frac{1}{4}(\varkappa - 1)(1 + x_1)$$

(4-141) $$B = -\frac{8}{9\pi}(\varkappa + 1)(1 + x_1 + x_1^2)$$

(4-142) $$C = \frac{3}{32}(\varkappa - 1)(1 + x_1)(1 + x_1^2)$$

Mithilfe dieser Konstanten ergeben sich, wie bereits am Beispiel des idealisierten Anemometers gezeigt, die maximale und die optimale Schnellaufzahl.

(4-143) $$\lambda_{max} = \frac{4}{3} \cdot \frac{32}{9\pi}\frac{(\varkappa+1)}{(\varkappa-1)} \cdot \frac{(1+x_1+x_1^2)}{(1+x_1)(1+x_1^2)} \cdot (1 - \sqrt{Rad_1})$$

$$Rad_1 = 1 - \frac{3}{2} \cdot \left(\frac{9\pi}{32}\frac{(\varkappa-1)}{(\varkappa+1)}\right)^2 \cdot \left(\frac{(1+x_1)(1+x_1^2)}{1 + x_1 + x_1^2}\right)^2$$

(4-144) $$\lambda_{opt} = \frac{8}{9} \cdot \frac{32}{9\pi}\frac{(\varkappa+1)}{(\varkappa-1)} \cdot \frac{(1+x_1+x_1^2)}{(1+x_1)(1+x_1^2)} \cdot (1 - \sqrt{Rad_2})$$

$$Rad_2 = 1 - \frac{9}{8} \cdot \left(\frac{9\pi}{32}\frac{(\varkappa-1)}{(\varkappa+1)}\right)^2 \cdot \left(\frac{(1+x_1)(1+x_1^2)}{1 + x_1 + x_1^2}\right)^2$$

Bevor wir uns mit dem Verhalten des abgeschirmten realen Anemometers befassen, ist noch kurz auf das Problem des Wirkungsgrades einzugehen. Im Falle des idealisierten Anemometers ließ sich lediglich ein auf die Elementenfläche bezogener physikalischer Wirkungsgrad definieren, der mit dem Wirkungsgrad des Betz-Konverters übereinstimmt und zu Vergleichzwecken recht nützlich ist. Diesen Begriff des physikalischen Wirkungsgrades haben wir zunächst auch auf das reale Anemometer übertragen, um so den Einfluß der radialen Ausdehnung der Widerstandselemente als wesentlicher Bauparameter auf die Betriebskennzahlen zu studieren (vgl. Bild 60,61).

Von der Nutzanwendung her gesehen, wie auch im Vergleich zum später noch zu besprechenden Kompaktrotor, ist der technische Wirkungsgrad, der sich auf die gesamte Querschnittsfläche des vom Rotor bestrichenen Volumens bezieht, von größerer Bedeutung. Die entsprechende Definitionsgleichung lautet:

$$\bar{\eta}_{R,2\text{-}Bl \atop techn} = \frac{\bar{P}_{R,2\text{-}Bl}}{\frac{\rho_L}{2}\, v_1^3 \cdot 2R \cdot H} \tag{4-145}$$

Daraus ergibt sich in Verbindung mit Gleichung (4-138):

$$\bar{\eta}_{R,2\text{-}Bl \atop techn} = \frac{c_{w-}}{2}\,(A\lambda + B\,\lambda^2 + C\,\lambda^3) \tag{4-146}$$

Die λ-Koeffizienten sind dabei wie folgt festgelegt:

$$A = \frac{1}{4}(\varkappa - 1)(1 - x_1^2) \tag{4-147}$$

$$B = -\frac{8}{9\pi}\,(\varkappa + 1)(1 - x_1^3) \tag{4-148}$$

$$C = \frac{3}{32}\,(\varkappa - 1)(1 - x_1^4) \tag{4-149}$$

Dem Leser wird auffallen, daß der so definierte technische Wirkungsgrad gegen null strebt, wenn sich der Bauparameter x_1 dem Wert eins nähert. Dieser Umstand ist für reale Anemometer ohne Bedeutung, da aufgrund der endlichen Ausdehnung der Widerstandselemente ($d > o$) und des selbstverständlich endlichen Rotorradius R $x_1 < 1$ bleiben muß.

Bild 60 zeigt die Abhängigkeit der maximalen Schnellaufzahl vom Bauparameter x_1, sowohl für ein abgeschirmtes als auch für ein nicht abgeschirmtes Anemometer konstanter Blatthöhe, berechnet für reibungsfreie Achslagerung und c_w-Werte, die aus Gründen des besseren Geometrievergleichs mit dem üblichen Halbkugelanemometer von dieser Bauart übernommen wurden ($c_{w+} = 4/3$, $c_{w-} = 1/3$). Dadurch ergeben sich Schnellaufzahlen, die gegenüber einem wirklichen Anemometer mit zylindersymm. Blättern mit Sicherheit deutlich überhöht sind.

Dennoch muß hier aus zwei Gründen auf den Versuch einer stärkeren Annäherung an die tatsächlichen Betriebseigenschaften eines Anemometers mit zylindersymmetrischen Blattelementen verzichtet werden:

1. Es liegen keine Meßdaten über entsprechende eindimensional gekrümmte konkav-konvexe Profile mit Endabdeckung in achsialer Richtung vor.

2. Die realen Kurven werden gerade in dem besonders interessanten Parameterbereich $x_1 \lesssim 0{,}4$ durch Lagerreibungseffekte stark beeinflußt, sind also sehr individuell zu berechnen.

Bild 60 enthält zu Vergleichszwecken auch die für das Halbkugelanemometer (im Falle reibungsfreier Lagerung) für abgeschirmte und unabgeschirmte Betriebsweise kalkulierten maximalen Schnellaufzahlen.
Die entsprechenden Werte für den physikalischen Wirkungsgrad beider Anemometerbauarten sind in Bild 61 wiedergegeben. Der Anschaulichkeit wegen ist im Falle des Anemometers mit zylindersymmetrischen Blättern auch der für die Beurteilung als Konverter maßgebende technische Wirkungsgrad bei unabgeschirmter Betriebsweise eingetragen. Abgesehen von der definitionsbedingten Abnahme des technischen Wirkungsgrades mit wachsendem x_1 erkennt der Leser, daß das Niveau des Wirkungsgrades einen sinnvollen Einsatz dieser Baugeometrie praktisch als Leistungswandler ausschließt.

Über die Berücksichtigung des Einflusses, den Lagerreibungsverluste auf das Betriebsverhalten haben, wird am Ende des den Anemometern gewidmeten Kapitels noch gesprochen werden.

b) Abgeschirmte Betriebsweise

Die Berechnung der gesamten Umlaufleistung eines Widerstandselements setzt sich in diesem Falle aus der mit der Antriebsleistung im unabgeschirmten Falle identischen Leistung (4-134) und der durch Reibungsverluste beim Anlaufen gegen die ruhende

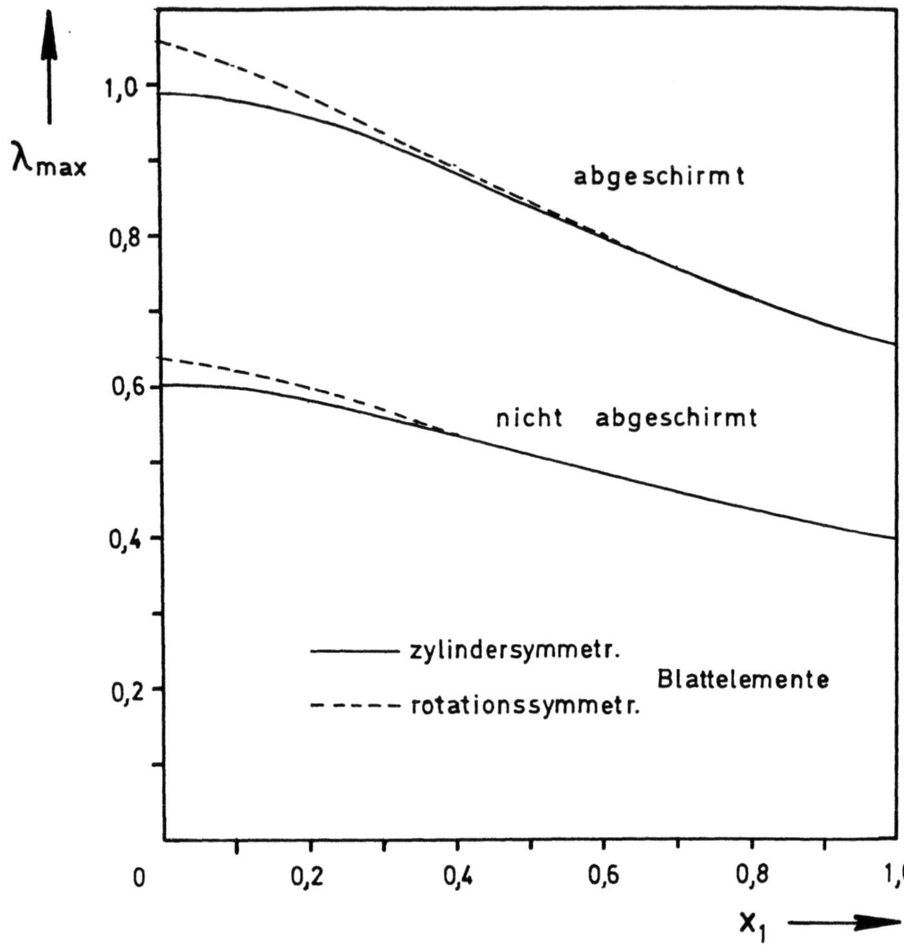

Bild 60: Abhängigkeit der maximalen Schnellaufzahl vom Bauparameter x_1 für lagerreibungsfreie 2-blättrige Anemometer mit a)zylindersymm. , b) rotationssymm. Widerstandselementen berechnet für abgeschirmten und unabgeschirmten Zustand, c_w-Werte in allen Fallen als gleich groß angesetzt!

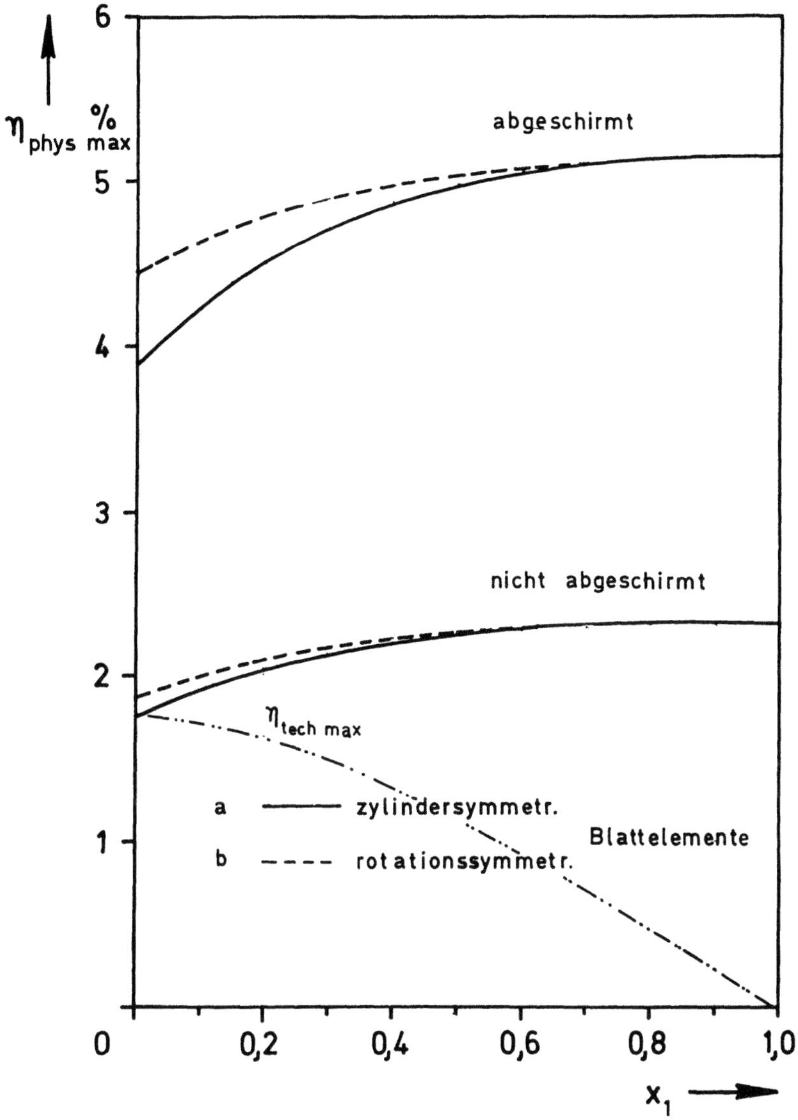

Bild 61: Beeinflussung des physikalischen Wirkungsgrades durch den Bauparameter x_1 für lagerreibungsfreie 2-blättrige Anemometer mit a) zylindersymm., b) rotationssymm. Blattelementen. Zum Vgl.: Techn. Wirkungsgrad des unabgeschirmten zylindersymm. Anemometers

Luft verursachten Verlustleistung $\bar{P}_-$ zusammen,

$$(4\text{-}134) \qquad P_+ = K_+ \left[\frac{1}{4}\lambda(1-x_1^2) - \frac{8}{9\pi}\lambda^2(1-x_1^3) + \frac{3}{32}\lambda^3(1-x_1^4)\right]$$

für die wir zunächst ebenfalls einen Differentialansatz machen:

$$dP_- = c_{w-} \cdot \frac{\rho_L}{2} u^2 \cdot H dr \cdot u$$

$$= c_{w-} \cdot \frac{\rho_L}{2} u^3 \cdot H \cdot R \cdot dx$$

$$= c_{w-} \cdot \frac{\rho_L}{2} v_1^3 \cdot H \cdot R \cdot \lambda^3 \cdot x^3 dx$$

Integration dieser Beziehung über radiale Blattausdehnung ($x_1 \leq x \leq 1$) liefert dann die momentane Blattgesamtleistung in der Verlustphase

$$(4\text{-}150) \qquad P_- = c_{w-} \cdot \frac{\rho_L}{2} v_1^3 \cdot H \cdot R \cdot \frac{1}{4}(1-x_1^4)\lambda^3 = K_- \cdot \frac{1}{4}(1-x_1^4) \cdot \lambda^3$$

die aufgrund ihrer Winkelunabhängigkeit jedoch bereits mit dem benötigten Mittelwert in der Bremsphase übereinstimmt.

Die Nettogesamtleistung, gewichtet über die entsprechenden Umlaufwinkelbereiche, wird dann

$$(4\text{-}151) \qquad \bar{P}_{R,2\text{-}Bl} = c_{w-} \cdot \frac{\rho_L}{2} v_1^3 \cdot H \cdot R \left[\frac{1}{4}\varkappa(1-x_1^2) - \frac{8}{9\pi}\varkappa(1-x_1^3)\lambda^2 + \right.$$

$$\left. + \left(\frac{3}{32}\varkappa - \frac{1}{4}\right)(1-x_1^4)\lambda^3\right]$$

Dividiert man diese Leistung durch das Windleistungsangebot auf der Elementenfläche $H \cdot d = H \cdot R \cdot (1-x_1)$, so bekommt man wieder den als physikalischen Wirkungsgrad bezeichneten Kennwert

$$(4\text{-}115) \qquad \bar{\eta}_{R,2\text{-}Bl \atop phys} = c_{w-} \cdot (A \cdot \lambda + B \cdot \lambda^2 + C \cdot \lambda^3)$$

sofern die entsprechenden Koeffizienten folgendermaßen festgelegt werden:

(4-153) $A = \frac{1}{4}\varkappa(1 + x_1)$

(4-154) $B = -\frac{8}{9\pi}\varkappa(1 + x_1 + x_1^2)$

(4-155) $C = \left(\frac{3}{32}\varkappa - \frac{1}{4}\right) \cdot (1 + x_1)(1 + x_1^2)$

Um den auf die gesamte Rotorquerschnittsfläche bezogenen technischen Wirkungsgrad zu erhalten, ist der Ausdruck (4-151) durch das Windleistungsangebot auf der Fläche H.2R zu dividieren. Man erhält so wieder eine Beziehung der Form:

(4-146) $\bar{\eta}_{\substack{R,2\text{-}Bl \\ techn}} = \frac{c_{w-}}{2} (A\cdot\lambda + B\cdot\lambda^2 + C\cdot\lambda^3)$,

wobei diesmal gilt:

(4-156) $A = \frac{1}{4}\varkappa(1 - x_1^2)$

(4-157) $B = -\frac{8}{9\pi}\varkappa(1 - x_1^3)$

(4-158) $C = \left(\frac{3}{32}\varkappa - \frac{1}{4}\right) \cdot (1 - x_1^4)$

Für das lagerreibungsfreie Anemometer mit Widerstandselementen konstanter Höhe sind die numerischen Daten der Hauptbetriebskenngrößen (λ_{max} , λ_{opt} , $\bar{\eta}_{R,2\text{-}Bl,phys,max}$, $\bar{\eta}_{R,2\text{-}Bl,techn,max}$) **unter Zugrundelegung der vom Halbkugelanemometer** übernommenen c_w-Werte ($c_{w+} = 4/3$, $c_{w-} = 1/3$) berechnet und in Tabelle 10 - sowohl für unabgeschirmte wie auch für abgeschirmte Betriebsweise - aufgelistet worden. Die Begründung für dieses Vorgehen ist darin zu sehen, daß auf diese Weise rein geometrisch bedingte Unterschiede zwischen zylindersymmetrisch und rotationssymmetrisch geformten Widerstandselementen als Antriebskörper eines Anemometers deutlich gemacht werden sollten; gleichzeitig war zu bedenken, daß im Falle zylindersymmetrischer Widerstandselemente die c_w-Kennwerte sehr stark von der speziellen Art der Wölbungsfunktion und dem Verhältnis von Höhe zu Breite abhängen, es also eigentlich keinen als repräsentativ zu bezeichnenden c_w-Beiwert gibt.

x_1	λ_{max}		λ_{opt}		$\eta_{phys,max}$ %		$\eta_{techn,max}$ %	
	a	b	a	b	a	b	a	b
0,01	0,6022	0,9923	0,2902	0,4799	3,54	3,92	1,76	1,94
0,02	0,6020	0,9923	0,2901	0,4797	3,58	3,96	1,75	1,94
0,05	0,6006	0,9897	0,2894	0,4787	3,68	4,07	1,75	1,93
0,10	0,5961	0,9823	0,2873	0,4753	3,82	4,23	1,72	1,90
0,20	0,5805	0,9568	0,2776	0,4633	4,08	4,50	1,63	1,80
0,30	0,5592	0,9221	0,2701	0,4469	4,26	4,71	1,49	1,65
0,40	0,5350	0,8825	0,2587	0,4281	4,40	4,86	1,38	1,46
0,50	0,5098	0,8411	0,2466	0,4083	4,50	4,97	1,12	1,24
0,60	0,4846	0,7997	0,2346	0,3884	4,56	5,05	0,91	1,01
0,70	0,4602	0,7596	0,2229	0,3690	4,60	5,10	0,69	0,76
0,80	0,4370	0,7213	0,2117	0,3505	4,63	5,13	0,46	0,51
0,90	0,4152	0,6853	0,2012	0,3331	4,64	5,14	0,23	0,26
0,95	0,4048	0,6683	0,1961	0,3247	4,65	5,14	0,12	0,13
0,98	0,3987	0,6576	0,1939	0,3199	4,65	5,15	0,05	0,05
0,99	0,3967	0,6551	0,1922	0,3184	4,65	5,15	0,02	0,03

Tabelle 10: Abhängigkeit der Hauptbetriebskenngrößen des Anemometers mit zylindersymmetrischen Widerstandselementen von der auf den Rotorradius normierten freien Tragarmlänge x_1 (a - unabgeschirmte, b - abgeschirmte Betriebsweise)

B) Reales Anemometer mit Widerstandselementen rotationssymmetrischen Querschnitts

Vor Beginn der Rechnungen seien folgende Vereinbarungen getroffen:

1. Der Anströmquerschnitt eines Blattelements bei Senkrechtstellung zum Wind sei kreisförmig

2. Veränderungen des Anströmquerschnitts während des Umlaufs, die mit der Durchwölbung zusammenhängen, sollen außer Betracht bleiben

3. Die c_W-Werte sollen in Gleich- und Gegenlaufphase voneinander verschieden (c_{W+}, c_{W-}), jedoch konstant sein

Als besonders bekanntes Beispiel für ein Anemometer mit rotationssymmetrischen Widerstandselementen sei das gebräuchliche Halbkugelanemometer herangezogen, das wir hier allerdings aufgrund der Abschattungsprobleme auch in der 2-blättrigen Ausführung behandeln.

a) Unabgeschirmte Betriebsweise

Der geometrischen Veranschaulichung der Rechenansätze diene die in Bild 62 wiedergegebene Prinzipskizze. An einem Hebelarm der Länge R_1 sei das Widerstandselement vom Durchmesser $d = 2r_o$ (Grundfläche in der durch Rotorachse und Hebelarm definierten Ebene) befestigt, so daß der Rotoraußenradius $R_2 = R_1 + 2r_o = R$ beträgt. Ein im Abstand $r = x \cdot R$ von der Drehachse gedachtes differentielles Flächenelement der radialen Ausdehnung dr und der Höhe H(r) werde wieder allgemein in der Winkelstellung φ betrachtet, und seine momentane Leistung in der Gleichlaufphase $dP_+(\varphi)$ berechnet.

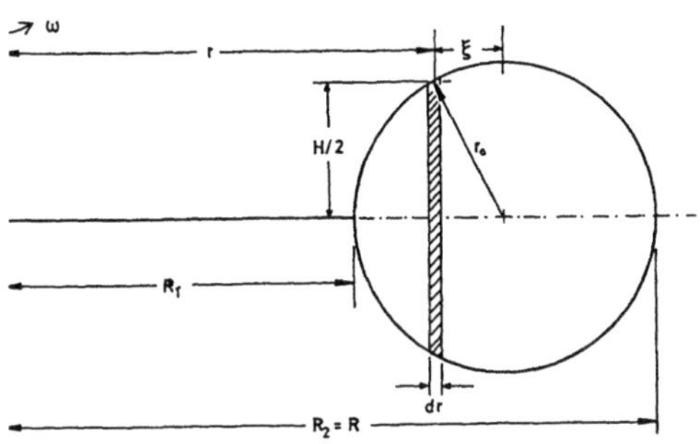

Bild 62: Zur Definition der geometrischen Kenngrößen

Der Betrag dieser differentiellen Momentanleistung am Blattelement Hdr ergibt sich analog zu früheren Betrachtungen zu

$$dP_+(\varphi) = c_{W+} \cdot \frac{\rho_L}{2}(v_1 - u\cos\varphi)^2 \cdot u\cos\varphi \cdot Hdr \cdot \cos\varphi \qquad (4\text{-}159)$$

Umformung mithilfe der Schnellaufzahl $\lambda = \omega \cdot R$ und des auf den Rotorradius normierten Umlaufradius x des betrachteten Blattelements ergibt

(4-160) $$dP_+(\varphi) = c_{w+} \cdot \frac{\rho_L}{2} v_1^3 (1 - \lambda x \cos\ )^2 \lambda x \cos^2\varphi \cdot H \cdot R \cdot dx$$

Dabei ist für die Höhe H des differentiellen Flächenelements der Ausdruck

(4-161) $$H = 2 \cdot \sqrt{r_o^2 - \left[(R - r_o) - r\right]^2}$$

zu verwenden. Setzt man zur Abkürzung

(4-162) $$a = r_o/R \quad \text{und}$$

(4-163) $$b = 1 - a$$

(4-164) $$k_+ = c_{w+} \cdot \rho_L v_1^3 \cdot R^2 \quad ,$$

so ergibt sich für (4-160) die Formulierung

(4-165) $$dP_+(\varphi) = k_+(1 - \lambda x \cos\varphi)^2 \cdot \lambda x \cos^2\varphi \sqrt{a^2 - (b - x)^2} dx$$

Integration über x von $x_1 = R_1/R = 1 - 2a$ bis $x_2 = 1$ liefert zunächst als Momentanwert des gesamten Widerstandselements (momentane Blattleistung) in der Winkelstellung φ :

(4-166) $$P_+(\varphi) = k_+ \left(c_{1+} \cdot \frac{\pi}{2} a^2 - c_{3+} \cdot \frac{\pi}{8} a^4 \right)$$

Bei der Ausführung der Rechnung wurden die Abkürzungen

$$c_{1+} = \lambda b \cos^2\varphi \ (1 - 2b\lambda \cos\varphi + \lambda^2 b^2 \cos^2\varphi)$$

$$c_{2+} = \lambda \cos^2\varphi \ (1 - 4b\lambda \cos\varphi + 3b^2 \lambda^2 \cos^2\varphi)$$

$$c_{3+} = \lambda^2 \cos^3\varphi \ (2 - 3b\lambda \cos\varphi)$$

$$c_{4+} = \lambda^3 \cos^4\varphi$$

verwendet. Die Berechnung des integralen Mittelwertes in der Gleichlaufphase (Winkelbereich $-\pi/2 \leq \varphi \leq +\pi/2$) ergibt schließlich

(4-167) $$\bar{P}_+ = k_+ \cdot \frac{\pi}{4} a^2 \left[\left(b\lambda - \frac{16}{3\pi} b^2\lambda^2 + \frac{3}{4} b^3\lambda^3 \right) - \left(\frac{a^2}{2} \frac{8}{3\pi} {}^2 - \frac{9}{8} b\lambda^3 \right) \right]$$

Wie bereits aus früheren Betrachtungen erinnerlich, ändert sich beim Übergang zur Gegenlaufphase an dem für die Gleichlaufphase aufgestellten Ansatz lediglich der c_w-Wert, der sich von c_{w+} in c_{w-} wandelt, sowie das Vorzeichen im Klammerausdruck (vgl. (4-160), der die relative Anströmgeschwindigkeit beschreibt. Auf diese Weise findet man für die momentane Verlustleistung des differentiellen Flächenelements in der Gegenlaufphase

(4-168) $$dP_-(\varphi) = c_{w-} \cdot \frac{\rho_L}{2} v_1^3 (1 + \lambda x \cos\varphi)^2 \lambda x \cos^2\varphi \cdot H \cdot R \cdot dx$$

Mit den gleichen Abkürzungen wie auf der Vorseite erhalten wir

(4-169) $$dP_-(\varphi) = k_-(1 + \lambda x \cos\varphi)^2 \lambda x \cos^2\varphi \sqrt{a^2 - (b - x)^2}\, dx$$

Wobei lediglich zum Unterschied

(4-170) $$k_- = c_{w-} \cdot \rho_L v_1^3 \cdot R^2$$

eingeführt wurde. Mit den weiteren Abkürzungen

$$c_{1-} = b\lambda\cos^2 \quad (1 + 2b\lambda\cos\varphi + b^2\lambda^2\cos^2\varphi)$$

$$c_{2-} = \lambda\cos^2\varphi\,(1 + 4b\lambda\cos\varphi + 3b^2\lambda^2\cos^2\varphi)$$

$$c_{3-} = \lambda^2\cos^3\varphi\,(2 + 3b\lambda\cos\varphi)$$

$$c_{4-} = \lambda^3\cos^4\varphi$$

folgt dann für die momentane Blattleistung (Betrag der Verlustleistung) der Ausdruck

(4-171) $$P_-(\varphi) = k_- \quad c_{1-} \cdot \left(\frac{\pi}{2} a^2 + c_{3-} \cdot \frac{\pi}{8} a4 \right)$$

Der entsprechende integrale Mittelwert der Blattverlustleistung errechnet sich daraus dann zu

$$(4\text{-}172)\qquad \bar{P}_{-} = k_{-} \cdot \frac{\pi}{4}\, a^2 \left[\left(b\lambda + \frac{16}{3\pi} b^2\lambda^2 + \frac{3}{4} b^3\lambda^3\right) + \frac{a^2}{2}\left(\frac{8}{3\pi}\lambda^2 + \frac{9}{8} b\lambda^3\right)\right]$$

Die resultierende mittlere Nutzleistung eines reibungsfrei gelagerten 2-blättrigen Anemometers wird dann

$$(4\text{-}173)\qquad \bar{P}_{R,2\text{-}Bl} = c_{w-} \cdot \frac{\pi}{4}\, a^2 (A\cdot\lambda + B\cdot\lambda^2 + C\cdot\lambda^3) \cdot \rho_L v_1^3 \cdot R^2$$

$$(4\text{-}174)\qquad A = b(\varkappa - 1)$$

$$(4\text{-}175)\qquad B = -\frac{4}{3\pi}(a^2 + 4b^2)(\varkappa + 1)$$

$$(4\text{-}176)\qquad C = \frac{3}{16} b(3a^2 + 4b^2)(\varkappa - 1)$$

Division der Rotorleistung durch das Windleistungsangebot auf der maximalen Elementenquerschnittsfläche $\pi r_0^2 \cdot \rho_L v_1^3/2$ liefert wiederum den im Laufe unserer Rechnungen als physikalischen Wirkungsgrad bezeichneten Kennwert.

$$(4\text{-}177)\qquad \bar{\eta}_{\substack{R,2\text{-}Bl\\ phys}} = \frac{c_{w-}}{2}(A\cdot\lambda + B\cdot\lambda^2 + C\cdot\lambda^3)$$

Man erhält daraus wieder die maximale und die optimale Schnellaufzahl:

$$(4\text{-}178)\qquad \lambda_{max} = \frac{4}{3} \cdot \frac{8}{3\pi} \cdot \frac{a^2 + 4b^2}{b(3a^2 + 4b^2)} \cdot \frac{\varkappa + 1}{\varkappa - 1}\left(1 - \sqrt{Rad_1}\right)$$

$$Rad_1 = 1 - 3 \cdot \left(\frac{3\pi}{8}\right)^2 \cdot \frac{b^2(3a^2 + 4b^2)}{(a^2 + 4b^2)^2} \cdot \left(\frac{\varkappa - 1}{\varkappa + 1}\right)^2$$

$$(4\text{-}179)\qquad \lambda_{opt} = \frac{8}{3} \cdot \frac{8}{9\pi} \cdot \frac{a^2 + 4b^2}{b(3a^2 + 4b^2)} \cdot \frac{\varkappa + 1}{\varkappa - 1}\left(1 - \sqrt{Rad_2}\right)$$

$$Rad_2 = 1 - \frac{1}{4} \cdot \left(\frac{9\pi}{8}\right)^2 \cdot \frac{b^2(3a^2 + 4b^2)}{(a^2 + 4b^2)^2} \cdot \left(\frac{\varkappa - 1}{\varkappa + 1}\right)^2$$

Bei der Berechnung des technischen Wirkungsgrades ist zu beachten, daß die für die Windangebotsleistung maßgebende Rotorquerschnittsfläche dem Gesamtquerschnitt des von den kreisförmigen Elementen bei der Drehung beschriebenen Torus (einschließlich des Innenquerschnitts) entspricht. Diese Gesamtfläche ist

$$A_R = 2 \cdot (R - r_o) \cdot 2r_o + \pi r_o^2 = 4R^2(1 - a) \cdot a + \pi R^2 a^2$$

oder, in verwendungsgünstigerer Formulierung

$$(4\text{-}180) \qquad A_R = a^2 R^2 \cdot \left(\frac{4(1 - a)}{a} + \pi \right)$$

Dividiert man die Nutzleistung des Rotors durch das Windleistungsangebot auf dieser Fläche

$$P_w = \frac{\rho_L}{2} v_1^3 \cdot a^2 R^2 \cdot \left(\frac{4(1 - a)}{a} + \pi \right)$$

so erhält man für den technischen Wirkungsgrad die Formulierung

$$(4\text{-}181) \qquad \bar{\eta}_{\substack{R,2\text{-}Bl \\ techn}} = \frac{c_{w-}/2}{1 + \frac{4(1 - a)}{\pi \cdot a}} \cdot (A \cdot \lambda + B \cdot \lambda^2 + C \cdot \lambda^3)$$

Die Koeffizienten A, B und C sind identisch mit den in (4-177) verwendeten. Numerische Daten zur Geometrieabhängigkeit der maximalen Schnellaufzahl und des maximalen Wirkungsgrades sind am Ende des nächsten Abschnitts, in dem die Beziehungen für den abgeschirmten Betrieb hergeleitet werden, für den Fall der c_w-Daten einer Halbkugel als Widerstandselement, aufgelistet (Diagramme vgl. Bild 60 und 61).

b) Abgeschirmte Betriebsweise

Um die resultierende Leistung bzw. den Gesamtwirkungsgrad zu bestimmen, genügt die Neuberechnung der mittleren Leistung in der Gegenlaufphase, die zutreffender als Verlustphase bezeichnet werden sollte.

Der Ansatz für die momentane Verlustleistung eines differentiellen Blatt- bzw. Flächenelements H·dr ist, analog zu den Überlegungen für zylindersymmetrische Widerstandselemente

$$(4\text{-}182) \qquad dP_{-} = c_{w-} \cdot \frac{\rho_L}{2} u^2 \cdot H dr \cdot u \qquad \text{(winkelunabhängig)}$$

Nach Einführung der bereits im Abschnitt a) verwendeten Abkürzungen und Parameter ergibt sich

$$(4\text{-}183) \qquad dP_{-} = c_{w-} \cdot \rho_L v_1^3 R^2 \cdot \lambda^3 x^3 \cdot \sqrt{a^2 - (b - x)^2} dx$$

Aufgrund der Winkelunabhängigkeit dieses Ausdruckes braucht durch Integration der differentiellen Leistung über die radiale Ausdehnung des Blattes von $x = x_1$ bis $x = 1$ lediglich die Gesamtleistung P_{-} berechnet zu werden, die dann gleichzeitig dem Mittelwert in der Verlustphase entspricht. Die Rechnung liefert

$$(4\text{-}184) \qquad P_{-} = \bar{P}_{-} = K_{-} \cdot \frac{\pi}{8} a^2 b (3a^2 + 4b^2) \cdot \lambda^3$$

$$(K_{-} = c_{w-} \cdot \rho_L v_1^3 \cdot R^2)$$

Mithilfe der hier berechneten Verlustleistung und der bereits im letzten Abschnitt ermittelten Nutzleistung in der Gleichlaufphase (4-167) läßt sich als gewichteter Mittelwert über die Umlaufwinkelbereiche der mittlere effektive Leistungsgewinn für den zweiblättrigen Rotor bestimmen.

$$\bar{P}_{R,2\text{-}Bl} = K_{+} \cdot \frac{\pi}{4} a^2 \left[(b\lambda - \frac{16}{3\pi} b^2 \lambda^2 + \frac{3}{4} b^3 \lambda^3) - \frac{a^2}{2} (\frac{8}{3\pi} \lambda^2 - \frac{9}{8} b \lambda^3) \right]$$

$$- K_{-} \cdot \frac{\pi}{8} a^2 b (3a^2 + 4b^2) \lambda^3$$

Nach Umordnung und Einführung der c_w-Verhältniszahl $\varkappa$ läßt sich die Nutzleistung des 2-blättrigen Rotors in der Form anschreiben

$$(4\text{-}185) \qquad \bar{P}_{R,2\text{-}Bl} = c_{w-} \cdot \frac{\pi}{8} a^2 (A \lambda + B \lambda^2 + C \lambda^3) \cdot \rho_L v_1^3 \cdot R^2$$

Die Koeffizienten sind in diesem Falle definiert als

(4-186) $A = 2b\varkappa$

(4-187) $B = -\frac{8}{3\pi}(a^2 + 4b^2)\varkappa$

(4-188) $C = \frac{1}{8} b\,(3a^2 + 4b^2)(3\varkappa - 8)$

Wie schon in Abschnitt a) lassen sich daraus nun die charakteristischen Kennzahlen gewinnen: der physikalische Wirkungsgrad als die auf die Elementfläche πr_o^2 bezogenen relative Nutzleistung

(4-189) $$\bar{\eta}_{R,2-Bl \atop phys} = \frac{c_{w-}}{4}(A\cdot\lambda + B\cdot\lambda^2 + C\cdot\lambda^3)$$

und der technische (auf die gesamte Rotorquerschnittsfläche bezogene Nutzleistung)

(4-190) $$\bar{\eta}_{R,2-Bl \atop techn} = \frac{c_{w-}/4}{1 + \frac{4(1-a)}{\pi\cdot a}} \cdot (A\cdot\lambda + B\cdot\lambda^2 + C\cdot\lambda^3)$$

Aus den Konstanten A, B und C bestimmt man dann die charakteristischen Schnellaufzahlen

(4-191) $$\lambda_{max} = 4\cdot\frac{8}{3\pi}\cdot\frac{a^2 + 4b^2}{b(3a^2 + 4b^2)}\cdot\frac{\varkappa}{3\varkappa - 1}\left(1 - \sqrt{Rad_1}\right)$$

$$Rad_1 = 1 - \left(\frac{3\pi}{8}\right)^2\cdot\frac{b^2(3a^2 + 4b^2)}{(a^2 + 4b^2)^2}\cdot\frac{3\varkappa - 8}{\varkappa}$$

(4-192) $$\lambda_{opt} = \frac{8}{3}\cdot\frac{8}{3\pi}\cdot\frac{a^2 + 4b^2}{b(3a^2 + 4b^2)}\cdot\frac{\varkappa}{3\varkappa - 8}\left(1 - \sqrt{Rad_2}\right)$$

$$Rad_2 = 1 - \frac{3}{4}\cdot\left(\frac{3\pi}{8}\right)^2\cdot\frac{b^2(3a^2 + 4b^2)}{(a^2 + 4b^2)^2}\cdot\frac{3\varkappa - 8}{\varkappa}$$

x_1	a	b	λ_{max} [16]	λ_{opt}	$\bar{\eta}_{phys,max}$ %	$\bar{\eta}_{techn,max}$ %
unabgeschirmt						
0	0,50	0,50	0,6416	0,3094	3,74	1,65
0,10	0,45	0,55	0,6234	0,3007	4,01	1,57
0,20	0,40	0,60	0,5985	0,2890	4,20	1,44
0,30	0,35	0,65	0,5706	0,2758	4,35	1,29
0,40	0,30	0,70	0,5420	0,2622	4,45	1,12
0,50	0,25	0,75	0,5138	0,2487	4,53	0,94
0,60	0,20	0,80	0,4867	0,2357	0,58	0,75
0,70	0,15	0,85	0,4612	0,2234	0,62	0,56
0,80	0,10	0,90	0,4374	0,2119	4,64	0,37
0,90	0,05	0,95	0,4152	0,2012	4,65	0,18
0,96	0,02	0,98	0,4027	0,1951	4,65	0,07
0,98	0,01	0,99	0,3987	0,1932	4,65	0,04
0,99	0,005	0,995	0,3967	0,1922	4,65	0,02
abgeschirmt						
0	0,50	0,50	1,0578	0,5117	8,91	3,92
0,10	0,45	0,55	1,0275	0,4974	9,28	3,63
0,20	0,40	0,60	0,9868	0,4781	9,56	3,29
0,30	0,35	0,65	0,9412	0,4564	9,78	2,91
0,40	0,30	0,70	0,8942	0,4340	9,94	2,50
0,50	0,25	0,75	0,8479	0,4117	10,07	2,09
0,60	0,20	0,80	0,8034	0,3902	10,16	1,67
0,70	0,15	0,85	0,7613	0,3699	10,22	1,24
0,80	0,10	0,90	0,7220	0,3509	10,26	0,82
0,90	0,05	0,95	0,6854	0,3331	10,28	0,41
0,96	0,02	0,98	0,6648	0,3231	10,29	0,16
0,98	0,01	0,99	0,6581	0,3199	10,29	0,08
0,99	0,005	0,995	0,6548	0,3183	10,29	0,04

Tabelle 11: Abhängigkeit der Hauptbetriebskenngrößen des Anemometers mit rotationssymmetrischen Widerstandselementen von der normierten freien Tragarmlänge x_1 für unabgeschirmte und abgeschirmte Betriebsweise (vgl. Bild 60 und 61).

16) Bezüglich der Problematik von Schnellaufzahlen > 1, siehe Kompaktrotor!

C) Reale Anemometer mit Lagerreibung

Die bisherigen Betrachtungen bezogen sich ausschließlich auf reibungsfrei gelagerte Anemometer, um so den ungestörten Einfluß von Baugeometrie und Strömungsverhältnissen studieren zu können. Trotz dieser vereinfachenden Annahme sind die Ergebnisse natürlich mit einer gewissen Vorsicht zu interpretieren, wenn man bedenkt, daß der c_W-Wert eines rotierenden Elements während der Drehung auch innerhalb von Gleich- und Gegenlaufphase nicht konstant und darüber hinaus auch windgeschwindigkeitsabhängig sein wird. Die in Ermangelung einschlägiger Meßdaten den Berechnungen zugrundegelegten c_W-Werte für Senkrechtanblasung auf der Konkav- und der Konvexseite sind als Extremwerte (hinsichtlich ihrer Winkelabhängigkeit) anzusehen und führen demnach zu überhöhten Schnellaufzahlen und Wirkungsgraden. Ein weiterer Grund für das zu günstige Ausfallen dieser rechnerisch ermittelten Kenngrößen ist natürlich in der Vernachlässigung der Lagerreibung zu suchen. Bevor wir jedoch daran gehen, deren Einfluß auf das Betriebsverhalten zu untersuchen, seien kurz noch einmal die wesentlichen Ergebnisse der für den reibungsfreien Betrieb durchgeführten Rechnungen gestreift:

Die maximale Schnellaufzahl des realen Anemometers steigt mit abnehmender Hebelarmlänge (zunehmender Kompaktheit) an, ebenso der technische Wirkungsgrad, wobei die für den abgeschirmten Betrieb berechneten Daten deutlich über denjenigen für unabgeschirmten Betrieb liegen. Die maximalen Schnellaufzahlen für rotationssymmetrische Blattgeometrie fallen - insbesondere bei kleinen Tragarmlängen - im Trend günstiger aus als zylindersymmetrische Bauweise. Dieser relativ bescheidene Drehzahlvorteil des Halbkugelanemometers gegenüber z.B. einem Halbzylinderanemometer gewinnt an Bedeutung, wenn man bedenkt, daß die Rechnungen von gleichen c_W-Werten ausgegangen waren, während in der Realität zylindersymmetrische Widerstandselemente (mit vernünftigem Höhe/Durchmesser-Verhältnis) deutlich niedrigere c_{W+}- und niedrigere c_{W-}-Werte aufweisen als die konvex-konkave Halbkugel.

Interessant erscheint die Überschreitung der Schnellaufzahl eins zu sein, die sich bei einem durch den Staudruck bzw. die Newtonsche Widerstandskraft angetriebenen Körper anschaulich nicht verstehen läßt und Anlaß gibt, am Realitätsbezug der Rechenansätze zu zweifeln. Ehe wir jedoch diese augenscheinliche Diskrepanz zwischen Rechnung und Praxis pauschal in der Unzulässigkeit des Differentialansatzes für das Newtonsche Widerstandsgesetz vermuten, sei darüber nachgedacht, ob - bei unterstellter Richtigkeit des Grundansatzes - nicht andere Details der Rechnung zu überdenken bzw. zu korrigieren sind.

Auf der Suche nach Gründen für eine Überhöhung der maximalen Schnellaufzahl mit zunehmender Kompaktheit des Anemometers lassen sich zwei als erwägenswert ausmachen:

1. Um sicherzustellen, daß zumindest energetisch eine Schnellaufzahl größer als eins möglich ist, muß berücksichtigt werden, daß sich bei tatsächlichem Überschreiten der Strömungsgeschwindigkeit durch die Eigengeschwindigkeit des Blattes der Richtungssinn der Newtonschen Widerstandskraft umkehrt, ohne daß sich dies - wegen der quadratischen Geschwindigkeitsabhängigkeit der Kraft - mathematisch selbsttätig korrigieren würde. Hieraus ergibt sich die Notwendigkeit einer sog. Schnellaufkorrektur.

2. Mit steigender Kompaktheit des Anemometers nimmt die Durchlässigkeit des Rotors zur Achse hin immer weiter ab und strebt für einen Rotor, dessen Blätter sich von der Drehachse kontinuierlich bis zur Peripherie erstrecken, sogar in der Mitte gegen null.
   Aufgrund des unausweichlichen Rückstaus der Strömung und ihres seitlichen Ausweichbestrebens (geregelt im wesentlichen durch die Kontinuitätsgleichung und die Bernoullische Gleichung) muß sich ein modifiziertes Anströmprofil mit radial wachsender Anströmgeschwindigkeit ergeben (sog. Anblaskorrektur), das in unseren bisherigen Ansätzen nicht berücksichtigt wurde, und dessen Existenz bedeuten kann, daß im Falle wesentlich

höherer Umströmungsgeschwindigkeit der Rotorperipherie im Vergleich zum ungestörten Medium die errechnete Umfangsgeschwindigkeit des Rotors nur scheinbar höher ist als die des Mediums, ein Gesichtspunkt, der anscheinend außer acht bleibt, wenn das Postulat erhoben wird, die Schnellaufzahl eines staudruckgetriebenen Widerstandselements könne nie größer als eins werden.

Im nächsten Kapitel, welches sich mit den Eigenschaften von Kompaktrotoren befaßt, werden wir uns mit beiden Argumenten auseinanderzusetzen haben. Hier - im Falle der Anemometer - mag es in Anbetracht der geringfügigen Überschreitung der Schnellaufzahl eins (weniger als 6 %) genügen, sich klarzumachen, daß allein schon die in praxi jedenfalls vorhandenen Lagerreibungsverluste das Überschreiten der kritischen Grenze verhindern werden. Mit diesen Überlegungen wollen wir uns zunächst begnügen und uns der Problematik des Lagerreibungseinflusses konkret zuwenden.

Die im stationären Betrieb bei Drehung mit der Winkelgeschwindigkeit ω im Lager auftretende Verlustleistung P_V läßt sich als Produkt aus Reibungsmoment M_R und Winkelgeschwindigkeit berechnen.

(4-193) $$P_V = M_R \cdot \omega$$

In idealisierender Weise lassen sich nun drei verschiedene Ansätze für das durch Reibung verursachte Bremsmoment an der Achse (Welle) unterscheiden:

I. Gleitreibung: $M_R = M_{Ro} = \text{konst.} = k_o$

II. Viskose Reibung: $M_R = M_{R1} = k_1 \cdot \omega$

III. Turbulente Reibung: $M_R = M_{R2} = k_2 \cdot \omega^2$

Von diesen drei Reibungstypen spielt in der Realität die viskose (geschwindigkeitsproportionale) Reibung bei weitem die größte Rolle. Mit Gleitreibung ist bei Gleit- und

Spitzenlagern (etwa bei Kleinmodellen), sowie als Übergangseffekt beim Anlaufen eines Konverters zu rechnen, wobei ein Wechsel von der für den Stillstand verantwortlichen Haftreibung über den Zustand der Gleitreibung in die viskose Reibung stattfindet. Die geschwindigkeitsquadratische Reibung, wie sie für turbulente Strömungsvorgänge charakteristisch ist, könnte bei schnellaufenden Wellen (etwa durch die Luftreibung) auftreten, wäre dann aber i.a. von vernachlässigbarem Einfluß.

Trotz der sehr unterschiedlichen praktischen Bedeutung der verschiedenen Reibungstypen sollen sie alle der Vollständigkeit wegen angesprochen werden.

Die konkrete Berücksichtigung der Lagerreibung bei der Berechnung der Leistungskennlinien der Windrotoren erfolgt durch Einbringen der Lagerverlustleistung $P_V = M_R \cdot \omega$ in die jeweilige Leistungsbilanz. Gemäß der bisherigen idealisierenden Betrachtung war die mittlere Rotornutzleistung gleich der Differenz aus dem mittleren Leistungsgewinn seiner Blätter in der Gleichlaufphase und ihrem mittleren Leistungsverlust in der Gegenlaufphase (Verlustphase) gesetzt worden. Von dieser idealen Nutzleistung hat man nun die im Falle von Lagerreibung auftretende Verlustleistung P_V abzuziehen, um die effektive Nutzleistung $P_{R,eff}$ zu erhalten. Division dieser effektiven Nutzleistung des Rotors durch das auf den Gesamtquerschnitt bezogene Windleistungsangebot liefert dann den Leistungsbeiwert c_p .

Das Einbringen der Lagerverlustleistung in die Rotorleistungsbilanz erfolgt zweckmäßigerweise unter Verwendung der Schnelllaufzahl als Variable. Auf diese Weise ergeben sich für die drei Reibungstypen folgende Leistungsterme:

(4-194) $$P_{V,I} = k_o \lambda v_1/R$$

(4-195) $$P_{V,II} = k_1(\lambda v_1/R)^2$$

(4-196) $$P_{V,III} = k_2(\lambda v_1/R)^3$$

Im Hinblick auf das Ziel, den lagerreibungskorrigierten Wirkungsgrad, wir wollen ihn im folgenden Leistungsbeiwert c_p nennen, zu berechnen, führen wir mit der Beziehung

(4-197) $$\bar{c}_p = \bar{\eta}_R - \eta_V$$

einen auf das Windleistungsangebot bezogenen Verlustleistungsterm $\eta_V = P_V/P_W$ ein, den wir als Wirkungsgradkorrektur oder Verlustwirkungsgrad bezeichnen können. Man erhält so, je nach Reibungsart, für Anemometer mit zylindersymmetrischen Blättern

(4-198) $$\eta_{V,I} = \frac{k_o}{\rho_L \cdot v_1^2 \cdot R^2 \cdot H} \cdot \lambda = k_o' \cdot \lambda$$

(4-199) $$\eta_{V,II} = \frac{k_1}{\rho_L \cdot v_1 \cdot R^3 \cdot H} \cdot \lambda^2 = k_1' \cdot \lambda^2$$

(4-200) $$\eta_{V,III} = \frac{k_2}{\rho_L \cdot R^4 \cdot H} \cdot \lambda^3 = k_2' \cdot \lambda^3$$

Nach dieser Einführung zum Problem der Lagerreibung und ihrer rechnerischen Berücksichtigung möge es genügen, dem Leser langwierige Rechnungen - die letztlich alle dem gleichen Schema folgen - zu ersparen, und lediglich die erhaltenen Endformeln anzugeben.

<u>a) Anemometer mit zylindersymmetrischen Blattelementen</u>

Unabgeschirmte Betriebsweise:

<u>I. Gleitreibung</u>

(4-201) $$\bar{c}_{p,I} = \frac{c_{w-}}{2}(A\cdot\lambda + B\cdot\lambda^2 + C\cdot\lambda^3) - k_o' \cdot \lambda$$

(4-202) $$\lambda_{max,I} = -\frac{B}{2C}\left(1 - \sqrt{1 - \frac{4(A - k_o'')C}{B^2}}\right), \quad k_o'' = 2k_o'/c_{w-}$$

(4-203) $$\lambda_{opt,I} = - \frac{B}{3C}\left(1 - \sqrt{1 - \frac{3(A - k_o'')C}{B^2}}\right)$$

II. Viskose Reibung

(4-204) $$\bar{c}_{p,II} = \frac{c_{w-}}{2}(A\cdot\lambda + B\cdot\lambda^2 + C\cdot\lambda^3) - k_1'\cdot\lambda^2$$

(4-205) $$\lambda_{max,II} = \frac{-B + k_1''}{2C}\left(1 - \sqrt{1 - \frac{4A\cdot C}{(-B + k_1'')^2}}\right)$$

(4-206) $$\lambda_{opt,II} = \frac{-B + k_1''}{3C}\left(1 - \sqrt{1 - \frac{3A\cdot C}{(-B + k_1'')^2}}\right)$$

(mit $k_1'' = 2k_1'/c_{w-}$)

III. Turbulente Reibung

(4-207) $$\bar{c}_{p,III} = \frac{c_{w-}}{2}(A\cdot\lambda + B\cdot\lambda^2 + C\cdot\lambda^3) - k_2'\cdot\lambda^3$$

(4-208) $$\lambda_{max,III} = \frac{-B}{2(C - k_2'')}\left(1 - \sqrt{1 - \frac{4A\cdot(C - k_2'')}{B^2}}\right)$$

(4-209) $$\lambda_{opt,III} = \frac{-B}{3(C - k_2'')}\left(1 - \sqrt{1 - \frac{3A\cdot(C - k_2'')}{B^2}}\right)$$

(mit $k_2'' = 2k_2'/c_{w-}$)

Abgeschirmte Betriebsweise:

Die für den abgeschirmten Betriebszustand gültigen Beziehungen haben das gleiche Aussehen wie die oben für den unabgeschirmten Zustand gültigen; es ist lediglich zu beachten, daß die Bedeutung der verwendeten Koeffizienten A, B und C fallweise verschieden ist und sich somit die Koeffizienten für unabgeschirmten und abgeschirmten Betrieb voneinander unterscheiden (vgl. Abschnitte A,a und A,b).

b) Anemometer mit rotationssymmetrischen Blattelementen

Für Anemometer dieses Typs errechnen sich folgende Verlustwirkungsgrade:

(4-210) $$\eta_{V,I} = \frac{2k_o}{\rho_L v_1^2 R^3 a^2 \pi \left(1 + \frac{4(1-a)}{\pi \cdot a}\right)} \cdot \lambda = k_o' \cdot \lambda$$

(4-211) $$\eta_{V,II} = \frac{2k_1}{\rho_L v_1 R^4 a^2 \pi \left(1 + \frac{4(1-a)}{\pi \cdot a}\right)} \cdot \lambda^2 = k_1' \cdot \lambda^2$$

(4-212) $$\eta_{V,III} = \frac{2k_2}{\rho_L R^5 a^2 \pi \left(1 + \frac{4(1-a)}{\pi \cdot a}\right)} \cdot \lambda^3 = k_2' \cdot \lambda^3$$

Mit diesen Werten erhält man die gesuchten Kenndaten der reibungsbehafteten Anemometer.

Unabgeschirmte Betriebsweise:

I. Gleitreibung

(4-213) $$\bar{c}_{p,I} = \frac{c_{w-}/2}{1 + \frac{4(1-a)}{\pi \cdot a}} (A \cdot \lambda + B \cdot \lambda^2 + C \cdot \lambda^3) - k_o' \cdot \lambda$$

(4-214) $$\lambda_{max,I} = -\frac{B}{2C}\left(1 - \sqrt{1 - \frac{4(A - k_o'')C}{B^2}}\right)$$

(4-215) $$\lambda_{opt,I} = -\frac{B}{3C}\left(1 - \sqrt{1 - \frac{3(A - k_o'')C}{B^2}}\right)$$

$$\text{mit } k_o'' = \frac{2}{c_{w-}} \cdot \left(1 + \frac{4(1-a)}{\pi \cdot a}\right) \cdot k_o'$$

II. Viskose Reibung

(4-216) $$\bar{c}_{p,II} = \frac{c_{w-}/2}{1 + \frac{4(1-a)}{\pi \cdot a}} (A \cdot \lambda + B \cdot \lambda^2 + C \cdot \lambda^3) - k_1' \cdot \lambda^2$$

(4-217) $$\lambda_{max,II} = \frac{-B + k_1''}{2C} \left(1 - \sqrt{1 - \frac{4A \cdot C}{(-B + k_1'')^2}} \right)$$

(4-218) $$\lambda_{opt,II} = \frac{-B + k_1''}{3C} \left(1 - \sqrt{1 - \frac{3A \cdot C}{(-B + k_1'')^2}} \right)$$

$$\text{mit } k_1'' = \frac{2}{c_{w-}} \cdot \left(1 + \frac{4(1-a)}{\pi \cdot a} \right) \cdot k_1'$$

III. Turbulente Reibung

(4-219) $$\bar{c}_{p,III} = \frac{c_{w-}/2}{1 + \frac{4(1-a)}{\pi \cdot a}} (A \cdot \lambda + B \cdot \lambda^2 + C \cdot \lambda^3) - k_2'' \cdot \lambda^3$$

(4-220) $$\lambda_{max,III} = \frac{-B}{2(C - k_2'')} \left(1 - \sqrt{1 - \frac{4A \cdot (C - k_2'')}{B^2}} \right)$$

(4-221) $$\lambda_{opt,III} = \frac{-B}{3(C - k_2'')} \left(1 - \sqrt{1 - \frac{3A \cdot (C - k_2'')}{B^2}} \right)$$

$$\text{mit } k_2'' = \frac{2}{c_{w-}} \cdot \left(1 + \frac{4(1-a)}{\pi \cdot a} \right) \cdot k_2'$$

Abgeschirmte Betriebsweise:
Die Rechnungen verlaufen ganz analog zu jenen für den unabgeschirmten Betrieb. Es ist lediglich zu beachten, daß wegen des um den Faktor zwei kleineren Multiplikators in (4-190) gegenüber (4-181) die zwecks Abkürzung verwendeten Reibungsparameter k_0'', k_1'' und k_2'' im Vergleich zu den oben für unabgeschirmten Betrieb verwendeten Werten gleichfalls um den Faktor zwei zu erhöhen sind.

D) Vergleich rechnerischer und experimenteller Daten

Um eine Orientierung zu gewinnen, inwieweit die nach den besprochenen Rechenansätzen zu erwartenden Betriebskenngrößen mit der Realität korrelieren, wurden vom Verfasser an der FH Wiesbaden (bisher unveröffentlichte) Untersuchungen zu diesem Thema durchgeführt. Als Meßobjekt diente ein durch Umbau aus einem herkömmlichen kommerziellen 3-Blatt-Anemometer gewonnenes 2-blättriges Anemometer, dessen Tragarmlänge mittels austauschbarer dünner Stäbe in fünf Stufen variiert werden konnte. Für jede dieser durch die relative Hebelarmlänge x_1 unterschiedenen Varianten wurde im Windkanal die maximale Schnellaufzahl gemessen, außerdem aber auch aus der Dämpfung einer einmal angeregten freien Drehbewegung der Lagerreibungskoeffizient k_1. Unterhalb einer Umfangsgeschwindigkeit von etwa 3 m/s dominierte der viskose Reibungstyp, für den die Proportionalität zwischen Bremsmoment und Winkelgeschwindigkeit (bzw. Drehzahl charakteristisch ist, oberhalb der erwähnten kritischen Geschwindigkeit überwog Reibung vom geschwindigkeitsquadratischen Typ, der durch Luftreibung verursacht wird.

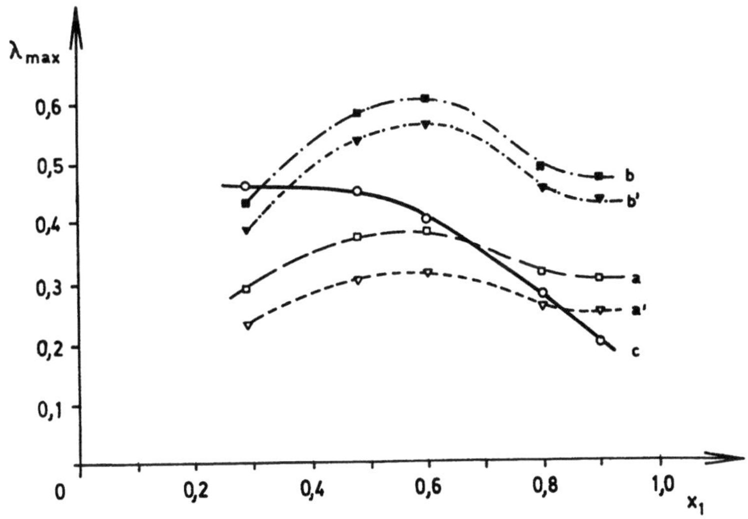

Bild 63: Abhängigkeit der maximalen Schnellaufzahl von der relativen Tragarmlänge x_1(c - gemessen, a,a', b,b' berechnet) eines 2-blättrigen Halbkugelanemometers

Das zur Bestimmung des Reibungskoeffizienten benötigte Trägheitsmoment wurde durch Rechnung ermittelt.

Die Ergebnisse der Untersuchung sind in Bild 63 wiedergegeben. Das Diagramm enthält neben der gemessenen Kurve c noch zwei weitere theoretische Kurvenpaare a,b und a', b'.

Die beiden mit a und b bezeichneten Kurven wurden mithilfe der experimentell bestimmten Reibungskoeffizienten unter Zugrundelegung der Werte $c_{w-} = 1/3$ und $\varkappa = 4$ berechnet, erstere für unabgeschirmte, letztere für abgeschirmte Betriebsweise. Man erkennt, daß die experimentelle Kurve sich mit abnehmenden x_1-Werten unterhalb von $x_1 = 0{,}7$ immer mehr von den für unabgeschirmten Betrieb gültigen Werten (a) entfernt und den für den abgeschirmten Zustand gültigen Daten (b) annähert. Dieses Verhalten ließe sich im Prinzip verstehen, wenn man unterstellt, daß mit zunehmender Kompaktheit des Rotors (wie spätere Ergebnisse an Kompaktrotoren nahelegen) eine Art Selbstabschirmung, verursacht durch den vermöge der Luftreibung am Rotorumfang induzierten Luftwirbel, entsteht. Weniger leicht fällt eine Erklärung zum Unterschneiden der berechneten Kurve a durch die Meßkurve c. Hier liegt der Verdacht nahe, daß evtl. die verwendeten c_w-Daten nicht genau genug waren. Tatsächlich ergeben sich für die aus entsprechenden Messungen ermittelten Daten $c_{w-} = 0{,}356$ und $\varkappa = 3{,}12$ [17] die Kurven a' und b', die gegenüber den ursprünglichen Kurven a und b zu niedrigeren Werten von λ_{max} verschoben sind. Bezüglich dieser beiden realitätsangepaßteren theoretischen Kurven läßt sich feststellen, daß sie die experimentellen Daten im wesentlichen eingrenzen. Die bei ca. $x_1 = 0{,}83$ auftretende Überschneidung ist in Anbetracht der Fehlergrenzen von etwa 10 bis 20 % nicht streng gesichert; die etwas unterhalb $x_1 = 0{,}4$ beobachtete Kreuzung der Kurven c und b' läßt sich nicht in vollem Umfang durch Fehlerquellen wegerklären. Hier könnte vielmehr ein Effekt auftreten, der sich erst bei der Diskussion zum Kompaktrotor als bedeutungsvoll herausstellen

[17] Conradi, M. /16/

wird, nämlich die Veränderung des realen Anströmprofils im Sinne einer Verdrängung und Beschleunigung der primären Luftströmung in die äußeren Rotorbereiche, was mit einer Erhöhung des Rotorwirkungsgrades verbunden ist.
Abgesehen von dieser später noch zu besprecnenden Besonderheit, die für Kompaktrotoren typisch ist, läßt sich immerhin feststellen, daß die rechnerischen Werte den gemessenen nahekommen, sie möglicherweise jedoch deshalb nicht quantitativ repräsentieren, weil mit zunehmender Kompaktheit des Rotors eine durch die Theorie nicht berücksichtigte Abschirmwirkung einsetzt, die einen gleitenden Übergang vom unabgeschirmten zum abgeschirmten Betriebszustand bewirkt.

Eine stärkere Annäherung der theoretischen Prognosen an die Praxis ließe sich durch zweierlei noch zu untersuchende Maßnahmen erreichen:

1. Statt der konstanten c_w-Werte während der Gleich- und der Gegenlaufphase sind real gemessene, winkelabhängige Daten für die jeweils fraglichen Profile in die Rechenansätze einzubringen

2. Durch eine Vielzahl von experimentellen Untersuchungen ist ein von der Baugeometrie abhängiger Abschirmkoeffizient bzw. eine Übergangsfunktion zu ermitteln, die den realen stationären Betriebszustand als eine Art Wichtung zwischen den Extremalzuständen "abgeschirmt" und "unabgeschirmt" beschreibt

Ein Nachteil dieser Vorgehensweise wird allerdings sein, daß die Berechnung der Betriebskennlinien von Anemometern nur noch auf numerischem Wege möglich sein wird. Zieht man in Betracht, daß die für die Rechnung benötigten c_w-Werte grundsätzlich windgeschwindigkeitsabhängig anzusehen sind, dann erscheint die eben genannte Konsequenz schlechterdings unvermeidlich.

4.4.2 Konverter mit kontinuierlich verteilten Widerstandselementen (Kompaktrotoren)

4.4.2.1 Berechnung von Vertikalachsen-Widerstandskonvertern auf der Basis eines gleichförmigen Anströmprofils

Die nicht ganz unvernünftigen Resultate bei der Berechnung von Widerstandskonvertern der Anemometerklasse legen es nahe, sich einmal mit dem Betriebsverhalten von Vertikalachsen-Widerstandskonvertern (VWKn) mit kontinuierlich verteilten (d.h. von der Rotorachse bis zur Peripherie reichenden) Blattelementen zu befassen. In einer ersten Stufe der Untersuchung soll der Einfluß von Abschirmung, c_W-Daten und Interferenzen bei Mehrblattsystemen (Abschattungseffekt) betrachtet werden; nach einem in der zweiten Stufe vorzunehmenden Vergleich zwischen experimentell an Widerstandskonvertern (wie z.B. dem Savonius-Rotor) ermittelten mit aus der Modellrechnung erhaltenen Daten soll dann in der dritten Stufe anhand einiger Modifikationen der ursprünglichen Rechenansätze versucht werden, einer Darstellung des realen Betriebsverhaltens möglichst nahe zu kommen.

A) Der 2-blättrige Vertikalachsen-Widerstandskonverter (VWK)

a) Unabgeschirmte Betriebsweise

Die für einen 2-blättrigen Widerstandskonverter mit kontinuierlich verteilten Widerstandselementen gültigen Ansätze sind im Falle eines gleichförmigen Anströmprofils identisch mit jenen, die man aus der Anemometerrechnung erhält, wenn man die relative freie Tragarmlänge x_1 gegen null streben läßt. Der gesuchte (hier ausschließlich interessierende)technische Wirkungsgrad läßt sich dann ebenfalls nach (4-146) berechnen, jedoch hat man die Koeffizienten wie folgt festzulegen:

(4-222) $A = \frac{1}{4} (\varkappa - 1)$

(4-223) $B = - \frac{8}{9\pi} (\varkappa + 1)$

(4-224) $C = \frac{3}{32} (\varkappa - 1)$

Aus diesen Koeffizienten errechnen sich die Daten für die maximale und die optimale Schnellaufzahl:

$$\lambda_{max} = \frac{16}{3}\cdot\frac{8}{9\pi}\cdot\frac{\varkappa+1}{\varkappa-1}\left\{1-\sqrt{1-\frac{1}{2}\cdot\frac{3}{16}\cdot\left(\frac{9\pi}{8}\right)^2\cdot\left(\frac{\varkappa-1}{\varkappa+1}\right)^2}\right\} \tag{4-225}$$

$$\lambda_{opt} = \frac{32}{9}\cdot\frac{8}{9\pi}\cdot\frac{\varkappa+1}{\varkappa-1}\left\{1-\sqrt{1-\frac{1}{4}\cdot\frac{9}{32}\cdot\left(\frac{9\pi}{8}\right)^2\cdot\left(\frac{\varkappa-1}{\varkappa+1}\right)^2}\right\} \tag{4-226}$$

Die numerischen Daten wollen wir erst am Ende dieses Abschnittes zu Vergleichszwecken gemeinsam mit jenen für abgeschirmte Betriebsweise berechnen.

b) Abgeschirmte Betriebsweise

Die bereits für das reale Anemometer mit zylindersymmetrischen Blattelementen erhaltenen Beziehungen erlauben auch im Falle des abgeschirmten Betriebs den Grenzübergang für $x_1 \rightarrow 0$, d.h. zum Kompaktrotor. Man gewinnt so zunächst die Koeffizienten

$$A = \frac{1}{4}\varkappa \tag{4-227}$$

$$B = -\frac{8}{9\pi}\varkappa \tag{4-228}$$

$$C = \frac{3}{32}\varkappa - \frac{1}{4} = \frac{1}{32}(3\varkappa - 8) \tag{4-229}$$

und den Wirkungsgrad aus der daraus bestimmten Beziehung (4-146). Die typischen Schnellaufkennzahlen ergeben sich zu

$$\lambda_{max} = 16\cdot\frac{8}{9\pi}\cdot\frac{\varkappa}{3\varkappa-8}\left\{1-\sqrt{1-\frac{1}{2}\cdot\frac{1}{16}\cdot\left(\frac{9\pi}{8}\right)^2\cdot\frac{3\varkappa-8}{\varkappa}}\right\} \tag{4-230}$$

$$\lambda_{opt} = \frac{32}{3}\cdot\frac{8}{9\pi}\cdot\frac{\varkappa}{3\varkappa-8}\left\{1-\sqrt{1-\frac{1}{4}\cdot\frac{3}{32}\cdot\left(\frac{9\pi}{8}\right)^2\cdot\frac{3\varkappa-8}{\varkappa}}\right\} \tag{4-231}$$

Mit den bereits im Zusammenhang mit dem idealisierten Anemometer unter den Typenbezeichnungen I bis III verwendeten c_w-Daten ergeben sich die in Tabelle 12 aufgelisteten Hauptbetriebskenngrößen des 2-blättrigen VWKs mit reibungsfreier Lagerung bei gleichförmigem Anströmprofil (vgl. Tab. 9).

Vergleicht man die Ergebnisse der Tabelle 12 mit jenen für das idealisierte Anemometer (Tabelle 9), so fallen die recht hohen maximalen Schnellaufzahlen auf, die nicht nur wesentlich über jenen des idealisierten Anemometers liegen, sondern sogar den Wert eins überschreiten.

Kenngröße	Blattzahl	Typ I a	Typ I b	Typ II a	Typ II b	Typ III a	Typ III b
λ_{max}	z = 2	$0{,}60_2$	$0{,}99_2$	$0{,}98_7$	$1{,}28_4$	$1{,}62_6$	$1{,}67_6$
λ_{opt}	z = 2	$0{,}29_0$	$0{,}48_0$	$0{,}44_0$	$0{,}55_3$	$0{,}54_9$	$0{,}60_6$
$\bar{\eta}_{max}$%	z = 2	1,76	3,88	3,45	4,75	4,69	5,32

Tabelle 12: Hauptbetriebskenngrößen des 2-blättrigen VWKs bei reibungsfreier Achslagerung für verschiedene c_w-Wert-Kombinationen, a - im unabgeschirmten, b - im abgeschirmten Betrieb.

Während sich der Trend zu höheren Schnellaufzahlen mit zunehmender Kompaktheit ja schon beim sog. realen Anemometer bemerkbar machte (der Rotor mit kontinuierlichen Blattelementen entspricht ja dem Anemometer mit zylindersymmetrischen Widerstandselementen), gibt der letztgenannte Umstand Anlaß zu starkem Widerspruch. Schließlich ist ein von der Widerstandskraft (letztlich Staudruck) angetriebener Körper, der sich schneller als der antreibende Wind bewegt, schlechterdings nicht vorstellbar.

Wir wollen uns mit diesem zur Realität anscheinend in krassem Widerspruch stehenden Rechenergebnis, das geeignet zu sein scheint, unsre gesamten Berechnungsgrundlagen in Frage zu stellen, in Stufen auseinandersetzen. Dabei werden wir uns mit drei Fragen beschäftigen müssen:

1. Sind die im Falle von Schnellaufzahlen über eins zugrundegelegten c_w-Daten überhaupt realistisch?

2. Ist bei einer Rotationsbewegung von Körpern, die durch die Windwiderstandskraft angetrieben werden, zumindest energetisch eine Schnellaufzahl größer eins möglich?

3. Bedeutet eine den Wert eins überschreitende Schnellaufzahl unter Berücksichtigung der Definition auch wirklich, daß sich das Widerstandselement schneller bewegt, als das umgebende Medium strömt?

Im Hinblick auf den Umstand, daß bislang noch keine $\varkappa$-Werte über 4,0 (Hohlkalbkugel Profil) beobachtet wurden, wollen wir uns für den Augenblick mit der Erkenntnis trösten, daß Körper mit den für $\lambda_{max} > 1$ verantwortlichen c_w-Werten bzw. $\varkappa$-Zahlen noch nicht technisch realisiert worden sind.

Hinsichtlich der in Tabelle 12 angegebenen Wirkungsgrade ist zu beachten, daß es sich um technische Wirkungsgrade handelt, die sich auf das Windleistungsangebot auf der gesamten Rotorquerschnittsfläche beziehen. Quantitativ sind sie nicht mit den für das idealisierte Anemometer berechneten physikalischen Wirkungsgraden vergleichbar, wohl aber mit jenen nach Betz für die in reiner Translationsbewegung befindlichen Widerstandselemente berechneten, hinter denen sie weit zurückbleiben.

Bevor wir daran gehen, die in Tabelle 12 vorgestellten rechnerischen Ergebnisse mit experimentellen Daten, wie sie an Vertikalachsen-Widerstandskonvertern ermittelt wurden, in Relation zu setzen, wollen wir uns noch mit der Frage beschäftigen, wie sich im Falle mehrblättriger Systeme die partielle zeitliche und räumliche Abschattung eines Widerstandselements durch das oder die luvseitige(n) Nachbarelement(e) auf die Hauptbetriebskenngrößen auswirkt. Im Hinblick auf die sehr aufwendigen Rechnungen begnügen wir uns mit der Berechnung eines 3-blättrigen Rotors mit gleichförmigem Anströmprofil.

B) Der 3-blättrige Vertikalachsen-Widerstandskonverter (VWK)

a) Unabgeschirmte Betriebsweise

Trotz Annahme einer gleichmäßigen Anströmung des Rotorquerschnitts durch den Primärwind treten bereits in der 3-blättrigen Ausführung deutliche Komplikationen in der Beaufschlagung der einzelnen Blattelemente gegenüber der 2-blättrigen Bauweise auf. Geht man - wie schon früher beim Anemometer - von einer vernachlässigbaren Durchwölbung der Blattelemente aus, so sind trotz dieser beachtlichen Vereinfachung immer noch fünf verschiedene Arbeitsphasen eines Widerstandselements während einer Umdrehung zu unterscheiden, wie sich der Leser mithilfe der Skizze in Bild 64 verdeutlicht:

Phase I : Hauptleistungsphase (Winkelbereich -90° bis $+30^o$) Merkmal: ungehinderte Anströmung durch Primärwind

Phase II : Teilleistungsphase (Winkelbereich $+30^o...+60^o$) (zunehmende Abschattung durch nachfolgendes Blatt)

Phase III : Leerlaufphase (Winkelbereich $+60^o...+120^o$) Drehung im absoluten Windschatten

Phase IV : Teilverlustphase (Winkelbereich $+20^o...+150^o$) abnehmende Abschattung durch vorauslaufendes Blatt

Phase V : Hauptverlustphase (Winkelbereich $+150^o...+270^o$) Drehung gegen ungehindert entgegenströmenden Wind

Wir wollen nun die an einem Blatt in den verschiedenen Umlaufphasen getätigten (mittleren) Leistungen der Reihe nach berechnen und daraus dann die mittlere Gesamtleistung für einen geschlossenen Umlauf bestimmen.

Mittlere Leistung in Wirkphase I:

In diesem Winkelbereich läßt sich der bereits beim realen Anemometer verwendete Ansatz benutzen, wobei lediglich bei der Formulierung der differentiellen Momentanleistung an dem Flächenelement Hdr die innere Begrenzung r = o zu beachten ist. Man erhält so

$$dP_I(\varphi) = c_{W+} \cdot \frac{\rho_L}{2} (v_1 - u\cos\varphi)^2 \cdot u\cos\varphi \cdot Hdr \cdot \cos\varphi$$

Umformung durch Einführung des relativen Radius $x = r/R$ und der Schnellaufzahl $\lambda = \omega . R/v_1$ liefert die Formulierung

$$(4\text{-}131) \quad dP_I(\varphi) = c_{W+} \cdot \frac{\rho_L}{2} v_1^3 \cdot H \cdot R(1 - \lambda x\cos\varphi)^2 \cdot \lambda x\cos^2\varphi \, dx$$

wie sie bereits vom realen Anemometer mit zylindersymmetrischen Widerstandselementen bekannt ist. Beziehen wir dem Gebrauch der Technik gemäß die Nutzleistung auf das Windleistungsangebot $P_W = \rho_L . v_1^3 \cdot H.R$ über die gesamte Rotorfläche $A_R = 2H \cdot R$, so lautet die Ausgangsgleichung zur Berechnung der Gesamtleistung eines Blattes

$$(4\text{-}225) \quad dP_I(\varphi) = \frac{c_{W+}}{2} P_W (1 - \lambda x\cos\varphi)^2 \cdot \lambda x\cos^2\varphi \, dx$$

In der Wirkphase I erhält man die momentane Blattleistung durch Integration über den Blattradius von r = 0 bis r = R (d.h. von x = 0 bis x = 1):

$$(4\text{-}226) \quad P_I(\varphi) = \frac{c_{W+}}{2} P_W \int_0^1 (1 - \lambda x\cos\varphi)^2 \lambda x\cos^2\varphi \, dx$$

$$= \frac{c_{W+}}{2} P_W \left(\frac{\lambda}{2}\cos^2\varphi - \frac{2}{3}\lambda^2\cos^3\varphi + \frac{1}{4}\lambda^3\cos^4\varphi\right)$$

Die mittlere Blattleistung in Wirkphase I entspricht dem integralen Mittelwert im Winkelbereich -90° bis $+30^\circ$ ($-\pi/2$ bis $+\pi/6$):

$$(4\text{-}227) \quad \bar{P}_I = \frac{1}{\frac{2}{3}\pi} \int_{-\pi/2}^{+\pi/6} P_I(\varphi) \, d\varphi$$

$$= \frac{c_{W+}}{2} P_W \left[\left(\frac{1}{4} + \frac{3\sqrt{3}}{32\pi}\right)\lambda - \frac{9}{8\pi}\lambda^2 + \left(\frac{3}{32} + \frac{27\sqrt{3}}{512\pi}\right)\lambda^3\right]$$

Die für die Anwendung bequemere numerische Beziehung lautet:

$$\bar{P}_I = \frac{c_{w+}}{2} P_w(0{,}3017 \cdot \lambda - 0{,}3581 \cdot \lambda^2 + 0{,}1228 \cdot \lambda^3) \qquad (4\text{-}228)$$

Mittlere Leistung in Wirkphase II:

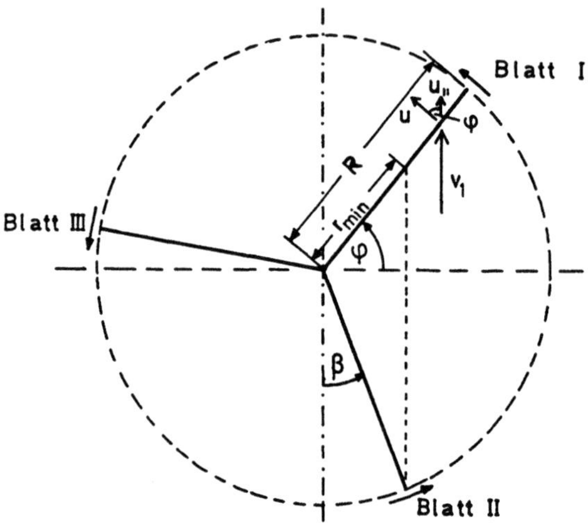

Bild 64: Zur Verdeutlichung des Abschattungseffekts beim 3-blättrigen VWK

Anhand der Skizze in Bild 64 wird verdeutlicht, wie ein Blatt, welches sich gerade in Wirkphase II befindet (im Beispiel Blatt I), in zunehmender Weise durch das nachfolgende luvseitige Blatt (II) gegen den Wind abgeschirmt wird. Offensichtlich beginnt die Abschattung beim Eintritt in die Wirkphase II an der Achse bei r = 0 und breitet sich dann bei fortschreitender Drehung in Richtung zur Rotorperipherie aus; das Ende der Wirkphase II wird erreicht, wenn die Abschattungszone die Blattaußenkante (r = R) erreicht hat, was für $\varphi = 60^{\circ}$ der Fall ist. Bezeichnet man den Winkelabstand des nachfolgenden Blattes (II) gegenüber der dem Wind entgegengesetzten Richtung mit β, so gilt bei einem Winkelabstand der Blätter untereinander von 120° $\beta = \varphi - 30^{\circ}$, wenn - wie bisher - der Winkel φ die Momentanstellung des gerade betrachteten Blattes bezogen auf die Senkrechtstellung zum Wind bedeutet. Da die angetriebene Zone des Blattes I erst bei

$$r_{min} = R \cdot \sin\beta / \cos\varphi = R\sin(\varphi - 30^{\circ})/\cos\varphi \qquad (4\text{-}229)$$

beginnt, ist bei der Bestimmung der momentanen Blattleistung die obligatorische Integration von $x_{min} = \sin(\varphi - 30^{\circ})/\cos\varphi$

bis x = 1 zu erstrecken. Man erhält somit für eine Winkelstellung φ in der Wirkphase II:

$$(4\text{-}230) \qquad P_{II}(\varphi) = \frac{c_{w+}}{2} P_w \int_{x_{min}}^{1} (\lambda x \cos^2\varphi - 2\lambda^2 x^2 \cos^3\varphi + \lambda^3 x^3 \cos^4\varphi)\,dx$$

Die Ausführung der Integration liefert zunächst den Ausdruck

$$(4\text{-}231) \qquad P_{II}(\varphi) = \frac{c_{w+}}{2} P_w \left[\frac{\lambda}{2}\cos^2\varphi(1-x_{min}^2) - \frac{2}{3}\lambda^2\cos^3\varphi(1-x_{min}^3) + \frac{1}{4}\lambda^3\cos^4\varphi(1-x_{min}^4)\right]$$

aus dem durch integrale Mittelwertbildung im Winkelbereich $\varphi = 30^\circ$ bis $\varphi = 60^\circ$ die mittlere Blattleistung in der Wirkphase II gewonnen wird. Da alle Terme, die den Ausdruck x_{min} enthalten, in komplizierterer Weise von φ abhängen als jene ohne ihn, wollen wir die Berechnung von $\bar{P}_{II}$ dem angemessen in zwei Schritten ausführen:

Wir setzen

$$(4\text{-}232) \qquad \bar{P}_{II} = \bar{P}_{II_1} - \bar{P}_{II_2}$$

Dabei ist

$$(4\text{-}233) \qquad \bar{P}_{II_1} = \frac{c_{w+} P_w/2}{\pi/6} \int_{\pi/6}^{\pi/3} \left(\frac{\lambda}{2}\cos^2\varphi - \frac{2}{3}\lambda^2\cos^3\varphi + \frac{1}{4}\lambda^3\cos^4\varphi\right)d\varphi$$

$$= \frac{c_{w+}}{2} P_w \left(\frac{1}{4}\lambda - \frac{1}{\pi}\left(\frac{3\sqrt{3}}{2} - \frac{11}{6}\right)\lambda^2 + \left(\frac{3}{32} - \frac{3\sqrt{3}}{64\pi}\right)\lambda^3\right)$$

$$(4\text{-}234) \qquad \bar{P}_{II_1} = \frac{c_{w+}}{2} P_w (0{,}2500 \cdot \lambda - 0{,}2434 \cdot \lambda^2 + 0{,}0679 \cdot \lambda^3)$$

und

$$(4\text{-}235) \qquad P_{II_2} = P^{*} \int_{\pi}^{\pi} \left(\frac{\lambda}{2} \cos^2\varphi \, x_{min}^2 - \frac{2}{3} \lambda^2 \cos^3\varphi \, x_{min}^3 + \frac{1}{4} \lambda^3 \cos^4\varphi \, x_{min}^4 \right) d\varphi$$

$$\left(P_w^{*} = (c_{w+} P_w / 2) \cdot 6/\pi \right)$$

$$= P^{*} \left[\left(\frac{1}{4} - \frac{3\sqrt{3}}{8\pi} \right) \lambda - \left(\frac{8}{3\pi} - \frac{3\sqrt{3}}{2\pi} \right) \lambda^2 + \left(\frac{3}{32\pi} - \frac{21\sqrt{3}}{128\pi} \right) \lambda^3 \right]$$

$$(4\text{-}236) \qquad \bar{P}_{II_2} = \frac{c_{w+}}{2} P_w (0{,}0433 \cdot \lambda - 0{,}0218 \cdot \lambda^2 + 0{,}0033 \cdot \lambda^3)$$

Der einfacheren Darstellung wegen mag es hier genügen, die mittlere Blattleistung in Umlaufphase II nur in der numerischen Fassung wiederzugeben:

$$(4\text{-}237) \qquad \boxed{\bar{P}_{II} = \frac{c_{w+}}{2} \cdot P_w (0{,}2067 \cdot \lambda - 0{,}2216 \cdot \lambda^2 + 0{,}0646 \cdot \lambda^3)}$$

Mittlere Leistung in Wirkphase III:

Aufgrund der totalen Abschattung in diesem Teil des Umlaufs errechnet sich die Blattleistung nach der Beziehung (4-150), die bereits für das reale Anemometer für zylindersymmetrische Blattgeometrie aufgestellt wurde, wenn man berücksichtigt, daß für den Kompaktrotor $x_1 = 0$ zu setzen ist. Somit gilt explizit

$$(4\text{-}238) \qquad \boxed{\bar{P}_{III} = \frac{c_{w-}}{2} P_w \cdot \frac{1}{4} \lambda^3}$$

Mittlere Leistung in Wirkphase IV:

Analog zum früheren Vorgehen beim realen Anemometer mit zylindersymmetrischen Blättern in der Gegenlaufphase findet man den Differentialansatz

$$(4\text{-}239) \qquad dP_{IV} = \frac{c_{w-}}{2} P_w (1 + \lambda x \cos\varphi)^2 \, \lambda x \cos^2\varphi \, dx$$

Unter Berücksichtigung der im Winkelbereich 120° bis 150° wieder abnehmenden Abschattung hat die radiale Integration von x_{min} bis 1 stattzufinden.

Es ergibt sich

$$(4\text{-}240)\qquad P_{IV} = \frac{c_{w-}}{2} P_w \left[\frac{\lambda}{2}\cos^2\varphi(1-x_{min}^2)+\frac{2}{3}\lambda^2\cos^3\varphi(1-x_{min}^3) + +\frac{1}{4}\lambda^3\cos^4\varphi(1-x_{min}^4)\right]$$

Die integrale Mittelwertbildung über den Winkelbereich 120° bis 150° läßt sich aufgrund der Symmetrieeigenschaften der cosinus-Funktion auch im Intervall -60° bis -30° durchführen, was die Rechnung einfacher kontrollierbar macht.

Der Ansatz zur Berechnung des integralen Mittelwertes

$$(4\text{-}241)\qquad \bar{P}_{IV} = \frac{1}{\pi/6}\int_{-\pi/6}^{-\pi/3} P_{IV}(\varphi)\, d\varphi$$

führt zu folgendem Ergebnis:

$$(4\text{-}242)\qquad \bar{P}_{IV} = \bar{P}_{IV_1} - \bar{P}_{IV_2}$$

$$(4\text{-}243)\qquad \bar{P}_{IV_1} = \frac{c_{w-}P_w}{2\cdot\pi/6}\int_{-\pi/6}^{-\pi/3}\left(\frac{\lambda}{2}\cos^2\varphi+\frac{2}{3}\lambda^2\cos^3\varphi+\frac{1}{4}\lambda^3\cos^4\varphi\right)d\varphi$$

$$= \frac{c_{w-}P_w}{2}\left[\frac{\lambda}{4}+\frac{1}{\pi}\left(\frac{3\sqrt{3}}{2}-\frac{11}{6}\right)\lambda^2+\left(\frac{3}{32}-\frac{3\sqrt{3}}{64\pi}\right)\lambda^3\right]$$

$$(4\text{-}244)\qquad \bar{P}_{IV_1} = \frac{c_{w-}}{2} P_w(0{,}2500\cdot\lambda + 0{,}2434\cdot\lambda^2 + 0{,}0679\cdot\lambda^3)$$

$$(4\text{-}245)\qquad \bar{P}_{IV_2} = \frac{c_{w-}P_w}{2.\pi/6}\int_{-\pi/6}^{-\pi/3}\left(\frac{\lambda}{2}\cos^2\varphi\, x_{min}^2+\frac{2}{3}\lambda^3\cos^3\varphi x_{min}^3+\frac{1}{4}\lambda^3\cos^4\varphi x_{min}^4\right)dx$$

$$(4\text{-}246)\qquad \bar{P}_{IV_2} = \frac{c_{w-}}{2} P_w(0{,}0433\,.\lambda + 0{,}0218\cdot\lambda^2 + 0{,}0033\cdot\lambda^3)$$

Die gesamte mittlere Blattleistung in der Wirkphase IV wird dann

$$\bar{P}_{IV} = \frac{c_{w-}}{2} P_w (0{,}2067 \cdot \lambda + 0{,}2216 \cdot \lambda^2 + 0{,}0646 \cdot \lambda^3) \qquad (4\text{-}247)$$

Mittlere Leistung in Wirkphase V:

Im nicht abgeschatteten Winkelbereich von $\varphi = -30^\circ$ bis $\varphi = +90^\circ$ ergibt sich der gleiche Ausdruck wie in der Phase I, mit Ausnahme des Vorzeichens, das im Falle des quadratischen Terms positiv wird.

$$\bar{P}_{V} = \frac{c_{w-}}{2} P_w (0{,}3017 \cdot \lambda + 0{,}3581 \cdot \lambda^2 + 0{,}1228 \cdot \lambda^3) \qquad (4\text{-}248)$$

Mittlere Umlaufleistung eines Rotorblattes:

Die mittlere Leistung eines Blattes für eine volle Umdrehung ergibt sich aus dem über die einzelnen Winkelintervalle der verschiedenen Wirkphasen gewichteten Mittelwert der Teilleistungen, der im Falle des 3-blättrigen Rotors mit äquidistanten Winkelabständen von 120 $^\circ$ anzusetzen ist als

$$\bar{P}_{Bl} = \frac{120 \cdot \bar{P}_I + 30 \cdot \bar{P}_{II} - 60 \cdot \bar{P}_{III} - 30 \cdot \bar{P}_{IV} - 120 \cdot \bar{P}_V}{360}$$

woraus sich nach Kürzung ergibt:

$$\bar{P}_{BL} = \frac{1}{3} \bar{P}_I + \frac{1}{12} \bar{P}_{II} - \frac{1}{6} \bar{P}_{III} - \frac{1}{12} \bar{P}_{IV} - \frac{1}{3} \bar{P}_V \qquad (4\text{-}249)$$

Einsetzen der entsprechenden Ausdrücke für die Teilleistungen und sortieren nach Potenzen von λ ergibt die numerische Beziehung

$$\bar{P}_{Bl} = \frac{c_{w-}}{2} P_w \; 0{,}1178(\varkappa - 1)\lambda - 0{,}1378(\varkappa + 1)\lambda^2 + (0{,}0463\varkappa - 0{,}0880)\lambda^3 \qquad (4\text{-}250)$$

woraus sich der Wirkungsgrad nach Division durch das Windleistungsangebot P_w und Multiplikation mit dem Faktor 3 errechnet.

Auch hier läßt sich der Wirkungsgrad in der Form

$$(4\text{-}251)\qquad \bar{\eta}_{R,3\text{-}Bl\atop techn} = \frac{3}{2}\, c_{w-}\,(A\cdot\lambda + B\cdot\lambda^2 + C\cdot\lambda^3)$$

darstellen, wenn man für die Koeffizienten die Abkürzung

$$(4\text{-}252)\qquad A = 0{,}1178(\varkappa - 1)$$

$$(4\text{-}253)\qquad B = -\,0{,}1378\,(\varkappa + 1)$$

$$(4\text{-}254)\qquad C = 0{,}0463\varkappa - 0{,}0880$$

einführt.

Aus diesen Koeffizienten bestimmen sich wieder die maximale und die optimale Schnellaufzahl.

$$(4\text{-}255)\qquad \lambda_{max} = \frac{0{,}1378(\varkappa + 1)}{2(0{,}0463\varkappa - 0{,}0880)}\,(1 - \sqrt{Rad_1}\,)$$

$$Rad_1 = 1 - \frac{4\cdot 0{,}1178(0{,}0463\varkappa - 0{,}0880)(\varkappa - 1)}{0{,}1378^2\cdot(\varkappa + 1)^2}$$

$$(4\text{-}256)\qquad \lambda_{opt} = \frac{0{,}1378(\varkappa + 1)}{3\cdot(0{,}0463\varkappa - 0{,}0880)}\,(1 - \sqrt{Rad_2})$$

$$Rad_2 = 1 - \frac{3\cdot 0{,}1178(0{,}0463\varkappa - 0{,}0880)(\varkappa - 1)}{0{,}1378^2\cdot(\varkappa + 1)^2}$$

Die numerischen Daten der Hauptbetriebskenngrößen wollen wir am Ende des nächsten Abschnitts gemeinsam mit jenen für den abgeschirmten Betrieb ermitteln, um so besser Vergleiche ziehen zu können.

b) Abgeschirmte Betriebsweise

Bei totaler Abschirmung der umlaufenden Blätter im gegenläufigen Teil der Drehbewegung sind nur noch drei Phasen unter dem Gesichtspunkt der Rechenansätze zu unterscheiden:

Phase I : Hauptleistungsphase (wie im vorigen Abschnitt)

Phase II : Teilleistungsphase (wie im vorigen Abschnitt)

Phase III : Verlustphase (zwischen $\varphi = +60^\circ$ bis $\varphi = +270^\circ$)

Die mittleren Leistungen in den jeweiligen Winkelbereichen wurden bereits im letzten Abschnitt berechnet und können einfach übernommen werden:

$$\bar{P}_I = \frac{c_{w+}}{2} P_w (0{,}3017 \cdot \lambda - 0{,}3581 \cdot \lambda^2 + 0{,}1228 \cdot \lambda^3)$$

$$\bar{P}_{II} = \frac{c_{w+}}{2} P_w (0{,}2067 \cdot \lambda - 0{,}2216 \cdot \lambda^2 + 0{,}0646 \cdot \lambda^3)$$

$$\bar{P}_{III} = \frac{c_{w-}}{2} P_w \cdot 0{,}2500 \cdot \lambda^3$$

Die mittlere Blattleistung pro Umlauf nach dem Prinzip des nach den Winkelbereichen der Teilleistungen gewichteten Mittelwertes errechnet sich diesmal aus dem Ansatz

(4-257) $$\bar{P}_{Bl} = \frac{120 \cdot P_I + 30 \cdot P_{II} - 210 \cdot P_{III}}{360} = \frac{1}{3} P_I + \frac{1}{12} P_{II} - \frac{7}{12} P_{III}$$

Man erhält mit den Teilleistungen P_I, P_{II} und $\bar{P}_{III}$ explizit

(4-258) $$\bar{P}_{Bl} = \frac{c_{w-}}{2} P_w \left[0{,}1178 \varkappa \lambda - 0{,}1378 \varkappa \lambda^2 + (0{,}0463 \varkappa - 0{,}1458) \lambda^3\right]$$

Die Leistung des 3-blättrigen Rotors ergibt sich durch Multiplikation der Blattleistung mit der Blattzahl z = 3, der gesuchte Wirkungsgrad nach Division durch das Windleistungsangebot P_w:

(4-259) $$\bar{\eta}_{R,3\text{-}Bl\,\text{techn}} = \frac{3}{2} c_{w-} \left[0{,}1178 \varkappa \lambda - 0{,}1378 \varkappa \lambda^2 + (0{,}0463 \varkappa - 0{,}1458) \lambda^3\right]$$

Der Wirkungsgrad des 3-blättrigen Rotors läßt sich also in der Form schreiben

(4-260) $$\bar{\eta}_{R,3\text{-}Bl\,\text{techn}} = \frac{3}{2} c_{w-} \cdot (A \cdot \lambda - B \cdot \lambda^2 + C \cdot \lambda^3)$$

wobei gilt

(4-261) $A = 0{,}1178\,\varkappa$

(4-262) $B = -0{,}1378\,\varkappa$

(4-263) $C = 0{,}0463\varkappa - 0{,}1458$

Mit diesen Koeffizienten ergeben sich folgende Beziehungen für die charakteristischen Schnellaufzahlen:

(4-264) $$\lambda_{max} = \frac{0{,}1378\,\varkappa}{2 \cdot (0{,}0463\varkappa - 0{,}1458)}\,(1 - \sqrt{Rad_1})$$

$$Rad_1 = 1 - \frac{4 \cdot 0{,}1178 \cdot (0{,}0463\varkappa - 0{,}1458)}{0{,}1378^2 \cdot \varkappa}$$

(4-265) $$\lambda_{opt} = \frac{0{,}1378\,\varkappa}{3 \cdot (0{,}0463\varkappa - 0{,}1458)}\,(1 - \sqrt{Rad_2})$$

$$Rad_2 = 1 - \frac{3 \cdot 0{,}1178 \cdot (0{,}0463\varkappa - 0{,}1458)}{0{,}1378^2 \cdot \varkappa}$$

Die in diesem Abschnitt aufgestellten Formeln (4-260)ff. lassen sich zu einem Vergleich zwischen der zwei und der dreiblättrigen Bauart heranziehen. Wir wollen diesen Vergleich ausschließlich für die in Abschnitt 4.4.1.1 vorgeschlagenen Widerstandselemente vom Typ I und II vornehmen, da die für Typ III repräsentativen c_w-Werte zum einen technisch unerreichbare Grenzdaten darstellen, zum andern bereits knapp über jener Grenze liegen, oberhalb welcher sich komplexe Werte für die maximale Schnellaufzahl nach (4-264) ergeben.

Kenngröße	Blattzahl z	Typ I a	Typ I b	Typ II a	Typ II b
λ_{max}	2	$0{,}60_2$	$0{,}99_2$	$0{,}98_7$	$1{,}28_4$
	3	$0{,}55_7$	$0{,}91_5$	$0{,}90_0$	$1{,}17_0$
λ_{opt}	2	$0{,}29_0$	$0{,}48_0$	$0{,}44_0$	$0{,}55_3$
	3	$0{,}27_2$	$0{,}44_9$	$0{,}41_3$	$0{,}52_1$
$\bar{\eta}_{max}$	2	1,76 %	3,88 %	3,45 %	4,75 %
	3	2,36 %	5,20 %	4,63 %	6,40 %

Tabelle 13: Vergleich der Hauptbetriebskenngrößen 2- und 3-blättriger VWK bei reibungsfreier Lagerung für verschiedene c_w-Wert-Kombinationen (a - unabgeschirmt, b - abgeschirmter Betriebsweise)

Die Resultate zeigen, daß im Trend die optimale und die maximale Schnellaufzahl für die 3-blättrige Bauart niedriger ausfallen als für die 2-blättrige Ausführung, während sich für die berechneten Wirkungsgrade gerade der entgegengesetzte Zusammenhang offenbart.
Hier scheint eine gewisse Analogie zu den Rechenergebnissen vorzuliegen, die im Zusammenhang mit dem VAK zitiert wurden. Abgesehen von den für eine Nutzanwendung recht bescheidenen Wirkungsgraden fällt jedoch auf, daß - zumindest für die durch starke c_w-Wert-Unterschiede charakterisierten Widerstandselemente vom Typ II - Schnellaufzahlen > 1 errechnet werden. Bevor wir uns mit diesem für den weiteren Gang der Untersuchungen wichtigen Phänomen eingehender befassen, wollen wir uns zunächst mit bisher vorliegendem experimentellem Material auseinandersetzen.

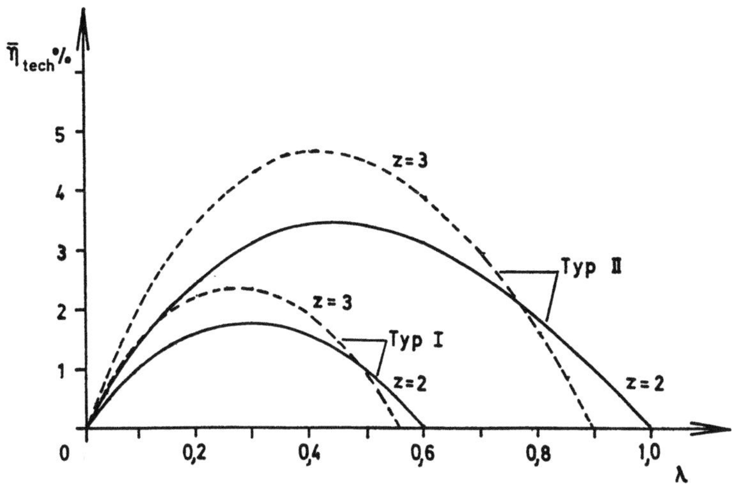

Bild 65: Normierte Leistungskennlinien des 2- und 3-blättrigen VWKs bei unabgeschirmter Betriebsweise für Widerstandselemente vom Typ I und II

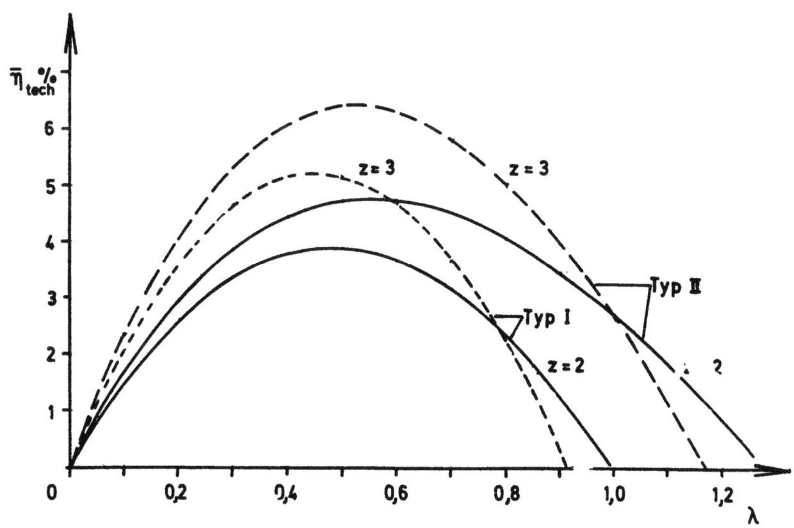

Bild 66: Normierte Leistungskennlinien des 2- und 3-blättrigen VWKs in abgeschirmter Betriebsweise für Widerstandselemente vom Typ I und II

4.4.2.2 Vergleich experimenteller Daten mit den Ergebnissen der Modellrechnung für gleichförmiges Anströmprofil

A) Der Savonius-Rotor

Abgesehen von dem durch seine Anwendung in der Meteorologie bekannt gewordenen Anemometer (das bereits im letzten Kapitel als Widerstandskonverter mit diskreten Blattelementen behandelt wurde) hat lediglich eine Widerstandskonverter-Bauart mit kontinuierlicher Blattausdehnung besondere Bedeutung erlangt: der nach seinem Erfinder benannte Savonius-Rotor (/17/). Das geometrische Merkmal dieses Rotors sind zwei eindimensional gekrümmte Widerstandselemente, die spiegelsymmetrisch um eine Drehachse angeordnet sind. Die Widerstandselemente - die im einfachsten Falle aus halbzylindrischen Blechen bestehen können - schließen entweder direkt an der Welle an (geschlossene Bauweise) oder lassen (bei überlappender Anordnung um die Welle) einen Luftspalt frei (offene Bauweise, im Englischen: split Savonius), der den Sinn hat, durch teilweise Umlenkung der auf der angetriebenen Konkavseite eines Blattes angestauten Luft auf die gegen den Wind laufende Rückseite des zweiten Blattes den dort sonst entstehenden Sog abzubauen (/18/).

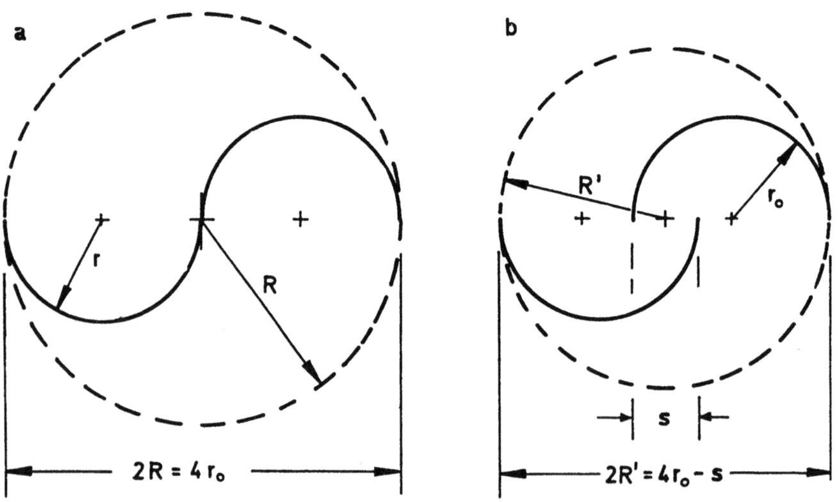

Bild 67: Grundgeometrie des Savonius-Rotors (a-geschlossene, b-offene Bauweise)

In achsialer Richtung sind die zylindersymmetrisch gebogenen Widerstandskörper durch Stützscheiben abgeschlossen, die gleichzeitig der mechanischen Befestigung dienen.
Trotz des relativ einfachen Aufbaus des Savonius-Rotors existiert eine Reihe von Bauparametern, deren Einfluß auf das Betriebsverhalten nicht in allen Fällen quantitativ erschöpfend untersucht ist, mitunter aber auch - wegen allzu großen Variantenreichtums kaum untersucht werden kann. Der besseren Übersicht halber seien diese Bauparameter bzw. Baukenngrößen kurz aufgelistet:

I. Zahl der Blattelemente
II. Luftspaltbreite
III. Wölbungsprofil der Blätter
IV. Stützscheibenradius (im Vergleich zum Außenradius der Widerstandselemente)
V. Seitenverhältnis (Verhältnis von Bauhöhe zu Durchmesser)
VI. Etagengeometrie (Zahl der Etagen und Winkelversatz der Blattvorzugsrichtung)
VII. Verstrebungselemente
VIII. Trägheitsmoment

Einige grundsätzliche Erkenntnisse und Überlegungen zum Einfluß der erwähnten Baukenngrößen sollen im nächsten Abschnitt zusammengestellt werden.

B) Baukenngrößen des Savonius-Rotors

I. Zahl der Blattelemente

Eine der geometrisch naheliegendsten Variationen in der Gestaltung eines Vertikalachsen-Widerstandskonverters ist die Zahl der Widerstandselemente in einer Ebene (Etage) zwischen zwei Stützscheiben. Übereinstimmend zeigen veröffentlichte experimentelle Arbeiten (/19/) wie auch Untersuchungen an der Fachhochschule Wiesbaden (/20/) eine leistungsmäßige Überlegenheit des Zweiblattrotors gegenüber der 3-blättrigen Ausführung (Bild 68).

Hinsichtlich der maximalen Schnellaufzahl konnte die von unsrer Modellrechnung erwartete Unterlegenheit des Dreiblattrotors nur im Bereich kleiner Windgeschwindigkeiten (z.B. für v_1 = 8 m/s) bestätigt werden, während für höhere Windgeschwindigkeiten (zwischen ca. 12 und 16 m/s) keine die Meßfehler eindeutig übersteigenden Unterschiede beobachtet wurden. Letzteres könnte sich nach den Ergebnissen von Conradi (/16/) durch eine bei höheren Windgeschwindigkeiten auftretende Annäherung der c_W-Werte von Konkav- und Konvexseite erklären, die strömungstechnisch eine Art Konturenverwischung der spezifischen Blattgeometrie bedeutet.

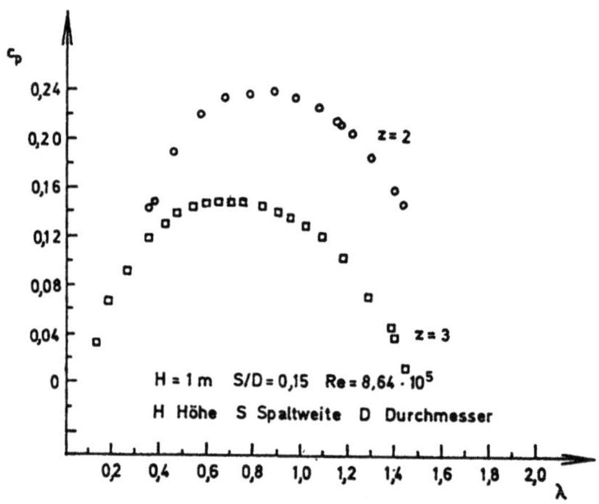

Bild 68: Leistungsbeiwert als Funktion der Schnellaufzahl nach /19/ für 2- und 3-blättrige Savonius-Rotoren

Die im Gegensatz zur maximalen Schnellaufzahl über den gesamten Kennlinienbereich und bei allen untersuchten Windgeschwindigkeiten beobachtete Leistungsunterlegenheit des 3- gegenüber dem 2-blättrigen Rotor steht im Widerspruch zu den Ergebnissen der bisherigen Modellrechnung. Möglicherweise spielen hier Abschattungseffekte eine Rolle, die in der Rechnung aufgrund der vernachlässigten Blattwölbung nicht berücksichtigt wurden, in der Realität jedoch merklichen Einfluß besitzen können.

II. Luftspaltbreite

Für die optimale Luftspaltbreite wird in der Literatur (z.B /21/) ein auf den Rotordurchmesser bezogener Relativwert von 16 bis 30 % je nach Profilform angegeben, wobei 20 % als Kompromiß gelten können. Die dazu benötigte Überlappung liegt in der gleichen Größenordnung. In praxi ist darauf zu achten, daß die aus Stabilitätsgründen zu empfehlende durchgehende Welle den Luftspalt zu nicht mehr als 50 % abdeckt (/22/). Eine orientierende Überprüfung des Luftspalteinflusses, wie er z.B. in /21/ festgestellt wurde, ergab bei Messungen an der FH Wiesbaden(/20/)eine etwa 10%ige Absenkung der maximalen

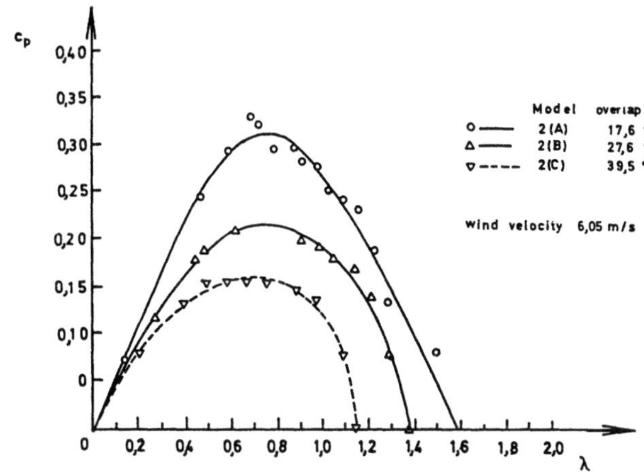

Bild 69: Leistungsbeiwert als Funktion der Schnellaufzahl bei unterschiedlichen Spaltbreiten als Parameter nach /21/

Schnellaufzahl bei totaler Abdeckung des Luftspaltes gegenüber der offenen Anordnung, was einer Abminderung des Wirkungsgrades bzw. Leistungsbeiwertes von einigen Prozenten entsprechen dürfte.

III. Wölbungsprofil der Blätter

Das Profil der verwendeten Widerstandselemente ist unter verschiedenen Gesichtspunkten von Bedeutung. Je geringer die Wölbung eines Blattes, um so weniger wird die mit der Wölbung zwangsläufig verknüpfte Abschattung des zweiten Blattes (in der bereits als günstig ermittelten Zweiblattanordnung) ausmachen. Dem entgegen steht die mit zunehmender Abflachung

unvermeidliche Annäherung der c_w-Werte von Konkav- und Konvexseite, die auf jeden Fall den Wirkungsgrad herabsetzt. Neben dem bisher angesprochenen Grad der Durchwölbung, beschrieben durch das Verhältnis der Wölbtiefe zur Blattlänge (radiale Ausdehnung), ist sicher aber auch die radiale Lage des Wölbungsmaximums von Bedeutung, da (bei gleichem Wölbungsgrad) mit zunehmendem Achsabstand des Wölbungsmaximums auch der Hauptstaupunkt und somit der Hebelarm der effektiven Windkraft nach außen wandert, was eine Erhöhung des Drehmoments zur Folge haben muß.
Orientierende Versuche an Modellen von 30 cm Höhe und Durchmesser in 2-blättriger Bauweise (/20/) haben als besonders vorteilhafte Kombination eine Wölbtiefe von 1:3, bezogen auf die radiale Blattlänge, bei einer radialen Position der maximalen Wölbung von 60 % des Blattaußenradius ergeben.

IV. Stützscheibenradius

Aus einschlägigen Versuchen wurde in /22/ ein optimaler Stützscheibendurchmesser gefunden, der mindestens dem Außendurchmesser der drehenden Rotorblätter entsprechen, jedoch nicht mehr als das 1,1-fache desselben betragen sollte. Eine untere Grenze für den Stützscheibendurchmesser wird verständlich, wenn man sich vergegenwärtigt, daß bei Unterschreiten des Blattaußendurchmessers die Abdeckung der Blattelemente in achsialer Richtung unvollständig wird, was unbedingt ein Absinken der entsprechenden c_w-Werte zur Folge haben muß. Hinsichtlich der Wirkung zu großer Scheibendurchmesser kann man die Vermutung haben, daß die zu- und abströmende Luft bei Überdimensionierung zu stark behindert wird.

V. Seitenverhältnis

Von recht komplexer Natur ist der Einfluß des geometrisch so einfachen Seitenverhältnisses. Bereits bei idealisierender Betrachtung, die von reibungsfreier Achslagerung ausgeht, muß einerseits bei zunehmendem Rotorradius mit sinkender Optimaldrehzahl gerechnet werden, was im Falle der aus Vielseitigkeitsgründen zu bevorzugenden Elektrokonversion zur Verwendung verlustbehafteter Getriebe Anlaß gibt, andererseits besteht beim Betrieb von Rotoren sehr großen Seitenverhältnisses (Achslänge zu Durchmesser) die Gefahr von Biegeresonanzschwingungen, da mit steigender Achslänge die Resonanzfrequenzen immer niedriger ausfallen, gleichzeitig aber mit abnehmendem Durchmesser die erreichbaren Drehzahlen wachsen. Die Überlegung, daß in der Realität unvermeidbare Lagerreibungsmomente zu überwinden sind, macht zusätzlich die Existenz einer sinnvollen unteren Durchmessergrenze deutlich. Berücksichtigt man nun noch, daß die für das Betriebsverhalten so wichtigen c_w-Werte - je nach Seitenverhältnis - in verschiedener Weise windgeschwindigkeitsabhängig sein können, so wird die Kompliziertheit der Zusammenhänge begreiflich.

Um die Wahl eines optimalen Seitenverhältnisses noch weiter zu erschweren, sei hier ein bislang noch nicht angesprochener Zusammenhang erwähnt, nämlich die Tatsache, daß (bei gegebener Rotorquerschnittsfläche) das Seitenverhältnis wegen der quadratischen Radienabhängigkeit großen Einfluß auf das Trägheitsmoment eines Rotors und damit auf sein Ansprechverhalten bei Windgeschwindigkeitsänderungen hat, somit also für den praktischen Freiluftbetrieb von Bedeutung ist.

Obwohl wegen der Vielfalt der Zusammenhänge noch keine ausreichende experimentelle Abklärung erfolgt ist, soll in dem der praktischen Dimensionierung von VWKn gewidmeten Abschnitt wenigstens der Versuch einer Abgrenzung vernünftiger Seitenverhältnis-Werte nach großen und kleinen Zahlen hin unternommen werden. Hier sei einstweilen nur angemerkt, daß man in praxi mit Seitenverhältnissen H/D im Bereich 1:1 bis etwa 3:1 gute Erfahrungen gemacht hat.

VI. Etagengeometrie

Grundgedanke der Mehretagenbauweise ist es, in den durch gleichabständige Befestigung von Stützscheiben entlang der Rotorachse entstehenden Stockwerken durch geeignet zu wählenden Winkelversatz der (in der 2-blättrigen Ausführung) Blattvorzugsrichtung gegenüber den benachbarten Etagen für ein gleichmäßigeres (d.h. weniger Drehwinkel-abhängiges) Antriebsmoment zu sorgen,als es naturgemäß in der einstufigen Bauweise möglich ist. Wegen der 180° -Spiegelsymmetrie der 2-Blatt-Anordnung wählt man hierzu einen Versatzwinkel $\Delta\varphi_n$, der sich bei n Etagen als Quotient $90^{o}/n-1$ ergibt; also 90° Winkelversatz für zweistufige Bauweise, 45° für dreistufige usw.

So bestechend die vorgetragene Idee auf den ersten Blick auch erscheint, es ist dennoch voreilig, daraus den Schluß ziehen zu wollen, daß man den Savonius-Rotor um der Gleichmäßigkeit des Drehmoments willen aus möglichst vielen Stufen aufbauen müsse. Verantwortlich für eine Limitierung der Etagenzahl nach oben sind hauptsächlich zwei Nachteile, deren Einfluß mit wachsender Stufenzahl steigt:

1. Die Zahl der in erster Näherung aerodynamisch unwirksamen Stützscheiben erhöht sich mit der Etagenzahl und vermehrt unnötigerweise das Rotorgewicht und mit ihm die Lagerbelastung

2. Dem als Konsequenz hieraus sich anbietenden Ziel, einen Rotor mit möglichst großem (aus der aerodynamischen Effizienz und der Formstabilität der Flügelprofile) Stützscheibenabstand - bei entsprechender Gesamthöhe - aus vielen Etagen zu bauen, stellt sich das Problem der mit zunehmendem Lagerabstand (und steigender Masse) sinkenden Biegeresonanzfrequenz in den Weg

Als Kompromiß aus den einander widersprechenden Forderungen bietet sich an, einen Savonius-Rotor grundsätzlich aus möglichst wenig Etagen - jedoch wegen der wesentlich geringeren Richtungsabhängigkeit des Anlaufdrehmoments mindestens zweistufig - zu bauen. Die Höhe der einzelnen Etagen und damit auch die Rotorgesamthöhe ergibt sich dann aus der achsialen Blattlänge, die sich ihrerseits nach der aerodynamischen Effizienz (c_W-Daten) und Biegesteifigkeit richtet, wobei die Rotorgesamthöhe allerdings auf die mit dem Lagerabstand verknüpfte Biegeresonanzfrequenz Rücksicht zu nehmen hat. Tatsächlich haben computergestützte Berechnungen an der Fachhochschule Wiesbaden (die in Ermangelung experimenteller

Daten zur Blattlängenabhängigkeit der c_w-Werte für konstante c_w-Werte erstellt wurden) gezeigt (/23/), daß im Falle der nach /20/ als annähernd optimal gefundenen Blattprofilierung und zugrundegelegter Rotordurchmesser von 1,5 und 2,0 m die maximale Etagenzahl nicht über drei und die Rotorgesamthöhe nicht mehr als drei Meter betragen sollte, um Biegeresonanzen mit Sicherheit zu vermeiden. Dies entspricht Seitenverhältnissen von maximal 1,5:1 .
Schließlich spricht für eine Begrenzung der Stufenzahl auch die zeitliche Ungleichmäßigkeit des natürlichen Windes, die allein durch Richtungsunabhängigkeit des Antriebsmoments nicht kompensiert werden kann.

VII. Verstrebungselemente

Zu diesem Thema genügen zwei Anmerkungen grundsätzlicher Natur:

1. Angesichts der Tatsache, daß Verstrebungen die durch die aerodynamisch wirksamen Konversionselemente zielgerichtet beeinflußte Strömung stören, ist ihre Anzahl in jedem Falle auf ein Minimum zu beschränken.

2. Bei einer aus Stabilitätsgründen unvermeidlichen Verwendung von (aerodynamisch nutzlosen) Stützelementen ist grundsätzlich deren Ausrichtung in der Horizontalen - also parallel zur bevorzugten Durchströmungsebene des Rotors - anzustreben, da so eine geringere Störung als bei vertikaler Orientierung verursacht wird.

VIII. Trägheitsmoment

Ein bislang wenig beachtetes Problem scheint der Einfluß des Trägheitsmomentes auf das Betriebsverhalten des Savonius-Rotors zu sein. Einer der Gründe hierfür ist darin zu sehen, daß aufgrund der Böigkeit des natürlichen Windes eine genaue Vermessung der Rotorkennlinie nur im Windkanal vorgenommen werden kann, wobei das Problem der Rotoreigenschaften im instationären Betrieb umgangen wird.

Für den realen Freiluftbetrieb eines Rotors dürfte jedoch die durch Trägheitsmoment, Lagerreibung und Antriebsmoment beeinflußte Einstellzeit auch für die Leistungsausbeute von Bedeutung sein. Bei Konvertern mittlerer und hoher Leistung, die überwiegend der Erzeugung elektrischer Energie gewidmet sind, macht man dankbar von der drehzahlstabilisierenden (und damit die Regelproblematik bei statistischem Windaufkommen vereinfachenden) ausgleichenden Wirkung des unvermeidbar großen Trägheitsmoments Gebrauch; vom Standpunkt einer Optimierung der Nutzleistung scheint die Wahl eines großen Trägheitsmoments jedoch nicht sinnvoll zu sein, wie eine kleine Überlegung zeigen soll.

Im instationären Betrieb - etwa bei einer plötzlichen Steigerung der Windgeschwindigkeit (und damit des Windleistungsangebots P_w) - besagt die Leistungsbilanz, daß die vom Rotor umgewandelte Leistung $\eta \cdot P_w$ teils als Nutzleistung P_N, teils als Leistung gegen die Achslagerreibung P_R, und schließlich als Beschleunigungsleistung P_T gegen das Trägheitsdrehmoment $M_T = J \cdot \omega$ verwendet wird.

(4-266) $$\eta \cdot P_w = P_N + P_R + P_T$$

Unterstellen wir viskose Lagerreibungsverluste mit dem Ansatz $P_R = k_1 \omega^2$ und berücksichtigen wir, daß der Wirkungsgrad η eine Funktion der Schnellaufzahl λ ist, so liefert die Umstellung nach der Nutzleistung

(4-267) $$P_N = \eta(\lambda) \cdot P_w - k_1 \omega^2 - J \cdot \omega \cdot \dot{\omega}$$

Wurde der Rotor vor dem Anstieg der Windgeschwindigkeit v_1 stationär bei maximalem Wirkungsgrad η_{max} (bzw. bei maximalem Leistungsbeiwert c_{pmax}) betrieben, so ist dies nach dem Anstieg so lange nicht der Fall, wie die Schnellaufzahl nicht mit der veränderten optimalen Schnellaufzahl λ'_{opt} übereinstimmt. Die während der Anpassungsdauer der momentanen an die optimale Schnellaufzahl auftretende Beschleunigungsleistung $P_T = J \cdot \omega \cdot \dot{\omega}$ ist unabhängig vom Trägheitsmoment J, da die Winkelbeschleunigung $\dot{\omega}$ umgekehrt proportional zum Trägheitsmoment anzusetzen ist; für die während der Anpassungsphase insgesamt in kinetische Rotationsenergie umgesetzte integrale Leistung $\frac{1}{2}J\omega^2$ gilt dies jedoch nicht mehr. Das oft vertretene Argument, daß die bei größerem Trägheitsmoment in der Beschleunigungsphase vermehrt (und ungenutzte) gespeicherte Energie in einem anschließenden Intervall verminderter Windleistung wieder gewonnen werden könne, ist aus zwei Gründen nicht stichhaltig:

1. So lange die momentane Schnellaufzahl nicht mit der auf die neue Windgeschwindigkeit bezogenen optimalen übereinstimmt, geht ein Energiebetrag verloren, der (bei ausreichend lang vorausgesetzter Dauer der höheren Windgeschwindigkeit) um so höher ausfällt, je länger die Anpassungszeit währt, d.h. je größer das Trägheitsmoment ist.

2. Bei mit zunehmendem Trägheitsmoment wachsender Einstellzeit bis zum Erreichen der veränderten Optimalbedingungen steigt die Gefahr, daß im Falle zeitlich begrenzter Windleistungserhöhung (kurzzeitige, starke Windböen) der Betriebszustand maximalen Wirkungsgrades nicht mehr realisiert werden kann.

Beide Argumente führen - sofern man den Windenergiekonverter zunächst einmal als Primärwandler für sich allein betrachtet - zu der Konsequenz, daß dieser Wandler im Prinzip ein möglichst kleines Trägheitsmoment haben sollte, um sich den veränderlichen Windbedingungen möglichst rasch optimal anpassen zu können. Die in praxi gewöhnlich erhobene Forderung nach einem großen, oder jedenfalls nach einem Mindest-Trägheitsmoment, resultiert ausschließlich aus der Eigenschaft der i.a. verwendeten Sekundärwandler, nur bei einer (bauartbedingten) Drehzahl mit optimalem Wirkungsgrad zu arbeiten, was sich natürlich am einfachsten durch einen möglichst guten Gleichlauf erreichen läßt. Während für Großkonverter die obigen Überlegungen irrelevant sind, könnte es sich in Bezug auf Kleinkonverter lohnen, nach Möglichkeiten zu suchen, die es gestatten, durch geeignete Maßnahmen auf Sekundärwandlerseite den Forderungen nach Effizienzverbesserung des Primärwandlers (Windkonverters) durch kleines Trägheitsmoment besser Rechnung zu tragen. Am sinnvollsten erscheinen solche Maßnahmen, die dazu beitragen, den Wirkungsgrad des Sekundärwandlers möglichst drehzahlunabhängig zu machen; weniger aussichtsreich - doch überdenkenswert - könnten Versuche sein, die Drehzahlcharakteristik des Sekundärwandlers anzupassen oder eine sehr schnelle variable Drehzahlübersetzung (Getriebe) zu entwickeln.

C) Experimentell ermittelte Leistungskennlinien

Eine Sichtung der bislang zum Thema Savonius-Rotor publizierten Literatur zeigt nicht unbeträchtliche Abweichungen der Leistungsdaten, wie sich allein schon aus einem Vergleich der Hauptbetriebskennzahlen ergibt. So streuen die experimentellen Werte für die optimale Schnellaufzahl zwischen etwa 0,55 und 0,8, für die maximale Schnellaufzahl zwischen ca. 1,3 und 1,8. Als maximaler Leistungsbeiwert gibt eine Reihe von Autoren den Bereich 18 % bis 25 % an, andere berichten von etwa 30 % bis 35 %. Zu den Ursachen für eine derartige Streubreite zählen - neben den ohnehin unvermeidlichen Meßfehlern - sicherlich aerodynamisch wie auch lagerreibungsbedingte Bauartunterschiede. Ein ganz wesentlicher Beitrag ist aber auch den äußeren Prüfbedingungen zuzurechnen. Während die unter besonders realistischen Bedingungen im Freiluftversuch ermittelten Daten aufgrund der unvermeidlichen Rotorträgheit stets dem instationären Betrieb zuzuordnen sind und somit im Trend bei großem Streupegel zu niedrig liegen, gilt für Untersuchungsergebnisse aus dem Windkanal, daß sie bei guter Reproduzierbarkeit oft mit starken systematischen Fehlern behaftet sind. Ursache für diese Verfälschung der Rotorleistungskennlinien ist die Rückwirkung des Rotors auf die Windkanalströmung selbst, die um so stärker beeinflußt wird, je größer der Rotorquerschnitt in Relation zum Windkanalquerschnitt (im Englischen: blockage ratio) ausfällt. Der starke Einfluß des Querschnittsverhältnisses wird - auch ohne auf die Veränderung des Strömungsprofils näher einzugehen - deutlich, wenn man bedenkt, daß bereits ein Flächenverhältnis von 1/10 nach Bernoulli zu einer Erhöhung der Strömungsgeschwindig-

keit um 10 % Anlaß gibt, was wegen der Abhängigkeit der Rotorleistung von der dritten Potenz der Strömungsgeschwindigkeit zu einer Steigerung des Wirkungsgrades um 30 % führt. Bereits bei einem "blockage ratio" von 2/10 würden sich ohne Korrektur fast doppelt so hohe Leistungsbeiwerte ergeben. Leider wird in den meisten Veröffentlichungen auf das Korrekturproblem nicht eingegangen, was Alexander /24/ zu einer kritischen Arbeit zu diesem Thema veranlaßt hat, in der detaillierter, und durch eigene experimentelle Untersuchungen gestützt, auf die Größe dieser Korrektur anhand einiger Publikationsbeispiele eingegangen wird.
Wenn man nun unter den erläuterten Gesichtspunkten Veröffentlichungen mit Leistungskenndaten zum Savoniusrotor kritisch sichtet, so gewinnt man den Eindruck, daß die wahrscheinlichsten Daten für einen Savoniusrotor (mit Luftspalt) durch eine maximale Schnellaufzahl zwischen etwa 1,5 und 1,6 sowie einen maximalen Leistungsbeiwert von ungefähr 20 % repräsentiert werden:

In einer wegen ihrer Sorgfalt und Umsicht viel zitierten Arbeit von G. Bach /18/ wurden Leistungsbeiwerte von maximal 24 % und maximale Schnellaufzahlen von etwas über 1,6 erzielt. Da es Bach seinerzeit nur auf Vergleiche verschiedener Rotorgeometrien angekommen war und somit keine Korrekturen vorgenommen wurden, liegen diese Werte sicherlich zu hoch. Bei vorsichtiger Abschätzung nach den der Arbeit entnommenen Querschnittsverhältnissen (Fotos) würde sich eine geschätzte Korrektur des maximalen Leistungsbeiwertes von überschlägig - 30 % des genannten Wertes ergeben, so daß der reale Wert noch etwas unter 20 % gelegen haben dürfte.

Eine eher zur Abschätzung der unteren Grenzdaten geeignete Arbeit über Freiluftuntersuchungen an einem einstufigen Savoniusrotor von Grotmaak /25/ berichtet über einen maximalen Leistungsbeiwert von etwa 18 % und maximale Schnellaufzahlen von bis zu 1,45 (Bild 70).
Hält man dagegen, daß nach den Betzschen Abschätzungen (3-8) und im Falle des bislang günstigsten, an realen Widerstandselementen beobachteten c_w-Werts von 4/3, der maximale Wir-

kungsgrad sich zu rund 19,8 % errechnet, so liegt es nahe, die 20 % - Grenze zumindest bei reinem Widerstandsantrieb als (nur bei reibungsfreier Lagerung) erreichbares Limit anzusehen. Hier liegt allerdings noch ein Problem, da keine einschlägigen Untersuchungen bekannt geworden sind, aus denen mit Sicherheit auf eine Beteiligung von Auftriebseffekten (aufgrund der zum Teil tragflügelähnlich nach außen gewölbten Profile) geschlossen oder eine solche verneint werden könnte.

Die bisher hierzu verlautbarte Meinung, daß allein aus dem Überschreiten der Schnellaufzahl eins auf die Existenz von Auftriebseffekten zu schließen sei, wird sich im Verlaufe unsrer weiteren Betrachtungen als nicht schlüssig erweisen.

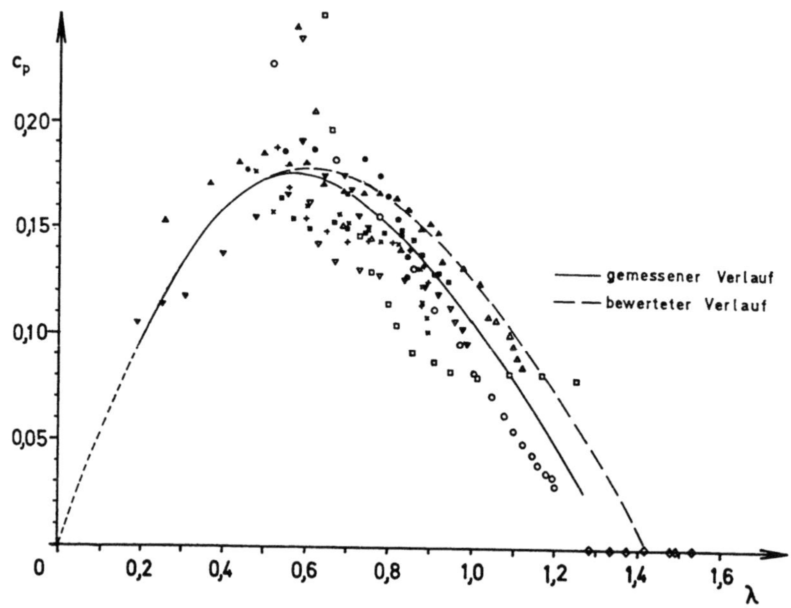

Bild 70: Normierte Leistungskennlinien-Daten aus Freiluft-Messungen nach /25/

Nach den vorigen Überlegungen, die durch eine Reihe von Meßergebnissen im Rahmen von Diplomarbeiten an der FH Wiesbaden gestützt werden (/26/, /27/, /28/), liegen die Leistungsdaten von Savonius-Rotoren i.a. deutlich unter der 20 %-Marke, was sich auf Lagerreibungsverluste zurückführen läßt; Abweichungen zu höheren Leistungen hin, die sich nicht auf Bernoullische Geschwindigkeitsüberhöhungen im Windkanal zurückführen ließen und so Hinweise auf zusätzliche Auftriebseffekte gegeben hätten, konnten nicht festgestellt werden. Wenngleich sie damit nicht ganz ausgeschlossen werden können, so muß ihr Einfluß doch als klein gegenüber demjenigen durch Lagerreibung und Windkanalkorrektur eingeschätzt werden. Berichte über Leistungsbeiwerte zwischen 30 % und 35 % (/19/, /21/) müssen wahrscheinlich mangelnden Windkanalkorrekturen angelastet werden.

Vergleichen wir zum Schluß noch die veröffentlichten Daten von Savonius-Rotoren mit jenen unsrer Rechnung für gleichförmiges Anströmprofil, so läßt sich eine recht beachtliche Diskrepanz gegenüber den Meßdaten erkennen. Erst für ein (in der Realität noch nicht beobachtetes) c_w-Verhältnis von $\varkappa = 10$, aber auch nur bei abgeschirmter Betriebsweise, wird eine maximale Schnellaufzahl $\lambda > 1$ errechnet. Der maximale Wirkungsgrad erreicht - ebenfalls für abgeschirmten Betrieb - Werte von 6,40 % bei 3-blättriger Geometrie, und nur 4,75 % in der 2-blättrigen Ausführung (Tab. 13), das sind Daten, die offenbar weit hinter der Realität zurückbleiben.

Bevor wir uns mit Überlegungen bzw. modifizierten Rechenansätzen befassen, die eine Annäherung an die praktische Erfahrung bringen sollen, wollen wir uns im nächsten Abschnitt mit der Frage beschäftigen, ob denn das für einen rotierenden Widerstandskonverter verblüffende (und nicht so recht glaubhafte) Resultat, daß die maximale Schnellaufzahl > 1 werden kann, energetisch denn überhaupt haltbar ist. Diese Frage stellt sich - wie schon einmal erläutert - deshalb, weil wegen der quadratischen Geschwindigkeitsabhängigkeit des Staudrucks bzw. der Widerstandskraft ein Vorzeichenwechsel (Richtungswechsel) der Relativgeschwindigkeit des Windes gegenüber dem Blatt keine automatische Richtungskorrektur der Widerstandskraft bewirkt.

4.4.2.3 Überprüfung der Leistungsbilanz für Schnellaufzahlen ≥ 1 (Schnellaufkorrektur)

A) Abgrenzung des kritischen Winkelbereichs

Um die Rechnungen nicht zu unübersichtlich in Relation zur Bedeutung des Ergebnisses werden zu lassen, beschränken wir uns im folgenden auf die 2-blättrige Rotorbauart, bei der Abschattungseffekte unberücksichtigt bleiben.

Der Umstand, daß die Bahngeschwindigkeit eines Blattelements $u_{\parallel}$ parallel zur Windgeschwindigkeit $\vec{v}_1$ nicht nur vom Achsabstand r dieses Elements, sondern auch von der Winkelstellung φ abhängt (letztere wieder bezogen auf die Querstellung zum Wind), bedingt, daß die durch Druckumkehr hervorgerufene Verlustleistung in der Gleichlaufphase lediglich in einem kritischen Winkelbereich, und dort auch nur in einer mit der Winkelstellung und der Schnellaufzahl variierenden Randzone auftritt. Die Abgrenzung dieser äußeren Verlustzone nach innen erfolgt durch die Ungleichung $u_{\parallel}/v_1 \geq 1$.

Berücksichtigt man, daß

$$\frac{u_{\parallel}}{v_1} = \frac{u \cdot \cos\varphi}{v_1} = \frac{u}{u_{max}} \cdot \frac{u_{max}}{v_1} \cdot \cos\varphi = \frac{r}{R} \cdot \lambda \cdot \cos\varphi = x \cdot \lambda \cdot \cos\varphi$$

ist, so läßt sich die als Abgrenzungsbedingung nützliche Ungleichung in die Form bringen

$$(4\text{-}268) \qquad x \cdot \lambda \cdot \cos\varphi \geq 1$$

Diese Beziehung läßt sich unter verschiedenen Gesichtspunkten anwenden. Sofern z.B. das Produkt $\lambda \cdot \cos\varphi \geq 1$ ist, kann man feststellen, daß die relativen Achsabstände aller Blattelemente, die von der Staudruckumkehr betroffen sind, die Ungleichung $x \geq 1/\lambda \cos\varphi$ erfüllen müssen. Für den von uns verfolgten Zweck, die durch die Druckumkehr verursachte zusätzliche Verlustleitung in der Gleichlaufphase zu berechnen, ist dagegen eine andere Betrachtung hilfreicher:

Gleichung (4-268) besagt nämlich, daß die Druckumkehr zuerst an der Peripherie ($x = 1$) einsetzt, (was ja auch anschaulich ohnehin einsichtig ist) da diese Blattelemente die größte Eigengeschwindigkeit aufweisen. Somit wird der kritische Winkelbereich, in dem die Druckumkehr überhaupt nur stattfindet, durch die Ungleichung $\cos\varphi \geq 1/\lambda$ festgelegt, woraus sich der Grenzwinkel λ_{gr} zu

(4-269) $\varphi_{gr} = \pm \arc\cos 1/\lambda$ errechnet.

Um einen Überblick über die fraglichen Winkelintervalle bei verschiedenen Schnellaufzahlen zu bekommen, ist in Tabelle 14 der kritische Grenzwinkel für verschiedene Schnellaufzahlen zwischen 1 und 2 aufgelistet.

λ	$1/\lambda$	φ^{o}_{gr}	$\Delta\varphi^{o}_{krit}$
1,1	0,9091	24,6200	49,2
1,2	0,8333	33,5573	67,1
1,3	0,7692	39,7151	79,4
1,4	0,7143	44,4153	88,8
1,5	0,6667	48,1897	96,4
1,6	0,6250	51,3178	102,6
1,7	0,5882	53,9681	107,9
1,8	0,5556	56,2510	112,5
1,9	0,5263	58,2431	116,5
2	0,5000	60,0000	120,0

Tabelle 14: Abhängigkeit des bezüglich Druckumkehr kritischen Winkelintervalls und seines Grenzwinkels von der Schnellaufzahl

Für die Berechnung der im kritischen Winkelbereich am Rotorblatt umgesetzten Leistung ist nun zu beachten, daß für Blattelemente im Bereich $0 \leq x \leq x^{*} = 1/\lambda \cdot \cos\varphi$ nach wie vor ein Leistungsgewinn zu verzeichnen ist, während die Blattelemente der äußeren Zone, für die $x^{*} \leq x \leq 1$ gilt, jene Verlustleistung produzieren, die zu der beabsichtigten Korrektur Anlaß gibt.

Weiterhin sei die nachfolgende Leistungsbetrachtung auf den abgeschirmten Rotor beschränkt, da dieser wegen seiner geringeren Verluste in der Gegenlaufphase stärker von Verlusten in der Gleichlaufphase betroffen wird, als es beim unabgeschirmten Rotor der Fall ist.

Nach dieser einschränkenden Bedingung lassen sich insgesamt 4 Umlaufphasen des einzelnen Blattes bei der Leistungsberechnung unterscheiden:

Phase I : 1. (verlustfreie) Antriebsphase im Winkelbereich $-90^{\circ} \leq \varphi \leq -\varphi_{gr}$

Phase II : 2. (verlustbehaftete) Antriebsphase im Winkelbereich $-\varphi_{gr} \leq \varphi \leq +\varphi_{gr}$

Phase III : 3. (verlustfreie) Antriebsphase im Winkelbereich $+\varphi_{gr} \leq \varphi \leq +90^{\circ}$

Phase IV : Hauptverlustphase im abgeschirmten Betrieb Winkelbereich $+90^{\circ} \leq \varphi \leq +270^{\circ}$

Die bei der Neuberechnung der Blatt- bzw. Rotorleistung auftretende Korrektur gegenüber den früheren Rechnungen ist somit allein in Phase II zu berücksichtigen, doch muß leider - wegen der geänderten Winkelbereiche - auch die mittlere Leistung in den korrekturfreien Winkelzonen neu kalkuliert werden.

B) Berechnung der korrigierten Rotorleistung

In Anbetracht der Tabelle 13 wiedergegebenen Resultate, wonach die maximale Schnellaufzahl bei gleichförmig vorausgesetztem Anströmprofil erst im Falle extrem hoher c_w-Verhältnisse ($\varkappa = 10$) bis in den Bereich knapp unter 1,3 vorstößt, mag es genügen, die nachfolgenden Leistungsberechnungen mit Korrektur bezüglich der Druckumkehr (wir wollen sie im folgenden Schnellaufkorrektur nennen) auf den Bereich zwischen $\lambda = 1$ und $\lambda = 1,3$ zu begrenzen. Da es uns lediglich darauf ankommt, die Größenordnung der Leistungseinbuße festzustellen, wollen wir es damit bewenden lassen, die Rechnung für drei konkrete Fälle, nämlich die Schnellaufzahlen 1,1, 1,2 und 1,3, durchzuführen.

a) Korrektur für $\lambda = 1,3$

Phase I: Winkelbereich $-90^\circ \leq \varphi \leq -\varphi_{gr} = -39,7151^\circ$

Der Leistungsansatz ist mit jenem für das Anemometer mit zylindersymmetrischen Blattelementen identisch, wenn man berücksichtigt, daß hier der relative Innenradius $x_1 = 0$ zu setzen ist. Die momentane Blattgesamtleistung $P_I(\varphi)$ läßt sich also direkt aus (4-133) und (4-135) gewinnen.

$$P_I(\varphi) = K_+ \left[\frac{\lambda}{2} \cos^2\varphi - \frac{2}{3} \lambda^2 \cos^3\varphi + \frac{1}{4} \lambda^3 \cos^4\varphi \right]$$

Der integrale Mittelwert der Leistung in Phase I errechnet sich zu

$$\bar{P}_I = K_+ \frac{1}{\Delta\varphi_I} \int_{-90^\circ}^{-39,7151^\circ} \left[\frac{\lambda}{2} \cos^2\varphi - \frac{2}{3} \lambda^2 \cos^3\varphi + \frac{1}{4} \lambda^3 \cos^4\varphi \right] d\varphi$$

$$= K_+ \left(0,10995\,\lambda - 0,0871\,\lambda^2 + 0,0205\,\lambda^3\right)$$

$$= 0,0408 \cdot K_+$$

Phase II: Winkelbereich $-39,7151^\circ = -\varphi_{gr} \leq \varphi \leq + \varphi_{gr} = +39,7151^\circ$

Die am Blatt umgesetzte mittlere Leistung in dieser Umlaufphase $\bar{P}_{II}$ läßt sich zusammengesetzt denken aus dem Leistungsgewinn $\bar{P}_{II_1}$ der innerhalb der kritischen Grenze x^* (und damit von der Druckumkehr nicht betroffenen) verbleibenden Blattelemente und dem Leistungsverlust $-\bar{P}_{II_2}$ der außerhalb der kritischen Grenze x^* bewegten Blattelemente, an denen der Staudruck bremsend angreift.

Wir setzen also $\bar{P}_{II} = \bar{P}_{II_1} - \bar{P}_{II_2}$ und berechnen zunächst diese beiden Leistungsanteile.

Für die gewonnene Leistung gilt nur noch der differentielle Leistungsansatz analog zum Anemometer mit zylindersymmetrischen Blattelementen ($x_1 = 0$), nicht jedoch der für die Blattgesamtleistung seinerzeit aufgestellte Ausdruck, da in unsrem Falle nur die Blattelemente innerhalb der kritischen Grenze x^* einen positiven Beitrag leisten. Der aus (4-131) übernommene Differentialansatz lautet

$$dP_{II_1} = K_+(1 - \lambda x \cos\varphi)^2 \lambda x \cos^2\varphi \, dx$$

Die Momentanleistung der im unterkritischen Schnellaufzahlbereich $\lambda \leq 1$ arbeitenden Blattelemente ergibt sich durch Integration über x von $x = 0$ bis $x = x^* = 1/\lambda\cos\varphi$.

$$P_{II_1} = K_+ \int_0^{*} (1 - \lambda x \cos\varphi)^2 \lambda x \cos^2\varphi \, dx$$

$$= K_+\left(\frac{1}{2\lambda} - \frac{2}{3\lambda} + \frac{1}{4\lambda}\right)$$

$$= 0{,}0641 \cdot K_+ = \bar{P}_{II_1}$$

Da der erhaltene Ausdruck nicht mehr von der Winkelstellung φ abhängt, stimmt er mit dem Mittelwert über den Winkelbereich $\Delta\varphi_{II}$ überein.

Der entsprechende Differentialansatz für die im überkritischen Schnellaufzahlbereich arbeitenden Blattelemente lautet:

$$dP_{II_2} = K_- \cdot (1 - \lambda x \cos\varphi)^2 \lambda x \cos^2\varphi \, dx$$

Die momentane Gesamtleistung P_{II_2} der überkritisch laufenden Randzonenelemente ergibt sich durch Integration über x von $x = x^* = 1/\lambda\cos\varphi$ bis $x = 1$.

$$P_{II_2} = K_- \int_{x^*}^{1} (1 - \lambda x \cos\varphi)^2 \lambda x \cos^2\varphi \, dx$$

$$= K_- \left[\frac{\lambda}{2}\cos^2\varphi - \frac{2}{3}\lambda^2\cos^3\varphi + \frac{1}{4}\lambda^3\cos^4\varphi - \frac{1}{12\lambda} \right]$$

Aus den beiden Leistungstermen P_{II_1} und P_{II_2} gewinnt man als integralen Mittelwert über den Winkelbereich von $\varphi = -39{,}7151^\circ$ bis $\varphi = +39{,}7151^\circ$

$$\bar{P}_{II} = \frac{1}{2\varphi_{gr}} \int_{-\varphi_{gr}}^{+\varphi_{gr}} (P_{II_1} - P_{II_2}) d\varphi$$

$$= \frac{K_+ + K_-}{12\lambda} - 0{,}7213 \cdot K_-(0{,}5923\lambda - 0{,}7360\lambda^2 + 0{,}2585\lambda^3)$$

$$= 0{,}0641 \cdot K_+ - 0{,}0038 \cdot K_-$$

<u>Phase III:</u> Winkelbereich $+39{,}7151^\circ \leq \varphi \leq +90^\circ$

Die mittlere Blattleistung stimmt exakt mit jener aus Phase I überein:

$$\bar{P}_{III} = 0{,}0408 \cdot K_+$$

<u>Phase IV:</u> Winkelbereich $+90^\circ \leq \varphi \leq +270^\circ$

Die in dieser Phase auftretende Verlustleistung wurde bereits früher für das Anemometer (mit zylindersymmetrischen Blattelementen für $x_1 = 0$) berechnet und beträgt

$$P_{IV} = \frac{1}{4}\lambda^3 K_- = 0{,}5493 \cdot K_- = \bar{P}_{IV}$$

Die mittlere Umlaufleistung eines Blattes ergibt sich nun als über die einzelnen Winkelbereiche der 4 Phasen gewichteter Mittelwert:

$$\bar{P}_{Bl} = \frac{90 - 39{,}7151}{360} \cdot \bar{P}_I + \frac{2 \cdot 39{,}7151}{360} \cdot \bar{P}_{II} + \frac{90 - 39{,}7151}{360} \cdot \bar{P}_{III} - \frac{180}{360} \cdot \bar{P}_{IV}$$

$$= 0{,}1397 \cdot \bar{P}_I + 0{,}2206 \cdot \bar{P}_{II} + 0{,}1397 \cdot \bar{P}_{III} - 0{,}5000 \cdot \bar{P}_{IV}$$

$$= 0{,}0255 \cdot K_+ - 0{,}2755 \cdot K_-$$

Für einen 2-blättrigen Rotor gilt

$$\bar{P}_{R,2\text{-}Bl} = 2 \cdot \bar{P}_{Bl} = 0{,}0510 \cdot K_+ - 0{,}5510 \cdot K_-$$

Dividiert man diesen Ausdruck durch $P_W = \frac{\rho_L}{2} v_1^3 \cdot 2H \cdot R$, so bekommt man als mittleren Rotorwirkungsgrad für $\lambda = 1{,}3$

$$\bar{\eta}_{R,2\text{-}Bl} = c_{W-}(0{,}0255 \cdot \varkappa - 0{,}2755)$$

b) Korrektur für $\lambda = 1{,}2$

Die Rechnungen werden ganz analog zum vorigen Beispiel, jedoch - wegen der geänderten Schnellaufzahl - für einen anderen Grenzwinkel und dementsprechend andere Winkelintervalle durchgeführt.

Phase I: Winkelbereich $-90^\circ \leq \varphi \leq -\varphi_{gr} = -33{,}5573^\circ$

$$\bar{P}_I = K_+ \cdot \frac{1}{\Delta\varphi_I} \int_{-90^\circ}^{-33{,}5573^\circ} \left(\frac{\lambda}{2} \cos^2\varphi - \frac{2}{3} \lambda^2 \cos^3\varphi + \frac{1}{4} \lambda^3 \cos^4\varphi \right) d\varphi$$

$$= 0{,}0450 \cdot K_+$$

Phase II: Winkelbereich $-33{,}5573^{o} \leqq \varphi \leqq +33{,}5573^{o}$

Leistung der inneren (mit unterkritischer Schnellaufzahl bewegten Blattzone:

$$P_{II_1} = K_+ \cdot \int_0^{x^*} (1 - \lambda\, x\cos\varphi)^2\, \lambda\, x\cos^2\varphi\, dx$$

$$= \frac{1}{12\lambda} \cdot K_+$$

$$= 0{,}0694 \cdot K_+ = \bar{P}_{II_1}$$

Verlustleistung der äußeren (mit überkritischer Schnellaufzahl bewegten) Blattzone:

$$P_{II_2} = K_- \int_{x^*}^{1} (\lambda\, x\cos\varphi - 1)^2\, \lambda\, x\cos\varphi\, dx$$

$$= K_- \cdot \left[\frac{1}{4}\lambda^3\cos^4\varphi - \frac{2}{3}\lambda^2\cos^3\varphi + \frac{\lambda}{2}\cos^2\varphi - \frac{1}{12\lambda}\right]$$

Mittlere Blattgesamtleistung in der Umlaufphase II:

$$\bar{P}_{II} = \frac{1}{\Delta\varphi_{gr}} \int_{-\varphi_{gr}}^{+\varphi_{gr}} (P_{II_1} - P_{II_2})\, d\varphi$$

$$= \frac{1}{12\lambda}(K_+ + K_-) - (0{,}4467\lambda - 0{,}5651\lambda^2 + 0{,}2016\lambda^3) \cdot K_-$$

$$= 0{,}0694 \cdot K_+ - 0{,}0013 \cdot K_-$$

Phase III: Winkelbereich $+33{,}5573^\circ \leq \varphi \leq +90^\circ$

Die Leistung ist mit jener aus Phase I identisch und beträgt

$$\bar{P}_{III} = 0{,}0450 \cdot K_+$$

Phase IV: Winkelbereich $90^\circ \leq \varphi \leq 270^\circ$

Die Leistung berechnet sich nach dem bereits für $\lambda = 1{,}3$ bestimmten Ausdruck

$$\bar{P}_{IV} = K_- \cdot \frac{\lambda^3}{4}$$, aus dem sich jedoch hier wegen $\lambda = 1{,}2$

ein Betrag von $P_{IV} = 0{,}4320 . K_- = \bar{P}_{IV}$ ergibt.
Die gesuchte mittlere Gesamtleistung des ganzen Blattes entspricht wiederum dem über die Winkelintervalle gewichteten Leistungsmittelwert der in den Intervallen erbrachten Leistungen:

$$\bar{P}_{Bl} = 2 \cdot \frac{90 - 33{,}5573}{360} \cdot \bar{P}_I + \frac{2 \cdot 33{,}5573}{360} \cdot \bar{P}_{II} - \frac{180}{360} \cdot \bar{P}_{IV}$$

$$= 0{,}3136 \cdot \bar{P}_I + 0{,}1864 \cdot \bar{P}_{II} - 0{,}5000 \cdot \bar{P}_{IV}$$

$$= 0{,}0270 \cdot K_+ - 0{,}2162 \cdot K_-$$

Multiplikation mit zwei und Division durch das Windleistungsangebot führt zum mittleren technischen Wirkungsgrad des 2-blättrigen Rotors für $\lambda = 1{,}2$:

$$\bar{\eta}_{R,2\text{-}Bl} = c_{w-}(0{,}0270\varkappa - 0{,}2162)$$

c) Korrektur für $\lambda = 1{,}1$

Im Hinblick auf die Analogie der Rechnung zu den vorangegangenen Korrekturen können wir uns hier auf eine kurze Zusammenstellung der Ergebnisse beschränken:

Phase I: Winkelbereich $-90^\circ \leq \varphi \leq -24,6200^\circ$

$$\bar{P}_I = 0,0504 \cdot K_+$$

Phase II: Winkelbereich $-24,62^\circ \leq \varphi \leq +24,62^\circ$

$$\bar{P}_{II} = 0,0758 \cdot K_+ - 0,0001 \cdot K_-$$

Phase III: Winkelbereich $+24,62^\circ \leq \varphi \leq +90^\circ$

$$\bar{P}_{III} = \bar{P}_I = 0,0504 \cdot K_+$$

Phase IV: Winkelbereich $+90^\circ \leq \varphi \leq +270^\circ$

$$\bar{P}_{IV} = 0,3328 \cdot K_-$$

Mittlere Umlaufleistung eines Blattes:

$$\bar{P}_{Bl} = \frac{90 - 24,62}{360} \cdot 2\bar{P}_I + \frac{2 \cdot 24,62}{360} \cdot \bar{P}_{II} - \frac{180}{360} \cdot \bar{P}_{IV}$$

$$= 0,3632 \cdot \bar{P}_I + 0,1368 \cdot \bar{P}_{II} - 0,5000 \cdot \bar{P}_{IV}$$

$$= 0,0287 \cdot K_+ - 0,1664 \cdot K_-$$

Mittlerer technischer Wirkungsgrad des 2-blättrigen Rotors bei $\lambda = 1,1$:

$$\bar{\eta}_{R,2-Bl} = c_{w-}(0,0287\varkappa - 0,1664)$$

d) Einfluß der Schnellaufkorrektur auf den Wirkungsgrad

Um sich die Größe der durch Staudruckumkehr verursachten Wirkungsgradverminderung zu verdeutlichen, seien im folgenden die Daten eines abgeschirmten 2-blättrigen Rotors, dessen Widerstandselemente vom Typ II ($\varkappa = 10$, $c_{w-} = 0,15$) sein mögen, einmal mit und einmal ohne Berücksichtigung der Schnelllaufkorrektur, einander gegenübergestellt. Man erkennt, daß die Korrektur im betrachteten Bereich vernachlässigt werden kann. Dies gilt dann erst recht für nicht abgeschirmte Rotoren und solche mit schlechteren c_w-Werten bzw. $\varkappa$ -Daten.

λ	$\bar{\eta}$ /%	$\bar{\eta}_{korr}$/%
0,10	$1,6_7$	-----
0,20	$2,9_7$	-----
0,30	3,8	-----
0,40	$4,4_3$	-----
0,50	$4,7_1$	-----
0,52	$4,7_5$	-----
0,60	$4,7_2$	-----
0,70	$4,49_5$	-----
0,80	$4,0_6$	-----
0,90	$3,4_5$	-----
1,00	$2,6_9$	-----
1,10	$1,81_1$	$1,80_9$
1,20	$0,85_2$	$0,80_7$
1,30	$(-0,16_0)$	$(-0,30_8)$

Tabelle 15: Wirkungsgradvergleich am Beispiel einer Kennlinie eines 2-blättrigen abgeschirmten Rotors (Elemente vom Typ II), im kritischen Bereich $\lambda > 1$, berechnet ohne und mit Schnellaufkorrektur

4.4.2.4 Leistungskennlinien von Vertikalachsen-Widerstandskonvertern für lineares Anströmprofil

A) Die Anströmkorrektur

Bereits die auf der Grundlage eines gleichförmigen Anströmprofils durchgeführten Rechnungen hatten gezeigt (Tab. 12), daß für genügend hohe c_w-Verhältnisse ($\varkappa$ -Werte) Schnellaufzahlen > 1 erreicht werden. Im Zusammenhang mit diesem auf den ersten Blick für Widerstandskonverter sehr anzweifelbaren

Ergebnis hatten wir drei Fragen aufgeworfen (S. 188), deren erste nach der Realisierbarkeit derart hoher -λ-Zahlen abschließend nur durch zukünftige Experimente beantwortet werden kann, nach dem derzeitigen Stand jedoch verneint werden muß. Die Vereinbarkeit von Schnellaufzahlen > 1 mit dem Energieprinzip wurde im vorigen Abschnitt überprüft und positiv entschieden. Somit bleibt zunächst die Diskrepanz, daß in praxi durchaus Schnellaufzahlen im Bereich 1,6 bis 1,8 erreicht wurden, solche Daten aber gemäß den bisherigen Rechenansätzen nur im Falle illusionär hoher c_w-Verhältnisse möglich erscheinen. Hinzu kommt der ernüchternde Befund, daß die maximalen Wirkungsgrade selbst für abgeschirmte Rotorbetriebsweise sehr viel niedriger ausfallen, als in Wirklichkeit beobachtet. Bevor wir nun endgültig die Idee des differentiellen Staudruckansatzes am Blattelement fallen lassen, ist es jedoch zwingend notwendig, die Frage nach dem Aussagegehalt $\lambda > 1$ zu stellen. Bedenkt man nämlich, daß die Schnellaufzahl immer in Bezug auf die ungestörte Windgeschwindigkeit weit vor dem Rotor definiert wird, dann muß $\lambda > 1$ durchaus nicht bedeuten, daß sich die Rotorperipherie schneller bewegt, als das Medium in der unmittelbaren Umgebung strömt. Aufgrund der - besonders in der Achsnähe unstreitig anzunehmenden - Verdrängerwirkung des Rotors selbst, muß eine nach Bernoulli unvermeidbar mit Geschwindigkeitserhöhung verbundene Umströmung der achsnahen Zone stattfinden. Unterstellen wir aber, daß die tatsächliche Anströmgeschwindigkeit am Rotor v_{1eff} mit zunehmendem - senkrecht zur Windrichtung zu rechnenden - Achsabstand r ansteigt, dann muß diese Abweichung vom ursprünglich als gleichförmig angenommenen Anströmprofil einen deutlichen Einfluß auf die Leistungscharakteristik des Rotors haben, dem wir im folgenden nachgehen wollen.

B) Lineares Anströmprofil und Volumdurchsatz

Um zu untersuchen, wie sich eine mit wachsendem Achsabstand zunehmende Anblasgeschwindigkeit auf die Betriebskenngrößen eines Vertikalachsenwiderstandskonverters auswirkt, gehen wir zunächst einmal von einer linear mit dem Achsabstand r steigenden Geschwindigkeit v_{1eff} aus, gemäß dem Ansatz

(4-270) $$\boxed{v_{1eff} = k \cdot v_1 \cdot \frac{r}{R} = k \cdot v_1 \cdot x}$$

Die hier eingeführte Konstante k, welche wir im folgenden als Anströmparameter bezeichnen wollen, hat eine über die rein geometrische Definition hinausreichende physikalische Bedeutung. Nehmen wir nämlich an, daß von dem pro Zeiteinheit auf der Gleichlaufseite des Rotors in großer Entfernung anströmenden Luftvolumen $H \cdot R \cdot v_1$ lediglich ein Anteil α_V den Rotor wirklich durchflutet, dann muß dieser Volumdurchsatz sich auch aus dem integralen Mittelwert der effektiven Anströmgeschwindigkeit des Rotors auf der Gleichlaufseite ergeben und so die Bedingung

(4-271) $$\alpha_V \cdot H \cdot R \cdot v_1 = \frac{1}{R} \int_0^R k \cdot v_1 \cdot \frac{r}{R} \cdot H \cdot R \cdot dr$$

erfüllen. Ausführung der Integration liefert die Beziehung

(4-272) $$\alpha_V = \frac{k}{2} \qquad ,$$

d.h. der halbe numerische Wert des Anströmparameters k entspricht der relativen Volumdurchsatzziffer α_V. Unter Verwendung dieses Resultats entnimmt man der Beziehung (4-270), daß bei einem vollständigen Durchströmen des Rotors (α_V=100 %) die Anblasgeschwindigkeit der Rotorperipherie doppelt so hoch ist, wie die ungestörte Windgeschwindigkeit v_1. Erst bei einer Drosselung der Volumdurchsatzzahl auf 50 % nähert sich die Anströmgeschwindigkeit am Umfang der ursprünglichen Windgeschwindigkeit von oben.

C) Leistungskennlinien für lineares Anströmprofil

a) Unabgeschirmte Betriebsweise

Der Leistungsansatz für die Momentanleistung eines differentiellen Blattelements in der Winkelstellung φ ergibt sich

- in voller Analogie zu früheren Betrachtungen - auf der Gleichlaufseite zu

$$(4\text{-}273)\qquad dP_+(\varphi) = c_{w+}\frac{\rho_L}{2}(v_{1eff} - u\cos\varphi)^2 u\cos\varphi\cdot Hdr\cdot\cos\varphi$$

$$= c_{w+}\cdot\frac{\rho_L}{2}v_1^3\left(\frac{v_{1eff}}{v_1} - \frac{u}{v_1}\cos\varphi\right)\cdot\frac{u}{v_1}\cos^2\varphi\cdot HRdx$$

Wegen $u/v_1 = \lambda\cdot x$ und nach (4-270) läßt sich dafür auch schreiben

$$(4\text{-}274)\qquad dP_+(\varphi) = K_+\cdot(k - \lambda\cos\varphi)^2\lambda x^3\cos^2\varphi\, dx$$

Wenn man wiederum $K_+ = \frac{\rho_L}{2}v_1^3\cdot H\cdot R$ setzt. Die momentane Blattgesamtleistung $P_+(\varphi)$ in der Winkelstellung φ ergibt sich durch Integration über die normierte Variable x von 0 bis 1:

$$P_+(\varphi) = \int_0^1 dP_+ = K_+\int_0^1 (k - \lambda\cos\varphi)^2\lambda x^3\cos^2\varphi\, dx$$

$$= K_+\cdot\frac{\lambda}{4}\cos^2\varphi\,(k - \lambda\cos\varphi)^2$$

Die integrale Mittelwertbildung im Winkelbereich von $-\pi/2$ bis $+\pi/2$ liefert als mittlere Leistung auf der Gleichlaufseite den Ausdruck

$$(4\text{-}275)\qquad \boxed{\bar{P}_+ = K_+\left(\frac{1}{8}k^2\cdot\lambda - \frac{2}{3\pi}k\cdot\lambda^2 + \frac{3}{32}\lambda^3\right)}$$

Die entsprechende mittlere Verlustleistung auf der Gegenlaufseite läßt sich - auch wieder in Analogie zu früheren Rechnungen - sofort aus (4-275) ablesen, wenn man nur K_+ durch K_- ersetzt und das Vorzeichen des zweiten in λ quadratischen Terms ändert:

$$(4\text{-}276)\qquad \boxed{\bar{P}_- = K_-\left(\frac{1}{8}k^2\cdot\lambda + \frac{2}{3\pi}k\cdot\lambda^2 + \frac{3}{32}\lambda^3\right)}$$

Die mittlere Umlaufleistung eines Widerstandselements ist gleich dem über die entsprechenden Winkelintervalle gewichteten Mittelwert, unter Berücksichtigung des Vorzeichens der Verlustleistung also gleich der halben Differenz der beiden Leistungsbeträge $\bar{P}_+$ und $\bar{P}_-$, woraus sich dann für den 2-blättrigen Rotor die mittlere Leistung $\bar{P}_R = \bar{P}_+ - \bar{P}_-$ ergibt. Nach Division durch das Windleistungsangebot $P_w = \rho_L v_1^3 \cdot H \cdot R$ bekommt man so den Wirkungsgrad des unabgeschirmten 2-blättrigen Rotors bei linearem Anströmprofil:

$$(4\text{-}277) \qquad \bar{\eta}_{R,2\text{-}Bl} = \frac{c_{w-}}{2}\left[\frac{1}{8}k^2(\varkappa-1)\lambda - \frac{2}{3\pi}k(\varkappa+1)\lambda^2 + \frac{3}{23}(\varkappa-1)\lambda^3\right]$$

Auch diese Beziehung, in der noch der Anströmparameter k als zusätzliche Kenngröße enthalten ist, läßt sich also wieder als Parabel dritter Ordnung in λ darstellen, wobei die Koeffizienten A, B und C diesmal zu wählen sind als

$$(4\text{-}278) \qquad A = \frac{1}{8}k^2 \cdot (\varkappa - 1)$$

$$(4\text{-}279) \qquad B = -\frac{2}{3\pi}k \cdot (\varkappa + 1)$$

$$(4\text{-}280) \qquad C = \frac{3}{32}(\varkappa - 1)$$

Die charakteristischen λ-Kennwerte der Leistungskennlinie ergeben sich aus den früher abgeleiteten Beziehungen (4-112) und (4-113).

$$(4\text{-}281) \qquad \lambda_{max} = k \cdot \frac{4}{3} \cdot \frac{8}{3\pi} \cdot \frac{\varkappa+1}{\varkappa-1}\left\{1 - \sqrt{1 - \frac{3}{4} \cdot \left(\frac{3\pi}{8} \cdot \frac{\varkappa-1}{\varkappa+1}\right)^2}\right\}$$

$$(4\text{-}282) \qquad \lambda_{opt} = k \cdot \frac{2}{3} \cdot \frac{32}{9\pi} \cdot \frac{\varkappa+1}{\varkappa-1}\left\{1 - \sqrt{1 - \left(\frac{9\pi}{32} \cdot \frac{\varkappa-1}{\varkappa+1}\right)^2}\right\}$$

Die Hauptbetriebskenngrößen λ_{max}, λ_{opt} und η_{max} hängen also vom Anströmparameter k und damit von der Volumdurchsatzziffer α_V ab, was zwar physikalisch vernünftig erscheint, leider jedoch die Praktikabilität der oben abgeleiteten Gleichungen stark einschränkt. Es ist nämlich davon auszugehen, daß die Volumdurchsatzziffer α_V sich bei Belastung des zunächst im Leerlauf drehend gedachten Rotors mit abnehmender Schnellaufzahl λ verringert, ohne daß sich dieser Zusammenhang aus den bisherigen Rechenansätzen ergeben würde. Dies hat zur Konsequenz, daß man für jeweils konstant gedachte Volumdurchsatzzahl α_V (bzw. Anströmparameter k) Leistungskennlinien berechnen kann, von einer in der Realität zu erwartenden Kennlinie jedoch bei Unkenntnis des quantitativen funktionalen Zusammenhangs zwischen α_V (bzw. k) und λ lediglich vorausgesagt werden kann, daß sie sich in das Kennlinienfeld der für konstante k-Werte berechneten Kurven einfügt.

Bevor wir uns mit den quantitativen Ergebnissen der im vorigen aufgestellten Beziehungen auseinandersetzen, wollen wir uns zunächst noch mit der Auswirkung des linearen Anströmprofils auf den abgeschirmten Rotor befassen.

b) Abgeschirmte Betriebsweise

Die Leistungsbilanz auf der Gleichlaufseite entspricht natürlich derjenigen des unabgeschirmten Rotors (4-275). Auf der Gegenlaufseite hat das Anströmprofil jedoch keinen Einfluß, d.h. die mittlere Leistung des Blattes in dieser Umlaufphase stimmt mit jener überein, die für gleichförmige Anströmung ermittelt wurde ((4-150), $x_1 = 0$ gesetzt!).

Die mittlere Umlaufleistung eines Blattes im abgeschirmten Zustand bei linearem Anströmprofil ergibt sich so zu

(4-283) $$\bar{P}_{Bl} = \left[K_+\left(\frac{1}{8}k^2\varkappa \cdot \lambda - \frac{2}{3\pi}k \cdot \lambda^2 + \frac{3}{32}\lambda^3\right) - K_- \cdot \frac{\lambda^3}{4}\right] \cdot \frac{1}{2}$$

Für den 2-blättrigen Rotor erhält man dann in der üblichen Weise den mittleren Wirkungsgrad

(4-284) $$\bar{\eta}_{R,2-Bl} = \frac{c_{w-}}{2}\left[\frac{1}{8}k^2\varkappa \cdot \lambda - \frac{2}{3\pi}k \cdot \lambda^2 + \frac{1}{32}(3\varkappa - 8) \cdot \lambda^3\right]$$

Die Koeffizienten der Funktion dritten Grades in λ sind:

(4-286) $$A = \frac{1}{8}k^2 \cdot \varkappa$$

(4-287) $$B = -\frac{2}{3\pi}k \cdot \varkappa$$

(4-288) $$C = \frac{1}{32}(3\varkappa - 8)$$

Aus diesen Koeffizienten errechnen sich als charakteristische Betriebskenngrößen

$$\lambda_{max} = 2k \cdot \frac{16}{3\pi} \cdot \frac{\varkappa}{3\varkappa - 8} \left\{ 1 - \sqrt{1 - \left(\frac{3\pi}{16}\right)^2 \cdot \frac{3\varkappa - 8}{\varkappa}} \right\} \tag{4-289}$$

$$\lambda_{opt} = k \cdot \frac{2}{3} \cdot \frac{32}{3\pi} \cdot \frac{\varkappa}{3\varkappa - 8} \left\{ 1 - \sqrt{1 - 3 \cdot \left(\frac{3\pi}{32}\right)^2 \frac{3\varkappa - 8}{\varkappa}} \right\} \tag{4-290}$$

c) Numerische Resultate

Die Hauptbetriebskennzahlen, die sich aus den Beziehungen (4-277) bis (4-290) für Widerstandskonverter bei linearem

Kenndaten			ohne Abschirmung		mit Abschirmung	
α_V/%	k		Typ I	Typ II	Typ I	Typ II
50	1	λ_{max}	$0{,}39_5$	$0{,}62_2$	$0{,}65_2$	$0{,}79_3$
		λ_{opt}	$0{,}19_1$	$0{,}28_5$	$0{,}31_7$	$0{,}35_6$
		η_{max}	$0{,}7_8$ %	$1{,}5_1$ %	$1{,}2_9$ %	$2{,}6_7$ %
75	1,5	λ_{max}	$0{,}59_2$	$0{,}93_2$	$0{,}97_7$	$1{,}18_8$
		λ_{opt}	$0{,}28_7$	$0{,}42_8$	$0{,}47_5$	$0{,}53_4$
		η_{max}	$2{,}6_1$ %	$5{,}0_8$ %	$4{,}3_4$ %	$5{,}2_4$ %
90	1,8	λ_{max}	$0{,}71_1$	$1{,}11_9$	$1{,}17_2$	$1{,}42_6$
		λ_{opt}	$0{,}34_4$	$0{,}51_3$	$0{,}57_0$	$0{,}64_1$
		η_{max}	$3{,}3_9$ %	$6{,}5_9$ %	$7{,}5_0$ %	$9{,}0_6$ %
100	2,0	λ_{max}	$0{,}79_0$	$1{,}24_3$	$1{,}30_3$	$1{,}58_5$
		λ_{opt}	$0{,}38_3$	$0{,}57_0$	$0{,}63_3$	$0{,}71_2$
		η_{max}	$4{,}6_5$ %	$9{,}0_3$ %	$10{,}2_9$ %	$12{,}4_2$ %

Tabelle 16: Einfluß der Volumdurchsatzziffer und des Anströmparameters k auf die Hauptbetriebskenngrößen des unabgeschirmten und des abgeschirmten VWKs (Widerstandselemente vom Typ I und II)

Anströmprofil unter Verwendung von Widerstandselementen des Typs I und II ergeben, sind in der Tabelle 16 für einige Volumdurchsatzzahlen α_V - sowohl für abgeschirmten wie unabgeschirmten Betrieb - zusammengestellt.
In den Bildern 71 und 72 sind die entsprechenden Leistungskennlinien wiedergegeben.

Der Leser erkennt, daß die ohne Abschirmung erzielten Ergebnisse auch im Falle des linearen Anströmprofils keineswegs auch nur annähernd an die experimentellen Daten heranreichen. Für die im abgeschirmten Betrieb ermittelten Werte läßt sich bestenfalls bei Einsatz der Widerstandselemente vom Typ II (deren Güte in praxi noch nicht erreicht wurde) eine spürbare Annäherung der maximalen Schnellaufzahl an beobachtete Werte konstatieren. Immer noch wenig Übereinstimmung findet sich zwischen errechneten und gemessenen Wirkungsgraden. Es ist jedoch festzustellen, daß die Diskrepanz zwischen gerechneten Werten - vor allem bei Unterstellung des abgeschirmten Betriebszustandes - bei linearem Anströmprofil geringer ausfällt, als bei gleichförmigem Anströmprofil. Man könnte daraus die vorsichtige Vermutung ableiten, daß u.U. eine günstigere Übereinstimmung erzielbar wäre, wenn - bei grundsätz licher Annahme des abgeschirmten Betriebszustandes - der Rechnung ein zutreffenderes Anströmprofil zugrundegelegt werden würde.

Tatsächlich konnten experimentell Hinweise für eine Art automatischer **Selbstabschirmung des** Savonius-Rotors gefunden werden (/20/), die den ersten Teil unsrer Vermutung bestätigen. Somit bleibt bei der Suche nach einer Verbesserungsmöglichkeit der Rechenansätze vor allem die Frage nach dem tatsächlichen oder wenigstens realitätsnächsten Anströmprofil, der im nächsten Kapitel nachgegangen werden soll.

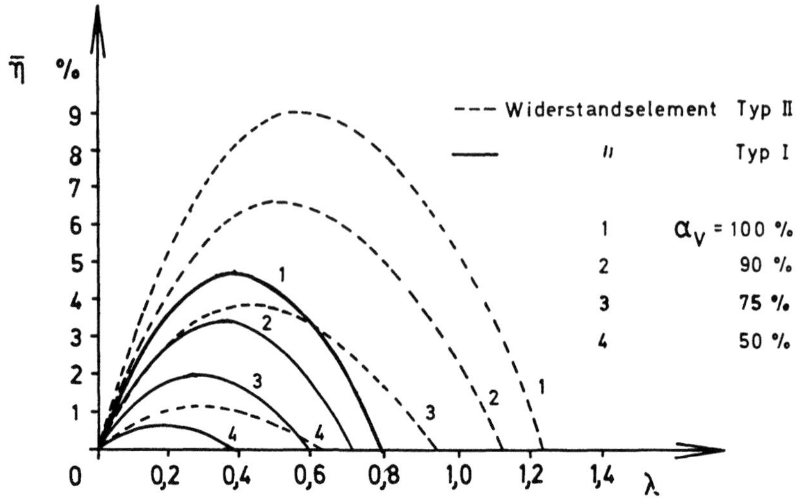

Bild 71: Normierte Leistungskennlinie des 2-blättrigen Widerstandskonverters im nicht abgeschirmten Betrieb bei linearem Anströmprofil für Widerstandselemente vom Typ I und II und verschiedene Volumdurchsatzziffern

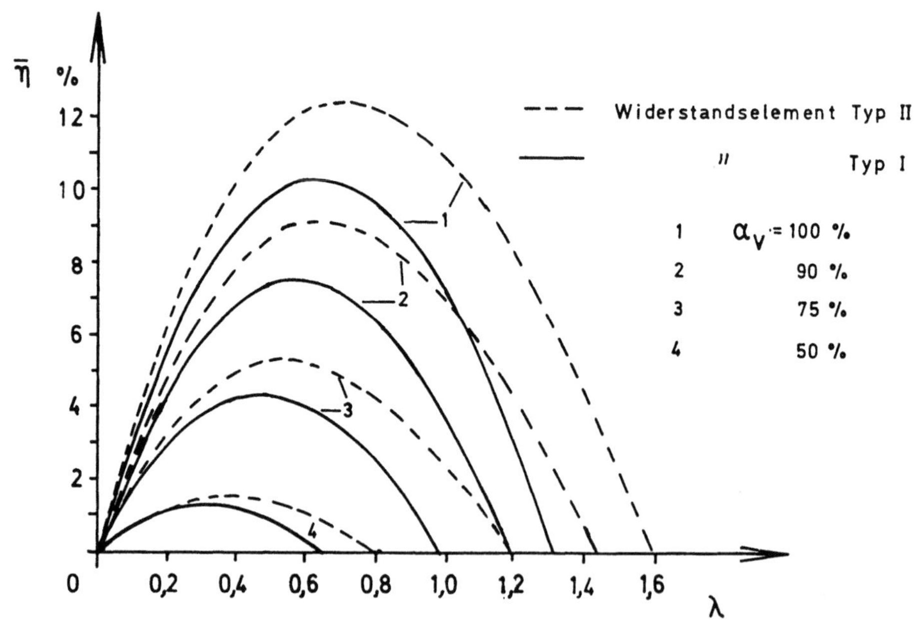

Bild 72: Normierte Leistungskennlinien des 2-blättrigen Widerstandskonverters im abgeschirmten Betrieb bei linearem Anströmprofil für Widerstandselemente vom Typ I und II bei verschiedenen Volumdurchsatzziffern

4.4.2.5 Leistungskennlinien von Vertikalachsen-Widerstandskonvertern für parabolisches Anströmprofil

A) Plausibilitätsbetrachtung zum parabolischen Anströmprofil

Ansatzpunkt unsrer Überlegungen ist der Umstand, daß der vom Rotor durch Reibungseffekte erzeugte und mit ihm umlaufende zylindrische Luftwirbel anscheinend in der Lage ist, auf der Gegenlaufseite eine Art Selbstabschirmung zu bewirken. Es liegt nahe, den Einfluß des Umlaufwirbels mithilfe der Modellvorstellung von der induzierten Windgeschwindigkeit zu berücksichtigen. Zu diesem Zwecke machen wir Gebrauch von der Prinzipdarstellung in Bild 73. An einem beliebigen, durch die Winkelstellung φ des Radiusvektors $\vec{r}$ gekennzeichneten Punkt des Rotorkreisperipherie im Gleichlaufbereich denken wir uns den primären Windgeschwindigkeitsvektor $\vec{v}_1$ in die radiale und die tangentiale Komponente zerlegt. Der radialen Komponente $\vec{v}_{1r}$ wirkt die radiale Komponente der induzierten Windgeschwindigkeit $\vec{w}_r'$ entgegen; während in tangentialer Richtung die induzierte Windgeschwindigkeit $\vec{w}_t'$ meist unterstützend die entsprechende primäre Windgeschwindigkeitskomponente $\vec{v}_{1,t}$ überlagert. Unterstellt man, daß die induzierte Windgeschwindigkeit in radialer Richtung die radiale Primärwindgeschwindigkeit $v_{1,r} = v_1 \sin\varphi$ vollkommen kompensiert (keine Durchlässigkeit in radialer Richtung), und daß die induzierte Geschwindigkeit in tangentialer Richtung sich um einen Faktor q von der entsprechenden Primärkomponente $v_{1,t} = v_1 \cos\varphi$ unter-

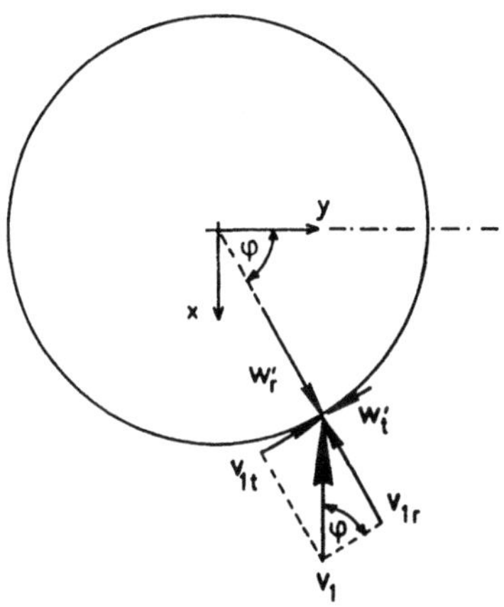

Bild 73: Prinzipbild zur Begründung des parabolischen Anströmprofils

scheidet, dann erhält man für die effektive Windgeschwindigkeit in der ursprünglichen Anströmrichtung

$$v_{1eff} = v_1 - w'_r \cdot \sin\varphi \pm w'_t \cdot \cos\varphi$$

$$= v_1 - v_1\sin^2\varphi \pm q.v_1\cos^2\varphi = v_1(1\pm q)\cos^2\varphi$$

Wenn man nun bedenkt, daß für verschiedene Achsabstände r der Cosinus jeweils dem Betrag von r proportional ist, dann läßt sich die Abhängigkeit der Anblasgeschwindigkeit vom Blattelementradius r in der Form

(4-291) $$\boxed{v_{1eff} = k \cdot v_1 \cdot (\frac{r}{R})^2}$$

darstellen, wobei k wieder ein geeignet zu wählender Anströmparameter ist.

B) Anströmparameter und Volumdurchsatzziffer bei parabolischem Anströmprofil

Die Volumdurchsatzzahl als derjenige Anteil, der in großer Entfernung auf die Gleichlaufseite zuströmenden Luftmenge pro Zeiteinheit, der den Rotor wirklich durchströmt, läßt sich - wie schon im Falle des linearen Anströmprofils - mit dem Anströmparameter k in Zusammenhang bringen. Der Ansatz hierzu lautet:

$$\alpha_V \cdot H \cdot R \cdot v_1 = \frac{1}{R}\int_0^R H \cdot R . v_{1eff} dr = \frac{1}{R} \cdot \int_0^R H \cdot R \cdot v_1 \cdot k \cdot (\frac{r}{R})^2 dr$$

Ausführung der Integration ergibt die Beziehung

(4-292) $$\alpha_V = \frac{k}{3}$$

C) Leistungskennlinien bei parabolischem Anströmprofil

Gemäß der Erkenntnis, daß sich kompakte Vertikalachsen-Widerstandskonverter i.a. im Schnellaufzahlbereich oberhalb der optimalen Schnellaufzahl wie abgeschirmte Rotoren verhalten, sollen im folgenden lediglich Leistungskennlinien für den abgeschirmten Betrieb, allerdings unter besonderer Berücksichtigung der Volumdurchsatzziffer, berechnet werden. Der Leistungsansatz für ein differentielles Blattelement H·dr in der in der Winkelstellung φ auf der Gleichlaufseite lautet unter Verwendung der Abkürzung dr = R·dx:

(4-293) $$dP_+(\varphi) = c_{w+} \frac{\rho_L}{2}(v_{1eff} - u\cos\varphi)^2 \cdot u\cos\varphi \cdot H \cdot R \cdot dx \cdot \cos\varphi$$

Mithilfe der Beziehung (4-291) ergibt sich daraus

(4-294) $$dP_+(\varphi) = c_{w+} \frac{\rho_L}{2} v_1^3 (k \cdot x^2 - \lambda \cdot x\cos\varphi)^2 \lambda \cdot x \cdot \cos^2\varphi \cdot H \cdot R \cdot dx$$

$$= c_{w+} \frac{\rho_L}{2} v_1^3 \cdot H \cdot R (kx - \lambda\cos\varphi)^2 \lambda \cdot x^3 \cos^2\varphi \, dx$$

Die momentane Gesamtleistung des Blattes in der Winkelstellung φ bestimmt sich durch Integration über den Blattradius, hier also von x = o bis x = 1 :

(4-295) $$P_+(\varphi) = K_+ \cdot (\frac{1}{6}k^2 - \frac{2}{5} k \cdot \lambda \cdot \cos\varphi + \frac{1}{4}\lambda^2\cos^2\varphi) \cdot \lambda \cdot \cos^2\varphi$$

Die mittlere aufgenommene Leistung des Blattes in der Gleichlaufphase wird - wie schon bei früheren Gelegenheiten - als Mittelwert im Winkelintervall von $\varphi = -\pi/2$ bis $\varphi = +\pi/2$ berechnet. Das Ergebnis lautet:

(4-296) $$\bar{P}_+ = K_+ (\frac{1}{12} k^2 \cdot \lambda - \frac{8}{15\pi} k \cdot \lambda^2 + \frac{3}{32} \lambda^3)$$

Die entsprechende Leistung des Blattes in der Verlustphase hat wieder den Betrag $\bar{P}_- = K_- \cdot \lambda^3/4$. Damit folgt für den gesuchten Wirkungsgrad des 2-blättrigen Rotors bei parabolischem Anströmprofil

(4-297) $$\bar{\eta}_{R,2\text{-}Bl} = \frac{c_{w-}}{2}(A \cdot \lambda + B \cdot \lambda^2 + C \cdot \lambda^3)$$

(4-298) $$A = \frac{1}{12} k^2 \cdot \varkappa$$

(4-299) $B = -\frac{8}{15\pi} k \cdot \varkappa$

(4-300) $C = \frac{1}{32}(3\varkappa - 8)$

Die Hauptbetriebskennwerte λ_{max} und λ_{opt} ergeben sich aus den Daten für A, B und C nach (4-112) und (4-113).

(4-301) $\lambda_{max} = k \cdot \frac{4}{3} \cdot \frac{32 \cdot \varkappa}{5\pi(3\varkappa - 8)} \left\{1 - \sqrt{1 - \frac{3}{2} \cdot \left(\frac{5\pi}{32}\right)^2 \cdot \frac{3\varkappa - 8}{\varkappa}}\right\}$

(4-302) $\lambda_{opt} = k \cdot \frac{4}{3} \cdot \frac{64 \cdot \varkappa}{15\pi(3\varkappa - 8)} \left\{1 - \sqrt{1 - \frac{1}{2} \cdot \left(\frac{15\pi}{64}\right)^2 \cdot \frac{3\varkappa - 8}{\varkappa}}\right\}$

Der maximale (mittlere) Wirkungsgrad folgt mit λ_{opt} aus (4-297). Die oben aufgestellten Formeln gestatten die Berechnung der Kennlinien des abgeschirmten 2-blättrigen Widerstandskonverters für parabolisches Anströmprofil (Bild 74). Für den interessierten Leser sei angemerkt, daß man auch die Daten des nicht abgeschirmten Rotors sehr leicht aus den Ergebnissen dieses Kapitels ableiten kann, wenn man berücksichtigt, daß sich die Verlustleistung in der Gegenlaufphase $\bar{P}_-$ - wie schon bei früherer Gelegenheit erläutert - aus der Gewinnleistung in der Gleichlaufphase $\bar{P}_+$ ergibt, indem man das Vorzeichen des zweiten in λ quadratischen Terms ändert. In diesem Falle ergibt sich

(4-303) $\bar{P}_- = K_-\left(\frac{1}{12} k^2 \cdot \lambda + \frac{8}{15\pi} k \cdot \lambda^2 + \frac{3}{32} \lambda^3\right)$

Der Wirkungsgrad läßt sich dann wieder mit (4-297) beschreiben; lediglich die Koeffizienten lauten - wie aus (4-303) folgt - anders:

(4-304) $A = \frac{1}{12} k^2(\varkappa - 1)$

(4-305) $B = -\frac{8}{15\pi} k \cdot (\varkappa + 1)$

(4-306) $C = \frac{3}{32}(\varkappa - 1)$

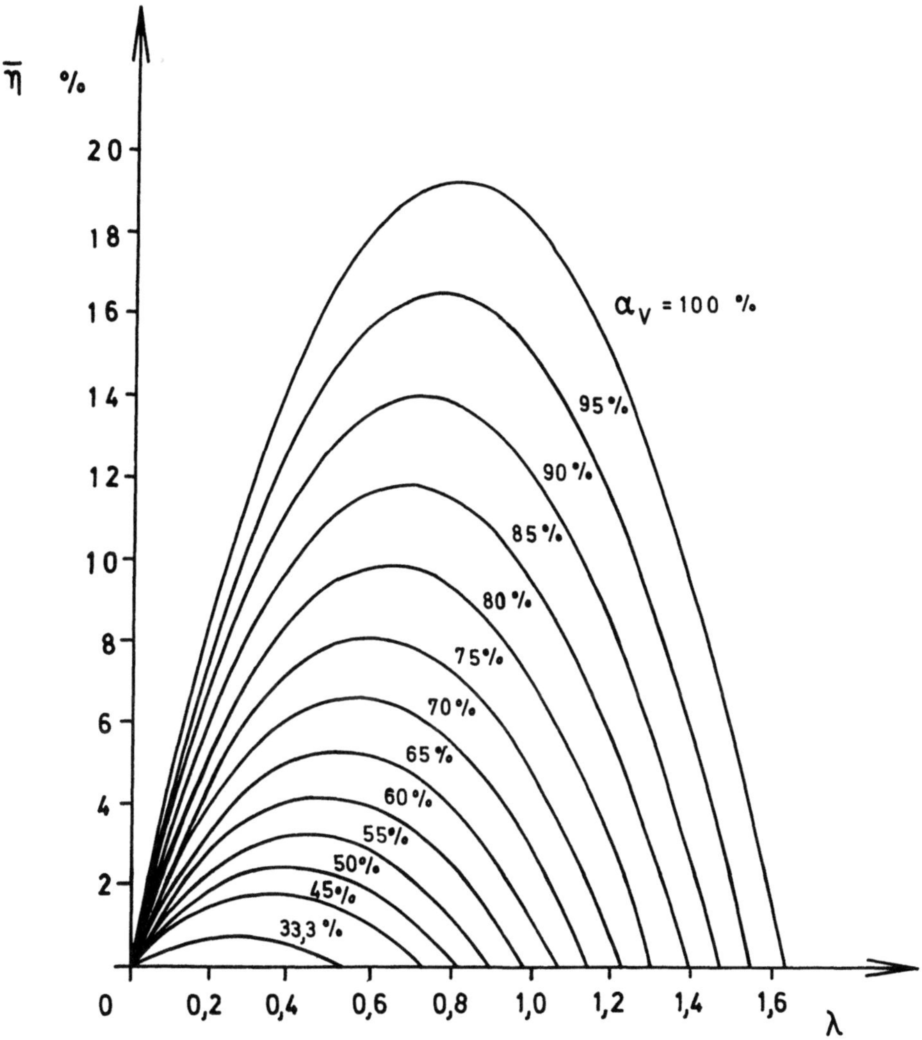

Bild 74: Kennlinienfeld des 2-blättrigen Widerstandskonverters für parabolisches Anströmprofil und abgeschirmte Betriebsweise (Volumdurchsatzzahl α_V als Parameter)

Die zugeordneten Schnellaufkennzahlen für unabgeschirmte Betriebsweise errechnen sich daraus zu

$$(4\text{-}307) \qquad \lambda_{max} = k\cdot\frac{4}{3}\cdot\frac{32(\varkappa+1)}{15(\varkappa-1)}\left\{1-\sqrt{1-\frac{1}{2}\cdot\left(\frac{15\pi}{32}\frac{(\varkappa-1)}{(\varkappa+1)}\right)^2}\right\}$$

$$(4\text{-}308) \qquad \lambda_{opt} = k\cdot\frac{4}{9}\cdot\frac{64}{15}\frac{(\varkappa+1)}{(\varkappa-1)}\left\{1-\sqrt{1-\frac{1}{2}\cdot\left(\frac{15\pi}{64}\frac{(\varkappa-1)}{(\varkappa+1)}\right)^2}\right\}$$

D) Erörterung der Ergebnisse für parabolisches Anströmprofil

Mit den unter der Annahme eines parabolischen Anströmprofils durchgeführten Rechnungen wurde das Ziel verfolgt, eine bessere Annäherung der errechneten Betriebskenndaten an die praktisch beobachteten Werte zu erzielen, als es bei Annahme eines linearen Anströmprofils möglich war. Die nachfolgende Tabelle zeigt für Volumdurchsatzzahlen von 50, 75, 90 und 100 % einen Vergleich der für parabolisches Anströmprofil ermittelten Hauptbetriebskennwerte mit jenen, die für lineares Profil errechnet wurden (letztere in Klammern).

Der Tabelle ist zu entnehmen, daß die für parabolisches Anströmprofil errechneten Hauptbetriebskenngrößen im Bereich zwischen 90 % und 100 % Volumdurchsatz den in der Realität beobachteten Daten sehr nahe kommen, allerdings nur für abgeschirmte Betriebsweise. Die für nicht abgeschirmte Betriebsweise ermittelten Werte bei parabolischem Anströmprofil liegen weit abgeschlagen außerhalb der experimentellen Daten, ebenso wie die für lineares Profil erhaltenen. Zur Untermauerung dieses Resultats sei auch auf Bild 75 verwiesen, welches einen Vergleich der (normierten) rechnerischen Leistungskennlinie für α_V = 100 % mit Meßdaten wiedergibt, die mithilfe einer Datenerfassungsanlage im Freiluftversuch an einem von der FH Wiesbaden gebauten Savonius-Rotor (/29/) registriert wurden.

Volumdurchsatz α_V/%	Kenndaten	ohne Abschirmung Typ I	ohne Abschirmung Typ II	mit Abschirmung Typ I	mit Abschirmung Typ II
50	λ_{max}	0,50 (0,39)	0,79 (0,62)	0,82 (0,65)	1,01 (0,79)
	λ_{opt}	- (0,19)	- (0,28)	0,40 (0,32)	0,45 (0,36)
	η_{max}	- (0,8 %)	- (1,5 %)	2,4 % (2,3 %)	2,9 % (2,7%)
75	λ_{max}	0,74 (0,59)	1,19 (0,93)	1,23 (0,98)	1,52 (1,19)
	λ_{opt}	0,36 (0,29)	0,54 (0,43)	0,60 (0,48)	0,68 (0,53)
	η_{max}	3,7 % (2,6 %)	7,2 % (5,1 %)	8,2 % (4,3 %)	9,9 % (5,2 %)
90	λ_{max}	0,89 (0,71)	1,42 (1,12)	1,47 (1,17)	1,82 (1,43)
	λ_{opt}	0,43 (0,34)	0,65 (0,51)	0,72 (0,57)	0,81 (0,64)
	η_{max}	6,4 % (3,4 %)	12,4 % (6,6 %)	14,1 % (7,5 %)	17,1 % (9,1 %)
100	λ_{max}	0,99 (0,79)	1,58 (1,24)	1,64 (1,30)	2,03 (1,59)
	λ_{opt}	0,48 (0,38)	0,72 (0,57)	0,79 (0,63)	0,90 (0,71)
	η_{max}	8,7 % (4,7 %)	17,1 % (9,0 %)	19,3 % (10,3 %)	23,4 % (12,4 %)

Tabelle 17: Hauptbetriebskenngrößen des 2-blättrigen VWKs für parabolisches und lineares (Klammerwerte) Anströmprofil

Vorbehaltlich einer ausgiebigen Untersuchung über die Abhängigkeit des c_w-Wertes zylindersymmetrischer Wölbprofile von der Geometrie, dem Anströmwinkel und der Windgeschwindigkeit scheint das Resultat unsrer für parabolisches Anströmprofil und abgeschirmte Betriebsweise berechneten Betriebskenngrößen 2-blättriger Widerstandskonverter nicht mehr sehr weit von den in der Realität beobachteten Daten entfernt zu sein, vor allem, wenn man beachtet, daß die funktionale Darstellung der Kennlinien auf der Annahme konstanter Volumdurchsatzzahlen beruht. Letzteres ist jedoch so lange unerläßlich, als der Zusammenhang zwischen Volumdurchsatzzahl α_V und Schnellaufzahl λ bzw. (relativem) Nutzleistungsentzug unbekannt ist.

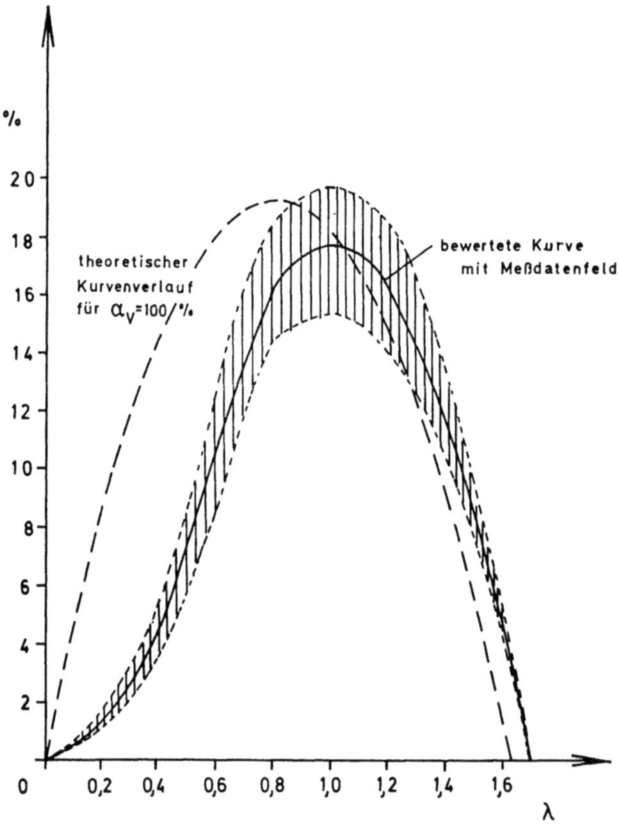

Bild 75: Normierte Leistungskennlinie eines abgeschirmten 2-blättrigen Widerstandskonverters für parabolisches Anströmprofil mit einem zu Vergleichszwecken eingezeichneten Meßdatenfeld aus Freiluftmessungen der FH Wiesbaden (/30/)

Die für α_V = 100 % ermittelte Kennlinie ist als Hüllkurve der übrigen theoretischen Kurven und der experimentellen Kurven aufzufassen. Der in praxi mitunter beobachtete nach unten konvexe Verlauf der Leistungskennlinie im Schnellaufzahlbereich $\lambda < \lambda_{opt}$ läßt sich recht gut durch den Übergang von Kurven höherer zu solchen niedrigerer Volumdurchsatzzahlen bei starkem Abbremsen (Absinken der Schnellaufzahl) erklären.

Interessant an den in diesem Kapitel erzielten Rechenergebnissen sind, im Hinblick auf ihre relativ gute Übereinstimmung mit dem Experiment, insbesondere auch die Voraussetzungen, unter denen diese Rechnungen durchgeführt wurden:

1. Abgeschirmte Betriebsweise des Rotors

2. Parabolisches Anströmprofil in radialer Richtung

3. Abweichung der effektiven Anblasgeschwindigkeit von der in großer Entfernung vom Rotor herrschenden Windgeschwindigkeit

Als Konsequenz aus den zwangsläufig gekoppelten Punkten 2 und 3 ergibt sich nämlich, daß es sich bei dem früher bereits angesprochenen Problem der Schnellaufzahlen $\lambda > 1$ nur um ein Scheinproblem handelt. Aufgrund der in der Nähe der Rotorperipherie stark erhöhten Anströmgeschwindigkeit bewegt sich der Rotor zwar schneller, als es der Windgeschwindigkeit v_1 weit vor dem Rotor entspricht, bleibt aber jedenfalls deutlich langsamer, als das umgebende Medium strömt.

So findet man z.B. statt der in der üblichen Weise für α_V = 100 % berechneten fiktiven Schnellaufzahl λ_{max} = 1,64 unter Berücksichtigung der tatsächlichen peripheren Anblasgeschwindigkeit eine "echte" Schnellaufzahl - man könnte sie als lokale Schnellaufzahl bezeichnen - von $\approx$ 0,55.

Den überaus großen Einfluß, den die Volumdurchsatzzahl α_V und damit der mit ihr gekoppelte Anströmparameter k auf die wichtigsten Betriebskenngrößen ausübt, entnimmt man den Bildern 76 und 77.

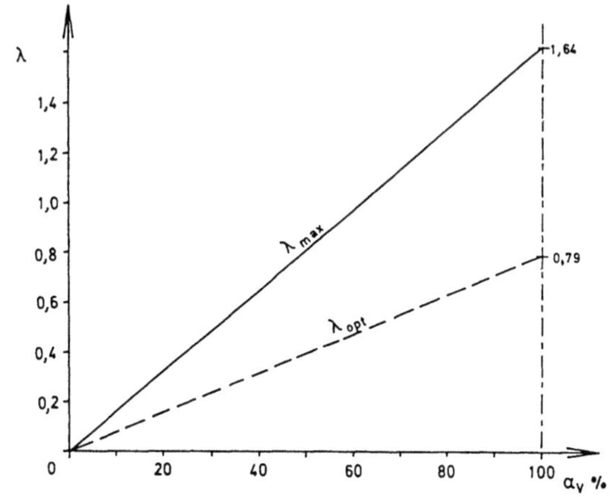

Bild 76: Abhängigkeit der maximalen und der optimalen Schnelllaufzahl von der Volumdurchsatzzahl α_V bei parabolischem Anströmprofil (abgeschirmter, 2-blättriger VWK)

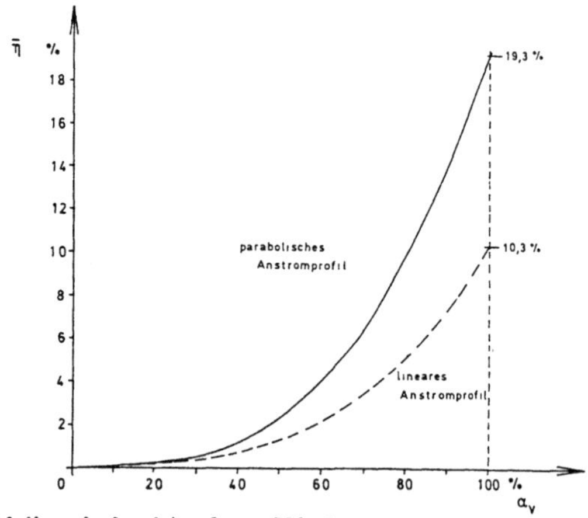

Bild 77: Abhängigkeit des Wirkungsgrades von der Volumdurchsatzzahl für parabolisches Anströmprofil (abgeschirmter, 2-blättriger VWK)

E) Leistungsdurchsatzzahl und maximaler Wirkungsgrad

Wenn man sich klarmacht, daß ein verringerter Volumdurchsatz auch eine Reduktion der dem Rotor effektiv zugeführten Leistung im Vergleich zur in der ursprünglichen Luftströmung enthaltenen Leistung sein muß, dann stellt sich sofort die Frage nach dem Zusammenhang zwischen dem maximalen Wirkungsgrad und diesem effektiven Primärleistungsangebot. Definiert man die Leistungsdurchsatzzahl α_P analog zur Volumdurchsatzzahl, gemäß der Gleichung

(4-309) $$\alpha_P \cdot \frac{\rho_L}{2} v_1^3 \cdot H \cdot R = \frac{\rho_L}{2} \bar{v}_{1eff}^3 \cdot H \cdot R = \frac{\rho_L}{2} \cdot H \cdot R \cdot \frac{1}{R} \int_0^R v_{1eff}^3 dr$$

So erhält man mit (4-291) nach Ausführung der Integration

(4-310) $$\boxed{\alpha_P = \left(\frac{k}{3}\right)^3 = \alpha_V^3} \quad ,$$

d.h. die Leistungsdurchsatzzahl ist gleich der dritten Potenz der Volumdurchsatzzahl. Daraus folgt, daß mit abnehmender Volumdurchsatzziffer das Primärleistungsangebot - repräsentiert durch die Leistungsdurchsatzzahl - in eklatanter Weise absinkt. Die numerischen Zusammenhänge zwischen den Hauptbetriebskenngrößen und den Volum- und Leistungsdurchsatzziffern sind in Tabelle 18 für einige Fälle aufgelistet. Die Daten gelten für parabolisches Anströmprofil und abgeschirmte Betriebsweise, und wurden für Widerstandselemente vom Typ I und II erstellt. Wie stark der Leistungsdurchsatz mit sinkendem Volumdurchsatz abfällt bemerkt der Leser an einigen Beispielen: So beträgt die Leistungsdurchsatzziffer bei einem Volumdurchsatz von 80 % noch 51,2 %, bei einem Volumdurchsatz von 50 % nur noch 12,5 %.

Die Einführung der Leistungsdurchsatzzahl α_P erlaubt die Feststellung eines bemerkenswerten Zusammenhangs: Der jeweils für eine bestimmte Volum- bzw. Leistungsdurchsatzzahl berechnete maximale Rotorwirkungsgrad η_{max} ergibt sich durch Multiplikation des für 100%-igen Durchsatz errechneten maximalen Wirkungsgrades mit der Leistungsdurchsatzziffer, wie sich leicht anhand der Tabelle 18 nachprüfen läßt.

(4-311) $$\boxed{\eta_{max}(\alpha_V) = \alpha_P \cdot \eta_{max}(100\%)}$$

Volumdurchsatz α_V/%	Leistungsdurchsatz α_P/%	Kennzahlen	Typ I	Typ II
16,7	$0{,}4_6$	λ_{max} λ_{opt} η_{max}/%	0,27 0,13 0,09	0,34 0,15 0,11
33,3	3,7	λ_{max} λ_{opt} η_{max}/%	0,55 0,26 0,72	0,68 0,30 0,87
45	9,1	λ_{max} λ_{opt} η_{max}/%	0,74 0,36 1,76	0,91 0,41 2,1
50	12,5	λ_{max} λ_{opt} η_{max}	0,82 0,40 2,42	1,01 0,45 2,93
60	21,6	λ_{max} λ_{opt} η_{max}	0,98 0,48 4,18	1,22 0,54 5,06
70	34,3	λ_{max} λ_{opt} η_{max}	1,15 0,56 6,63	1,42 0,63 8,0
75	42,2	λ_{max} λ_{opt} η_{max}	1,23 0,60 8,2	1,52 0,68 9,9
80	51,2	λ_{max} λ_{opt} η_{max}	1,31 0,64 9,9	1,62 0,72 12,0
85	61,4	λ_{max} λ_{opt} η_{max}	1,39 0,68 11,9	1,72 0,77 14,4
90	72,9	λ_{max} λ_{opt} η_{max}	1,47 0,72 14,1	1,82 0,81 17,1
95	85,7	λ_{max} λ_{opt} η_{max}	1,56 0,75 16,6	1,93 0,86 20,1
100	100	λ_{max} λ_{opt} η_{max}	1,64 0,79 19,3	2,03 0,90 23,4

Tabelle 18: Hauptbetriebskenndaten des 2-blättrigen abgeschirmten VWKs für parabolisches Anströmprofil bei verschiedenen Durchsatzziffern

4.4.2.6 Einfluß von Lagerreibungsverlusten auf die Hauptbetriebskenngrößen des VWKs

Die bisherigen Berechnungen der Leistungskennlinien des 2-blättrigen VWKs basierten auf der idealisierenden Annahme einer reibungsfreien Achslagerung des Rotors. In der Realität können jedoch Lagerreibungsverluste einen beträchtlichen Einfluß auf die wichtigsten Betriebsdaten - insbesondere den maximalen Wirkungsgrad und die maximale Schnellaufzahl - haben. Analog zum Vorgehen beim realen Anemometer wollen wir daher versuchen, den reibungskorrigierten Wirkungsgrad - genannt Leistungsbeiwert c_p - als Funktion der Schnellaufzahl zu berechnen. In Anbetracht des recht komplexen Phänomens der Reibung müssen die Reibungseinflüsse - etwa in Gestalt des Reibungsmoments - ebenfalls in idealisierender Weise rechnerisch dargestellt werden. So erhält man, wie bereits in Kapitel 4.4.1.2 ausgeführt, eine lagerreibungsbedingte Verlustleistung P_V, die sich je nach Art der Lagerreibung nach einer der Formeln (4-194), (4-195) oder (4-196) errechnet.

A) Viskose Lagerreibung

Im Normalfall hat man es mit schmiermittelunterstützter Lagerung zu tun, weshalb wir uns mit den Folgen dieser Art Lagerreibung ausführlicher beschäftigen wollen. Berücksichtigt man, daß bei viskoser Reibung das Reibungsmoment proportional zur Winkelgeschwindigkeit zu setzen ist, dann bekommt man für die Verlustleistung den Ausdruck

$$P_{V,II} = M_{R,1} \cdot \omega = k_1 \cdot \omega^2 = k_1 \cdot (\lambda \cdot v_1/R)^2 \quad ,$$

woraus sich dann nach Division durch das Windleistungsangebot P_w auf der gesamten Rotorquerschnittsfläche $2R \cdot H$ die Wirkungsgradkorrektur

$$(4\text{-}312) \qquad \eta_V = \frac{P_{V,II}}{P_w} = \frac{k_1 \cdot v_1^2 \cdot \lambda^2/R^2}{\frac{\rho_L}{2} v_1^3 \cdot 2R \cdot H} = \frac{k_1}{\rho_L \cdot v_1 \cdot H \cdot R^3} \cdot \lambda^2 = k_1' \cdot \lambda^2$$

ergibt. Der gesuchte Leistungsbeiwert c_p entspricht gemäß (4-197) dem um η_V verminderten (idealisierten) Wirkungsgrad ohne Reibung. Unter Verwendung von (4-297) erhält man für den gesuchten mittleren Leistungsbeiwert des 2-blättrigen abgeschirmten VWK im Prinzip den gleichen Ausdruck wie früher beim Anemometer

$$(4\text{-}204) \qquad \bar{c}_{p,R,2\text{-}Bl,II} = \frac{c_{w-}}{2}(A \cdot \lambda + B \cdot \lambda^2 + C \cdot \lambda^3) - k_1' \cdot \lambda^2$$

den man auch in die Fassung

$$(4\text{-}313) \qquad \bar{c}_{p,R,2\text{-}Bl,II} = \frac{c_{w-}}{2}(A \cdot \lambda + B' \cdot \lambda^2 + C \cdot \lambda^3)$$

bringen kann, wobei zur Abkürzung

$$(4\text{-}314) \qquad B' = B - 2k_1'/c_{w-} = B - k_1''$$

gesetzt ist. Die für die reibungskorrigierte Leistungskennlinie typischen Schnellaufzahlen ergeben sich daraus zu

$$(4\text{-}315) \qquad \lambda_{max,II} = \frac{-B + k_1''}{2C}\left(1 - \sqrt{1 - \frac{4A \cdot C}{(-B + k_1'')^2}}\right)$$

$$(4\text{-}316) \qquad \lambda_{opt,II} = \frac{-B + k_1''}{3C}\left(1 - \sqrt{1 - \frac{3A \cdot C}{(-B + k_1'')^2}}\right)$$

Die Konsequenzen des Reibungseinflusses auf das Betriebsverhalten des Widerstandskonverters sind vielfältiger Art. So hängen die Hauptbetriebskenngrößen λ_{max}, λ_{opt} und $c_{p,max}$ von dem aus der Lagerbauart und -dimensionierung beeinflußten

Reibungsbeiwert k_1, der Rotorgeometrie (H,R) und der Windgeschwindigkeit v_1 ab, wogegen ohne explizite Berücksichtigung der Lagerreibung, Rotorgeometrie und Windgeschwindigkeit lediglich in Gestalt der c_w-Daten leistungswirksame Effekte zeitigen. Um angesichts der selbst bei großzügiger Variation der wesentlichen Parameter (k_1, v_1, H, R) ungeheuren Anzahl numerischer Wertekombinationen wenigstens zu orientierenden Aussagen über die quantitative Rolle der verschiedenen Bau- und Betriebsparameter zu kommen, wollen wir wie folgt vorgehen:
Nach Festlegung des für praktische Zwecke interessanten Wertebereichs der einzelnen Parameter sollen bei geeigneter numerischer Unterteilung des jeweiligen Bereichs die den verschiedenen Kombinationen der Parameter zugeordneten Hauptbetriebskennzahlen (λ_{max}, λ_{opt}, $c_{p,max}$) und die maximale Drehzahl n_{max} berechnet werden.

Aus dieser Datenmenge, die im Anhang aufgelistet ist, sollen bei geeigneter Auswahl anhand graphischer Darstellung typische Zusammenhänge - insbesondere auch in der Nähe der Parametergrenzen - verdeutlicht werden (Tabelle 19).

a) Wertebereich und numerische Datenauswahl der Betriebs- und Bauparameter:

k_1/kgm²/s	v_1/m/s	H/m	R/m
0,0001	5	0,1	0,05
0,001	10	0,2	0,10
0,002	15	0,3	0,15
0,005	20	0,5	0,20
0,01	25	1,0	0,30
0,02		1,5	0,50
0,05		2,0	1,00
0,10			

Die oben aufgeführte Datenauswahl und -abgrenzung bedarf einer kurzen Erläuterung. Die Staffelung der Reibungsbeiwerte k_1 erfolgte in der bekannten 1-2-5er Folge, wobei sich nach

Untersuchungen an der FH Wiesbaden vor allem der Wertebereich zwischen 0,001 und 0,01 kgm^2/s als paraxisrelevant erwiesen hat. Im Hinblick auf Großrotoren, den Einsatz von Kupplungen und Generatoren größerer Leistung, wurde der Bereich nach oben um eine Zehnerpotenz in gleicher Unterteilung erweitert; die Abgrenzung nach unten durch $k_1 = 0{,}0001\ kgm^2/s$ soll dem hypothetischen Einsatz exotischer Lagerelemente (Luft-, Magnet- oder magnetgestützter Spitzenlager) Rechnung tragen.

Die Auswahl der aufgeführten Windgeschwindigkeiten entspricht dem in gleiche Schrittweiten unterteilten Intervall des für Binnenlandgebiete interessanten Windgeschwindigkeitsbereichs.

Hinsichtlich der Bauparameterauswahl H und R ist anzumerken, daß die hierfür vorgesehenen Daten mit einer einigermaßen für die praktische Anwendung vertretbaren Belegungsdichte sowohl den Bereich von Modellrotoren wie auch den realer Energiekonverter abdecken.

b) Einige Ergebnisse aus der allseitigen Kombination der unter a) aufgeführten Parameterdaten:

Unter dem Aspekt der Anwendung interessieren wir uns besonders für den maximalen Leistungsbeiwert $c_{p,max}$, die maximale Schnellaufzahl λ_{max} und die maximale Drehzahl n_{max}, wobei letztere vor allem für die sekundäre Energiekonversion (z.B. mechanische in elektrische Energie) von Bedeutung ist. Beginnen wir die Auswertung der im Anhang wiedergegebenen Tabellenwerte zunächst mit dem Einfluß der Betriebs- und Bauparameter auf den maximalen Leistungsbeiwert. Im Hinblick auf die starke Abhängigkeit der Wirkungsgradkorrektur η_V vom Rotorradius R ist in den Bildern 78 und 79 der maximale Leistungsbeiwert $c_{p,max}$ als Funktion des Radius R für verschiedene Parameterkombinationen von k_1, v_1 und H dargestellt. Bild 78 enthält ausschließlich Daten für die niedrigste Windgeschwindigkeit $v_1 = 5$ m/s im abgesteckten Wertebereich, Bild 79 Daten für die höchste Windgeschwindigkeit (v_1=25 m/s). Innerhalb eines jeden Bildes sind je vier Kurven eingezeichnet, die folgender Parameterauswahl entsprechen:

Für die größte und die kleinste Rotorhöhe H des Wertebereichs (0,1 m und 2,0 m) und den kleinsten wie auch den größten Reibungsbeiwert k_1 des Wertebereichs (0,0001 bzw. 0,1 kgm/s^2) ist jeweils der Verlauf des Leistungsbeiwerts $c_{p,max}$ als Funktion des Radius R graphisch wiedergegeben. Unterstellt man als anzustrebende (untere) Grenze für den maximalen Leistungsbeiwert einen Betrag von 18 %, so entnimmt man den Diagrammen in Bild 78 und 79, daß man bei der noch recht bescheidenen Windgeschwindigkeit von 5 m/s im Falle extrem kleiner Lagerreibung durchaus mit Rotorradien von 0,2 m (d.h. Durchmessern von 0,4 m) auskommen könnte, im Falle des an der oberen Grenze gelegenen Lagerreibungsbeiwerts von 0,1 kgm^2/s jedoch noch für die größte untersuchte Rotorhöhe von H = 2 m und bei günstigster Windgeschwindigkeit von 25 m/s schon einen Rotordurchmesser von ca. 1 m benötigen würde, der sich bei der niedrigsten Windgeschwindigkeit von 5 m/s sogar auf etwa 1,5 m erhöhen würde. Kleinere Rotorhöhen - von der verwendeten kleinsten ganz zu schweigen - liegen in Kombination mit der größten Lagerreibung sehr ungünstig. Die gleiche Tendenz wie in den Leistungsbeiwerten macht sich bei der Darstellung der maximalen Schnellaufzahlen (bei gleicher sonstiger Parameterauswahl) bemerkbar (Bilder 80 und 81).

Zum Zwecke praktischer Dimensionierungsüberlegungen erscheint es sinnvoll, als konstante Parameterwerte etwa die Windgeschwindigkeit v_1 und den Lagerreibungsbeiwert k_1 vorzugeben und dann unter dieser Annahme den Einfluß der Baugeometrie - in Gestalt der Rotorhöhe H und des Rotorradius R - auf den maximalen Leistungsbeiwert $c_{p,\ max}$ zu untersuchen. Wir wählen als feste Windgeschwindigkeit v_1 = 5 m/s, also einen Wert in der Nähe der unteren Nutzungsgrenze, als Lagerreibungsbeiwert k_1 = 0,01 kgm^2/s, d. i. nach Erfahrungen an der FH Wiesbaden ein etwa doppelt so hoher Wert, wie er für gut gelagerte Modellrotoren und durchschnittliche Lagerdimensionierung als repräsentativ angesehen werden kann. Bild 82 zeigt eine Kurvenschar, die den maximalen Leistungsbeiwert $c_{p,max}$ als Funktion des Rotorradius bei unterschiedlichen Rotorhöhen als Parameter wiedergibt, wobei in allen Fällen die zuvor genannten Grunddaten unterstellt sind.

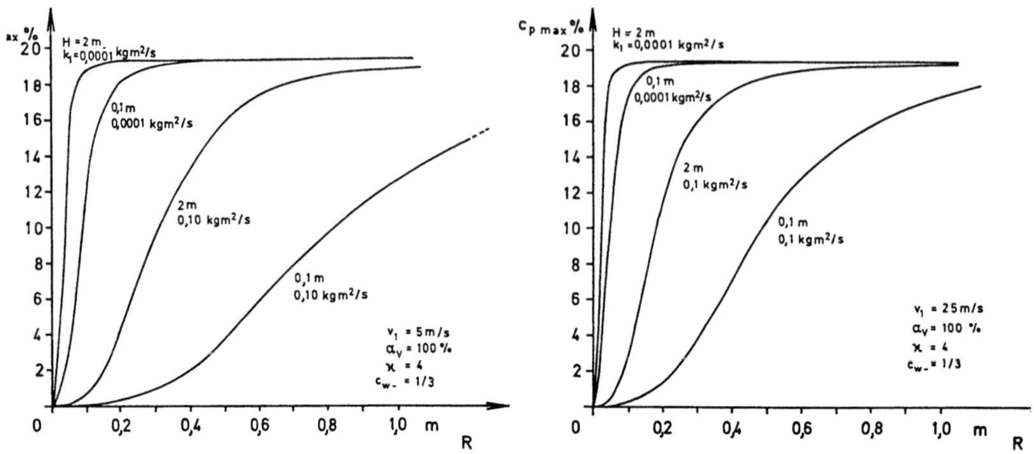

Bilder 78 und 79: Maximaler Leistungsbeiwert des 2-blättrigen abgeschirmten VWKs bei parabolischem Anströmprofil als Funktion des Rotorradius für verschiedene Parameterkombinationen von Höhe und Lagerreibungsbeiwert

a: H = 2 m, k_1 = 0,0001 kgm²/s, b: H=0,1 m, k_1=0,0001 kgm²/s

c: H = 2 m, k_1 = 0,1 kgm²/s, d: H=0,1 m, k_1=0,1 kgm²/s

Bild 78: v_1 = 5 m/s Bild 79: v_1 = 25 m/s

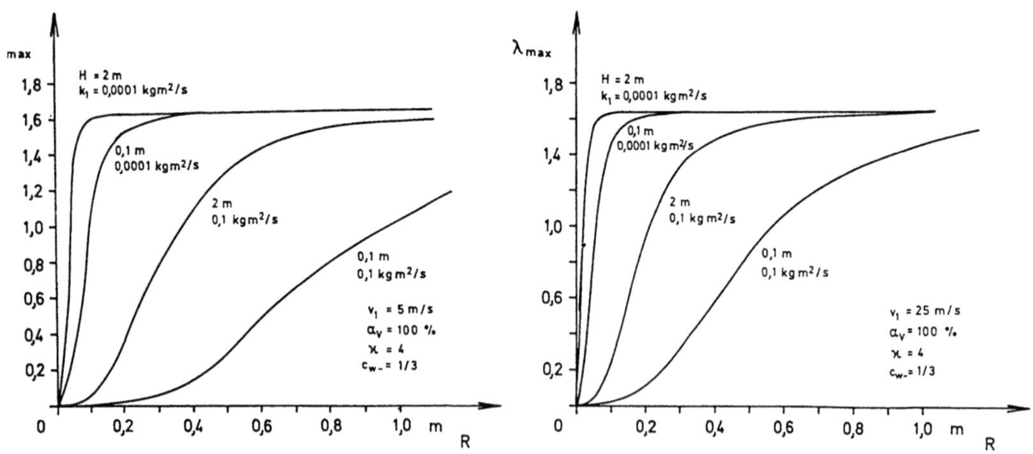

Bilder 80 und 81: Maximale Schnellaufzahl des 2-blättrigen abgeschirmten VWKs bei parabolischem Anströmprofil als Funktion des Rotorradius (Parameterkombinationen a,b,c,d wie oben)

Bild 80: v_1 = 5 m/s Bild 81: v_1 = 25 m/s

Außerdem wurde, wie bei allen unsren numerischen Betrachtungen, von Geometrie-unabhängigen c_w-Daten ausgegangen, eine einschränkende Bedingung, die letztlich ihre Ursache in unserer Unkenntnis von dem quantitativen Einfluß der Baugeometrie auf diese wichtige Kennzahl hat und bei Vorlage entsprechender Meßergebnisse entsprechend zu korrigieren sein wird. Die unter den genannten Voraussetzungen berechnete Kurvenschar in Bild 82 macht nochmals den in der Wirkungsgradkorrektur beruhenden starken Einfluß des Rotorradius R deutlich. Man erkennt, daß für den praktischen Einsatz eines 2-blättrigen Widerstandskonverters vom Savonius-Typ Bauhöhen unter etwa 1 m und Durchmesser $\lesssim 0{,}9$ m unzweckmäßig sind, wenn man einen Leistungsbeiwert in der Nähe des maximal möglichen Wirkungsgrades von ca. 18 bis 20 % anstrebt.

Im gleichen Sinne macht sich auch eine Auswertung unsrer bisherigen Berechnungen geltend, wenn man den Einfluß der Windgeschwindigkeit auf den maximalen Leistungsbeiwert studiert. So erhält man z.B. bei Annahme eines quadratischen Rotorquerschnitts (Seitenverhältnis 1:1) und eines einheitlichen Reibungsbeiwerts von $k_1 = 0{,}01$ kgm^2/s aus den in Bild 83 dargestellten Kurven die Aussage, daß erst für das zweitgrößte Rechenmodell von 1 m Höhe und 1 m Durchmesser auch bei einer niedrigen Windgeschwindigkeit von z.B. 5 m/s noch ein zufriedenstellender Leistungsbeiwert erreicht wird.
Außer den bisher angesprochenen Betriebskenngrößen spielt für die Anwendung auch die Rotordrehzahl noch eine Rolle, vor allem, wenn es sich bei dem angeschlossenen Sekundärenergiekonverter um einen Elektrogenerator handelt. Wählt man eine bestimmte Rotorhöhe H (im Hinblick auf eine noch akzeptable Nutzleistung z.B. H = 2 m), und trägt für eine ebenfalls fest vorgewählte Windgeschwindigkeit v_1 die maximale Leerlaufdrehzahl n_{max}, für unterschiedliche Reibungsbeiwerte k_1 als Parameter, als Funktion des Rotorradius R auf, so ergeben sich Kurven, die mit abnehmendem Reibungsbeiwert k_1 ein sich immer stärker ausprägendes Maximum aufweisen (Bild 84 und 85). Dieses Maximum, welches dem einer Resonanzkurve ähnelt, verlagert sich mit fallendem Reibungsbeiwert zu kleineren Radien. Im Falle der vorgewählten Bauhöhe von H = 2 m und einer Wind-

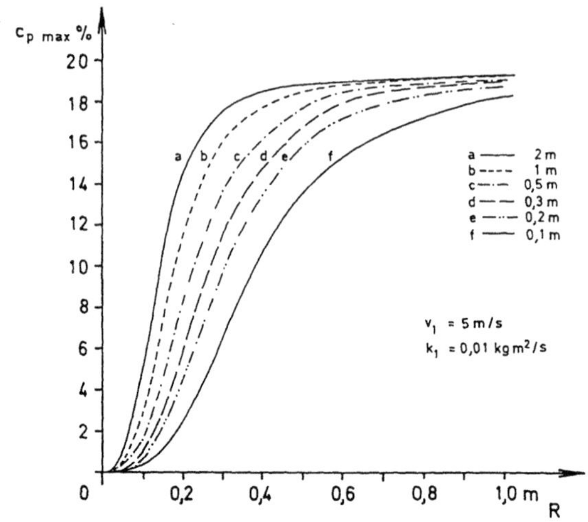

Bild 82: Maximaler Leistungsbeiwert eines 2-blättrigen Widerstandskonverters im abgeschirmten Betrieb bei parabolischem Anströmprofil als Funktion des Rotorradius; Rotorbauhöhe H als Parameter (Windgeschwindigkeit 5 m/s, Reibungsbeiwert 0,01 kgm^2/s)

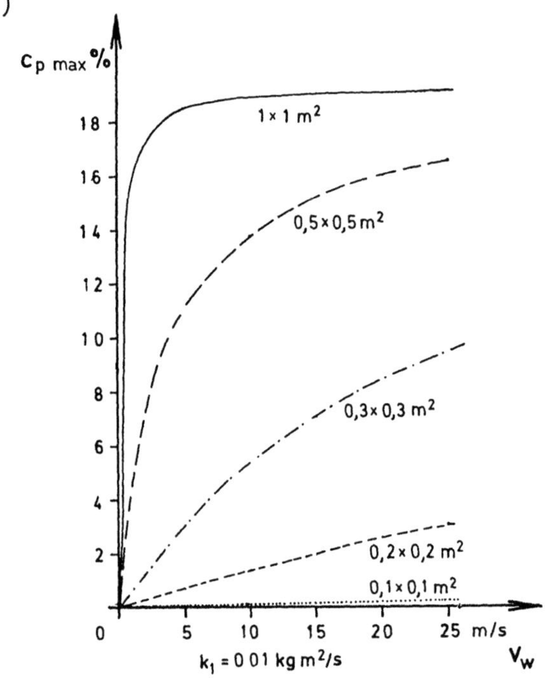

Bild 83: Maximaler Leistungsbeiwert als Funktion der Windgeschwindigkeit bei konstantem Lagerreibungsbeiwert für verschiedene Rotorquerschnittsflächen als Parameter

geschwindigkeit von 5 m/s liegen die Maxima für Reibungsbeiwerte zwischen 0,001 und 0,1 kgm^2/s im Radienbereich zwischen etwa 7,5 und 30 cm Radius (15 cm bis 60 cm Durchmesser), die entsprechenden Drehzahlen (Bild 84) zwischen 615 und 125 min^{-1}. Legt man bei sonst gleichen Voraussetzungen 25 m/s Windgeschwindigkeit zugrunde, so verlagern sich die Maxima in den Durchmesserbereich unterhalb etwa 20 cm, während sich die Drehzahlen in das Gebiet oberhalb 1100 min^{-1} verschieben. Das geschilderte Phänomen, das im Hinblick auf die Getriebeauswahl zur Drehzahlübersetzung zwecks Anpassung an die Drehzahl-Leistungscharakteristik des Sekundärwandlers durchaus nicht nur von akademischem Interesse ist, erklärt sich aus der Überlagerung zweier gegenläufiger Effekte: Wie bereits in den Bildern 80 und 81 belegt, steigt die Schnellaufzahl mit zunehmendem Radius R bis zu einem vom c_w-Wert bestimmten Grenzwert an, da das bremsende Lagerreibungsmoment immer mehr gegenüber dem Antriebsmoment vernachlässigbar wird. Die Drehzahl ist nun aber nach (4-18) nicht nur zur Schnellaufzahl, sondern auch dem Kehrwert des Radius proportional, so daß - vor allem im Bereich des Grenzwertes für λ_{max} - die Drehzahl mit 1/R abnehmen muß. Aus der Überlagerung beider Abhängigkeiten resultiert das rechnerisch ermittelte Drehzahlmaximum.

B) Gleitreibungsbehaftete Lagerreibung

Von ungleich geringerer Bedeutung als die zuvor behandelte **viskose Lagerreibung ist die Gleitreibung.** Sie spielt eine Rolle bei spitzengelagerten Rotorkleinmodellen, sofern die in solchen Fällen benötigte seitliche Druckentlastung vergleichsweise vernachlässigbaren Einfluß besitzt, wie etwa bei luft- oder magnetgestützten Radiallagern. Windrotoren für einen technisch relevanten Nutzleistungsbereich würden zwecks Vermeidung unzulässig hoher spezifischer Flächenbelastungen zu große Lagerflächen benötigen, um gegenüber den gängigen schmiermittelunterstützten Rollen- und Kugellagern noch konkurrenzfähig zu sein. Allerdings ist zu beachten, daß auch bei viskoser Lagerreibung, wie sie normalerweise vorliegt, bedingt durch Abreißen des Schmierfilms, ein Übergang von der

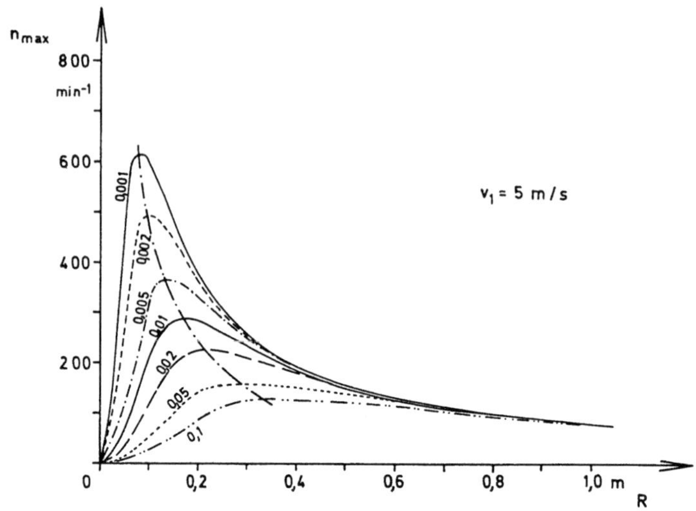

Bild 84: Maximale Rotordrehzahl als Funktion des Radius für v_1 = 5 m/s Windgeschwindigkeit und verschiedene Lagerreibungsbeiwerte k_1 als Parameter (H = 2 m, $\varkappa$ = 4, c_{W-} = 1/3 α_V = 100 %)

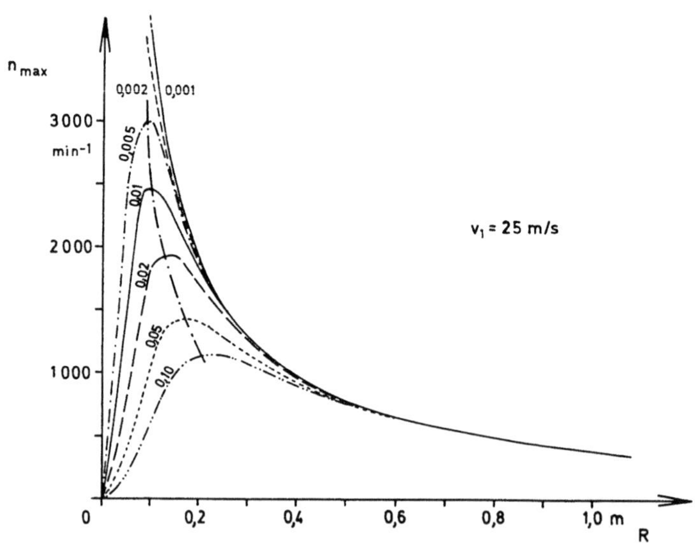

Bild 85: Maximale Rotordrehzahl als Funktion des Radius für v_1 = 25 m/s Windgeschwindigkeit und verschiedene Lagerreibungsbeiwerte k_1 als Parameter (H = 2 m, $\varkappa$ = 4, c_{W-} = 1/3, α_V = 100 %

viskosen zur Gleit- bzw. sogar Haftreibung auftritt, wenn der Rotor stillsteht oder extrem langsam dreht. Dieser Effekt ist in der Praxis in Form einer Art mechanischer Hysteresis zu beobachten, dergestalt, daß ein Widerstandskonverter ab einer minimalen Windgeschwindigkeit von z.B. 2 m/s anläuft, jedoch erst unterhalb von 1 m/s (im Leerlauf) stehenbleibt.

Wie bereits im Zusammenhang mit dem lagerreibungsbehafteten Anemometer erwähnt, läßt sich die Gleitreibungsverlustleistung $P_{V,I}$ idealisiert durch ein konstantes (Drehzahl-unabhängiges) Reibungsmoment $M_{R,o} = k_o$ beschreiben:

$$P_{V,I} = M_{R,o} \cdot \omega = k_o \cdot \omega = k_o(\lambda \cdot v_1/R)$$

Ganz analog zum Vorgehen im Abschnitt A) errechnet sich daraus dann die Wirkungsgradkorrektur

$$(4\text{-}317) \qquad \eta_V = \frac{P_{V,I}}{P_w} = \frac{k_o \cdot v_1 \cdot \lambda/R}{\frac{\rho_L}{2} v_1^3 \cdot 2R \cdot H} = \frac{k_o}{\rho_L \cdot v_1^2 \cdot H \cdot R^2} \cdot \lambda = k_o' \cdot \lambda$$

Damit erhält man den Leistungsbeiwert des 2-blättrigen abgeschirmten Widerstandskonverters mit parabolischem Anströmprofil im Falle von gleitreibungsbedingten Lagerverlusten zu

$$(4\text{-}318) \qquad \bar{c}_{p,R,2\text{-}Bl,I} = \frac{c_{w-}}{2}(A \cdot \lambda + B \cdot \lambda^2 + C \cdot \lambda^3) - k_o' \cdot \lambda$$

Die Konstanten A, B und C wurden bereits mit den Beziehungen (4-298), (4-299) und (4-300) definiert. Faßt man die mit der ersten Potenz von λ gekoppelten Koeffizienten zusammen, so gilt mit

$$(4\text{-}319) \qquad A' = A - 2k_o'/c_{w-} = A - k_o''$$

$$(4\text{-}320) \qquad \bar{c}_{p,R,2\text{-}Bl,I} = \frac{c_{w-}}{2}(A' \cdot \lambda + B \cdot \lambda^2 + C \cdot \lambda^3)$$

Die charakteristischen Schnellaufzahlen der (gleit-)reibungskorrigierten (normierten) Leistungskennlinie ergeben sich hiernach zu

$$\lambda_{max,I} = -\frac{B}{2C}\left(1-\sqrt{1-\frac{4A'\cdot C}{B^2}}\right) \tag{4-321}$$

$$\lambda_{opt,\ I} = -\frac{B}{3C}\left(1-\sqrt{1-\frac{3A'\cdot C}{B^2}}\right) \tag{4-322}$$

Bemerkenswert ist der im Vergleich zu den viskosen Verlusten geringere Einfluß des Rotorradius auf die Wirkungsgradkorrektur ($\eta_V \sim 1/R^2$) und der stärkere Einfluß der Windgeschwindigkeit ($\eta_V \sim 1/v_1^2$).

C) Reibungsverluste vom turbulenten Typ

Reibungsverluste der hier angesprochenen Art, die sich als quadratisch von der Drehzahl abhängiges Bremsmoment bemerkbar machen ($M_{R,2} \sim n^2 \sim \omega^2$), spielen als eigentliche Lagerreibungsverluste nur eine äußerst untergeordnete Rolle gegenüber den bereits unter A) und B) besprochenen Verlusten. Quantitativ von Bedeutung werden die durch turbulente Strömungsvorgänge verursachten Verluste z.B. bei Verwendung mechanischer Rührwerke in Flüssigkeiten (sog. Wirbelbremse), die man als mechanisch-thermische Energiewandler anzusehen hat. Der Vorteil dieser Wandler ist, wie sich gleich herausstellen wird, ihre automatische Anpassung an das Windleistungsangebot.

Der Ansatz für die Verlustleistung durch turbulente Reibung lautet aufgrund des zum Quadrat der Drehzahl proportionalen Reibungsmoments

$$P_{V,III} = M_{R,2}\cdot\omega = k_2\cdot\lambda^3 = k_2(\lambda\cdot v_1/R)^3$$

Für die wiederum benötigte Wirkungsgradkorrektur folgt daraus

$$(4\text{-}323)\qquad \eta_V = \frac{P_{V,III}}{P_w} = \frac{k_2 \cdot v_1^3 \cdot \lambda^3/R^3}{\frac{\rho_L}{2} v_1^3 \cdot 2R.H} = \frac{k_2}{\rho_L \cdot H \cdot R^4} \cdot \lambda^3 = k_2' \cdot \lambda^3$$

Der Leistungsbeiwert des 2-blättrigen abgeschirmten Widerstandskonverters mit parabolischem Anströmprofil wird dann

$$(4\text{-}324)\qquad \bar{c}_{p,R,2\text{-}Bl,III} = \frac{c_{w-}}{2}(A \cdot \lambda + B \cdot \lambda^2 + C \cdot \lambda^3) - k_2' \cdot \lambda^3$$

Auch hier ergibt sich wieder in vereinfachter Schreibweise durch Zusammenfassung der mit der gleichen Potenz in λ verknüpften Faktoren eine Darstellung der Form

$$(4\text{-}325)\qquad \bar{c}_{p,R,2\text{-}Bl,III} = \frac{c_{w-}}{2}(A \cdot \lambda + B \cdot \lambda^2 + C' \cdot \lambda^3)$$

indem man

$$(4\text{-}326)\qquad C' = C - 2k_2'/c_{w-} \qquad \text{setzt.}$$

Wie man der Beziehung (4-323) entnimmt, hängt tatsächlich der Wirkungsgradverlust nicht von der Windgeschwindigkeit v_1 ab, was gerade die zu Beginn dieses Abschnitts behauptete Anpassung der Verluste an das Primärleistungsangebot bestätigt. Die charakteristischen Schnellaufzahlen folgen wie üblich aus (4-325):

$$(4\text{-}327)\qquad \lambda_{max,III} = -\frac{B}{2C'}\left(1 - \sqrt{1 - \frac{4A \cdot C'}{B^2}}\right)$$

$$(4\text{-}328)\qquad \lambda_{opt,III} = -\frac{B}{3C'}\left(1 - \sqrt{1 - \frac{3A \cdot C'}{B^2}}\right)$$

4.4.2.7 Betrachtungen zur praktischen Dimensionierung eines Vertikalachsen-Widerstandskonverters

Die konkrete Wahl der Baudaten eines Savonius-Rotors (als Hauptvertreter der VWK-Familie) richtet sich primär nach drei für die Anwendung wichtigen technischen Betriebskenngrößen bzw. deren numerische Vorgabe:

- der Nennleistung (maximale Nutzleistung bei Bezugswindgeschwindigkeit)

- dem maximalen Leistungsbeiwert

- der Nenndrehzahl (bei Abgabe der Nennleistung)

Erschwerend wirkt sich leider aus, daß alle diese Kenngrößen miteinander zusammenhängen und bei Variation der Baugeometrie und der numerischen Baudaten gleichzeitig beeinflußt werden. Außerdem kommt noch unter dem Aspekt der Betriebssicherheit die Forderung hinzu, daß die maximale Leerlaufdrehzahl des Rotors auch bei der größtmöglichen zu erwartenden Windgeschwindigkeit noch unterhalb der niedrigsten Biegeresonanzfrequenz bleiben sollte. Wir wollen nun im folgenden versuchen, die wichtigsten Kriterien bei der Festlegung der Rotordaten und ihre wechselseitigen Zusammenhänge aufzuzeigen.

A) Geometrische Grundvorgaben

Wie durch eine Reihe von Publikationen (vgl. Abschnitt 4.4.2.2) - die großenteils durch Untersuchungen an der FH Wiesbaden bestätigt wurden - belegt ist, hat ein idealisierter Savonius-Rotor (im Sinne reibungsfreier Achslagerung) gewisse Voraussetzungen baugeometrischer Art zu erfüllen, um eine grundsätzliche Wirkungsgradoptimierung sicherzustellen. Die erwähnten Grundvorgaben lassen sich in Form eines Katalogs von Forderungen kleiden, die im folgenden aufgelistet sind und nach deren Erfüllung nur noch die numerische Datenfestlegung verbleibt:

1. In jeder durch den Abschnitt zwischen zwei Stützenscheiben gebildeten Rotoretage sollten zwei Widerstandselemente (Blätter) in spiegelsymmetrischer Anordnung gegenüber der Drehachse verwendet werden (2-blättrige Bauweise)

2. Zur Verbesserung der Richtungsunabhängigkeit des Antriebsmoments sollte der Rotor wenigstens zwei Etagen besitzen

3. Die durch die Blattausrichtung in den Etagen definierte jeweilige Vorzugsrichtung sollte sich von Etage zu Etage fortlaufend im gleichen Drehsinne um gleiche Winkelbeträge ändern, derart, daß die erste und die letzte Etage um 90° gegeneinander versetzt sind

4. Die zur Befestigung der Blätter und Abgrenzung der Etagen verwendeten Stützscheiben sollten mindestens dem Rotordurchmesser entsprechen, diesen aber auch nicht wesentlich übertreffen

5. Die maximale Wölbung der Blätter sollte etwa 1/3 der radialen Längsausdehnung betragen, wobei der Punkt der tiefsten Einwölbung außerhalb des mittleren Rotorradius liegen sollte

6. Die Blätter sollten um etwa 20 % des Rotorgesamtdurchmessers überlappen

7. Aus Gründen der Stabilität und zur Erleichterung Auswuchtarbeit (dynamisches Auswuchten ist unbedingt zu empfehlen) ist der Rotor mit einer durchgehenden Welle zu versehen, die den Luftspalt zu nicht mehr als 50 % blockieren darf

Die optimale Blattgeometrie ist noch nicht endgültig festgestellt, doch ist die in /20/ aus einer Anzahl verschiedener geometrischer Muster als beste Form ermittelte (Bild 86) sicher nicht sehr weit von der zu postulierenden Idealform entfernt.
Das in /20/ vorgeschlagene gometrische Blattprofil setzt sich aus zwei Kreisbögen mit den Radien R und 0,4R (R Rotorradius) zusammen. Der Mittelpunkt des kleineren äußeren Bogens, der einen Viertelkreis darstellt, liegt auf einem großen Durchmesser durch die Rotorachse um den Abstand 0,6R von letzterer entfernt, während der Mittelpunkt des inneren Kreisbogens vom Krümmungsradius R auf einer senkrecht zum großen Durchmesser verlaufenden Linie durch den erstgenannten Krümmungsmittelpunkt, im Abstand 0,6R von jenem, gelegen ist.

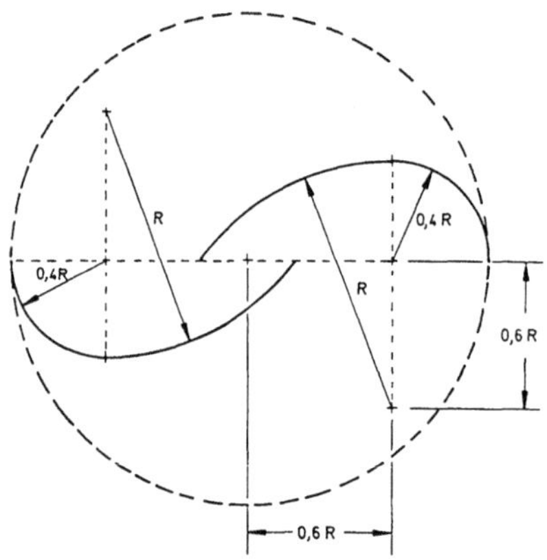

Bild 86: Optimale Blattgeometrie für den 2-blättrigen Savonius-Rotor nach /20/

Wie Meßergebnisse von Kirschner /20/ gezeigt haben, weist ein gemäß der Blattgeometrie nach Bild 86 gebauter 2-blättriger Savonius-Rotor bei gleicher Drehzahl ein höheres Drehmoment und damit eine höhere Leistung auf als ein nach der ursprünglichen Halbkreisgeometrie (Bild 67) geformter Rotor.

B) Dimensionierung nach der Leistung

Nachdem gezeigt worden ist, daß der maximale Wirkungsgrad eines Savonius-Rotors knapp unterhalb von 20 % liegt, der maximale Leistungsbeiwert aufgrund von Lagerreibungsverlusten jedoch noch ein wenig darunter, läßt sich zu Abschätzzwecken das spezifische (d.h. flächenbezogene) Nutzleistungsangebot eines solchen VWKs in Abhängigkeit von der Windgeschwindigkeit berechnen, indem man von einem Leistungsbeiwert von mindestens 15 % ausgeht (Tab. 20).

Windgeschwindigkeit v_1/m/s	flächenspezifisches Windleistungsangebot $P_w/W/m^2$	flächenspezifische Rotornutzleistung $P_N/A = 0{,}15 \cdot P_w/A$ (in W/m^2)
2,0	4,8	0,72
3,0	16,2	$2{,}4_3$
4,0	38,4	$5{,}7_6$
5,0	75,0	11,3
6,0	129,6	19,4
7,0	205,8	30,9
8,0	307	46,1
10,0	600	90
15,0	2025	304
20,0	4800	720

Tabelle 20: Orientierungswerte für die flächenspezifische Rotornutzleistung bei verschiedenen Windgeschwindigkeiten

Der mit 15 % etwas niedrig angesetzte maximale Leistungsbeiwert bedeutet für große Rotoren im technisch relevanten Leistungsbereich i.a. eine zu geringe Nutzleistungsabschätzung. Es ist jedoch zu beachten, daß genauere Daten ohnehin erst berechnet werden können, wenn die individuellen Lagerreibungsbeiwerte bekannt (vermessen) sind.

Den in der Tabelle 20 aufgeführten Zahlenwerten entnimmt man, daß ein Savonius-Rotor der gängigen Querschnittsfläche von einigen Quadratmetern im Bereich niedriger Windgeschwindigkeiten (bis ca. 10 m/s) nur geringe Endleistungen erbringt. Zufriedenstellend wird das Nutzleistungsangebot erst bei Windgeschwindigkeiten oberhalb etwa 15 m/s. In Verbindung mit der nach den Erfahrungen an der FH Wiesbaden extrem guten Sturmfestigkeit des Savonius-Rotors qualifiziert sich diese Bauart damit als bevorzugt geeigneter Konverter für sturmreiche Gegenden (wie z.B. Nordsee, Feuerland u. dgl.).
Der einzige Weg, den Savonius-Rotor trotz seines relativ nie-

drigen Leistungsbeiwertes auch für windschwächere Zonen (Binnenland) attraktiv zu machen, scheint darin zu bestehen, ihn sehr groß, d.h. mit großer Wirkfläche, zu bauen. Die hiermit zusammenhängenden Probleme tangieren jedoch andere Dimensionierungsgesichtspunkte und sollen daher dort weiter verfolgt werden.

C) Dimensionierung nach der Drehzahl

Hinsichtlich der Anwendung eines Windrotors steht neben der zu erwartenden Nutzleistung die Arbeitsdrehzahl sowie die Maximaldrehzahl im Leerlauf im Mittelpunkt des Interesses. Die Schnelläufigkeit spielt nur insoweit eine Rolle, als bei gegebenem Rotordurchmesser die Drehzahl proportional zur Schnellaufzahl ist. Die Bedeutung der Arbeitsdrehzahl, die man stets so zu regeln versuchen wird, daß der Rotor bei maximalem Leistungsgewinn (Leistungsbeiwert) betrieben wird, ergibt sich - wie schon früher erläutert - aus der Problematik der sekundären Energiekonversion, insbesondere dann, wenn hierzu ein elektrischer Generator verwendet wird. Die vielseitige Einsetzbarkeit der elektrischen Energieform macht aber gerade siese Art der Sekundärenergiekonversion erstrebenswert, was mit dem Wunsch nach hohen Drehzahlen (Induktionsgesetz!) gleichbedeutend ist. In praxi liegen die benötigten Arbeitsdrehzahlen im Bereich von 2000 bis 3000 min^{-1} bei Gebrauch von Drehstromgeneratoren, im Bereich oberhalb von etwa 500 min^{-1} bei Verwendung langsamdrehender vielpoliger Gleichstrommaschinen. Die hin und wieder unternommenen Versuche, mithilfe extrem langsamlaufender, speziell konstruierter Generatoren großen Durchmessers, an deren Peripherie trotz der niedrigen Drehzahl eine ausreichende Magnetflußänderungsgeschwindigkeit $d\phi/dt$ erreicht wird, dem im normalen Windgeschwindigkeitsbereich geringen Drehzahlangebot eines VWKs (Bild 84) Rechnung zu tragen, muß mit Skepsis begegnet werden, da wegen der zu fordernden engen Luftspalttoleranzen des magnetischen Kreises nicht nur großer Fertigungsaufwand (bei kleinen Produktionsserien), sondern auch der Einsatz größerer Massen als bei normalen Generatoren in Kauf genommen werden muß.

Mit zunehmender Masse (Gewicht) vergrößert sich o.a. die Lagerreibung, außerdem das Trägheitsmoment, welches wiederum sowohl die Lagerreibung (Deviationsmoment!) als auch die Ansprechträgheit des Rotors verschlechtert. Hinzu kommt die bei Sonderanfertigungen unvermeidbare Kostenverteuerung. Somit verbleiben zwei Möglichkeiten, das für herkömmliche Generatoren benötigte Drehzahlniveau zu erreichen:

1. Bau schnelldrehender Windrotoren

2. Verwendung von Getrieben

Sieht man sich unter dem erstgenannten Aspekt die Diagramme in Bild 84 und 85 an, so erkennt man, daß - je nach der Höhe des Lagerreibungsbeiwertes - der günstigste Rotorradius zwischen etwa 0,1 bis 0,15 m (Durchmesser zwischen 20 cm und 30 cm) liegt. Trotz ihrer scheinbaren Allgemeingültigkeit ist diese Aussage kaum von praktischem Wert, und dies hat zwei Gründe:

- Das absolute Drehzahlniveau hängt sehr stark von der Windgeschwindigkeit ab

- Sowohl die erreichbare wie auch die zur Vermeidung der Biegeresonanz zulässige Rotordrehzahl werden durch die Rotorhöhe mitbestimmt, welche ihrerseits durch die auf die Auslegungswindgeschwindigkeit bezogene gewünschte Nutzleistung festgelegt wird

Bleiben wir zunächst einmal bei der Lösung 1, einen schnelldrehenden Rotor zu bauen, um so auf den Einsatz eines verlustbehafteten Getriebes verzichten zu können. Aufgrund der durch den Generator fixierten optimalen Drehzahl müßte der Windrotor entweder für eine niedrige oder eine hohe Windgeschwindigkeit ausgelegt werden. Gehen wir daher von folgender Fallunterscheidung aus:

<u>Fall I:</u> Rotor für niedrige Windgeschwindigkeit (z.B. $v_1 = 5 m/s$)

<u>Fall II:</u> Rotor für hohe Windgeschwindigkeit (z.B. $v_1 = 25 m/s$)

Im Falle I müßte man, um eine im technischen Bereich schon recht bescheidene Leistung von etwa 100 W zu gewinnen (Tabelle 20), bei einem Rotordurchmesser von 0,3 m eine Höhe von H = 30 m (!) realisieren. Ein solcher Wert ist ganz und gar utopisch, wenn man dagegen hält, daß bereits bei 2 m Lagerabstand ein Rotor von nur 0,2 m Durchmesser (Polyster-GFK-Leichtbauweise unterstellt) eine Biegeresonanzdrehzahl von ca. 600 min^{-1} besitzt.

Im Falle II wäre - wie der Leser leicht überschlägt - eine Nutzleistung von ungefähr 1,4 kW/m^2 zu erzielen, so daß man bei diesem günstigen Leistungsangebot wenigstens 1 m^2 Fläche anstreben wird. Dies würde bei einem Rotordurchmesser von 0,3 m immer noch eine Rotorhöhe von über 3 m bedeuten, wobei mit Drehzahlen über 1000 min^{-1} zu rechnen ist. Auch dieser Wert überschreitet bei weitem die zu erwartende Biegeresonanzdrehzahl.

Einen Ausweg aus diesem Dilemma kann offenbar nur der Übergang zu größeren Rotordurchmessern bieten, der einerseits das Drehzahlniveau absenkt, andererseits aber den Einsatz ei-Getriebes notwendig macht. Wenden wir uns unter diesem neuerlichen Gesichtspunkt noch einmal den Diagrammen in Bild 84 und 85 zu, so erkennen wir, welchem Vorteil der Bau von Rotoren größeren Durchmessers bietet: Im Durchmesserbereich zwischen etwa 1 m und 2 m wird das Drehzahlniveau im wesentlichen vom Durchmesser bestimmt und der Einfluß des Lagerreibungsbeiwertes verschwindet. Schon bei der noch recht niedrigen Windgeschwindigkeit von 5 m/s würde im Falle eines Rotordurchmessers von 1 m die Leerlaufdrehzahl - auch bei unterschiedlichster Lagerreibung - zwischen etwa 100 min^{-1} und 150 min^{-1} liegen; bei 25 m/s Windgeschwindigkeit würde sich der zu erwartende Drehzahlbereich sogar auf das Intervall 750 bis 800 min^{-1} einengen. Zieht man nun noch in Betracht, daß wegen der unvermeidlichen Getriebeverluste (Reibung) zweckmäßigerweise primärseitig ein möglichst großes Drehmoment zur Verfügung gestellt werden sollte, so könnte man versucht sein, den Rotordurchmesser möglichst groß zu wählen. Damit würde dann auch noch gleichzeitig dem ökonomischen Gesichtspunkt

Rechnung getragen, daß man im Hinblick auf das Haltegerüst mit möglichst großem Leistungsgewinn pro Meter Achslänge arbeiten sollte. Ein weiteres Argument, welches für große Durchmesser, zumindest aber gegen sehr große Achslängen bei Vertikalachsenrotoren spricht, ist der Umstand, daß wegen der Höhenabhängigkeit der Windgeschwindigkeit ($v_1 \sim H^{0,25}$) die Maximalhöhe des Rotors nicht mehr als etwa das Zweifache der Minimalhöhe betragen sollte (d.h. Rotorachslänge gleich Bodenabstand); andernfalls übersteigt die Windleistung am oberen Rotorende um mehr als 20 % die am unteren Ende anfallende Primärleistung, und es ist wegen der unterschiedlichen λ-Werte entlang der Rotorhöhe aufgrund der unumgänglichen Mittelwertbildung mit einem Absinken des effektiven Leistungsbeiwertes gegenüber dem maximal möglichen zu rechnen.
Bei dem nach der praktischen Erfahrung (in unbebautem Gelände) benötigten Bodenabstand von mindestens 5 m bedeutet dies eine Begrenzung der Rotorlänge bzw. -höhe auf etwa 5 m.

Es bleibt nunmehr die Frage, ob der Rotordurchmesser evtl. auch nach oben hin eine sinnvolle Grenze findet. Beginnen wir unsre diesbezüglichen Überlegungen bei der Getriebeauswahl. Im Hinblick auf die ohnehin niedrigen Nutzleistungsdaten des Savonius-Rotors wird man auf jeden Fall versuchen, die Getriebeverluste möglichst klein zu halten, also z.B. mehrstufige Getriebe vermeiden. Weiterhin wird man - um nicht zu kleine Ausgangsdrehmomente zu erhalten - die Übersetzung nicht höher als etwa 1:10 treiben. Geht man mit diesen Daten in die Diagramme der Bilder 84 und 85 ein, so findet man für einen Rotorradius von R = 1 m bei einer angenommenen Windgeschwindigkeit von 5 m/s eine Enddrehzahl (Leerlauf) von 750 min^{-1}, die sich bei 25 m/s auf 4000 min^{-1} erhöht. Die i.a. etwa halb so groß anzusetzende Arbeitsdrehzahl betrüge in den gleichen Fällen 370 min^{-1} bzw. 2000 min^{-1}. Dem hier aufgeführten Zahlenbeispiel entnimmt man, daß bei einer vernünftigen Eingrenzung der Getriebeübersetzung im Bereich 1:5 bis 1:10 der Rotorradius zwischen 0,5 und 1 m, der Durchmesser also zwischen 1 m und 2 m gelegen sein sollte.

Die vorerwähnte Abgrenzung des Rotorradius auf maximal 2 m macht eine Begrenzung der Rotorhöhe im Hinblick auf die Vermeidung von Biegeresonanzen im Arbeitsbereich möglich und notwendig, da die kritischen Drehzahlen - bei vorausgesetzter gleichbleibender Bauweise - vom Lagerabstand abhängen. Eine Abschätzung (deren Wiedergabe den Rahmen dieses Buches sprengen würde) im Rahmen einer an der FH Wiesbaden ausgeführten Diplomarbeit (/23/) läßt für Rotoren in UP - GFK - Bauweise eine Maximalbauhöhe von H = 3 m als sinnvolle obere Grenze ratsam erscheinen. Mit dieser hauptsächlich in Bezug auf die elektrische Energiegewinnung vorgenommenen Begrenzung der Rotordaten auf einen Durchmesser von 2 m und eine Höhe von 3 m liegt auch die maximale Wandlerfläche von etwa 6 m^2 fest, die den Savonius-Rotor endgültig als Kleinkonverter im Nutzleistungsbereich unterhalb etwa 10 kW typisiert, die allerdings auch nur bei Sturm (v_1 = 25 m/s) erreicht werden.

D) Betrachtungen zur Leistungsabnahme

Der Savonius-Rotor vereint in sich Vorzüge, wie sie in dieser extremen Kombination bei anderen Konverter-Typen unvereinbar sind:

- Das größte Drehmoment tritt, wie es für einen Widerstandskonverter charakteristisch ist, bei der kleinsten Relativgeschwindigkeit zum Wind, d.h. im Stillstand auf (großes Anlaufmoment!)

- Die sehr kompakte und robuste Bauweise bedingen eine enorme Sturmsicherheit, ja sogar Arbeitsfähigkeit bei hohen Windgeschwindigkeiten

Die genannten Eigenschaften könnten den Savonius-Rotor zu einem einmaligen Universalkonverter machen, der für alle nur denkbaren Windgeschwindigkeiten brauchbar wäre, wenn es gelänge, die extrem unterschiedlichen Leistungen (die auch noch bei sehr unterschiedlichen Drehzahlen anfallen) bei Sturm und Schwachwind mit gleich gutem Wirkungsgrad weiterzuverarbeiten.

Eine mögliche Lösung konnte darin bestehen, je nach Primärleistungsangebot wahlweise einen für niedrige Drehzahlen und Leistungen ausgelegten langsamlaufenden Generator, oder einen schnellaufenden Generator großer Leistung anzukoppeln. Zur Verbesserung der Drehzahlanpassung könnte evtl. eine veränderliche Getriebeübersetzung (stufenlos oder wenigstens zwei feste Übersetzungsverhältnisse) vorgesehen werden. Die Optimierung des hier nur angedeuteten Lösungswegs in Bezug auf Betriebssicherheit, Ökonomie und geringstmögliche Verluste wäre eine Gemeinschaftsaufgabe für Elektrotechnik und Maschinenbau. Die zu erwartende Kostensteigerung könnte sich bei günstiger Standortwahl lohnen, wenn man bedenkt, daß ein Tag mit 15 m/s Windgeschwindigkeit soviel Energie liefern würde, wie ein Monat mit 5 m/s. Voraussetzung für eine konsequente Nutzbarmachung der Windenergie im Bereich der dezentralen Energieversorgung ist allerdings die parallele Entwicklung einer für elektrische Energierückgewinnung brauchbaren Speichermethode (z.B. Wasserstofftechnologie).

E) Zur Materialauswahl

Grundsätzlich sollte das zum Bau eines Savonius-Rotors, bzw. allgemein eines Widerstandskonverters, verwendete Material nach dem Gesichtspunkt größtmöglicher Festigkeit bei kleinster Masse ausgesucht werden. Bezüglich Materialauswahl und konstruktiver Gestaltung ist zwischen Stützscheiben und Flügeln ein Unterschied zu machen. Bei Versuchen und Berechnungen an der FH Wiesbaden wurden bisher folgende Techniken zugrundegelegt:

Stützscheiben:

- Pertinax
- wasserfest verleimtes Sperrholz

Flügel:

- glasfaserverstärktes Polyester
- Sandwich-Bauweise aus einem Hartschaumkern mit epoxidharzgetränktem Glasfasermantel (ggf. mit Armierung aus Aluminium-Hohlrohren)

Die Befestigung der Flügel an den Stützscheiben erfolgte teils durch Verschraubung mithilfe einlaminierter Schraubhülsen oder Rohren mit Innengewinde, teils durch Verkleben. Die Erfahrungen mit der Sandwichbauweise sind bisher sowohl hinsichtlich Gewicht, Festigkeit und Dauerstandfestigkeit gut. Noch nicht zufriedenstellend ist die Wetterfestigkeit des Stützscheibenmaterials. Erwogen wurde in Verbindung mit der Verwendung glasfaserverstärkter Polyesterflügel der Einbau kalottenförmiger, miteinander verschweißter Doppelstützscheiben bei größeren Savonius-Rotoren. Aufgrund des wesentlich höheren Gewichts ($\rho = 2{,}7\ g/cm^3$ gegenüber $1{,}45\ g/cm^3$ für GFK) und des höheren Preises scheinen reine Aluminiumkonstruktionen weniger empfehlenswert als solche aus glasfaserarmiertem Kunststoff, insbesondere bei Vergleich mit der Sandwich-Bauweise.

4.4.2.8 Zusammenfassende Wertung des Vertikalachsen-Widerstandskonverters

Der sog. VWK läßt sich durch die nachfolgend aufgezählten Eigenschaften charakterisieren:

Vorteile:

1. Windrichtungsunabhängigkeit (auch beim Anlaufen)
2. Blattverstellung unnötig
3. hohe Robustizität und daher extreme Sturmfestigkeit
4. technisch einfache und daher preisgünstige Herstellung
5. nahezu vollkommene Wartungsfreiheit wegen fehlender mechanisch bewegter Teile und aufgrund Punkt 3
6. praktisch geräuschlose Arbeit (da Langsamläufer)

Nachteile:

1. Geringer maximaler Leistungsbeiwert
2. niedrige Nutzleistung wegen konstruktiver Beschränkung auf kleine Querschnittsflächen (in Verbindung mit Punkt 1)
3. geringe Drehzahlen (wegen niedriger Schnellaufzahl und gleichzeitig großem Rotorradius)

Wie die bisherigen Ausführungen zeigen, ist der Savonius-Rotor als Repräsentant der VWK der für den Einsatz in sturmreichen Gegenden prädestinierte Kleinkonverter, aufgrund seines besonders geringen Service-Anspruchs speziell für den Einsatz in Entwicklungsländern geeignet.

Bei höherem Aufwand auf der Sekundärkonversionsseite (S.4.4.2.7) wäre der Rotor im gesamten praktisch vorkommenden Windgeschwindigkeitsbereich von 5 bis 25 m/s einsatzfähig; allerdings wären dann die Investitionskosten in Relation zum Leistungsgewinn recht hoch und würden deutlich über dem Niveau der sonst sehr niedrigen Gestehungskosten liegen.

4.5 Spezielle Konverter-Systeme

Die in den vorangegangenen Kapiteln behandelten Konvertertypen ließen sich nach ihren wesentlichen baulichen und technisch-physikalischen Merkmalen in drei Grundkategorien einteilen:

I. Horizontalachsen-Auftriebskonverter

II. Vertikalachsen-Auftriebskonverter

III. Vertikalachsen-Widerstandskonverter

Varianten innerhalb dieser Konvertersysteme, die sich von ihrem Basistypus weder im äußeren Erscheinungsbild noch im Funktionsprinzip grundlegend unterschieden, wurden bereits im Zusammenhang mit den drei Hauptkonvertersystemen besprochen. Es handelte sich dabei um den Langsamläufer und den Schnellläufer beim HAK, sowie um den Darrieus-Rotor, den geradflügeligen VAK (H-Darrieus) und den Δ -Darrieus beim VAK. Mehrflügelige Widerstandskonverter wurden bereits als Sonderausführungen des Savonius-Rotors behandelt und bedürfen aufgrund ihrer relativ geringen Wirkungsgrade nach dem bisherigen Erkenntnisstand keiner gesonderten Betrachtung. Nicht erwähnt wurde bislang der "gemäßigte Schnelläufer", d.i. ein mehrflügeliger HAK (Blattzahl i.a. zwischen 6 und 12), der einen Kompromiß zwischen Langsamläufer und reinem Schnelläufer darstellt. Seine Schnellaufzahl bleibt hinter der des echten Schnelläufers zurück, dafür ist sein Anlaufdrehmoment höher. Wegen der ansonsten geringen Unterschiede zu den erwähnten Basistypen und der bisher geringen Verbreitung erübrigt sich eine gesonderte Besprechung dieser Bauart.

Es bleiben noch einige, von den drei Konverter-Haupttypen abgeleitete Prinzipien bzw. Systeme, deren Konstruktion ein gemeinsames Ziel verfolgt: der genutzten Luftströmung durch zusätzliche Führungs- oder Leitsysteme mehr Leistung abzugewinnen, oder aber durch die Art und Weise der Erzeugung des Luftstroms die Betriebseigenschaften bzw. den Leistungsbeiwert zu verbessern.

Die in diesem Zusammenhang zu erwähnenden Konversionssysteme sind im einzelnen:

- der Tandem-Konverter
- die Mantelturbine
- die induzierte Mantelturbine
- der Auftriebskonverter mit wirbelstrominduziertem Sog
- der Heißluft-Auftriebskonverter
- der A.G.-Rotor
- der ummantelte Savonius-Rotor
- der Savonius-Rotor mit Hindernis-Verdichter
- der Hansen-Rotor

4.5.1 Der Tandem-Konverter

Eine der wohl ältesten Ideen, den Nutzleistungsanteil eines Horizontalachsen-Auftriebskonverters zu erhöhen, besteht darin, zwei Windräder (im einfachsten Falle gleicher Größe) in Strömungsrichtung hintereinander anzuordnen. Die rechnerischen Grundlagen zu einer (idealisierten) Wirkungsgradabschätzung wurden bereits im Kapitel 3.2 für den Fall eines einzelnen Windrades behandelt, so daß wir hier auf die dort abgeleitete Formel zur Berechnung der Nutzleistung (3-13) zurückgreifen können.

Indizieren wir die den beiden Windrädern zu geordneten Größen in Strömungsrichtung gesehen mit I und II, so erhalten wir die beiden Nutzleistungen

(4-329) $$P_{N_I} = \frac{1}{2}\rho_L A_R v_I'(v_{I_1}^2 - v_{I_2}^2)$$

(4-330) $$P_{N_{II}} = \frac{1}{2}\rho_L A_R v_{II}'(v_{II_1}^2 - v_{II_2}^2)$$

Berücksichtigt man nun, daß die jeweilige Durchsatzgeschwindigkeit (v_I', v_{II}') nach (3-12) dem arithmetischen Mittel aus An- und Abströmgeschwindigkeit entspricht und führt auch hier wieder ein Abbremsverhältnis für die beiden Windräder mit

(4-331) $$\xi_I = v_{I_2}/v_{I_1}$$ und

(4-332) $$\xi_{II} = v_{II_2}/v_{II_1}$$

ein, so ergeben sich aus (4-329) und (4-330) die beiden Formulierungen

(4-333) $$P_{N_I} = \frac{1}{2}\rho_L A_R \cdot v_{I_1}^3 \cdot \frac{1}{2}(1 + \xi_I)(1 - \xi_I^2)$$

(4-334) $$P_{N_{II}} = \frac{1}{2}\rho_L A_R \cdot v_{II_1}^3 \cdot \frac{1}{2}(1 + \xi_{II})(1 - \xi_{II}^2)$$

Da die Anströmgeschwindigkeit des zweiten Windrades v_{II_1} gleich der Abströmgeschwindigkeit des ersten (v_{I_2}) ist, ergibt sich mit $v_{II_1} = v_{I_2} = \xi_I \cdot v_{I_1} = \xi_I \cdot v_1$ bei Addition der beiden Teilleistungen zur Gesamtleistung und Division durch das primäre Windleistungsangebot $P_W = \rho_L v_1^3 A_R/2$ der Gesamtwirkungsgrad des Tandem-Konvertersystems zu

(4-335) $$\boxed{\eta_{ges} = \frac{1}{2}\left[(1 + \xi_I)(1 - \xi_I^2) + \xi_I^3(1 + \xi_{II})(1 - \xi_{II}^2)\right]}$$

Diejenigen Abbremszahlen ξ_{Iopt} und ξ_{IIopt}, für welche der Gesamtwirkungsgrad ein Maximum wird, lassen sich aus dem

Verschwinden der beiden partiellen Ableitungen bestimmen. Man bekommt so die beiden Bestimmungsgleichungen

$$(4\text{-}336)\quad \frac{\partial \eta_{ges}}{\partial \xi_I} = (1-\xi_I^2) - 2\xi_I(1+\xi_I) + 3\xi_I^2(1+\xi_{II})(1-\xi_{II}^2) = 0$$

$$(4\text{-}337)\quad \frac{\partial \eta_{ges}}{\partial \xi_{II}} = \xi_I^3\ (1-\xi_{II}^2) - 2\,\xi_{II}(1+\xi_{II}) = 0$$

Aus (337) erhält man als einzigen physikalisch sinnvollen Wert (da negative Abbremszahlen keine reale Bedeutung haben) das optimale Abbremsverhältnis $\xi_{IIopt} = 1/3$ für das zweite Windrad, d.h. das nachgeordnete Rad arbeitet unter denselben Bedingungen, wie sie früher für das einzelne Konverterrad ermittelt wurden. Bei Verwendung dieses Wertes ergibt sich dann aus (4-336) $\xi_{Iopt} = 3/5 = 0{,}6$, wenn man berücksichtigt, daß das Abbremsverhältnis zwischen null und eins liegen muß. Der maximale Wirkungsgrad der Anlage erreicht dann den Betrag

$$(4\text{-}338)\quad \boxed{\eta_{ges,\ max} = 16/25 = 64\ \%}$$

Der in der Tandem-Anordnung erreichbare Wirkungsgrad liegt somit um lediglich annähernd 5 % über dem des einzelnen Windrades.

Im ersten Augenblick mag dieses Ergebnis den Leser überraschen, da das unter "Normalbedingungen" ($\xi_{IIopt} = 1/3$) betriebene zweite Windrad noch mit einem maximalen Wirkungsgrad von $\xi_{IImax} = 59{,}3$ % arbeiten kann und lediglich das erste Windrad wegen seines ungünstigeren Abbremsverhältnisses ($\xi_{Iopt} = 3/5$) mit einem geringeren maximalen Wirkungsgrad von $\eta_{Imax} = 51{,}2$ % wirksam wird. Verantwortlich für die geringe Effizienz der Tandem-Anordnung ist denn auch weniger das Abfallen des Wirkungsgrades des nicht optimal betreibbaren ersten Konverterrades, als vielmehr der Umstand, daß das durchaus optimal arbeitende zweite Windrad im Abstrom des ersten Rades nur noch 21,6 % des ursprünglichen Windleistungsangebots erhält (genauer : $(3/5)^3$). Die Nichtbeachtung des durch das erste Windrad verursachten starken Energieentzugs stellt sich somit als die wesentliche Schwachstelle des Tandem-Konzepts heraus, das im Hinblick auf die mit der Kostenerhöhung durch das zweite Windrad verbundene enttäuschend geringe Verbesserung des Gesamtwirkungsgrades keinerlei Attraktivität besitzt, wenn man von technischen Problemen, wie der Nachführung bei Windrichtungsänderung, absieht.

4.5.2 Die Mantelturbine

Das hier angesprochene System stellt im Prinzip einen ummantelten Horizontalachsen-Auftriebskonverter (englische Bezeichnung: "shrouded aerogenerator") dar. Grundgedanke dieser Anordnung ist die Plazierung eines HAK in der Achse eines zylindersymmetrischen Mantels, dessen Form man sich durch Rotation eines nach innen gewölbten Tragflügelprofils um eben diese Achse entstanden denken kann. Bild 87 zeigt anhand einer maßstabsgerechten Zeichnung, die der Arbeit /30/ entnommen wurde, die prinzipielle Form eines solchen Konversionssystems und die Relationen der Abmessungen der wesentlichen Bauelemente untereinander.
Wie schon von van Holten /31/ gezeigt wurde, entwickelt sich um den ringförmigen Tragflügel eine im Inneren mit der primären Luftströmung gleichgerichtete Zirkulationsströmung, deren radiale Komponente an der Eingangsseite des Mantels den Massendurchsatz durch die Windradebene erhöht. Anschaulich bedeutet dies eine Art Sogwirkung des Turbinenmantels, die die wirksame Querschnittsfläche der Anordnung wesentlich über die Drehkreisfläche des eigentlichen Windrades hinaus steigert. Neben diesem die Wirkfläche des Windrades erhöhenden Zirkulationseffekt ist die Querschnittserweiterung des Mantels auf der Abstromseite von

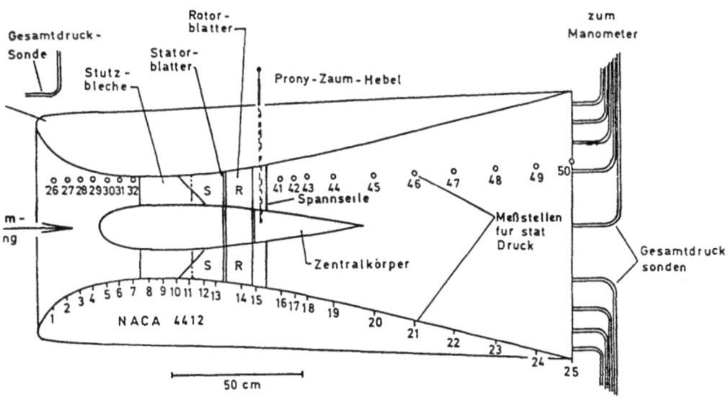

Bild 87: Ringförmige Tragflügelumkleidung zur Leistungssteigerung eines Horizontalachsen-Auftriebskonverters

großer Bedeutung, welche Diffusor genannt wird. Die Aufgabe des Diffusors ist es, die aufgrund der Kanalverengung trotz Energieentzugs hinter der Windradebene noch über dem allgemeinen Windgeschwindigkeitsniveau liegende Abströmgeschwindigkeit wieder auf den Normalwert abzusenken. Dem Diffusor kommt somit wenigstens die gleiche Bedeutung zu wie dem "Konzentrator" vor dem Windrad.

Den Abschätzungen van Holtens zufolge /31/ sollte eine solche Mantelturbine bei geeigneter Dimensionierung gegenüber der klassischen Bauart eines Auftriebskonverters mit horizontaler Achse eine Leistungssteigerung um den Faktor 3 bis 5 erbringen. (In der englisch-sprachigen Literatur wird dieser Faktor als "power-ratio", abgekürzt r, (hier r_p) bezeichnet!)

Im Falle einer in der Windradebene gegenüber der primären Windgeschwindigkeit v_1 kleinen Zirkulationsgeschwindigkeit v_z läßt sich der maximale Wirkungsgrad der Mantelturbine gegenüber dem normalen Auftriebskonverter durch einen Leistungsfaktor

(4-339) $$r_p = 1 + \frac{3}{2} \cdot \frac{v_z}{v_1}$$ beschreiben.

Da nach dem zitierten Autor die maximale Leistung bei einem Abbremsverhältnis erreicht wird, welches sich gemäß (4-340) als um den Faktor $(1 - v_z/v_1)$ niedriger errechnet als der für den klassischen Auftriebskonverter bekannte Wert von 1/3,

(4-340) $$\xi_{MT_{opt}} = \left(\frac{v_2}{v_1}\right)_{opt} = \frac{1}{3} \left(1 - \frac{v_z}{v_1}\right)$$

läßt sich die Schlußfolgerung ziehen, daß die höhere Leistungsausbeute der Mantelturbine gegenüber der nichtummantelten Bauart nicht nur einem gesteigerten Massendurchsatz zu verdanken ist, sondern auch einer besseren Ausnutzung der in der Strömung enthaltenen kinetischen Energie.

Wie sich verschiedenen experimentellen Untersuchungen (/30/, /32/) entnehmen läßt, ist je nach verwendeter Mantelgeometrie ein Leistungsfaktor r_p zwischen etwa 1,5 bis 3,5 erreicht worden. Um noch höhere Werte zu erzielen, ist es offenbar notwendig, den Diffusorabschluß durch strömungstechnische Kunstgriffe (wie sie dem Flugzeugbau abgesehen sind) zu verbessern. Hierzu dienen nach einem Vorschlag von Seginer (/32/) ringförmige Hilfstragflächen (englisch:"flaps") am hinteren Rande des Diffusors, von welchem sie durch einen Schlitz getrennt sind. Als Begründung für den Spalt wird angegeben, daß der Diffusor kurz vor dem (Strömungs-) Abriß arbeitete und eine einfache Verstärkung der Wölbung lediglich den Abriß provoziert hätte. Der Spalt zwischen Hilfstragfläche und Mantel beschleunigt einen Teil der äußeren Strömung in das Mantelinnere hinein, führt dabei der Diffusor-Grenzschicht Energie zu verstärkt die Zirkulation, wodurch sich die Leistungsabgabe erhöht. Mithilfe der "flaps" konnte nach Seginer der Leistungsfaktor auf etwa 4,3 angehoben werden, was dem von van Holten rechnerisch prognostizierten Grenzwert von $r_{pmax}=5$ doch schon recht nahe kommt.

Außer der sehr erwünschten Leistungserhöhung hat die Anbringung der "flaps" noch einen interessanten Nebeneffekt, der darin besteht, daß die oft mit zunehmender Achsneigung einer Mantelturbine gegen die Windströmung im Bereich 0 bis 30° beobachtete Leistungserhöhung ausbleibt.

Bemerkenswert erscheint dem Verfasser allerdings, daß die experimentellen Untersuchungen zur Leistungssteigerung eines HAK durch Ummantelung mittels Ringtragflügel sich offenbar auf Bereiche relativ hoher Windgeschwindigkeiten (20 bis 35 m/s) beschränken, wo ohnehin bereits hohe Leistungsdichten der Primärströmung vorliegen. Es wäre verdienstvoll, zu prüfen, ob auch im Bereich niedriger Windgeschwindigkeiten eine nennenswerte Leistungsverbesserung durch die Mantelbauweise erzielt werden kann, da dort eine Verkleinerung der Konverterfläche den größten Einsparungseffekt hinsichtlich Fläche (und damit Baukosten) bewirkt, wie Tabelle 21 zeigt.

Wie den Daten zu entnehmen ist, nimmt trotz des hohen Wirkungsgrades der ummantelte Auftriebskonverter im Falle niedriger Windgeschwindigkeiten - wie sie beim Einsatz im Binnenland zu erwarten sind - erst dann handliche Dimensionen (Durchmesser 5 m) an, wenn man sich mit (für technische Begriffe) kleinen Leistungen von etwa 1 kW zufrieden gibt. Gerade der Einsatz im Binnenland würde sich jedoch für die Mantelturbine empfehlen, wenn man beachtet, daß der starre und relativ großflächige Mantel Probleme hinsichtlich Nachführung und Sturmfestigkeit bei freier Anbringung in Starkwindgebieten mit sich bringen dürfte, während eine Montage an Standorten mit schwächerem Windaufkommen bei annähernd konstanter Vorzugsrichtung sich in dieser Beziehung als geradezu ideal erweisen würde.

v_1 m/s	P_W/A W/m²	P_N/A W/m²	A/m² (P_N = 1 kW)	D/m (P_N = 1 kW)	A/m² (P_N = 5 kW)	D/m (P_N = 5 kW)	A/m² (P_N = 10 kW)	D/m (P_N = 10 kW)
2,0	4,8	2,4	416,6	23,0	2083	51,5	4167	72,8
		7,2	138,9	13,3	694	29,7	1389	42,1
3,0	16,2	8,1	123,4	12,5	617	28,0	1234	39,6
		24,3	41,2	7,2	206	16,2	412	22,9
4,0	38,4	19,2	52,1	8,1	260	18,2	521	25,8
		57,6	17,4	4,7	87	10,5	174	14,9
5,0	75,0	37,5	26,7	5,8	133	13,0	267	18,4
		112,5	8,9	3,4	44,4	7,5	88,9	10,6
6,0	129,6	64,8	15,4	4,4	77,2	9,9	154,3	14,0
		194,4	5,1	2,56	25,7	5,7	51,4	8,1
8	307	153,6	6,5	2,88	32,6	6,4	65,1	9,1
		461	2,17	1,66	10,9	3,7	21,7	5,3
10	600	300	3,33	2,06	16,7	4,6	33,3	6,5
		900	1,11	1,19	5,6	2,66	11,1	3,8
15	2025	1013	0,99	1,12	4,9	2,51	9,9	3,6
		3038	0,33	0,65	1,65	1,45	3,3	2,05
20	4800	2400	0,42	0,73	2,08	1,63	4,2	2,30
		7200	0,14	0,42	0,69	0,94	1,39	1,33

Tabelle 21: Vergleich der für bestimmte Nutzleistungen benötigten Konverterflächen und -durchmesser bei normalem Wirkungsgrad von 50 %, (1. Zeile) sowie bei Annahme eines Wirkungsgrades von 150 % bei Verwendung einer Mantelturbine (2. Zeile)

4.5.3 Die induzierte Mantelturbine

Nach einem gleichfalls von van Holten /31/ stammenden Vorschlag läßt sich der gleiche Effekt, wie er von einer massiven Ummantelung verursacht wird, auch durch einen strömungstechnischen Kunstgriff erreichen. Im Bereich hoher Schnelllaufzahlen ($8 \lesssim \lambda \lesssim 12$) bewirken an den Blattspitzen des Windrades annähernd achsial orientiert angebrachte Zusatzflügel (im Englischen "tip-vanes") beim Umlauf des Konverterrades eine Beeinflussung der Durchsatzströmung in ähnlicher Weise wie ein materiell vorhandener Mantel. Der Vorteil einer solchen sekundären Luftströmung, die man als tragflügelähnlich profilierten Wirbel oder als induzierten Mantel anzusehen hat, liegen auf der Hand: Bei annähernd gleicher Wirkung geringere Kosten und höhere Sturmsicherheit als der massive Mantel; das Nachführproblem entspricht dem des normalen Windrades. Wenn trotz der auf den ersten Blick bestechenden Einfachheit diese Idee noch keinen Eingang in die gängige Konvertertechnik gefunden hat, so dürften hierfür zwei Gründe verantwortlich sein: zum einen tritt hier der beabsichtigte Manteleffekt (Tragflügelzirkulation) mit Sicherheit erst bei ausreichend hohen Windgeschwindigkeiten ein, zum andern ist zu erwarten, daß die Anlage empfindlich gegen Dejustierung (Sturmschäden) bzw. unkorrekte Bauausführung ist. Auch witterungsbedingte Verschlechterungen der Oberflächengüte der Profile beeinträchtigen den erwünschten Effekt.

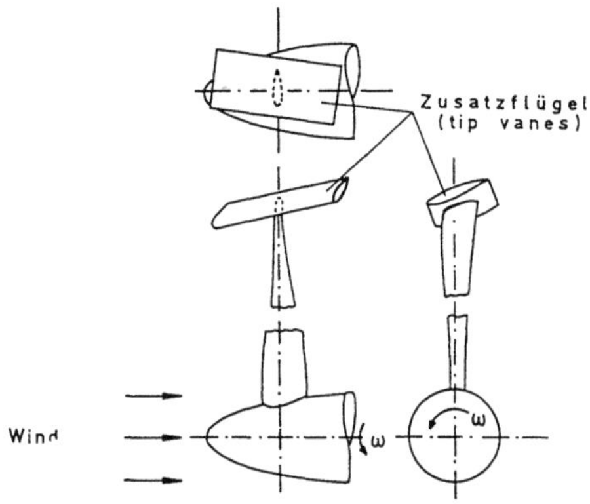

Bild 88: Querschnitt einer Mantelturbine nach /31/

4.5.4 Der Auftriebskonverter mit wirbelstrominduziertem Sog

Neben der Grundidee, den Luftdurchsatz durch ein Windrad (welches wegen des guten Wirkungsgrades nach dem Auftriebsprinzip arbeitet) mithilfe eines tragflügelgebundenen Zirkulationsstromes zu erhöhen, hat in den letzten Jahren ein weiterer Vorschlag Interesse gefunden, für den bislang anscheinend jedoch noch keine überzeugende experimentelle Lösung gefunden wurde: die Erzeugung von Luftwirbeln mithilfe von Leitvorrichtungen durch den Primärwind selbst, deren Sog den Luftdurchsatz durch die Windradebene gegenüber dem normalen Anströmfall erhöhen soll. Eine gewisse Skepsis gegenüber der praktischen Realisierbarkeit erscheint insoweit angebracht, als die Erzeugung kontinuierlicher, großräumiger Wirbel, wie sie in der Natur in Gestalt von Taifunen oder Windhosen auftreten, durch künstliche Leitvorrichtungen relativ geringer Ausdehnung bei wechselnder Windstärke und -richtung unter Freiluftbedingungen kaum nachahmbar sein dürfte.

4.5.5 Der Heißluft-Auftriebskonverter

Das hier angesprochene Konversionsprinzip stellt eine Kombination aus Solarkollektor und Windenergiekonverter dar. Statt die dem Arbeitsmedium (Luft) durch Absorption aus der elektromagnetischen Sonnenstrahlung zugeführte Wärmeenergie direkt über Wärmetauscher zu nutzen oder einem geeigneten Wärmespeicher zuzuführen, wird hier der auf dem Gewichtsunterschied zwischen erhitzter und normaler Luft beruhende Auftriebseffekt verwendet, um eine stationäre Konvektionsströmung zwischen einem (bzgl. Luftaustausch) offenen Kollektorsystem und der freien Umgebungsluft zu erzeugen, der dann ihrerseits mithilfe eines Windrades Energie entzogen wird (Bild 89).

Abgesehen davon. daß es sich beim Heißluft-Auftriebskonverter gar nicht um einen Windenergie-Konverter im engeren Sinne handelt, da die Luftströmung erst durch einen vorgeschalteten

Energiewandlungsprozeß künstlich erzeugt wird, sind einige Besonderheiten dieser Konverterkonzeption von Bedeutung und verdienen es, herausgestellt zu werden:

1. Der zur Erzeugung des Luftstroms benötigte Druckunterschied ist sowohl dem im Solarkollektor entstehenden Luftdichteunterschied zur freien Luft als auch dem Höhenunterschied zwischen "kaltem" Kollektoreingang und "heißem" Kollektorausgang proportional, gemäß der Beziehung $\Delta p = \Delta \rho \cdot g \cdot h$

2. Aufgrund der Mehrfachkonversion ist mit einem deutlich niedrigeren Wirkungsgrad bzw. Leistungsbeiwert zu rechnen, als sonst bei Windenergie-Konvertern zu erwarten

Nach den obigen Vorbemerkungen ist es unmittelbar einsichtig, daß Konverter dieses Typs nur in solchen Gegenden sinnvoll eingesetzt werden können, die sich durch hohe und möglichst selten durch Bewölkung verminderte Sonneneinstrahlung auszeichnen, wie man sie etwa in den äquatornahen Wüstenzonen antrifft. Dem gegenüber einem normalen Windenergiekonverter großen Vorteil einer praktisch konstanten Anströmgeschwindigkeit des Windrades steht nur ein baulicher Nachteil gegenüber: die notwendigerweise stattliche Turmhöhe, mit deren Hilfe der benötigte Druckunterschied bereitgestellt werden muß.

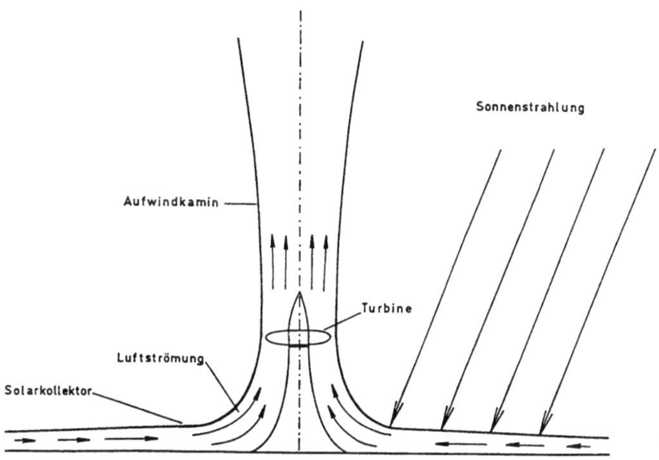

Bild 89: Prinzipdarstellung des Heißluft-Auftriebskonverters

Um zu einer groben Orientierung zu kommen, wollen wir den für die Konvektionsströmung gewünschten Druckunterschied Δp z.B. mit dem Staudruck vergleichen, den man bei einer Windgeschwindigkeit von 10 m/s vor einem Hindernis (etwa einem Windrad) erwarten kann. Man erhält den Wert $\rho_L v_1^2/2 = 60$ N/m². Um diesen Druckunterschied zu erzielen, müßte man bei einem Dichteunterschied durch Erhitzen von $\Delta\rho = 0{,}2$ kg/m³ bereits eine Kaminhöhe von h = 30,6 m vorsehen. Berücksichtigt man nun noch, daß in praxi Verluste durch Strömungswiderstände zu kompensieren sind, und daß in den als Standort geeigneten Gebieten aufgrund der ganztägigen starken Sonneneinstrahlung die bodennahen Luftschichten auch außerhalb des Konvertersystems relativ hoch erhitzt sind, dann muß davon ausgegangen werden, daß die tatsächlich zur Erzielung technisch sinnvoller Nutzleistungen benötigten Kaminhöhen bei wenigstens ca. 50 m liegen werden.

Bezüglich des Gesamtwirkungsgrades läßt sich ebenfalls nur eine sehr vorsichtige Prognose wagen. Da man - wie bereits erläutert - das Konvertersystem als einen Solarkollektor anzusehen hat, der aus Gründen der angestrebten hohen Konvektionsstromgeschwindigkeit mit hohen Temperaturdifferenzen zur Umgebung betrieben wird, dürfte der wärmetechnische Wirkungsgrad in der Größenordnung 10 % bis äußerstenfalls 20 % liegen. Unterstellt man einen Wirkungsgrad von 45 % für das nach dem Tragflügelprinzip arbeitende Windrad, so würde bei Fehlern sonstiger Verluste mit einem Gesamtwirkungsgrad zwischen 4,5% und 9 % zu rechnen sein; bei Annahme von Strömungsverlusten könnten demnach Werte um 5 bis 6 % der Realität nahekommen.

Die laufenden Untersuchungen an größeren Testanlagen erlauben noch kein endgültiges Urteil darüber, inwieweit der für eine technische Nutzung enttäuschend niedrige Wirkungsgrad durch die Einfachheit und (bei sturmfreier Positionierung) Robustizität der Konstruktion unt4r dem Kostengesichtspunkt gerechtfertigt werden kann. Die in praxi noch zu sammelnden Erfahrungen mit der benötigten Kaminhöhe und dem dafür zu betreibenden Bau- und Kostenaufwand werden hier eine entscheidende Rolle spielen.

4.5.6 Der A.G.-Rotor

Bei der Behandlung des Darrieus-Rotors und des geradflügeligen VAKs wurde bereits besprochen, daß diese Konvertertypen eine Anlaufhilfe benötigen. Üblicherweise wird als Anlasser entweder (bei ausreichender Windstärke) der Generator in Motorschaltung oder ein mit der Achse verbundener Savonius-Rotor benutzt. Ein weiterer von A. Goedeke stammender Vorschlag /33/, der 1983 patentiert wurde, sieht eine um die Achse eines geradflügeligen VAKs herumgebaute integrierte Anlaufhilfe vor. Bild 90 zeigt die geometrische Grundkonzeption des A.G.-Rotors. Der in der Patentschrift als Verdränger bezeichnete zylindersymmetrische Körper von linsenförmigem Querschnitt ist in der Originalversion auf die Verbindungslinie der Hinterkanten der beiden achsenparallelen vertikalen Tragflügel ausgerichtet. Die Wirkung des Verdrängers als Anlaufhilfe hat man sich physikalisch allem Anschein nach wie folgt zu erklären:

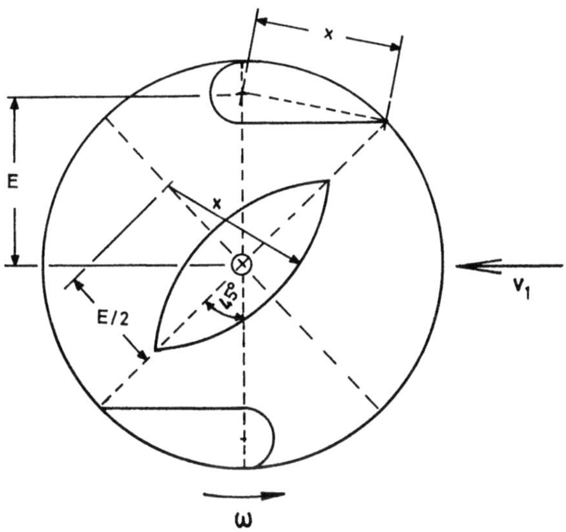

Bild 90: Querschnittsgeometrie des A.G.-Rotors

Bei Anströmung des Rotors in der eingezeichneten Richtung entsteht in der kanalartigen Verengung zwischen dem vorderseitig angeblasenen Tragflügel und dem Verdränger eine Luftdurchströmung relativ hoher Geschwindigkeit, die nach Bernoulli eine zur Vorderseite des Verdrängers und senkrecht zur Strömung orientierte Auftriebskraft zur Folge hat. Der Verdränger wirkt also im Stillstand als Hilfstragflügel. Außer der erwähnten Auftriebskraft greift in der Nähe der luvseitigen Vorderkante des Verdrängers die resultierende Widerstandskraft an, die die Stirnfläche des Verdrängers als Widerstandskörper erfährt. Die Drehmomente beider Kräfte sind gleichsinnig in der Weise orientiert, wie sie zum Anlassen des als modizizierten Endscheiben-Darrieus-Rotors zu bezeichnenden Konvertertyps benötigt werden, d.h. so, daß der positiv angeströmte Tragflügel gegen den Wind läuft. Im Rahmen einer Diplomarbeit /34/ an der FH Wiesbaden wurde bei einem mit 1:1 vorgegebenen Verhältnis von Höhe zu Durchmesser der Einfluß der sonstigen wesentlichen Bauparameter (Anstellwinkel der Flügel und des Verdrängers, unterschiedliche Schlankheitsgrade der Flügel und des Verdrängers, Verwendung symmetrischer Blattprofile, Einsatz von der Originalform abweichender Verdrängerformen und -maße) auf die Betriebseigenschaften des A.G.-Rotors untersucht. Sowohl für den Anstellwinkel der Blätter als auch für den des Verdrängers konnten optimale Werte ermittelt werden. Der beste Anstellwinkel der Flügel stimmte mit jenem überein, der die optimale Anpassung an die Drehkreisperipherie bietet. Hinsichtlich der Verdrängereinstellung zeigte sich die alte Misere des Darrieus-Rotors, daß alle Maßnahmen, die das Anlaufverhalten verbessern, gleichzeitig Schnellaufverhalten und Nutzleistung verschlechtern.

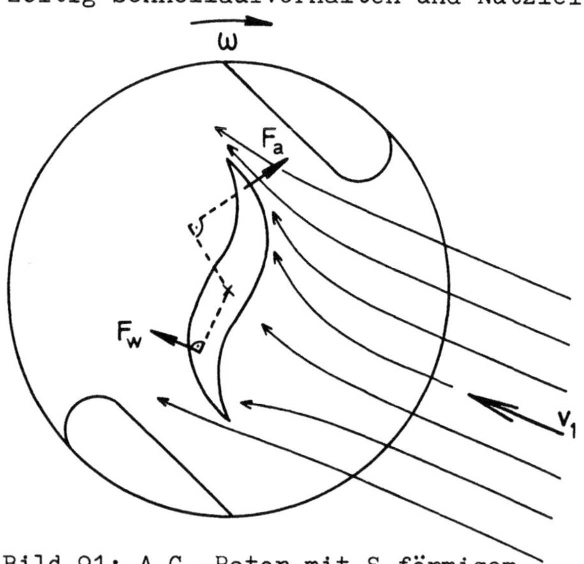

Bild 91: A.G.-Rotor mit S-förmigem Verdränger

So konnte bei der von Goedecke gewählten Verdrängerposition ein relatives Maximum des Anlaufmoments festgestellt werden, wogegen bei einer Winkelverstellung um ca. 70° gegen den Umlaufsinn des Rotors ein Maximum der Nutzleistung beobachtet werden konnte, begleitet von einem sehr geringen Anlaufdrehmoment. Um die oben geäußerte Hypothese über die Wirkung des Verdrängers experimentell zu überprüfen und gleichzeitig eine orientierende Vorstellung vom Einfluß der

Form des Verdrängers zu gewinnen, wurde neben der mehr oder weniger abgewandelten Originalform noch ein S-förmiger Verdränger untersucht (Bild 91). Von dieser Form, die bei Erhalt der Auftriebskraft eine höhere Widerstandskraft am konkaven luvseitigen Ende erfahren sollte, wurde zwar die Erwartung auf eine höhere Leistung, die sich gegenüber der Originalform bei allen Winkelstellungen überlegen zeigte, nicht aber die nach einem höheren Anfahrdrehmoment erfüllt. Der maximale Leistungsbeiwert ergab sich für den A.G.-Rotor in der anlaufgünstigen Originalstellung des Verdrängers nur zu etwa 10 bis 12 %, wogegen bei leistungsoptimierter Einstellung (Verstellung um ca. 70° gegen den Rotordrehsinn) aus den Meßdaten in /34/ etwa 20 % abgeschätzt werden können; die Leistungsbeiwerte für den S-förmigen Verdränger lagen jeweils um ca. 2 % besser.

Im Falle einer Bestätigung dieser Daten ist wohl davon auszugehen, daß das Darrieus-Rotor-Anlaufproblem noch immer einer auch hinsichtlich des Leistungsbeiwertes befriedigenden Lösung auf mechanischem Wege harrt.

4.5.7 Der ummantelte Savonius-Rotor

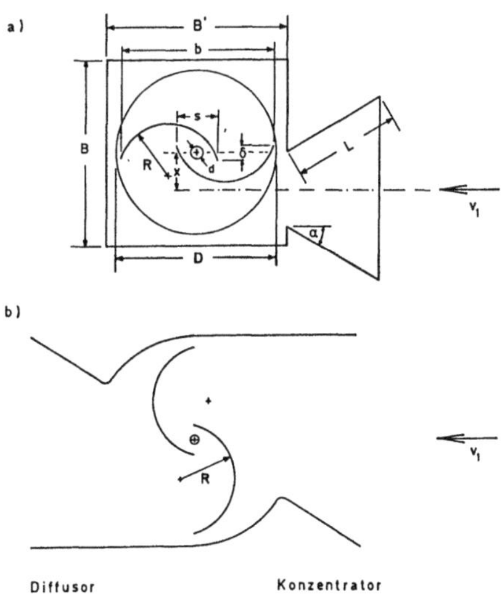

Bild 92: Konzentratoranordnung zum Savonius-Rotor nach /35/(a), Konzentrator-Diffusor-Anordnung nach /36/(b)

Vorschläge, den Leistungsbeiwert von Windenergie-Konvertern durch eine den Luft-Zu- und -Abstrom beeinflussende Statorverkleidung zu erhöhen, wurden auch bzgl. des Savonius-Rotors publiziert (/35/, /36/). Die Grundkonzeption besteht darin, den Savonius-Rotor in einem Gehäuse unterzubringen, welches auf der Luvseite einen sich verengenden Eintrittskanal (Verdichter, engl.: concentrator), auf der Leeseite einen sich erweiternden Abströmkanal (engl.: diffusor) besitzt. Während Sivasegaram /35/ nach einer Reihe von Parameterstudien zu dem Schluß gelangt, daß bei Verwendung von Konzentratoren geringer Kanallänge und Eintrittsbreite - wie sie für den praktischen Einsatz vorrangig in Betracht kommen - der Diffusoreinfluß nahezu vernachlässigbar ist und allein mittels Konzentrator (Bild 92 a) eine Leistungssteigerung um den Faktor r_p = 1,4 möglich ist, findet Sabzevari /36/ einen durchaus merklichen Einfluß des Diffusors und berichtet über Leistungsfaktoren bis zu r_p = 2,25 für eine Anordnung nach Bild 92 b gegenüber dem freilaufenden Savonius-Rotor gleicher Ausführung. Im Hinblick auf die dauernd veränderliche Windrichtung im natürlichen Betrieb schlägt Sabzevari eine Statorgeometrie gemäß Bild 93 a vor, die sich durch in konstantem Drehwinkelabstand aufeinanderfolgende Konzentratorkanäle auszeichnet, die - je nach Orientierung zum Primärluftstrom - auch als Diffusoren dienen können. Die im Bild gezeigte Anordnung besitzt eine dreizählige Symmetrie (Winkelperiode 120°); die mit dieser Bauart von Sabzevari ermittelte Kennlinie erreicht eine maximale Schnellaufzahl von 2,7 und einen maximalen Leistungsbeiwert von ca. 50 %.

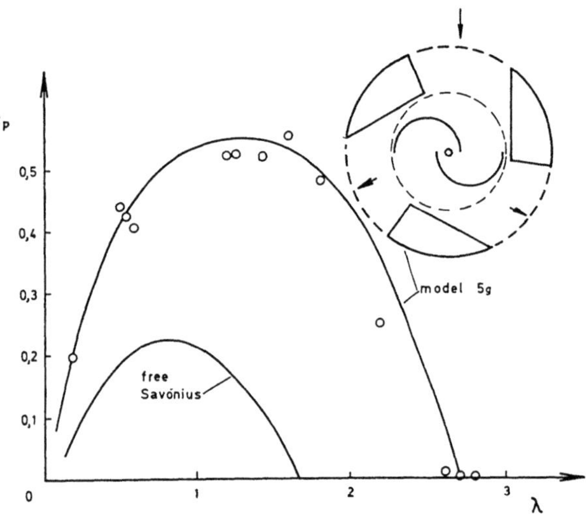

Bild 93: Statorgeometrie für Freiluftbetrieb nach /36/ - (a) Kennlinienvergleich - (b)

Versuche der FH Wiesbaden (/37/, /38/, /39/) mit einer im Hinblick auf eine weniger aufwendige Bauparametervariation einfacheren Statorgeometrie (Bild 94) sind dagegen bislang negativ verlaufen. Die Ummantelung bestand aus vertikal und gleichabständig zwischen zwei konzentrisch zur Rotorwelle angeordneten Ringen montierten Leitblechen, die in der Grundstellung radial ausgerichtet waren. Zwecks Optimierung der Anströmbedingungen des Rotors ließ sich die Statoranordnung wie folgt modifizieren:

1. Durch Drehen der Leitbleche um eine mit der Innenkante übereinstimmende Achse konnten sie (bei senkrecht zum Primärwind orientiertem Rotorflügel) auf jeden Punkt zwischen Rotorachse und -peripherie ausgerichtet werden

2. Die Austauschbarkeit der Leitbleche erlaubte Untersuchungen mit unterschiedlichen Kanallängen bzw. Querschnittsverhältnissen (Konzentrationsverhältnissen)

3. Anzahl und Positionierung der Leitbleche zwischen den Halteringen konnte verändert und damit die Zahl der Kanäle, die Wertigkeit der Symmetrieachse (3,6,12,5,10, 4,8,16) wie auch - unabhängig von der Kanallänge - das Querschnittsverhältnis variiert werden

Erste Versuche zum Einfluß einer Ummantelung nach der in Bild 94 wiedergegebenen prinzipiellen Statorgeometrie fanden unter natürlichen Windbedingungen statt (/37/). Der verwendete Rotor hatte eine Höhe von 60 cm und einen Durchmesser von 20 cm. Die Luftspaltbreite (Abstand Leitblechinnenkante zur Rotorperipherie) war mit 10 cm relativ groß gewählt worden, erstens, um den mit dem Rotor umlaufen-

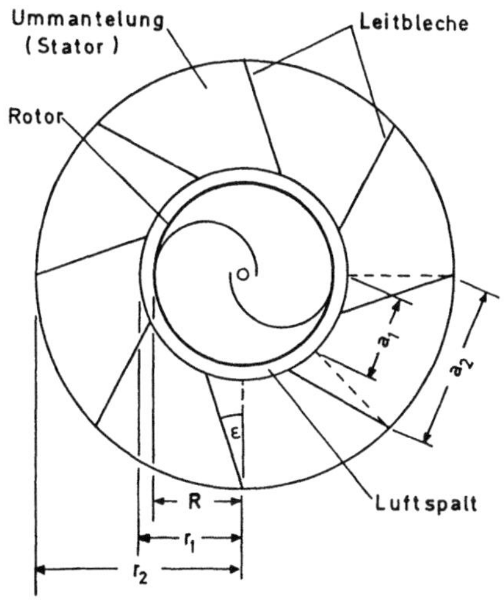

Bild 94: Vereinfachte mehrzählige Statorgeometrie nach /37/

den Luftwirbel mit Sicherheit nicht zu stören, zweitens, um wegen der nicht genau voraussagbaren Maximaldrehzahlen eine Beschädigung der Ummantelung bei Eintritt einer Biegeresonanz zu vermeiden. Den bei Sturm (Windgeschwindigkeiten meist zwischen 20 und 26 m/s) registrierten Daten konnte nur eine grobe orientierende Aussagekraft im statistischen Sinne beigemessen werden, einmal wegen der starken Böigkeit des Windes, zum andern aufgrund des für solche instationären Messungen nicht sehr geeigneten Meßsystems, das dem Prinzip des Pronyschen Zaumes entsprach, bei dem Bremsmoment und Drehzahl gemessen werden. Als Bremsvorrichtung diente eine handelsübliche Scheibenbremse mit drehbar gelagertem Bremssattel, dessen Mitnahme durch eine als Anschlag verwendete Kraftmeßdose verhindert wurde. Die nur als Trendaussage zu wertenden Meßdaten deuten - je nach der eingesetzten Statorgeometrie - teils auf eine Verschlechterung, teils auf eine Verbesserung des Leistungsbeiwertes hin. Eine Wiederholung der Untersuchungen zum Einfluß der Statorgeometrie im Windkanal der TH Darmstadt (Durchmesser des Zuluftkanals : 3 m) am gleichen Rotor und mit der gleichen Luftspaltbreite zwischen Rotor und Stator, ergaben bei Einsatz eines "elektromagnetischen Prony-Zaums" (drehbar gelagerter Kurzschlußläufermotor als Wirbelstrombremse, mit Drehmomentenmessung mittels Kraftmeßdose) keinerlei Anzeichen einer Leistungssteigerung durch den Stator, sondern lediglich Verminderungen um einige Prozente (/38/) gegenüber der nicht ummantelten Anordnung. Auf der Suche nach Gründen für diesen überraschenden Befund konnten (abgesehen von der Tatsache, daß die zweite Messung im Windkanal stattfand) nur zwei unterschiedliche Untersuchungsbedingungen ausgemacht werden: Erstens wurden aufgrund wesentlich geringerer Lagerreibung maximale Schnellaufzahlen zwischen 0,8 und 1,0 erreicht (in /37/ nur maximal 0,5), zweitens betrug die Windgeschwindigkeit bei der späteren Überprüfung nur maximal 10 m/s, da im Falle höherer Werte die Gefahr von Biegeresonanzen bestanden hätte. Es schien - insbesondere im Hinblick auf den relativ großen Luftspalt zwischen Stator und Rotor - denkbar, daß bei höheren Windgeschwindigkeiten und kleinerem Luftspalt, vor allem im Bereich kleiner Schnellaufzahlen (unvollständiger Umlaufwirbel) bessere Resultate erzielbar gewesen wären. Im Rahmen einer größeren Untersuchung an Rotoren unterschiedlicher Ausführung wurden wiederum Vergleiche zwischen einem freilaufenden Savonius-Rotor und seiner gemäß dem bereits in /37/ und /38/ verwendeten Statorprinzip ummantelten Ausführung vorgenommen. Der Luftspalt zwischen Leitblechinnenkante und Rotor betrug diesmal nur 2 cm; der Rotor selbst hatte einen Durchmesser von 40 cm und eine Höhe von 80 cm (/39/). Obwohl der Luftspalt gegenüber den früheren Untersuchungen wesentlich reduziert worden war und außerdem Windgeschwindigkeiten bis zu 26 m/s zum Einsatz kamen, konnten ausschließlich Verminderungen des Leistungsbeiwertes beobachtet werden. Für dieses insgesamt unbefriedigende Ergebnis, vor allem im Vergleich zu den in /36/ vorgestellten Befunden, bleiben nur zwei mögliche Deutungen: Entweder lassen sich die Resultate aufgrund der unterschiedlichen Statorgeometrie (total undurchlässige, glatte Partien der Ummantelung bei Sabzevari /36/) nicht mit den Untersuchungsergebnissen in /37/, /38/ und /39/ vergleichen, oder es müßten Effekte vermutet werden, die mit der Ausdehnung der Meßobjekte relativ zu den Windkanaldurchmessern zusammenhängen. Leider ermangelt es beider Deutungen zur Zeit an konkreten Hinweisen, da die Versuche der FH Wiesbaden in Anbetracht der wenig aussichtsreichen bisherigen Ergebnisse aus Kostengründen abgebrochen wurden, andererseits den in /36/ veröffentlichten Daten jeglicher Hinweis auf die Abmessungen des benutzten Windkanals fehlt. Eine Klärung der bestehenden Ungewißheit muß daher der Zukunft vorbehalten bleiben.

4.5.8 Savonius-Rotor mit Hindernis-Konzentrator

Nicht nur ein vor dem Windrotor angebrachter Kanal mit Querschnittsverengung läßt sich als Konzentrator (eigentlich sollte man von Strömungsbeschleuniger sprechen) verwenden, sondern bereits ein geeignet zu formendes Hindernis erfüllt den beabsichtigten Zweck. Auf der am weitesten gegenüber der Strömung exponierten Stelle kommt das Medium zum Stehen; auf der gesamten Breite des undurchlässigen Querschnitts findet eine Querablenkung statt, und auf den Seiten schließlich wird das Hindernis von dem (in den meisten Fällen als inkompressibel anzusehenden) Medium mit gegenüber der ungestörten Bewegung erhöhten Geschwindigkeit umströmt, wie es das Kontinuitätsgesetz verlangt.

Es liegt daher nahe, einen Windrotor (oder aus Symmetriegründen besser gleich zwei solche) derart in der Nähe eines starren Hindernisses anzubringen, daß die angetriebenen Rotorhälften möglichst effizient von der schnellen Strömung in unmittelbarer Nähe des Hindernisses (engliche Bezeichnung: obstruction type concentrator) erfaßt werden. Bild 95 demonstriert dieses Prinzip am Beispiel eines von zwei Savonius-Rotoren als Konversionselementen flankierten zylindrischen Rohres als Hindernis-Verdichter. Der Vorschlag zur experimentellen Realisation eines Hindernis-Konzentrators in Verbindung mit zwei gegensinnig rotierenden Savonius-Rotoren wurde von J.L.Loth anläßlich eines Vortrages auf dem Internationalen Symposium über Windenergiesysteme in Cambridge (1976), der sich mit Möglichkeiten des Einsatzes von Konzentratoren für Windenergie-Konverter befaßte, gemacht. Leider hat sich in die schriftliche Fassung des Referats /40/ ein Zeichenfehler eingeschlichen, da in der zitierten Arbeit die beiden Windrotoren mit gleichsinniger Drehrichtung dargestellt sind. Das hier in Bild 95 wiedergegebene System ist die korrigierte Fassung des in /40/ vorgestellten Vorschlages. Nach ersten experimentellen Untersuchungen von Loth und Mitarbeitern (/40/) sollten die Rotoren die anliegende Grenzschicht (des Stators) nicht stören und ihre Drehachsen zur Erzielung eines optimalen Effekts leicht zur Luvseite des Statormasts hin versetzt sein.

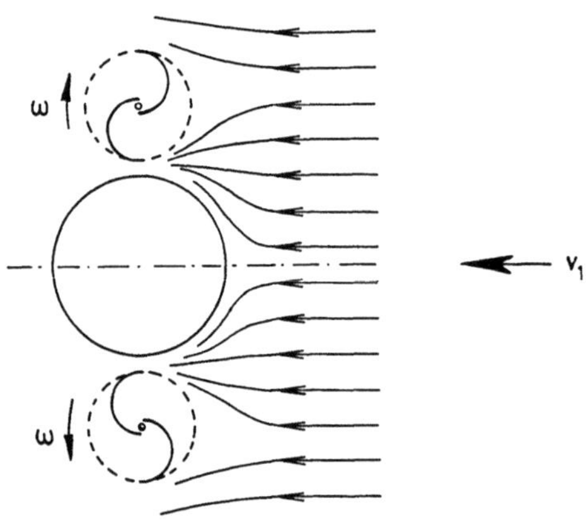

Bild 95: Hindernis-Konzentrator mit zwei gegensinnig drehenden Savonius-Rotoren (nach /40/)

Quantitative Aussagen zur Leistungssteigerung werden in /40/ nicht gemacht, doch wird darauf hingewiesen, daß (nach den Ergebnissen der in der Strömungsmechanik angewendeten Potentialtheorie) die Geschwindigkeit des Mediums an den seitlichen Oberflächen eines zylindrischen Hindernisses um den Faktor zwei höher liegt als im ungestörten Bereich vor demselben, sofern Reibungseffekte vernachlässigbar sind. Im Falle von Reibungsverlusten und laminarer Strömung - die hier jedoch kaum in Betracht kommen kann- würde sich diese Umströmungsgeschwindigkeit nach /40/ immerhin noch auf das etwa 1,48-fache steigern, was wegen der Abhängigkeit des kinetischen Leistungsangebots von der dritten Potenz der Geschwindigkeit einer Leistungserhöhung um den Faktor 3,2 entsprechen würde. Um wieviel sich die Nutzleistung wirklich steigern läßt, ist sicherlich auch eine Frage der Ausdehnung der Rotoren, da die Geschwindigkeitsüberhöhung jedenfalls mit wachsender Entfernung vom Statorzylinder abnimmt, so daß obige Abschätzung jedenfalls eine obere Grenze der Leistungsverbesserung sein wird.

Eine insbesondere auch im Hinblick auf den noch im Anschluß vorzustellenden Hansen-Rotor interessante Variante des soeben besprochenen Hindernis-Konzentrators wäre seine Verwendung als gleichzeitige Abschirmung, die zumindest im Bereich sehr niedriger Schnelllaufzahlen (Anlaufphase) von Vorteil sein könnte. In diesem Falle würden beide Rotoren seitlich hinter dem Statorzylinder angebracht sein (Bild 96) und die Drehrichtung würde auf den einander zugewandten inneren Rotorseiten gegen die Windrichtung

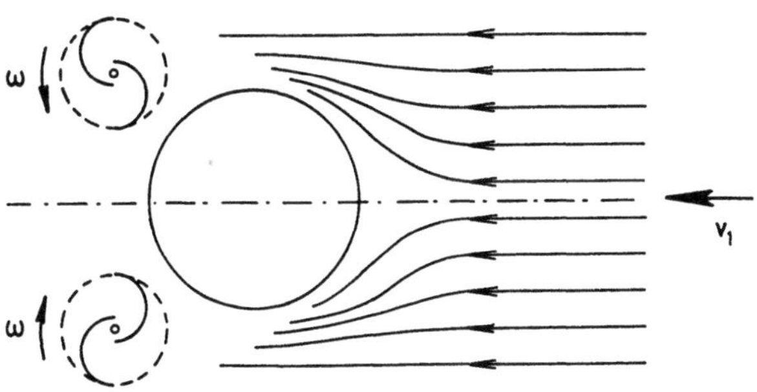

Bild 96: Verwendung eines Hindernis-Konzentrators als zusätzliche Abschirmung für die Gegenlaufseite von Widerstandsrotoren

sein. Ganz sicher werden in einer solchen Anordnung neben dem Statordurchmesser (relativ zu dem der Rotoren) auch die Positionierung der Rotoren untereinander und gegenüber dem Stator kritisch und daher experimentell zu untersuchen sein.

Als letzte Anmerkung zum Problem der Anwendung von Konzentratoren zur Leistungssteigerung bei Savonius-Rotoren sei noch der "Wirbel-Konzentrator" (engl.: wing-tip vortex concentrator) erwähnt, wie er gleichfalls in /40/ vorgeschlagen und in Bild 97 wiedergegeben ist. Die Anordnung besteht aus einem Tragflügel, in dessen horizontalem Abrißwirbel ein Savonius-Rotor angebracht ist. Tragflügel, Wirbel- und Rotorachse sind parallel zum Wind ausgerichtet.

Beachtet man, daß der Auftriebseffekt an einem Tragflügel auf einen Zirkulationsstrom um den Flügel zurückgeführt wird, der auf dessen Wölbseite der Primärströmung entgegengerichtet ist, und weiterhin, daß aus Gründen des Drehimpulserhaltungssatzes der vom Abrißwirbel mitgeführte Drehimpuls dem des Zirkulationsstromes entsprechen muß, dann ergibt sich aus der Forderung nach einem starken Wirbel zum Antrieb eines Rotors (dessen Drehachse mit der Wirbelachse übereinstimmt) gleichzeitig die Forderung nach einem induzierendem Tragflügel mit Hochauftriebsprofil. Die in /40/ erwähnten Experimente und Berechnungsversuche erscheinen vielversprechend, sowohl in Bezug auf die Aufklärung der Vorgänge am Tragflügel und bei der Wirbelentstehung, als auch hinsichtlich der Erzielung höherer Leistungsausbeute als beim

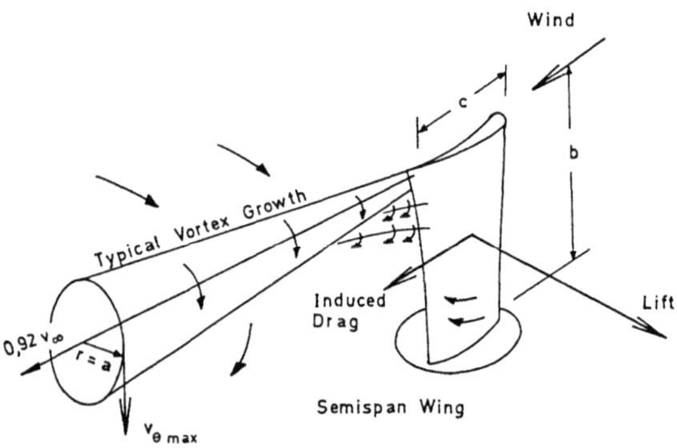

Bild 97: Prinzip eines Tragflügel-Wirbelkonzentrators, angewendet auf einen horizontalen Savonius-Rotor mit windrichtungsparalleler Achse nach /40/

normalen Betrieb eines Savonius-Rotors. Inwieweit ein für den Freilufteinsatz praktikabler Nutzen erreicht werden kann, muß sich erst noch zeigen, da - ähnlich wie beim HAK - das Nachführproblem bei dieser Bauart erneut in Kauf genommen werden muß, und zusätzlich bei der in natura unvermeidlichen Unstetigkeit des Windangebots kaum mit der Ausbildung eines einigermaßen brauchbaren (kontinuierlichen) Wirbels zu rechnen ist.

4.5.9 Der Hansen-Rotor

Eine Weiterentwicklung der Savonius-Rotor-Zwillingsanordnung mit zylindrischem Hindernis-Konzentrator stellt der 1979 patentierte Hansen-Rotor /41/ dar. Die Grundform seiner Blätter ist - wie bei einem Savonius-Rotor ohne Luftspalt - ein S-förmig profiliertes rechteckiges Blech, welches jedoch um seine Längs- und Drehachse schraubenförmig verdrillt ist, so daß seine Oberkante senkrecht zur Unterkante verläuft. Außerdem fehlen die bei einem Savonius-Rotor üblichen Trenn- oder Stützscheiben. Die beiden gegenläufig drehenden Rotorblätter sind leeseitig hinter einem Haltemast, der gleichzeitig als Verdränger bzw. Konzentrator dient, an Auslegern befestigt. Die Anordnung (Bild 98) entspricht dem in Bild 96 geschilderten Prinzip, wonach die konkaven außenliegenden Blatthälften von der schnellen Strömung um das Hindernis erfaßt in ihrer Bewegungsrichtung dem Wind folgen und auf ihren einander zugeneigten Innenseiten (die durch den Mast vor dem Primärwind abgeschirmt werden) gegen den Wind rotieren. Der Verwindungssinn der Flügel ist - von unten gesehen - ihrem Umlaufsinn entgegengesetzt. Eine (normalerweise durch zwei gleich große Zahnräder besorgte) Zwangskopplung der Rotoren gewährleistet die zur Sicherung einer gleichmäßigen Umströmung des Hindernisses notwendige Drehzahlgleichheit und vereinfacht gleichzeitig die Leistungsabnahme an nur einer der beiden Wellen. Die Torsion der Blätter dient ebenfalls nur der Erzielung einer gleichmäßigen Strömung (Leistung), wie auch einer minimalen Querbelastung des Haltemastes im Verlaufe einer Blattumdrehung, da bei dieser Geometrie ein konstanter Anströmquerschnitt erreicht wird. Da für den geschilderten Zweck eine

90°-Torsion ausreicht, mit wachsender Steigung der schraubenförmigen Verdrillung jedoch die senkrecht zur Strömung orientierte Fläche des Rotorflügels kleiner wird, ist eine möglichst geringe Steigung bzw. ein möglichst großes Verhältnis von Blatthöhe (Achslänge) zu Durchmesser anzustreben, ähnlich wie bei einem normalen Savonius-Rotor. Eine Begrenzung ist auch hier in praxi durch die Gefahr von Biegeresonanz-Schwingungen zu erwarten, der nicht durch eine Zwischenlagerung der Rotorwelle begegnet werden sollte, um den sauberen Strömungsabfluß am Flügel nicht unnötig zu stören. Eine Maximierung des Länge Durchmesser-Verhältnisses würde außerdem dem Bestreben nach hohen Drehzahlen entgegenkommen. Die maximale Leistung erreicht der Hansen-Rotor natürlich bei streng luvseitiger Positionierung des Verdrängers, was eine drehbare Lagerung des Mastes und eine Steuerung durch eine Windfahne erfordert. Der Umstand, daß die geringste Leistung bzw. Drehzahl des Systems dann erzielt wird, wenn der eine Rotorflügel genau im Windschatten

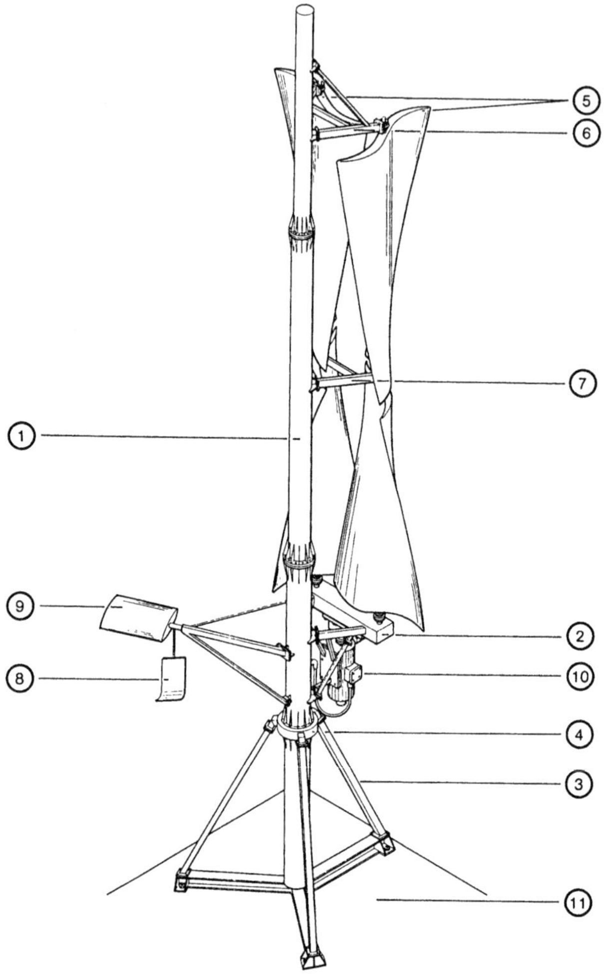

Bild 98: Hansen-Rotor in Freiluftausführung nach /42/

des anderen läuft, kann als Sturmsicherung verwendet werden, die mittels einer weiteren geeignet zu dimensionierenden Windfahne aktiviert werden kann.

Zum Wirkungsgrad bzw. Leistungsbeiwert des Hansen-Rotors liegen dem Verfasser derzeit noch keine gesicherten Erkenntnisse vor, was sich zum einen aus der mathematisch schwer zu beschreibenden Strömung und der mangelnden Kenntnis über die Eigenschaften tordierter S-Profile (neben dem Widerstand spielen vermutlich Auftriebskräfte eine Rolle), zum anderen aus der Vielzahl zu optimierender Bauparameter (Profilform, Abstände der Rotorblätter untereinander und vom Mast, Positionierung der die Rotorwellen enthaltenden Ebene gegenüber der Ebene des größten Mastquerschnitts usw.) erklärt, die umfangreiche (d.h. kostspielige und zeitraubende) Untersuchungen notwendig machen. Als vorsichtige Vermutung wird man einen auf den gesamten Flügelquerschnitt bezogenen Wirkungsgrad von 30 - 40 % schätzen dürfen, der allerdings durch die Drehzahlzwangskopplung und ein evtl. notwendiges weiteres Getriebe zur Drehzahlerhöhung geschmälert zu einem deutlich niedrigeren Leistungsbeiwert führen könnte.

5. Abschlußbetrachtungen

Der Inhalt des vorliegenden Buches ist in der Absicht zusammengestellt worden, dem Leser einen Überblick über die derzeit bekannten klassischen Konverterbauarten, ihre Eigenschaften, Dimensionierungs- und Berechnungsgrundlagen, wie auch über die bis dato bekannt gewordenen Überlegungen und Versuche zur Erhöhung des Konversionswirkungsgrades zu geben, wobei auch auf Varianten, die der baulichen bzw. betrieblichen Vereinfachung oder der besseren Anpassung an lokale Gegebenheiten Rechnung tragen (Heißluft-Auftriebskonverter) eingegangen wurde.

Wenn man nun abschließend eine Bilanz ziehen will, so läßt sich folgendes feststellen:

1. Der klassische Horizontalachsen-Auftriebskonverter scheint in einem gewissen vorläufigen Endstadium - auch hinsichtlich der technisch sinnvollen Maximalgröße - angekommen zu sein; Verbesserungen sind noch in der Klasse der mittelgroßen HAK in Bezug auf Robustizität und Preiswürdigkeit bei gleichzeitig gutem Leistungsbeiwert vorstellbar.

2. Im Falle des klassischen Vertikalachsen-Auftriebskonverters ist die Entwicklung noch im Gange. Die Untersuchungen verfolgen das Ziel, das Selbstanlaufproblem des VAKs durch Blattverstellung oder andere Anlaufhilfen befriedigend zu lösen, ohne dadurch eine Verminderung des guten Leistungsbeiwertes in Kauf nehmen zu müssen.

3. Der klassische Vertikalachsen-Widerstandskonverter hat aufgrund seines vergleichsweise geringen Wirkungsgrades bei gleichzeitig begrenzter Maximalgröße bisher nur eine untergeordnete Rolle spielen können, wobei sein Einsatz auch noch durch den Umstand niedriger Drehzahlen im Hinblick auf die heute vorrangige Nutzung zur Stromerzeugung behindert ist. Ohne zusätzliche leistungssteigernde Mittel wird der VWK (in Form des Savonius-Rotors) allenfalls wegen seiner enormen Robustizität in sturmreichen Gegenden wie auch als "Windgöbel" zum Wasserpumpen gewisse Bedeutung behalten können. Eine Verbesserung der zukünftigen Einsatzchancen könnte nur vermittels effizienzsteigernder Maßnahmen erzielt werden. Als solche kämen in Frage:
   a) die Entwicklung neuartiger Widerstandsprofile mit großem c_w-Verhältnis zwischen Gleich- und Gegenlaufseite,
   b) die Entwicklung von Profilen, deren Antrieb sowohl auf dem Widerstands- als auch dem Auftriebsprinzip beruht,
   c) die Verwendung von Konzentratoren, deren Nutzung

auch im Freiluftbetrieb möglichst unproblematisch sein sollte (hierfür scheinen vor allem Hindernis-Konzentratoren geeignet)

Derzeit scheint eine gewisse Stagnation auf dem Sektor der Widerstandskonverter-Entwicklung eingetreten zu sein.

4. Eine trotz seines geringen Wirkungsgrades hervorragende Rolle könnte aufgrund seiner Einfachheit in klimatisch bevorzugten Entwicklungsländern der Heißluft-Auftriebskonverter spielen.

5. Noch ganz im Stadium der Spekulation bzw. erster vorsichtiger Tastversuche befindet sich der Vorschlag, die künstliche Erzeugung von Wirbeln in den Dienst der Windenergie-Konversion zu stellen. Im Hinblick auf die sehr unstetigen Windbedingungen im Freiluftbetrieb ist hier wohl eine gewisse Skepsis bezüglich der benötigten Wirbelkontinuität angebracht.

6. Einer quantitativ erwähnenswerten Nutzung der Windenergie, die vor allem in den Entwicklungsländern interessant sein könnte, stehen zwei Probleme einstweilen im Wege:
   a) Eine langfristige Energiespeicherung mit vielseitiger Rekonvertierbarkeit (in elektrische Energie) bei gutem Wirkungsgrad muß technisch realisiert werden (Wasserstoff-Technologie)!
   b) Die benötigten Windenergiekonverter, Speicher- und Rekonversionsaggregate müssen betriebssicher und (durch Serienproduktion) preiswert hergestellt bzw. angeboten werden.

Im Hinblick darauf, daß es sich um eine umweltfreundliche Technologie mit nicht zu unterschätzendem Abnahmepotential handelt, kommt nach Meinung des Verfassers dem Staat eine initiierende Schlüsselrolle auf diesem Sektor zu.

Literaturhinweise

/1/ "Energiequellen für morgen", Teil 3: Nutzung der Windenergie, 1976
Programmstudie im Auftrag des Bundesministeriums für Forschung und Technologie, ausgeführt von der Kernforschungsanlage Jülich GmbH (Programmgruppe Systemforschung und Entwicklung) in Zusammenarbeit mit anderen Institutionen und Firmen
Vertrieb: Umschau-Verlag, Breidenstein KG, Frankfurt/M.

/2/ Liljequist, G.H.; Cehak, K.:
"Allgemeine Meteorologie", 3. Auflage, 1984
Verlag F. Vieweg & Sohn, Braunschweig/Wiesbaden

/3/ Harris, R.I.:
"The Nature of the Wind"
Electrical Res. Assoc., Paper 3

/4/ Betz, A.:
"Windenergie und ihre Ausnutzung durch Windmühlen"
Verlag Van den Hoek und Ruprecht, 1926

/5/ Hütter, K.:
"Beitrag zur Schaffung von Gestaltungsgrundlagen für Windkraftwerke"
Dissertation TH Wien, 1942

/6/ Weinig, F.:
"Die Strömung um die Schaufeln von Turbomaschinen"
Verlag Ambrosius Barth, Leipzig, 1935

/7/ Weinig, F.:
"Aerodynamik der Luftschraube"
Verlag J. Springer, Berlin, 1940

/8/ Bienen, Karmann:
"Zur Theorie der Luftschrauben"
VDI-Zeitschrift Bd. 68, No. 48, S. 1237, 1924

/9/ Honnef, H.:
"Windkraftwerke"
Verlag F. Vieweg & Sohn, Braunschweig, 1932

/10/ Darrieus, G.J.M.:
"Turbine Having its Rotating Shaft Transverse to the Flow of the Current"
United States Patent No. 1.835.018, Dec. 1931

/11/ Just, W.:
"Windmotor mit vertikaler Achse bei Auftriebsausnutzung"
Denkschrift 7 der Reichsarbeitsgemeinschaft Windkraft, Berlin-Steglitz, 1943

/12/ Blackwell, Sullivan, Renter, Banas:
"Engineering Development Status of the Darrieus Wind Turbine"
Journal Energy, Vol. 1, No. 1, p.50 - 63, Jan. 1977

/13/ Jesch, L.F., Walton, D.:
"Design Analysis of a Vertical Axis Wind Turbine"
Mechanical Engineering Department, Univ. of Birmingham, G.B.
Referat vom II. Sonnenforum Hamburg 1978, Bd. III

/14/ BMFT - Bericht der Dornier-System GmbH
"Entwicklung eines 5,5 m Ø - Windenergiekonverters"
Projekt ET 4062 A, 1976

/15/ Schatter, W.:
"Der verallgemeinerte Widerstandskonverter vom Betz-Typ"
ZS Windenergie, 8. Jhrg., Nr. 4, 1984
Herausgeber: W. Schönball, Bonn

/16/ Conradi, M.:
"c_w-Wert-Messung an unterschiedlich geformten Widerstandselementen; Versuche zur Erzielung möglichst großer Unterschiede zwischen den c_w-Werten von Vorder-

und Rückseite"
Diplomarbeit, Fachhochschule Wiesbaden, 1984

/17/ Savonius, J.S.:
"The Savonius and its Applications"
Mechanical Engineering, New York, May 1931, p 333 ff.

/18/ Bach, G.:
"Untersuchungen über Savonius-Rotoren und verwandte Strömungsmaschinen"
Institut f. Technische Strömungsforschung, TH Berlin
Forschung Bd. 2, Heft 6, Juni 1931

/19/ Sheldahl, R.E., Blackwell, B.F., Feltz, L.V.:
"Wind Tunnel Performance Data for Two- and Three-Bucket Savonius-Rotors"
Journal Energy, Vol. 2, No. 3, p. 160-164, 1978

/20/ Kirschner, A.:
"Konstruktion, Bau und Erprobung eines Windenergie-Konverters vom Typ Savonius-Rotor"
FH Wiesbaden, FB Physikalische Technik, Diplomarbeit 1980

/21/ Khan, Mozammel H.:
"Modell and Prototype Performance of Savonius-Rotor" Windmill
University of Illinois. USA, Agricultural Engineering Department
Wind Engineering, Vol. 2, No. 2, p. 75-85, 1978

/22/ Sivasegaram, S.:
"Secondary Parameters Affecting the Performance of Resistance-Type Vertical-Axis Wind Rotors"
University of Sri Lanka, Department of Mechanical Eng.
Wind Engineering, Vol. 2, No. 1, p. 49 ff., 1978

/23/ Übel, R.:
"Mathematische Behandlung des Savonius-Rotor-Anlaufproblems unter besonderer Berücksichtigung des Einflusses der geometrischen und physikalischen Baukenngrößen auf die Anlaufzeit"
FH Wiesbaden, FB Physikalische Technik, Diplomarbeit 1983

/24/ Alexander, A.J.:
"Wind Tunnel Corrections for Savonius-Rotors"
Second International Symposium on Wind Energy Systems
Amsterdam, 3. - 6. 9. 1978

/25/ Grotmaak, H.:
"Messung der technischen Daten von Vertikalachsen-Windrotoren"
Universität Bremen, Experimentelle Staatsexamensarbeit 1978

/26/ Henninger, H.:
"Untersuchungen an Savonius-Rotoren von unterschiedlichem Höhe - Durchmesser - Verhältnis"
FH Wiesbaden, FB Physikalische Technik, Diplomarbeit 1982

/27/ Knaup, G.:
"Leistungsmessung an freilaufenden Savonius-Rotoren im Windkanal"
FH Wiesbaden, FB Physikalische Technik, Diplomarbeit 1983

/28/ Schneider, M.:
"Konstruktion, Bau und Untersuchung von nicht-ummantelten (d.h. freien) Savonius-Windrotor-Modellen"
FH Wiesbaden, FB Physikalische Technik, Diplomarbeit 1984

FH Wiesbaden, FB Physikalische Technik, Diplomarbeit 1984

/29/ Detroy, K.:
"Ermittlung der charakteristischen Betriebsdaten eines Savonius-Windenergiekonverters unter natürlichen Bedingungen mithilfe einer Datenerfassungsanlage"
FH Wiesbaden, FB Physikalische Technik, Diplomarbeit 1981

/30/ Igra, Ozer:
"The Shrouded Aerogenerator"
Ben Gurion University of the Negev, Beersheva, Israel
Energy, Vol. 2, No. 4, p. 429 - 439, Dez. 1977

/31/ van Holten, Th.:
"Performance Analysis of a Windmill with Increased Power Output Due to Tipvane Induced Diffusion of the Airstream"
Techn. Hogeschool Delft, Vliegtuigbouwkunde
Memorandum M-224, Delft, Nederlande, Nov. 1974

/32/ Seginer, A.:
"Flap Augmented Shrouds for Aerogenerators"
Ames Research Center, NASA, California
Los Angeles Council for Engineers Scientists Meeting
Los Angeles, Cal., USA, 19.5.1976

/33/ Goedecke, A.:
"Windkraftmaschine mit einem um eine senkrechte Achse drehbaren Windrotor"
Patentschrift DE 3 003 270 C 2 des Deutschen Patentamts, veröffentlicht am 10.3.1983

/34/ Pawusch, W.:
"Konstruktion, Bau und Untersuchung von Modellen des A.G.-Rotors; systematische Variation der wesentlichen Bauparameter"
FH Wiesbaden, FB Physikalische Technik, Dipl.-Arbeit 1984

/35/ Sivasegaram, S.:
"Concentration Augmentation of Power in a Savonius-Type Wind Rotor"
Department of Mechanical Engineering, Univ. of Peradeniya
Peradeniya, Sri Lanka
Wind Engineering, Vol. 3, No. 1, 1979

/36/ Sabzevari, A.:
"Power Augmentation in a Ducted Savonius-Rotor"
Pahlevi University, Iran
Second International Symposium on Wind Energy Systems, Paper F 3, Oct. 1978

/37/ Konrad, E.:
"Untersuchungen über die Wirkung eines konzentrierenden Stators auf die Eigenschaften eines Savonius-Rotors unter Einsatz einer Datenerfassungsanlage"
FH Wiesbaden, FB Physikalische Technik, Diplomarbeit 1982

/38/ Steinborn, H.J.:
"Untersuchungen im Windkanal über die Wirkung eines konzentrierenden Stators auf die Eigenschaften eines Savonius-Rotors"
FH Wiesbaden, FB Physikalische Technik, Diplomarbeit 1983

/39/ Schneider, A.:
"Konstruktion, Bau und Untersuchung von ummantelten Savonius-Windrotor-Modellen (Einfluß der Mantel- bzw. Statorgeometrie auf das Betriebsverhalten)
FH Wiesbaden, FB Physikalische Technik, Diplomarbeit 1984

/40/ Loth, J.L.:
"WVU Wind Energy Concentrators"
West Virginia University, U.S.A.
Vortrag auf dem Internationalen Symposion über
Wind Energy Systems, 7. - 9. 9. 1976 in Cambridge, G.B.

/41/ Hansen, U.:
"Rotor zum Umwandeln der Energie des natürlichen
Windes in nutzbare mechanische Energie"
Patentschrift 2913290 (Offenlegung: 16. 10. 1980)

/42/ Prospekt der Firma HSJ Aero Transform GmbH
Gesellschaft für neuzeitliche Energieanwendung
2394 Satrup, Schleswig-Holstein, BRD (1979)

Symbolverzeichnis

A	Konstante der normierten Leistungskennlinie (verknüpft mit dem in λ linearen Term) oder Fläche allgemein
A_o	maximale Querschnittsfläche eines Widerstandselements
A_1	Luftstromquerschnitt im ungestörten Bereich vor dem Konverter
A_2	Luftstromquerschnitt weit hinter dem Konverter
$A_{or}, A_{1r}, \ldots A_{nr}$	Fourierkoeffizienten der cosinus-Terme in der Reihenentwicklung der induzierten Windgeschwindigkeit
A_{BRD}	Bodenfläche der BRD
A_{Erde}	Oberfläche der Erde
A_{Eu}	Bodenfläche Europas
A_F	Fläche eines Tragflügelelements (im Abstand r von der Achse)
A_R	Rotor-Querschnittsfläche
A_{Reff}	Wirksame Rotorfläche
A'	effektiver Luftstromquerschnitt in der Wandlerebene
A	senkrecht zur Anströmgeschwindigkeit projizierte Fläche eines Körpers
$a = r_o/R$	Abkürzung im Themenbereich reales Anemometer mit rot. symm. Elementen
$a = 1 + \lambda^{*2}$	Abkürzung im Themenbereich Auftriebskonverter
B	Konstante der normierten Leistungskennlinie verknüpft mit dem in λ quadratischen Term)
$B_{1r}, B_{2r}, \ldots B_{nr}$	Fourier-Koeffizienten der sinus-Terme in der Reihenentwicklung der induzierten Windgeschwindigkeit
$b = 1 - r_o/R$	Abkürzung im Themenbereich reales Anemometer mit rot. symm. Elementen
$b_{1r} = B_{1r}/v_1$	normierter Fourierkoeffizient für die radiale Komponente der induzierten Geschwindigkeit

$b_{1t} = B_{1t}/v_1$	normierter Fourierkoeffizient für die tangentiale Komponente der induzierten Geschwindigkeit
C	Konstante der normierten Leistungskennlinie (verknüpft mit dem in λ kubischen Term)
$\vec{c}$	relative Geschwindigkeit eines Wandlerelements zur Luftströmung (und umgekehrt)
$c_{1+},{}_{2+},{}_{3+},{}_{4+}$	Abkürzungen zur Leistungsberechnung bei realen Anemometern mit rotationssymmetrischen Elementen auf der Gleichlaufseite
$c_{1-},{}_{2-},{}_{3-},{}_{4-}$	Abkürzungen zur Leistungsberechnung bei realen Anemometern mit rotationssymmetrischen Elementen auf der Gegenlaufseite
c_a	Auftriebsbeiwert eines Flügels
c_a^*	Auftriebsbeiwert eines Flügelelements im Achsabstand r
$c_M = \frac{c_p}{\lambda}$	(Dreh-) Momentenbeiwert eines Windrotors
$c_{M\,opt}$	Momentenbeiwert im Maximum der normierten Leistungskurve
c_p^*	Leistungsbeiwert eines WEKs
c_p	Leistungsbeiwert eines Wandlerelements
c_w	Widerstandsbeiwert eines Flügels oder Widerstandskörpers
c_w^*	Widerstandsbeiwert eines differentiellen Wandler- oder Flügelelements
$\bar{c}_p$	mittlerer Leistungsbeiwert (pro Umlauf)
c_{po}	Leistungsbeiwert bei Reibungsfreiheit (bei Hütter)
c_{wRo}	Widerstandsbeiwert des Windrades
$\bar{c}_{p,I}$	mittlerer Leistungsbeiwert bei Lagerung mit Gleitreibungsverlusten
$\bar{c}_{p,II}$	mittlerer Leistungsbeiwert bei Lagerung mit viskoser Reibung
$\bar{c}_{p,III}$	mittlerer Leistungsbeiwert bei Lagerung mit turbulenter Reibung
$c_{p\,max}$	maximaler Leistungsbeiwert
c_{wH}	Widerstandsbeiwert der Halterungselemente

c_p	Leistungsbeiwert für unendliche Blattdichte (bzw. -Zahl)
$c_{res}(\infty)$	resultierender Strömungsbeiwert
c_{w_i}	induzierter Widerstandsbeiwert
c_{w+}	Widerstandsbeiwert auf der Konkav-(Gleichlauf-)Seite
c_{w-}	Widerstandsbeiwert auf der Konvex-(Gegenlauf-) Seite
D	baugeometrischer Windraddurchmesser
D_{eff}	effektiver Windraddurchmesser
d	Profildicke
d_H	Summe aller Dickenabmaße in einer Radringzone
E^*, E_F^*	Gleitzahl eines Flügelelements
$E_{F\,korr}^*$	resultierende Gleitzahl incl. Halterung
E_H^*	Gleitzahlkorrektur bezügl. Halterungseinfluß
$\vec{F}_a$	Auftriebskraft, die ein Körper bei turbulenter Strömung erfährt
F_a^*	Auftriebskraft eines Flügelelements
F_L	Luftkraft
$dF_{L\,ideal}$	idealisierte Luftkraft auf Blattelement
F_R	Reibungskraft (fester Körper im gasförmigen Medium)
$\vec{F}_w$	Widerstandskraft, die ein Körper bei turbulenter Reibung erfährt
F_w^*	Widerstandskraft eines Flügelelements
H	Meßhöhe einer Windmeßsonde, Höhe eines Vertikalachsenrotors oder seiner Wandlerelemente
H_M	Normalhöhe über Grund (Bezugshöhe für Windmessung)
H_{max}	obere Grenzhöhe einer für Windnutzung interessanten atmosphärischen Bodenschicht
h_w	Wölbungshöhe eines Tragflügels
$\dot{I}^*$	Trägheitsmoment des ein Radelement pro Zeiteinheit durchsetzenden Luftstroms
J	Trägheitsmoment eines Rotors

$K = 1 - \xi^2$ Abkürzung

K_G Profilgitterkennzahl

K_+ Abkürzung bei Leistungsberechnung eines realen zylindersymmetrischen Anemometer-Elements auf der Gleichlaufseite

K_- Abkürzung bei Leistungsberechnung eines realen zylindersymmetrischen Anemometer-Elements auf der Gegenlaufseite

k Anströmparameter (benutzt bei linearem und parabolischem Anströmprofil in verschiedenen Definitionen)

k_1 Lagerreibungskoeffizient bei viskoser Reibung

k_2 Lagerreibungskoeffizient bei turbulenter Reibung

k_o' Abkürzung für Reibungsbeiwert bei Gleitreibung

k_1' Abkürzung für Reibungsbeiwert bei viskoser Reibung

k_2' Abkürzung für Reibungsbeiwert bei turbulenter Reibung

$k_o'' = \frac{2k_o'}{c_{w-}}$ Reibungsbeiwert für reales Anemometer mit zylindersymmetrischen Elementen und für Kompaktrotor mit gleitreibungsbehafteter Lagerung

$k_o'' = \frac{2}{c_{w-}} \cdot (1 + \frac{4(1-a)}{\pi \cdot a}) \cdot k_o'$ Reibungsbeiwert für reales Anemometer mit rotationssymmetrischen Elementen bei Lagerung mit viskoser Reibung

$k_1'' = \frac{2k_1'}{c_{w-}}$ Reibungsbeiwert für reales Anemometer mit zylindersymmetrischen Elementen und für Kompaktrotor bei Lagerung mit viskoser Reibung

$k_1'' = \frac{2k_1'}{c_{w-}} \cdot (1 + \frac{4(1-a)}{\pi \cdot a})$ Reibungsbeiwert für reales Anemometer mit rotationssymmetrischen Elementen bei Lagerung mit viskoser Reibung

$k_2'' = \frac{2k_2'}{c_{w-}}$ Reibungsbeiwert für reales Anemometer mit zylindersymmetrischen Elementen und für Kompaktrotor bei Lagerung mit turbulenter Reibung

$k_2'' = \frac{2k_2'}{c_{w-}} \cdot (1 + \frac{4(1-a)}{\pi \cdot a})$	Reibungsbeiwert für reales Anemometer mit rotationssymmetrischen Elementen bei Lagerung mit turbulenter Reibung
k_+	Abkürzung bei Leistungsberechnung eines realen rotationssymmetrischen Anemometer-Elements auf der Gleichlaufseite
k_-	Abkürzung bei Leistungsberechnung eines realen rotationssymmetrischen Anemometer-Elements auf der Gegenlaufseite
l	Flügellänge, Spannweite
M_R	Lagerreibungsmoment
M_{Ro}	Lagerreibungsmoment bei Gleitreibung
M_{R1}	Lagerreibungsmoment bei viskoser Reibung
M_{R2}	Lagerreibungsmoment bei turbulenter (geschwindigkeitsquadratischer) Reibung
m	Massenstrom
n	Drehzahl 1/min
n_{max}	Drehzahl bei Betrieb mit maximaler Schnelllaufzahl
$\bar{P}_{I,II,III,IV,V}$	mittlere Blattleistungen in verschiedenen Umlaufphasen
$\bar{P}_{Bl}$	mittlerer Leistungsgewinn eines Blattes pro Umlauf
P_{BRD}	Windleistungsangebot auf dem Gebiet der Bundesrepublik Deutschland
P_{Erde}	Windleistungsangebot auf der gesamten Erdoberfläche (als Kugel idealisiert)
P_{Eu}	Windleistungsangebot Europas (ohne Ostblockstaaten)
P_N	Nutzleistung
P_V	Verlustleistung
$P_{V,I}$	Verlustleistung bei Gleitreibung
$P_{V,II}$	Verlustleistung bei viskoser Reibung
$P_{V,III}$	Verlustleistung bei turbulenter Reibung

P_W	Windleistungsangebot (auf der Fläche A)
$P_{W/A}$	Leistungsdichte des Windes (Energiefluß pro Zeit- und Flächeneinheit)
P_{Wr}	radiales Windleistungsangebot beim geradflügeligen VAK
dP_δ^*	Leistungsdurchsatz durch Kreisringsektor eines Radelements vom Winkel
$P_+(\varphi)$	momentane Gewinnleistung am Blatt in Winkelposition φ
$P_-(\varphi)$	momentane Verlustleistung eines Blattes in Position φ
$\bar{P}_+$	mittlerer Leistungsgewinn eines Blattes in der Gleichlaufphase
$\bar{P}_-$	mittlerer Leistungsverlust eines Blattes in der Gegenlaufphase
p	Koeffizient des die Höhenabhängigkeit der mittleren Windgeschwindigkeit beschreibenden Potenzgesetzes
$p_{c_a} = \frac{c_{a\ eff}}{c_{a\ ideal}}$	Auftriebskorrektur
p_{stat}	statischer Druck
$q = \frac{b_{1t}}{b_{1r}} = \frac{w_t}{w_r}$	relativer Anteil der tangentialen induzierten Geschwindigkeit in Bezug auf die radiale Komponente
R	Rotoraußenradius
R_1	innerer Umlaufradius von Anemometern mit diskreten Widerstandselementen
$R_2 = R$	äußerer Umlaufradius von Anemometern mit diskreten Widerstandselementen
Re	Reynoldszahl
Re_{krit}	kritische Reynoldszahl
r	Abstand eines Flügel- oder Widerstandselements von der Rotorachse
r_o	Basiskreis-Radius der rotationssymmetrischen Blattelemente eines Anemometers
r_a	äußerer Flügelradius

r_i	innerer Flügelradius
r_{min}	innerer Grenzradius, der den inneren abgeschatteten Bereich vom frei angeströmten trennt
r_p	Leistungsverstärkung (engl.: power ratio)
S^*	achsiale Schubkraft auf ein Tragflügelelement
s	Flügelperiodizität (-abstand) aus effektiver Windgeschwindigkeitsrichtung
s_o	baugeometrischer Flügelabstand (Streifenbreite)
T^*	tangentiale Gesamtkraft auf ein Tragflügelelement
t	Flügeltiefe, (-breite)
t_o	Flügeltiefe (-breite) bei verlustloser Umströmung eines Blattes
t_{opt}	optimale Flügeltiefe
U	Umfang des Rotordrehkreises
U_a	Umfang des Rotordrehkreises am äußeren Flügelende
U_i	Umfang des Rotordrehkreises am inneren Flügelende
u	Absolutgeschwindigkeit eines bewegten Körpers
$u = \omega \cdot r$	Bahngeschwindigkeit eines Rohrelements (über Grund) im Achsabstand r
$u_{max} = \omega \cdot R$	maximale (periphere) Bahngeschwindigkeit eines rotierenden Wandlerelements
$\dot{V}$	Volumdurchsatz pro Zeiteinheit (Volumenstrom)
$\vec{v}_1$	ungestörte Windgeschwindigkeit (vor dem Hindernis)
$v_{1\ eff}$	effektive Anströmgeschwindigkeit eines Blattelements
$\vec{v}_2$	Windgeschwindigkeit im Ausgleichsgebiet weit hinter einem Konverter
$\vec{v}_2^{\,*} = \vec{v}_2 + \Delta\vec{u}$	resultierende Windgeschwindigkeit weit hinter dem Windrad unter Berücksichtigung des Luftdralls

$\vec{v}'$	Windgeschwindigkeit in der Windradebene (Entzugsebene)
$\vec{v}'_r$	radiale Durchsatzgeschwindigkeit
$\vec{v}'_t$	tangentiale Durchsatzgeschwindigkeit
v_w	Windgeschwindigkeit (allg.)
$\bar{v}_w$	(Jahres-) Mittelwert der Windgeschwindigkeit
$\bar{v}_{wM}$	mittlere Windgeschwindigkeit in Bezugshöhe H_M
W_{BRD}	Energieinhalt der atmosphärischen Bodenschicht in der Bundesrepublik bis zur Höhe H_{max}
$\vec{w}$	induzierte Windgeschwindigkeit
$\vec{w}'_r$	radiale Komponente von $\vec{w}$
$\vec{w}'_t$	tangentiale Komponente von $\vec{w}$
$x = r/R$	auf den Rotoraußenradius normierter Achsabstand eines Konverterelements
$x_1 = \frac{R_1}{R}$	normierter Innenradius eines Widerstandselements
x^*	normierter Innenradius des durch Druckumkehr betroffenen kritischen Randbezirks eines Blattes
z	Zahl der aktiven Wandlerelemente eines Rotors (Widerstandselemente, Blätter)
α	Anstellwinkel
α_P	Leistungsdurchsatzziffer
α_V	Volumdurchsatzziffer
α'	Winkel zwischen Anströmrichtung und Nullauftriebsrichtung
β	Neigungswinkel der Relativgeschwindigkeit $\bar{c}$ zur Rotorachse
Γ	Zirkulation
γ	Winkel zwischen Radebene und Nullauftriebsrichtung
$\delta = \frac{2\pi}{z}$	Winkel eines periodisch wiederkehrenden Kreisringsektors
δ	ab Seite 118: Winkel zwischen Auftriebskraft und negativem Blatt-Radiusvektor

$\Delta c_{\perp}$	Geschwindigkeitsverlust der Luft beim Durchsetzen des Profilgitters
Δu	Änderung der tangentialen Bahngeschwindigkeit eines Radelements unter Berücksichtigung des Luftdralls
Δv	Abnahme der Anströmgeschwindigkeit der Luft durch Windrad
$\Delta \varphi_n$	Versatzwinkel der Blätter aufeinanderfolgender Etagen des Savonius-Rotors Winkelgeschwindigkeitsänderung des sekundlich ein Radelement passierenden Luftstroms ab S. 118 : Winkel zwischen Auftriebskraft und (negativem) Blattradius
$\varepsilon = \arctan\left(\frac{dF_w^*}{dF_a^*}\right)$	Gleitwinkel
ε_{opt}	optimaler Gleitwinkel
	Wirkungsgrad (im Zusammenhang mit Re: Viskosität)
η_{Darr}	Wirkungsgrad des Darrieus-Rotors
η_F	Wirkungsgrad eines Tragflügelelements
$\eta_F(r)$	Flügelwirkungsgrad eines Flügelelements im Achsabstand r
η^*_{Fa}	Flügelwirkungsgrad am äußeren Flügelende
η^*_{Fi}	Flügelwirkungsgrad am inneren Flügelende
η_F	mittlerer Flügelwirkungsgrad
$\eta_{F\,korr}$	Wirkungsgrad des Tragflügelelements, korrigiert bzg. Halterungseinfluß
η_{GVAK}	Wirkungsgrad des geradflügeligen VAK
η_K	praktischer Wirkungsgrad eines WEKs
η_R	Rotorwirkungsgrad
$\bar{\eta}_{R,2\text{-}Bl}$	mittlerer Wirkungsgrad eines 2-blättrigen Rotors
$\eta_{R,2\text{-}Bl\,max}$	maximaler Wirkungsgrad eines 2-blättrigen Rotors, gemittelt über einen Umlauf
$\eta_{R,3\text{-}Bl}$	mittlerer Wirkungsgrad eines 3-blättrigen Rotors

$\eta_{R,\,3\text{-}Bl\,max}$ maximaler Wirkungsgrad eines 3-blättrigen Rotors, gemittelt über einen Umlauf

$\eta_{R,\,2\text{-}Bl\,phys}$ physikalischer Wirkungsgrad eines 2-blättrigen Rotors (bezogen auf die maximale Elementenfläche)

$\eta_{R,\,2\text{-}Bl\,techn}$ technischer Wirkungsgrad eines 2-blättrigen Rotors (bezogen auf die vom Rotor bestrichene Querschnittsfläche)

$\eta_{V,I}$ Wirkungsgradkorrektur (Verlustwirkungsgrad) für Gleitreibung

$\eta_{V,II}$ Wirkungsgradkorrektur für viskose Reibung

$\eta_{V,III}$ Wirkungsgradkorrektur für turbulente Reibung

η_a theoretischer Wirkungsgrad eines Horizontalachsen-Auftriebskonverters (HAK)

$\eta_{a\,max}$ maximaler theoretischer Wirkungsgrad eines Auftriebskonverters

η_d Profilkennzahl

η_{th} (theoretischer) Wirkungsgrad eines WEKs

η^*_{th} theoretischer Wirkungsgrad eines Flügel- oder Radelements

η_w theoretischer Wirkungsgrad eines Widerstands-Konverters

$\eta_{w\,max}$ maximaler theoretischer Wirkungsgrad eines Widerstandskonverters

Θ Blattumrißfunktion

$\varkappa = c_{w+}/c_{w-}$ Verhältnis der Widerstandsbeiwerte von Gleich- und Gegenlaufseite bzw. Konkav- und Konvexseite eines Körpers

λ Schnelläufigkeit, Schnellaufzahl

$\lambda_{1,2,3}$ Nullstellen der Leistungsparabel

$\lambda_{5,6}$ Extremwerte der Leistungsparabel

λ_7 Wendepunkt der Leistungsparabel

λ^* Schnellaufzahl eines Blattelements im Achsabstand r

λ'^{*}	auf die Durchsatzgeschwindigkeit v' bezogene Schnellaufzahl eines Flügelelements bzw. einer Radringzone
λ_{opt}	optimale Schnellaufzahl
λ_{max}	maximale Schnellaufzahl
$\lambda_{max,I}$	maximale Schnellaufzahl bei gleitreibungsbehafteter Lagerung
$\lambda_{max, II}$	maximale Schnellaufzahl bei Lagerung mit viskoser Reibung
$\lambda_{ax, III}$	maximale Schnellaufzahl bei Lagerung mit turbulenter Reibung
$\lambda_{opt, I}$	optimale Schnellaufzahl bei gleitreibungsbehafteter Lagerung
$\lambda_{opt, II}$	dto, bei Lagerung mit viskoser Reibung
$\lambda_{opt, III}$	dto, bei Lagerung mit turbulenter Reibung
$\mu = 1 + \xi$	Abkürzung
$\xi = \frac{v_2}{v_1}$	Abbremsverhältnis, Abbremszahl
ξ_{opt}	optimale Abbremszahl
ρ	Massendichte eines Mediums allgemein
ρ_L	Massendichte der Luft
$\sigma = \frac{z \cdot t}{2\ r}$	Völligkeitsgrad
σ_{opt}	optimaler Völligkeitsgrad einer Konverterringzone
$\tau = 1/\sigma$	Gitterteilung = Kehrwert des Völligkeitsgrades
$\frac{d\Phi}{dt}$	Magnetflußänderungsgeschwindigkeit
	Positionswinkel eines umlaufenden Konversionselements, bezogen auf eine senkrecht zur primären Windgeschwindigkeit orientierte Ebene
φ_{gr}	Winkelbereich, in dem eine Druckumkehr bei Schnellaufzahlen > 1 stattfindet

φ'	Neigungswinkel der relativen Durchsatzgeschwindigkeit $\vec{c}'$ zur Blattebene (Radebene)
ω	Winkelgeschwindigkeit
$\dot{\omega}$	Winkelbeschleunigung

Anhang

Tabelle 19: Numerische Daten der Hauptbetriebskenngrößen (λ_{max}, λ_{opt}, $c_{p\,max}$(%) und n_{max}(min^{-1})) eines Savonius-Rotors für unterschiedliche Windgeschwindigkeiten, Lagerreibungskoeffizienten, Bauhöhen (Achslängen) und Durchmesser (c_{W+} = 4/3, c_W = 1/3 angenommen!)

H/m \ R/m	V_W = 5 m/s; k_1 = 0,0001 kg m²/s						
	0,05	0,10	0,15	0,20	0,30	0,50	1,0
0,1	0,300 0,150 3,74 287	1,032 0,510 12,61 493	1,389 0,680 16,67 442	1,521 0,741 18,11 363	1,601 0,778 18,96 255	1,629 0,791 19,25 156	1,636 0,794 19,33 78
0,2	0,502 0,250 6,24 478	1,261 0,620 15,24 602	1,502 0,732 17,90 478	1,577 0,767 18,70 376	1,619 0,786 19,14 258	1,633 0,793 19,30 156	1,637 0,794 19,33 78
0,3	0,649 0,323 8,04 620	1,364 0,668 16,39 651	1,544 0,752 18,35 491	1,596 0,776 18,91 381	1,625 0,789 19,21 259	1,634 0,793 19,31 156	1,637 0,794 19,33 78
0,5	0,850 0,422 10,46 811	1,460 0,713 17,45 697	1,580 0,768 18,73 503	1,612 0,783 19,08 385	1,630 0,791 19,26 259	1,636 0,794 19,32 156	1,637 0,794 19,34 78
1,0	1,112 0,549 13,54 1062	1,543 0,751 18,34 737	1,608 0,781 19,03 512	1,625 0,789 19,21 388	1,633 0,793 19,30 260	1,636 0,794 19,33 156	1,637 0,794 19,34 78
1,5	1,242 0,611 15,03 1186	1,573 0,765 18,66 751	1,618 0,786 19,13 515	1,629 0,791 19,25 389	1,635 0,793 19,31 260	1,637 0,794 19,33 156	1,637 0,794 19,34 78
2,0	1,320 0,648 15,91 1261	1,589 0,772 18,83 759	1,622 0,788 19,18 516	1,631 0,792 19,27 389	1,635 0,794 19,32 260	1,637 0,794 19,33 156	1,637 0,794 19,34 78

H/m \ R/m	v_w = 5 m/s; k_1 = 0,001 kg m^2/s						
	0,05	0,10	0,15	0,20	0,30	0,50	1,00
0,10	0,037	0,250	0,609	0,947	1,339	1,561	1,627
	0,018	0,125	0,303	0,469	0,657	0,760	0,790
	0,46	3,12	7,56	11,61	16,12	18,53	19,23
	35	119	194	226	213	149	78
0,20	0,071	0,430	0,880	1,194	1,471	1,598	1,632
	0,036	0,214	0,436	0,589	0,719	0,777	0,792
	0,89	5,35	10,82	14,48	17,58	18,93	19,29
	68	205	280	285	234	153	78
0,30	0,105	0,566	1,036	1,310	1,523	1,611	1,634
	0,052	0,282	0,512	0,643	0,742	0,782	0,793
	1,31	7,03	12,66	15,79	18,12	19,06	19,30
	100	270	330	313	242	154	78
0,5	0,167	0,761	1,210	1,422	1,566	1,621	1,635
	0,083	0,378	0,596	0,696	0,762	0,787	0,794
	2,08	9,40	14,67	17,04	18,59	19,17	19,32
	159	363	385	340	249	155	78
1,0	0,300	1,032	1,389	1,521	1,601	1,629	1,636
	0,150	0,510	0,680	0,741	0,778	0,791	0,794
	3,74	12,61	16,67	18,11	18,96	19,25	19,33
	287	493	442	363	255	156	78
1,5	0,410	1,173	1,462	1,558	1,613	1,632	1,636
	0,205	0,578	0,714	0,758	0,783	0,792	0,794
	5,11	14,25	17,47	18,50	19,08	19,28	19,33
	391	560	465	372	257	156	78
2,0	0,502	1,261	1,502	1,577	1,619	1,633	1,637
	0,250	0,620	0,732	0,767	0,786	0,793	0,794
	6,24	15,24	17,90	18,70	19,14	19,30	19,33
	479	602	478	376	258	156	78

H/m \ R/m	$v_W = 5$ m/s; $k_1 = 0{,}002$ kg m^2/s 0,05	0,10	0,15	0,20	0,30	0,50	1,0
0,1	0,019	0,136	0,379	0,674	1,138	1,492	1,617
	0,009	0,068	0,189	0,335	0,561	0,728	0,785
	0,23	1,70	4,72	8,34	13,85	17,80	19,13
	18	65	121	161	181	143	77
0,2	0,037	0,250	0,609	0,947	1,339	1,561	1,627
	0,018	0,125	0,303	0,469	0,657	0,760	0,790
	0,46	3,12	7,56	11,61	16,12	18,53	19,23
	35	119	194	226	213	149	78
0,3	0,054	0,346	0,766	1,098	1,425	1,585	1,630
	0,027	0,173	0,381	0,542	0,697	0,771	0,791
	0,68	4,32	9,46	13,38	17,06	18,79	19,27
	52	165	244	262	227	151	78
0,5	0,088	0,502	0,967	1,261	1,502	1,606	1,633
	0,044	0,250	0,479	0,620	0,732	0,780	0,793
	1,10	6,24	11,86	15,24	17,90	19,01	19,30
	84	240	308	301	239	153	78
1,0	0,167	0,761	1,210	1,422	1,566	1,621	1,635
	0,083	0,378	0,596	0,696	0,762	0,787	0,794
	2,08	9,40	14,67	17,04	18,59	19,17	19,32
	159	363	385	340	249	155	78
1,5	0,237	0,922	1,323	1,487	1,589	1,626	1,636
	0,118	0,457	0,649	0,725	0,773	0,790	0,794
	2,96	11,32	15,95	17,74	18,83	19,23	19,32
	226	440	421	355	253	155	78
2,0	0,300	1,032	1,389	1,521	1,601	1,629	1,636
	0,150	0,510	0,680	0,741	0,778	0,791	0,794
	3,74	12,61	16,67	18,11	18,96	19,25	19,33
	287	493	442	363	255	156	78

R/m	v_W = 5 m/s; k_1 = 0,005 kg m^2/s						
H/m	0,05	0,10	0,15	0,20	0,30	0,50	1,0
0,1	0,008	0,058	0,178	0,364	0,792	1,320	1,589
	0,004	0,029	0,089	0,182	0,393	0,648	0,772
	0,09	0,72	2,23	4,54	9,77	15,91	18,83
	7	28	57	87	126	126	76
0,2	0,015	0,111	0,319	0,590	1,060	1,460	1,612
	0,007	0,056	0,159	0,294	0,524	0,713	0,783
	0,19	1,39	3,98	7,32	12,94	17,45	19,08
	14	53	102	141	169	139	77
0,3	0,022	0,161	0,433	0,745	1,198	1,514	1,621
	0,011	0,080	0,216	0,370	0,590	0,738	0,787
	0,28	2,01	5,40	9,20	14,53	18,03	19,16
	21	77	138	178	191	145	77
0,5	0,037	0,250	0,609	0,947	1,339	1,561	1,627
	0,018	0,125	0,303	0,469	0,657	0,760	0,790
	0,46	3,12	7,56	11,41	16,12	18,53	19,23
	35	119	194	226	213	149	78
1,0	0,071	0,430	0,880	1,194	1,472	1,598	1,632
	0,036	0,214	0,436	0,588	0,719	0,777	0,792
	0,89	5,35	10,82	14,48	17,58	18,93	19,29
	68	205	280	285	234	153	78
1,5	0,105	0,566	1,036	1,310	1,523	1,611	1,634
	0,052	0,282	0,512	0,643	0,742	0,782	0,793
	1,31	7,03	12,66	15,79	18,12	19,06	19,30
	100	270	330	313	242	154	78
2,0	0,136	0,674	1,138	1,378	1,550	1,617	1,635
	0,068	0,335	0,561	0,675	0,754	0,785	0,793
	1,70	8,34	13,85	16,55	18,41	19,13	19,31
	130	322	362	329	247	154	78

H/m \ R/m	$v_W = 5$ m/s; $k_1 = 0{,}01$ kg m^2/s 0,05	0,10	0,15	0,20	0,30	0,50	1,0
0,1	0,004	0,029	0,095	0,207	0,529	1,112	1,543
	0,002	0,015	0,047	0,103	0,264	0,549	0,751
	0,05	0,37	1,18	2,58	6,57	13,54	18,34
	4	14	30	49	84	106	74
0,2	0,008	0,058	0,178	0,364	0,792	1,320	1,589
	0,004	0,029	0,089	0,182	0,393	0,648	0,772
	0,09	0,72	2,23	4,54	9,77	15,91	18,63
	7	28	57	87	126	126	76
0,3	0,011	0,085	0,253	0,488	0,952	1,410	1,604
	0,006	0,042	0,126	0,244	0,471	0,690	0,780
	0,14	1,06	3,15	6,07	11,67	16,90	18,99
	11	41	80	117	151	135	77
0,5	0,019	0,136	0,379	0,674	1,138	1,492	1,617
	0,009	0,068	0,189	0,335	0,561	0,728	0,785
	0,23	1,70	4,72	8,34	13,85	17,80	19,13
	18	65	121	161	181	143	77
1,0	0,037	0,250	0,609	0,947	1,339	1,561	1,627
	0,018	0,125	0,303	0,469	0,657	0,760	0,790
	0,46	3,12	7,56	11,61	16,12	18,53	19,23
	35	119	194	226	213	149	78
1,5	0,054	0,346	0,766	1,098	1,425	1,585	1,630
	0,027	0,173	0,381	0,542	0,697	0,771	0,791
	0,68	4,32	9,46	13,38	17,06	18,79	19,27
	52	165	244	262	227	151	78
2,0	0,071	0,430	0,880	1,194	1,472	1,598	1,632
	0,036	0,214	0,436	0,588	0,719	0,777	0,792
	0,89	5,35	10,82	14,48	17,58	18,93	19,29
	68	205	280	285	234	153	78

H/m \ R/m	$v_w = 5$ m/s; $k_1 = 0{,}02$ kg m^2/s						
	0,05	0,10	0,15	0,20	0,30	0,50	1,00
0,1	0,002 0,001 0,02 2	0,015 0,007 0,19 7	0,049 0,025 0,61 16	0,111 0,056 1,39 27	0,319 0,159 3,98 51	0,850 0,422 10,46 81	1,460 0,713 17,45 70
0,2	0,004 0,002 0,05 4	0,029 0,015 0,37 14	0,095 0,047 1,18 30	0,207 0,103 2,58 49	0,529 0,264 6,57 84	1,112 0,549 13,54 106	1,543 0,751 18,34 74
0,3	0,006 0,003 0,07 5	0,044 0,022 0,55 21	0,138 0,069 1,72 44	0,290 0,145 3,62 69	0,679 0,338 8,40 108	1,242 0,611 15,03 119	1,573 0,765 18,66 75
0,5	0,009 0,005 0,12 9	0,071 0,036 0,89 34	0,216 0,108 2,70 69	0,430 0,214 5,35 103	0,880 0,436 10,82 140	1,373 0,672 16,49 131	1,598 0,777 18,93 76
1,0	0,019 0,009 0,23 18	0,136 0,068 1,70 65	0,379 0,189 4,72 121	0,674 0,335 8,34 161	1,138 0,561 13,85 181	1,492 0,728 17,80 143	1,617 0,785 19,13 77
1,5	0,028 0,014 0,35 26	0,196 0,098 2,44 93	0,506 0,253 6,30 161	0,833 0,414 10,27 199	1,264 0,621 15,28 201	1,537 0,749 18,28 147	1,624 0,788 19,20 78
2,0	0,037 0,018 0,46 35	0,250 0,125 3,12 119	0,609 0,303 7,56 194	0,947 0,469 11,61 226	1,339 0,657 16,12 213	1,561 0,760 18,53 149	1,627 0,790 19,23 78

H/m \ R/m	$v_w = 5$ m/s; $k_1 = 0,05$ kg m^2/s						
	0,05	0,10	0,15	0,20	0,30	0,50	1,00
0,1	0,001	0,006	0,020	0,047	0,146	0,502	1,261
	0,000	0,003	0,001	0,023	0,073	0,250	0,620
	0,01	0,07	0,25	0,58	1,83	6,24	15,24
	1	3	6	11	23	48	60
0,2	0,002	0,012	0,039	0,090	0,266	0,761	1,422
	0,001	0,006	0,020	0,045	0,133	0,378	0,696
	0,02	0,15	0,49	1,13	3,32	9,40	17,04
	1	6	13	22	42	73	68
0,3	0,002	0,018	0,058	0,131	0,368	0,922	1,487
	0,001	0,009	0,029	0,066	0,184	0,457	0,725
	0,03	0,22	0,73	1,64	4,58	11,32	17,74
	2	9	19	31	59	88	71
0,5	0,004	0,029	0,095	0,207	0,529	1,112	1,543
	0,002	0,015	0,047	0,103	0,264	0,549	0,751
	0,05	0,37	1,18	2,58	6,57	13,54	18,34
	4	14	30	49	84	106	74
1,0	0,008	0,058	0,178	0,364	0,792	1,320	1,589
	0,004	0,029	0,089	0,182	0,393	0,648	0,772
	0,09	0,72	2,23	4,54	9,77	15,91	18,83
	7	28	57	87	126	126	76
1,5	0,011	0,085	0,253	0,488	0,952	1,410	1,604
	0,006	0,042	0,126	0,244	0,471	0,690	0,780
	0,14	1,06	3,15	6,07	11,67	16,90	18,99
	11	41	80	117	151	135	77
2,0	0,015	0,111	0,319	0,590	1,060	1,460	1,612
	0,007	0,056	0,159	0,294	0,524	0,713	0,783
	0,19	1,39	3,98	7,32	12,94	17,45	19,08
	14	53	102	141	169	139	77

H/m \ R/m	0,05	0,10	0,15	0,20	0,30	0,50	1,00
	v_W = 5 m/s; k_1 = 0,10 kg m^2/s						
0,1	0,000 0,000 0,00 0	0,003 0,001 0,04 1	0,010 0,005 0,13 3	0,024 0,012 0,30 6	0,077 0,038 0,96 12	0,300 0,150 3,74 29	1,032 0,510 12,61 49
0,2	0,001 0,000 0,01 1	0,006 0,003 0,07 3	0,020 0,010 0,25 6	0,047 0,023 0,58 11	0,146 0,073 1,83 23	0,502 0,250 6,24 48	1,261 0,620 15,24 60
0,3	0,001 0,001 0,01 1	0,009 0,004 0,11 4	0,030 0,015 0,37 10	0,069 0,034 0,86 16	0,209 0,104 2,61 33	0,649 0,323 8,04 62	1,364 0,668 16,39 65
0,5	0,002 0,001 0,02 2	0,015 0,007 0,19 7	0,049 0,025 0,61 16	0,111 0,056 1,39 27	0,319 0,159 3,98 51	0,850 0,422 10,46 81	1,460 0,713 17,45 70
1,0	0,004 0,002 0,05 4	0,029 0,015 0,37 14	0,095 0,047 1,18 30	0,207 0,103 2,58 49	0,529 0,264 6,57 84	1,112 0,549 13,54 106	1,543 0,751 18,34 74
1,5	0,006 0,003 0,07 5	0,044 0,022 0,55 21	0,138 0,069 1,72 44	0,290 0,145 3,62 69	0,679 0,338 8,40 108	1,242 0,611 15,03 119	1,573 0,765 18,66 75
2,0	0,007 0,004 0,09 7	0,058 0,029 0,72 28	0,178 0,089 2,23 57	0,364 0,182 4,54 87	0,792 0,393 9,77 126	1,320 0,648 15,91 126	1,588 0,772 18,83 76

H/m \ R/m	$v_w = 10$ m/s; $k_1 = 0{,}0001$ kg m^2/s 0,05	0,10	0,15	0,20	0,30	0,50	1,00
0,1	0,502	1,261	1,502	1,577	1,619	1,633	1,637
	0,250	0,620	0,732	0,767	0,786	0,793	0,794
	6,24	15,24	17,90	18,70	19,14	19,30	19,33
	959	1204	956	753	515	312	156
0,2	0,761	1,422	1,566	1,606	1,628	1,635	1,637
	0,378	0,660	0,762	0,780	0,790	0,794	0,794
	9,40	17,04	18,59	19,01	19,24	19,32	19,34
	1453	1358	997	767	518	312	156
0,3	0,922	1,487	1,589	1,616	1,631	1,636	1,637
	0,457	0,725	0,773	0,785	0,792	0,794	0,794
	11,32	17,74	18,83	19,12	19,27	19,32	19,34
	1760	1420	1012	772	519	312	156
0,5	1,112	1,543	1,608	1,625	1,633	1,636	1,637
	0,549	0,751	0,781	0,789	0,793	0,794	0,794
	13,54	18,34	19,03	19,21	19,30	19,33	19,34
	2124	1473	1024	776	520	313	156
1,0	1,320	1,589	1,622	1,631	1,635	1,637	1,637
	0,648	0,772	0,788	0,792	0,794	0,794	0,794
	15,91	18,83	19,18	19,27	19,32	19,33	19,34
	2522	1517	1033	779	521	313	156
1,5	1,410	1,604	1,627	1,633	1,636	1,637	1,637
	0,690	0,780	0,790	0,793	0,794	0,794	0,794
	16,90	18,99	19,23	19,29	19,33	19,33	19,34
	2693	1532	1036	780	521	313	156
2,0	1,460	1,612	1,630	1,634	1,636	1,637	1,637
	0,713	0,783	0,791	0,793	0,794	0,794	0,794
	17,45	19,08	19,26	19,30	19,33	19,34	19,34
	2789	1540	1038	780	521	313	156

H/m \ R/m	v_w = 10 m/s; k_1 = 0,001 kg m^2/s						
	0,05	0,10	0,15	0,20	0,30	0,50	1,00
0,1	0,071 0,036 0,89 136	0,430 0,214 5,35 410	0,880 0,436 10,82 560	1,194 0,588 14,48 570	1,472 0,719 17,58 468	1,598 0,777 18,93 305	1,632 0,792 19,29 156
0,2	0,136 0,068 1,70 260	0,674 0,335 8,34 643	1,138 0,561 13,85 725	1,378 0,675 16,55 658	1,550 0,754 18,41 493	1,617 0,785 19,13 309	1,635 0,793 19,31 156
0,3	0,196 0,098 2,44 373	0,833 0,414 10,27 796	1,264 0,621 15,28 805	1,454 0,710 17,38 694	1,578 0,767 18,71 502	1,624 0,788 19,20 310	1,635 0,794 19,32 156
0,5	0,300 0,150 3,74 573	1,032 0,510 12,61 985	1,389 0,680 16,67 884	1,521 0,741 18,11 726	1,601 0,778 18,96 510	1,629 0,791 19,25 311	1,636 0,794 19,33 156
1,0	0,502 0,250 6,24 959	1,261 0,620 15,24 1204	1,502 0,732 17,90 956	1,577 0,767 18,70 753	1,619 0,786 19,14 515	1,633 0,793 19,30 312	1,637 0,794 19,33 156
1,5	0,649 0,323 8,04 1239	1,364 0,668 16,39 1302	1,544 0,752 18,35 983	1,596 0,776 18,91 762	1,625 0,789 19,21 517	1,634 0,793 19,31 312	1,637 0,794 19,33 156
2,0	0,761 0,378 9,40 1453	1,422 0,696 17,04 1358	1,566 0,762 18,59 997	1,606 0,780 19,01 767	1,628 0,790 19,24 518	1,635 0,794 19,32 312	1,637 0,794 19,34 156

H/m \ R/m	v_w = 10 m/s; k_1 = 0,002 kg m^2/s						
	0,05	0,10	0,15	0,20	0,30	0,50	1,00
0,1	0,037	0,250	0,609	0,947	1,339	1,561	1,627
	0,018	0,125	0,303	0,469	0,657	0,760	0,790
	0,46	3,12	7,56	11,61	16,12	18,53	19,23
	70	239	388	452	426	298	155
0,2	0,071	0,430	0,880	1,194	1,472	1,598	1,632
	0,036	0,214	0,436	0,588	0,719	0,777	0,792
	0,89	5,35	10,82	14,48	17,58	18,93	19,29
	136	410	560	570	469	305	156
0,3	0,105	0,566	1,036	1,310	1,523	1,611	1,634
	0,052	0,282	0,512	0,643	0,742	0,782	0,793
	1,31	7,03	12,66	15,79	18,12	19,06	19,30
	200	541	660	625	485	308	156
0,5	0,167	0,761	1,210	1,422	1,566	1,621	1,635
	0,083	0,378	0,596	0,696	0,762	0,787	0,794
	2,08	9,40	14,67	17,04	18,59	19,17	19,32
	318	727	771	679	499	310	156
1,0	0,300	1,032	1,389	1,521	1,601	1,629	1,636
	0,150	0,510	0,680	0,741	0,778	0,791	0,794
	3,74	12,61	16,67	18,11	18,96	19,25	19,33
	573	985	884	726	510	311	156
1,5	0,410	1,173	1,462	1,558	1,613	1,632	1,636
	0,205	0,578	0,714	0,758	0,783	0,792	0,794
	5,11	14,25	17,47	18,50	19,08	19,28	19,33
	783	1120	931	744	513	312	156
2,0	0,502	1,261	1,502	1,577	1,619	1,633	1,637
	0,250	0,620	0,732	0,767	0,786	0,793	0,794
	6,24	15,24	17,90	18,70	19,14	19,30	19,33
	959	1204	956	753	515	312	156

H/m \ R/m	v_w = 10 m/s; k_1 = 0,005 kg m^2/s						
	0,05	0,10	0,15	0,20	0,30	0,50	1,00
0,1	0,015	0,111	0,319	0,590	1,060	1,460	1,612
	0,007	0,056	0,159	0,294	0,524	0,713	0,783
	0,19	1,39	3,98	7,32	12,94	17,45	19,08
	28	106	203	282	337	279	154
0,2	0,029	0,207	0,529	0,859	1,282	1,543	1,625
	0,015	0,103	0,264	0,426	0,630	0,751	0,789
	0,37	2,58	6,57	10,57	15,48	18,34	19,21
	56	197	337	410	408	295	155
0,3	0,044	0,290	0,679	1,016	1,380	1,573	1,629
	0,022	0,145	0,338	0,503	0,676	0,765	0,791
	0,546	3,622	8,400	12,43	16,58	18,66	19,25
	83	277	432	485	439	300	156
0,5	0,071	0,430	0,880	1,194	1,472	1,598	1,632
	0,036	0,214	0,436	0,588	0,719	0,777	0,792
	0,89	5,35	10,82	14,48	17,58	18,93	19,29
	136	410	560	570	469	305	156
1,0	0,136	0,674	1,138	1,378	1,550	1,617	1,635
	0,068	0,335	0,561	0,675	0,754	0,785	0,793
	1,70	8,34	13,85	16,55	18,41	19,13	19,31
	260	643	725	658	493	309	156
1,5	0,196	0,833	1,264	1,454	1,578	1,624	1,635
	0,098	0,414	0,621	0,710	0,767	0,788	0,794
	2,44	10,27	15,28	17,38	18,71	19,20	19,32
	373	796	805	694	502	310	156
2,0	0,250	0,947	1,339	1,495	1,592	1,627	1,636
	0,125	0,469	0,657	0,729	0,774	0,790	0,794
	3,12	11,61	16,12	17,83	18,86	19,23	19,32
	477	904	853	714	507	311	156

H/m \ R/m	v_W = 10 m/s; k_1 = 0,01 kg m^2/s						
	0,05	0,10	0,15	0,20	0,30	0,50	1,00
0,1	0,007	0,058	0,178	0,364	0,792	1,320	1,588
	0,004	0,029	0,089	0,182	0,393	0,648	0,772
	0,09	0,72	2,23	4,54	9,77	15,91	18,83
	14	55	113	174	252	252	152
0,2	0,015	0,111	0,319	0,590	1,060	1,460	1,612
	0,007	0,056	0,159	0,294	0,524	0,713	0,783
	0,19	1,39	3,98	7,32	12,94	17,45	19,08
	28	106	203	282	337	279	154
0,3	0,022	0,161	0,433	0,745	1,198	1,514	1,621
	0,011	0,080	0,216	0,370	0,590	0,738	0,787
	0,28	2,01	5,40	9,20	14,53	18,03	19,16
	42	153	276	356	381	289	155
0,5	0,037	0,250	0,609	0,947	1,339	1,561	1,627
	0,018	0,125	0,303	0,469	0,657	0,760	0,790
	0,46	3,12	7,56	11,61	16,12	18,53	19,23
	70	239	388	452	426	298	155
1,0	0,071	0,430	0,880	1,194	1,472	1,598	1,632
	0,036	0,214	0,436	0,588	0,719	0,777	0,792
	0,89	5,35	10,82	14,48	17,58	18,93	19,29
	136	410	560	570	469	305	156
1,5	0,105	0,566	1,036	1,310	1,523	1,611	1,634
	0,052	0,282	0,512	0,643	0,742	0,782	0,793
	1,31	7,03	12,66	15,79	18,12	19,06	19,30
	200	541	660	626	485	308	156
2,0	0,136	0,674	1,138	1,378	1,550	1,617	1,635
	0,068	0,335	0,561	0,675	0,754	0,785	0,793
	1,70	8,34	13,85	16,55	18,41	19,13	19,31
	260	643	725	658	493	309	156

H/m \ R/m	v_W = 10 m/s; k_1 = 0,02 kg m^2/s						
	0,05	0,10	0,15	0,20	0,30	0,50	1,00
0,1	0,004	0,029	0,095	0,207	0,529	1,112	1,543
	0,002	0,015	0,047	0,103	0,264	0,549	0,751
	0,05	0,37	1,18	2,58	6,57	13,54	18,34
	7	28	60	99	168	212	147
0,2	0,007	0,058	0,178	0,364	0,792	1,320	1,589
	0,004	0,029	0,089	0,182	0,393	0,648	0,772
	0,09	0,72	2,23	4,54	9,77	15,91	18,83
	14	55	114	174	252	252	152
0,3	0,011	0,085	0,253	0,488	0,952	1,410	1,604
	0,006	0,042	0,126	0,244	0,471	0,690	0,780
	0,14	1,06	3,15	6,07	11,67	16,90	18,99
	21	81	161	233	303	269	153
0,5	0,019	0,136	0,379	0,674	1,138	1,492	1,617
	0,009	0,068	0,189	0,335	0,561	0,728	0,785
	0,23	1,70	4,72	8,34	13,85	17,80	19,13
	35	130	241	322	362	285	154
1,0	0,037	0,250	0,609	0,947	1,339	1,561	1,627
	0,018	0,125	0,303	0,469	0,657	0,760	0,790
	0,46	3,12	7,56	11,61	16,12	18,53	19,23
	70	239	388	452	426	298	155
1,5	0,054	0,346	0,766	1,098	1,425	1,585	1,630
	0,027	0,173	0,381	0,542	0,697	0,771	0,791
	0,68	4,32	9,46	13,38	17,06	18,79	19,27
	104	331	488	524	453	303	156
2,0	0,071	0,430	0,880	1,194	1,472	1,598	1,632
	0,036	0,214	0,436	0,588	0,719	0,777	0,792
	0,89	5,35	10,82	14,48	17,58	18,93	19,29
	136	410	560	570	469	305	156

H/m \ R/m	v_W = 10 m/s; k_1 = 0,05 kg m^2/s 0,05	0,10	0,15	0,20	0,30	0,50	1,0
0,1	0,002	0,012	0,039	0,090	0,266	0,761	1,422
	0,001	0,006	0,020	0,045	0,133	0,378	0,696
	0,02	0,15	0,49	1,13	3,32	9,40	17,04
	3	11	25	43	85	145	136
0,2	0,003	0,024	0,077	0,170	0,454	1,032	1,521
	0,001	0,012	0,038	0,085	0,226	0,510	0,741
	0,04	0,30	0,96	2,12	5,65	12,61	18,11
	6	23	49	81	145	197	145
0,3	0,004	0,035	0,112	0,242	0,594	1,173	1,558
	0,002	0,018	0,056	0,121	0,296	0,578	0,758
	0,06	0,44	1,40	3,01	7,37	14,25	18,50
	9	34	72	115	189	224	149
0,5	0,007	0,058	0,178	0,364	0,792	1,320	1,589
	0,004	0,029	0,089	0,182	0,393	0,648	0,772
	0,09	0,72	2,23	4,54	9,77	15,91	18,83
	14	55	114	174	252	252	152
1,0	0,015	0,111	0,319	0,590	1,060	1,460	1,612
	0,007	0,056	0,159	0,294	0,524	0,713	0,783
	0,19	1,39	3,98	7,32	12,94	17,45	19,08
	28	106	203	282	337	279	154
1,5	0,022	0,161	0,433	0,745	1,198	1,514	1,621
	0,011	0,080	0,216	0,370	0,590	0,738	0,787
	0,28	2,01	5,40	9,20	14,53	18,03	19,16
	42	153	276	356	381	289	155
2,0	0,029	0,207	0,529	0,859	1,282	1,543	1,625
	0,015	0,103	0,264	0,426	0,630	0,751	0,789
	0,37	2,58	6,57	10,57	15,48	18,34	19,21
	56	197	337	410	408	295	155

H/m \ R/m	v_w = 10,0 m/s; k_1 = 0,10 kg m^2/s						
	0,05	0,10	0,15	0,20	0,30	0,50	1,0
0,1	0,001 0,000 0,01 1	0,006 0,003 0,07 6	0,020 0,010 0,25 13	0,046 0,023 0,58 22	0,146 0,073 1,83 47	0,502 0,250 6,24 96	1,261 0,620 15,24 120
0,2	0,002 0,001 0,02 3	0,012 0,006 0,15 11	0,039 0,020 0,49 25	0,090 0,045 1,13 43	0,266 0,133 3,32 85	0,761 0,378 9,40 145	1,422 0,696 17,04 136
0,3	0,002 0,001 0,03 4	0,018 0,009 0,22 17	0,058 0,029 0,73 37	0,131 0,066 1,64 63	0,368 0,184 4,58 117	0,922 0,457 11,32 176	1,487 0,725 17,74 142
0,5	0,004 0,002 0,05 7	0,029 0,015 0,37 28	0,095 0,047 1,18 60	0,207 0,103 2,58 99	0,529 0,264 6,57 168	1,112 0,549 13,54 212	1,543 0,751 18,34 147
1,0	0,007 0,004 0,09 14	0,058 0,029 0,72 55	0,178 0,089 2,23 114	0,364 0,182 4,54 174	0,792 0,393 9,77 252	1,320 0,648 15,91 252	1,589 0,772 18,83 152
1,5	0,011 0,006 0,14 21	0,085 0,042 1,06 81	0,253 0,126 3,15 161	0,488 0,244 6,07 233	0,952 0,471 11,67 303	1,410 0,690 16,90 269	1,604 0,780 18,99 153
2,0	0,015 0,007 0,19 28	0,111 0,056 1,39 106	0,319 0,159 3,98 203	0,590 0,294 7,32 282	1,060 0,524 12,94 337	1,460 0,713 17,45 279	1,612 0,783 19,08 154

H/m \ R/m	v_W = 15 m/s; k_1 = 0,0001 kg m^2/s						
	0,05	0,10	0,15	0,20	0,30	0,50	1,00
0,1	0,649 0,323 8,04 1859	1,364 0,668 16,39 1953	1,544 0,752 18,35 1474	1,596 0,776 18,91 1143	1,625 0,789 19,21 776	1,634 0,793 19,31 468	1,637 0,794 19,33 234
0,2	0,922 0,457 11,32 2640	1,487 0,725 17,74 2129	1,589 0,773 18,83 1517	1,616 0,785 19,12 1158	1,631 0,792 19,27 779	1,636 0,794 19,32 469	1,637 0,794 19,34 235
0,3	1,075 0,531 13,11 3079	1,533 0,747 18,24 2196	1,605 0,780 19,00 1532	1,623 0,788 19,19 1163	1,633 0,793 19,29 780	1,636 0,794 19,33 469	1,637 0,794 19,34 235
0,5	1,242 0,611 15,03 3558	1,573 0,765 18,66 2253	1,618 0,786 19,13 1545	1,629 0,791 19,25 1167	1,635 0,793 19,31 781	1,637 0,794 19,33 469	1,637 0,794 19,34 235
1,0	1,410 0,690 16,90 4039	1,604 0,780 18,99 2298	1,627 0,790 19,23 1554	1,633 0,793 19,29 1170	1,636 0,794 19,32 781	1,637 0,794 19,33 469	1,637 0,794 19,34 235
1,5	1,478 0,721 17,64 4233	1,615 0,784 19,11 2313	1,631 0,791 19,27 1557	1,634 0,793 19,31 1171	1,636 0,794 19,33 781	1,637 0,794 19,34 469	1,637 0,794 19,34 235
2,0	1,514 0,738 18,03 4338	1,621 0,787 19,16 2321	1,632 0,792 19,29 1559	1,635 0,793 19,32 1171	1,636 0,794 19,33 781	1,637 0,794 19,34 469	1,637 0,794 19,34 235

H/m \ R/m	v_W = 15 m/s; k_1 = 0,001 kg m^2/s						
	0,05	0,10	0,15	0,20	0,30	0,50	1,00
0,1	0,105	0,566	1,036	1,310	1,523	1,611	1,634
	0,052	0,282	0,512	0,643	0,742	0,782	0,793
	1,31	7,03	12,66	15,79	18,12	19,06	19,30
	300	811	990	938	727	461	234
0,2	0,196	0,833	1,264	1,454	1,578	1,624	1,635
	0,098	0,414	0,621	0,710	0,767	0,788	0,794
	2,44	10,27	15,28	17,38	18,71	19,20	19,32
	560	1194	1207	1041	753	465	234
0,3	0,275	0,992	1,366	1,510	1,597	1,628	1,636
	0,138	0,491	0,669	0,736	0,776	0,790	0,794
	3,44	12,15	16,42	17,98	18,91	19,24	19,33
	789	1421	1305	1081	762	466	234
0,5	0,410	1,173	1,462	1,558	1,613	1,632	1,636
	0,205	0,578	0,714	0,758	0,783	0,792	0,794
	5,11	14,25	17,47	18,50	19,08	19,28	19,33
	1174	1681	1396	1116	770	467	234
1,0	0,649	1,364	1,544	1,596	1,625	1,634	1,637
	0,323	0,668	0,752	0,776	0,789	0,793	0,794
	8,04	16,39	18,35	18,91	19,21	19,31	19,33
	1859	1953	1474	1143	776	468	234
1,5	0,808	1,443	1,574	1,610	1,629	1,635	1,638
	0,401	0,705	0,766	0,782	0,791	0,794	0,794
	9,96	17,26	18,67	19,05	19,25	19,32	19,34
	2314	2067	1503	1153	778	469	235
2,0	0,922	1,487	1,589	1,616	1,631	1,636	1,637
	0,457	0,725	0,773	0,785	0,792	0,794	0,794
	11,32	17,74	18,83	19,12	19,27	19,32	19,34
	2640	2129	1517	1158	779	469	235

H/m \ R/m	v_w = 15 m/s; k_1 = 0,002 kg m^2/s						
	0,05	0,10	0,15	0,20	0,30	0,50	1,00
0,1	0,054	0,346	0,766	1,098	1,425	1,585	1,630
	0,027	0,173	0,381	0,542	0,697	0,771	0,791
	0,68	4,32	9,46	13,38	17,06	18,79	19,27
	155	496	731	786	680	454	234
0,2	0,105	0,566	1,036	1,310	1,523	1,611	1,634
	0,052	0,282	0,512	0,643	0,742	0,782	0,793
	1,31	7,03	12,66	15,79	18,12	19,06	19,30
	300	811	990	938	727	461	234
0,3	0,152	0,720	1,177	1,402	1,559	1,619	1,635
	0,076	0,358	0,580	0,686	0,759	0,786	0,793
	1,89	8,90	14,29	16,82	18,51	19,15	19,31
	434	1031	1124	1004	744	464	234
0,5	0,237	0,922	1,323	1,487	1,589	1,626	1,636
	0,118	0,457	0,649	0,725	0,773	0,790	0,794
	2,96	11,32	15,95	17,74	18,83	19,23	19,32
	678	1320	1264	1065	759	466	234
1,0	0,410	1,173	1,462	1,558	1,613	1,632	1,636
	0,205	0,578	0,714	0,759	0,783	0,792	0,794
	5,11	14,25	17,47	18,50	19,08	19,28	19,33
	1174	1680	1396	1116	770	467	234
1,5	0,543	1,293	1,516	1,583	1,621	1,634	1,637
	0,271	0,635	0,739	0,770	0,787	0,793	0,794
	6,75	15,61	18,05	18,77	19,17	19,30	19,33
	1556	1852	1447	1134	774	468	234
2,0	0,649	1,364	1,544	1,596	1,625	1,634	1,637
	0,323	0,668	0,752	0,776	0,789	0,793	0,794
	8,04	16,39	18,35	18,91	19,21	19,31	19,33
	1859	1953	1474	1143	776	468	234

H/m \ R/m	v_w = 15 m/s; k_1 = 0,005 kg m^2/s						
	0,05	0,10	0,15	0,20	0,30	0,50	1,00
0,1	0,022 0,011 0,28 64	0,161 0,080 2,01 230	0,433 0,216 5,40 414	0,745 0,370 9,20 534	1,198 0,590 14,53 572	1,514 0,738 18,03 434	1,621 0,787 19,16 232
0,2	0,044 0,022 0,55 125	0,290 0,145 3,62 416	0,679 0,338 8,40 648	1,016 0,503 12,43 728	1,380 0,676 16,58 659	1,573 0,765 18,66 451	1,629 0,791 19,25 233
0,3	0,065 0,032 0,81 185	0,398 0,199 4,96 570	0,838 0,416 10,33 801	1,160 0,572 14,09 831	1,456 0,711 17,40 695	1,594 0,775 18,88 457	1,632 0,792 19,28 234
0,5	0,105 0,052 1,31 300	0,566 0,282 7,03 811	1,036 0,512 12,66 990	1,310 0,643 15,79 938	1,523 0,742 18,12 727	1,610 0,782 19,06 461	1,634 0,793 19,30 234
1,0	0,195 0,098 2,44 560	0,833 0,414 10,27 1194	1,264 0,621 15,28 1207	1,454 0,710 17,38 1041	1,578 0,767 18,71 753	1,624 0,788 19,20 465	1,635 0,794 19,32 234
1,5	0,275 0,138 3,44 789	0,992 0,491 12,15 1421	1,366 0,669 16,42 1305	1,510 0,736 17,98 1081	1,597 0,776 18,91 762	1,628 0,790 19,24 466	1,636 0,794 19,32 234
2,0	0,346 0,173 4,32 992	1,098 0,542 13,38 1572	1,425 0,697 17,06 1360	1,539 0,750 18,30 1102	1,607 0,781 19,02 767	1,630 0,791 19,27 467	1,636 0,794 19,33 234

H/m \ R/m	v_w = 15 m/s; k_1 = 0,01 kg m^2/s 0,05	0,10	0,15	0,20	0,30	0,50	1,00
0,1	0,011	0,085	0,253	0,488	0,952	1,410	1,604
	0,006	0,042	0,126	0,244	0,471	0,690	0,780
	0,14	1,06	3,15	6,07	11,67	16,90	18,99
	32	122	241	350	454	404	230
0,2	0,022	0,161	0,433	0,745	1,198	1,514	1,621
	0,011	0,080	0,216	0,370	0,590	0,738	0,787
	0,28	2,01	5,40	9,20	14,53	18,03	19,16
	64	230	414	534	572	434	232
0,3	0,033	0,229	0,571	0,906	1,313	1,553	1,626
	0,017	0,114	0,284	0,449	0,644	0,756	0,789
	0,41	2,86	7,08	11,13	15,83	18,45	19,22
	95	328	545	649	627	445	233
0,5	0,054	0,346	0,766	1,098	1,425	1,585	1,630
	0,027	0,173	0,381	0,542	0,697	0,771	0,791
	0,68	4,32	9,46	13,38	17,06	18,79	19,27
	155	496	731	786	680	454	234
1,0	0,105	0,566	1,036	1,310	1,523	1,611	1,634
	0,052	0,282	0,512	0,643	0,742	0,782	0,793
	1,31	7,03	12,66	15,79	18,12	19,06	19,30
	300	811	990	938	727	461	234
1,5	0,152	0,720	1,177	1,402	1,559	1,619	1,635
	0,076	0,358	0,580	0,686	0,759	0,786	0,793
	1,89	8,90	14,29	16,82	18,51	19,15	19,31
	434	1031	1124	1004	744	464	234
2,0	0,195	0,833	1,264	1,454	1,578	1,624	1,635
	0,098	0,414	0,621	0,710	0,767	0,788	0,794
	2,44	10,27	15,28	17,38	18,71	19,20	19,32
	560	1194	1207	1041	753	465	234

R/m H/m	v_w = 15 m/s; k_1 = 0,02 kg m^2/s						
	0,05	0,10	0,15	0,20	0,30	0,50	1,00
0,1	0,006	0,044	0,138	0,290	0,679	1,242	1,573
	0,003	0,022	0,069	0,145	0,338	0,611	0,765
	0,07	0,55	1,72	3,62	8,40	15,03	18,66
	16	63	197	208	324	356	225
0,2	0,011	0,085	0,253	0,488	0,952	1,410	1,604
	0,006	0,042	0,126	0,244	0,471	0,690	0,780
	0,14	1,06	3,15	6,07	11,67	16,90	18,99
	32	122	362	350	454	404	230
0,3	0,017	0,124	0,350	0,634	1,102	1,478	1,615
	0,008	0,062	0,175	0,315	0,544	0,721	0,784
	0,21	1,55	4,36	7,85	13,43	17,64	19,11
	48	177	501	454	526	423	231
0,5	0,028	0,195	0,506	0,833	1,264	1,537	1,624
	0,014	0,098	0,253	0,414	0,621	0,749	0,788
	0,34	2,44	6,30	10,27	15,28	18,28	19,20
	79	280	725	597	604	440	233
1,0	0,054	0,346	0,766	1,098	1,425	1,585	1,630
	0,027	0,173	0,381	0,542	0,697	0,771	0,791
	0,68	4,32	9,46	13,38	17,06	18,79	19,27
	155	496	731	786	680	454	234
1,5	0,080	0,467	0,926	1,230	1,488	1,602	1,633
	0,040	0,233	0,460	0,605	0,726	0,779	0,792
	1,00	5,81	11,37	14,89	17,76	18,97	19,29
	229	669	885	881	711	459	234
2,0	0,105	0,566	1,036	1,310	1,523	1,611	1,634
	0,052	0,282	0,512	0,643	0,742	0,782	0,793
	1,31	7,03	12,66	15,79	18,12	19,06	19,30
	300	811	990	938	727	461	234

H/m \ R/m	v_W = 15 m/s; k_1 = 0,05 kg m^2/s						
	0,05	0,10	0,15	0,20	0,30	0,50	1,00
0,1	0,002 0,001 0,03 6	0,018 0,009 0,22 26	0,058 0,029 0,73 56	0,131 0,066 1,64 94	0,368 0,184 4,58 176	0,922 0,457 11,32 264	1,487 0,725 17,74 213
0,2	0,004 0,002 0,06 13	0,035 0,018 0,44 50	0,112 0,056 1,40 107	0,242 0,121 3,01 173	0,594 0,296 7,37 284	1,173 0,578 14,25 336	1,558 0,758 18,50 223
0,3	0,007 0,003 0,08 19	0,052 0,026 0,65 75	0,162 0,081 2,03 155	0,336 0,168 4,18 240	0,750 0,373 9,26 358	1,293 0,635 15,61 370	1,583 0,770 18,77 227
0,5	0,011 0,006 0,14 32	0,085 0,042 1,06 122	0,253 0,126 3,15 241	0,488 0,244 6,07 350	0,952 0,471 11,67 454	1,410 0,690 16,90 404	1,604 0,780 18,99 230
1,0	0,022 0,011 0,28 64	0,161 0,080 2,01 230	0,433 0,216 5,40 414	0,745 0,370 9,20 534	1,198 0,590 14,53 572	1,514 0,738 18,03 434	1,621 0,787 19,16 232
1,5	0,033 0,017 0,41 95	0,229 0,114 2,86 328	0,571 0,284 7,08 545	0,906 0,449 11,13 649	1,313 0,644 15,83 627	1,553 0,756 18,45 445	1,626 0,790 19,22 233
2,0	0,044 0,022 0,55 125	0,290 0,145 3,62 416	0,679 0,338 8,40 648	1,016 0,503 12,43 728	1,380 0,676 16,58 659	1,573 0,765 18,66 451	1,629 0,791 19,25 233

H/m \ R/m	v_w = 15 m/s; k_1 = 0,10 kg m^2/s						
	0,05	0,10	0,15	0,20	0,30	0,50	1,00
0,1	0,001	0,009	0,030	0,069	0,209	0,649	1,364
	0,001	0,004	0,015	0,034	0,104	0,323	0,668
	0,01	0,11	0,37	0,86	2,61	8,04	16,39
	3	13	29	49	100	186	195
0,2	0,002	0,018	0,058	0,131	0,368	0,922	1,487
	0,001	0,009	0,029	0,066	0,184	0,457	0,725
	0,03	0,22	0,73	1,64	4,58	11,32	17,74
	6	26	56	94	176	264	213
0,3	0,003	0,027	0,086	0,189	0,493	1,075	1,533
	0,002	0,013	0,043	0,094	0,246	0,531	0,747
	0,04	0,33	1,07	2,36	6,13	13,11	18,24
	10	38	82	135	235	308	220
0,5	0,006	0,044	0,138	0,290	0,679	1,242	1,573
	0,003	0,022	0,069	0,145	0,338	0,611	0,765
	0,07	0,55	1,72	3,62	8,40	15,03	18,66
	16	63	132	208	324	356	225
1,0	0,011	0,085	0,253	0,488	0,951	1,410	1,604
	0,006	0,042	0,126	0,244	0,471	0,690	0,780
	0,14	1,06	3,15	6,07	11,67	16,90	18,99
	32	122	241	350	454	404	230
1,5	0,017	0,124	0,350	0,634	1,102	1,478	1,615
	0,008	0,062	0,175	0,315	0,544	0,721	0,784
	0,21	1,55	4,36	7,85	13,43	17,64	19,11
	48	177	334	454	526	423	231
2,0	0,022	0,161	0,433	0,745	1,198	1,514	1,621
	0,011	0,080	0,216	0,370	0,590	0,738	0,787
	0,28	2,01	5,40	9,20	14,53	18,03	19,16
	64	230	414	534	572	434	232

H/m \ R/m	v_W = 20 m/s; k_1 = 0,0001 kg m^2/s 0,05	0,10	0,15	0,20	0,30	0,50	1,00
0,1	0,761	1,422	1,566	1,606	1,628	1,635	1,637
	0,378	0,696	0,762	0,780	0,790	0,794	0,794
	9,40	17,04	18,59	19,01	19,24	19,32	19,34
	2907	2716	1994	1534	1036	625	313
0,2	1,032	1,521	1,601	1,622	1,632	1,636	1,637
	0,510	0,741	0,778	0,787	0,792	0,794	0,794
	12,61	18,11	18,96	19,17	19,29	19,33	19,34
	3940	2906	2038	1548	1039	625	313
0,3	1,173	1,558	1,613	1,627	1,634	1,636	1,637
	0,578	0,758	0,783	0,790	0,793	0,794	0,794
	14.25	18,50	19,08	19,23	19,31	19,33	19,34
	4481	2975	2053	1553	1040	625	313
0,5	1,320	1,589	1,622	1,631	1,635	1,637	1,637
	0,648	0,772	0,788	0,792	0,794	0,794	0,794
	15,91	18,83	19,18	19,27	19,32	19,33	19,34
	5043	3034	2066	1557	1041	625	313
1,0	1,460	1,612	1,630	1,634	1,636	1,637	1,637
	0,713	0,783	0,791	0,793	0,794	0,794	0,794
	17,45	19,08	19,26	19,30	19,33	19,34	19,34
	5577	3079	2075	1560	1042	625	313
1,5	1,514	1,621	1,632	1,635	1,636	1,637	1,637
	0,738	0,787	0,792	0,793	0,794	0,794	0,794
	18,03	19,16	19,29	19,32	19,33	19,34	19,34
	5784	3095	2078	1561	1042	625	313
2,0	1,543	1,625	1,633	1,636	1,637	1,637	1,637
	0,751	0,789	0,793	0,794	0,794	0,794	0,794
	18,34	19,21	19,30	19,32	19,33	19,34	19,34
	5894	3103	2080	1562	1042	625	313

H/m \ R/m	$v_w = 20$ m/s; $k_1 = 0{,}001$ kg m^2/s						
	0,05	0,10	0,15	0,20	0,30	0,50	1,0
0,1	0,136 0,068 1,70 520	0,674 0,335 8,34 1287	1,138 0,561 13,84 1449	1,378 0,675 16,55 1316	1,550 0,754 18,41 986	1,6172 0,785 19,13 618	1,635 0,793 19,31 312
0,2	0,250 0,125 3,12 955	0,947 0,469 11,61 1808	1,339 0,657 16,12 1705	1,495 0,729 17,83 1428	1,592 0,774 18,86 1013	1,627 0,790 19,23 622	1,636 0,794 19,32 312
0,3	0,346 0,173 4,32 1323	1,098 0,542 13,38 2096	1,425 0,697 17,06 1814	1,539 0,750 18,30 1470	1,607 0,781 19,02 1023	1,630 0,791 19,27 623	1,636 0,794 19,33 313
0,5	0,502 0,250 6,24 1918	1,261 0,620 15,24 2408	1,502 0,732 17,90 1912	1,577 0,767 18,70 1506	1,619 0,786 19,14 1031	1,633 0,793 19,30 624	1,637 0,794 19,33 313
1,0	0,761 0,378 9,40 2907	1,422 0,696 17,04 2716	1,566 0,762 18,59 1994	1,606 0,780 19,01 1534	1,628 0,790 19,24 1036	1,635 0,794 19,32 625	1,637 0,794 19,34 313
1,5	0,922 0,457 11,32 3520	1,487 0,725 17,74 2839	1,589 0,773 18,83 2023	1,616 0,785 19,12 1544	1,631 0,792 19,27 1038	1,636 0,794 19,32 625	1,637 0,794 19,34 313
2,0	1,032 0,510 12,61 3940	1,521 0,741 18,11 2906	1,601 0,778 18,96 2038	1,622 0,787 19,17 1548	1,632 0,792 19,29 1039	1,636 0,794 19,33 625	1,637 0,794 19,34 313

H/m \ R/m	v_w = 20 m/s; k_1 = 0,002 kg m^2/s						
	0,05	0,10	0,15	0,20	0,30	0,50	1,00
0,1	0,071	0,430	0,880	1,194	1,472	1,598	1,632
	0,036	0,214	0,436	0,588	0,719	0,777	0,792
	0,89	5,35	10,82	14,48	17,58	18,93	19,29
	273	821	1121	1140	937	610	312
0,2	0,136	0,674	1,138	1,378	1,550	1,617	1,635
	0,068	0,335	0,561	0,675	0,754	0,785	0,793
	1,70	8,34	13,85	16,55	18,41	19,13	19,31
	580	1287	1449	1316	986	618	312
0,3	0,196	0,833	1,264	1,454	1,578	1,624	1,635
	0,098	0,414	0,621	0,710	0,767	0,788	0,794
	2,44	10,27	15,28	17,38	18,71	19,20	19,32
	747	1592	1610	1388	1004	620	312
0,5	0,300	1,032	1,389	1,521	1,601	1,629	1,636
	0,150	0,510	0,680	0,741	0,778	0,791	0,794
	3,74	12,61	16,67	18,11	18,96	19,25	19,33
	1146	1970	1769	1453	1019	622	313
1,0	0,502	1,261	1,502	1,577	1,619	1,633	1,637
	0,250	0,620	0,732	0,767	0,786	0,793	0,794
	6,24	15,24	17,90	18,70	19,14	19,30	19,33
	1918	2408	1912	1506	1031	624	313
1,5	0,649	1,364	1,544	1,596	1,625	1,634	1,637
	0,323	0,668	0,752	0,776	0,789	0,793	0,794
	8,04	16,39	18,35	18,91	19,21	19,31	19,33
	2479	2604	1966	1524	1034	624	313
2,0	0,761	1,422	1,566	1,606	1,628	1,635	1,637
	0,378	0,696	0,762	0,780	0,790	0,794	0,794
	9,40	17,04	18,59	19,01	19,24	19,32	19,35
	2907	2716	1994	1534	1036	625	313

H/m \ R/m	v_W = 20 m/s; k_1 = 0,005 kg m^2/s						
	0,05	0,10	0,15	0,20	0,30	0,50	1,00
0,1	0,029	0,207	0,529	0,859	1,282	1,543	1,625
	0,	0,103	0,264	0,426	0,630	0,751	0,789
	0,37	2,58	6,57	10,57	15,48	18,34	19,21
	112	395	673	820	816	589	310
0,2	0,058	0,364	0,792	1,120	1,436	1,589	1,631
	0,029	0,182	0,393	0,553	0,702	0,772	0,792
	0,72	4,54	9,77	13,64	17,19	18,83	19,27
	220	695	1008	1070	914	607	312
0,3	0,085	0,488	0,952	1,249	1,497	1,604	1,633
	0,042	0,244	0,471	0,614	0,730	0,780	0,793
	1,06	6,07	11,67	15,11	17,84	18,99	19,29
	324	933	1212	1193	953	613	312
0,5	0,136	0,674	1,138	1,378	1,550	1,617	1,635
	0,068	0,335	0,561	0,675	0,754	0,785	0,793
	1,70	8,34	13,85	16,55	18,41	19,13	19,31
	560	1287	1449	1316	986	618	312
1,0	0,250	0,947	1,339	1,495	1,592	1,627	1,636
	0,125	0,469	0,657	0,729	0,774	0,790	0,794
	3,12	11,61	16,12	17,83	18,86	19,23	19,32
	955	1808	1705	1428	1013	622	312
1,5	0,346	1,098	1,425	1,539	1,607	1,630	1,636
	0,173	0,542	0,697	0,750	0,781	0,791	0,794
	4,32	13,38	17,06	18,30	19,02	19,27	19,33
	1323	2096	1814	1470	1023	623	313
2,0	0,430	1,194	1,472	1,563	1,614	1,632	1,636
	0,214	0,588	0,719	0,760	0,784	0,792	0,794
	5,35	14,48	17,58	18,55	19,10	19,29	19,33
	1641	2280	1874	1492	1028	623	313

H/m \ R/m	v_w = 20 m/s; k_1 = 0,01 kg m^2/s						
	0,05	0,10	0,15	0,20	0,30	0,50	1,00
0,1	0,015	0,111	0,319	0,590	1,060	1,460	1,612
	0,007	0,056	0,159	0,294	0,524	0,713	0,783
	0,19	1,39	3,98	7,32	12,94	17,45	19,08
	57	212	406	563	675	558	308
0,2	0,029	0,207	0,529	0,859	1,282	1,543	1,625
	0,015	0,103	0,264	0,426	0,630	0,751	0,789
	0,37	2,58	6,57	10,57	15,48	18,34	19,21
	112	395	673	820	816	589	310
0,3	0,044	0,290	0,679	1,016	1,380	1,573	1,629
	0,022	0,145	0,338	0,503	0,676	0,765	0,791
	0,55	3,62	8,40	12,43	16,58	18,66	19,25
	167	554	864	971	879	601	311
0,5	0,071	0,430	0,880	1,194	1,472	1,598	1,632
	0,036	0,214	0,436	0,588	0,719	0,777	0,792
	0,89	5,35	10,82	14,48	17,58	18,93	19,29
	273	821	1121	1140	937	610	312
1,0	0,136	0,674	1,138	1,378	1,550	1,617	1,635
	0,068	0,335	0,561	0,675	0,754	0,785	0,793
	1,70	8,34	13,85	16,55	18,41	19,13	19,31
	520	1287	1449	1316	986	618	312
1,5	0,195	0,833	1,264	1,454	1,578	1,624	1,635
	0,098	0,414	0,621	0,710	0,767	0,788	0,794
	2,44	10,27	15,28	17,38	18,71	19,20	19,32
	747	1592	1610	1388	1004	620	312
2,0	0,250	0,947	1,339	1,495	1,592	1,627	1,636
	0,125	0,469	0,657	0,729	0,774	0,790	0,794
	3,12	11,61	16,12	17,83	18,86	19,23	19,32
	955	1808	1705	1428	1013	622	312

H/m \ R/m	v_w = 20 m/s; k_1 = 0,02 kg m^2/s						
	0,05	0,10	0,15	0,20	0,30	0,50	1,00
0,1	0,007	0,058	0,178	0,364	0,792	1,320	1,589
	0,004	0,029	0,089	0,182	0,393	0,648	0,772
	0,09	0,72	2,23	4,54	9,77	15,91	18,83
	29	110	227	348	504	504	303
0,2	0,015	0,111	0,319	0,590	1,060	1,460	1,612
	0,007	0,056	0,159	0,294	0,524	0,713	0,783
	0,19	1,39	3,98	7,32	12,94	17,45	19,08
	57	212	406	563	675	558	308
0,3	0,022	0,161	0,433	0,745	1,198	1,514	1,621
	0,011	0,080	0,216	0,370	0,590	0,738	0,787
	0,28	2,01	5,40	9,20	14,53	18,03	19,16
	85	307	552	711	763	578	310
0,5	0,037	0,250	0,610	0,947	1,339	1,561	1,627
	0,018	0,125	0,303	0,469	0,657	0,760	0,790
	0,46	3,12	7,56	11,61	16,12	18,53	19,23
	140	477	776	904	853	596	311
1,0	0,071	0,430	0,880	1,194	1,472	1,598	1,632
	0,036	0,214	0,436	0,588	0,719	0,777	0,792
	0,89	5,35	10,82	14,48	17,58	18,93	19,29
	273	821	1121	1140	937	610	312
1,5	0,105	0,566	1,036	1,310	1,523	1,611	1,634
	0,052	0,282	0,512	0,643	0,742	0,782	0,793
	1,31	7,03	12,66	15,79	18,12	19,06	19,30
	400	1081	1319	1251	969	615	312
2,0	0,136	0,674	1,138	1,378	1,550	1,617	1,635
	0,068	0,335	0,561	0,675	0,754	0,785	0,793
	1,70	8,34	13,85	16,55	18,41	19,13	19,31
	520	1287	1449	1316	986	618	312

H/m \ R/m	v_W = 20 m/s; k_1 = 0,05 kg m^2/s						
	0,05	0,10	0,15	0,20	0,30	0,50	1,00
0,1	0,003 0,001 0,04 11	0,024 0,012 0,30 45	0,077 0,038 0,96 98	0,170 0,085 2,12 162	0,454 0,226 5,65 289	1,032 0,510 12,61 394	1,521 0,741 18,11 291
0,2	0,006 0,003 0,07 23	0,046 0,023 0,58 89	0,146 0,073 1,83 186	0,306 0,153 3,81 292	0,704 0,350 8,70 448	1,261 0,620 15,24 482	1,577 0,767 18,70 301
0,3	0,009 0,004 0,11 34	0,069 0,034 0,86 131	0,209 0,104 2,61 266	0,417 0,208 5,19 398	0,864 0,429 10,63 550	1,364 0,668 16,39 521	1,596 0,776 18,91 305
0,5	0,015 0,007 0,19 57	0,111 0,056 1,39 212	0,319 0,159 3,98 406	0,590 0,294 7,32 563	1,060 0,524 12,94 675	1,460 0,713 17,45 558	1,612 0,783 19,08 308
1,0	0,029 0,015 0,37 112	0,207 0,103 2,58 395	0,529 0,264 6,57 673	0,859 0,426 10,57 820	1,282 0,630 15,48 816	1,543 0,751 18,34 589	1,625 0,789 19,21 310
1,5	0,044 0,022 0,55 167	0,290 0,145 3,62 554	0,679 0,338 8,40 864	1,016 0,503 12,43 971	1,380 0,676 16,58 879	1,573 0,765 18,66 601	1,629 0,791 19,25 311
2,0	0,058 0,029 0,72 220	0,364 0,182 4,54 695	0,792 0,393 9,77 1008	1,120 0,553 13,64 1070	1,436 0,702 17,19 914	1,589 0,772 18,83 607	1,631 0,792 19,27 312

H/m \ R/m	v_W = 20 m/s; k_1 = 0,10 kg m^2/s						
	0,05	0,10	0,15	0,20	0,30	0,50	1,00
	0,001	0,012	0,039	0,090	0,266	0,761	1,422
0,1	0,001	0,006	0,020	0,045	0,133	0,378	0,696
	0,02	0,15	0,49	1,13	3,32	9,40	17,04
	6	23	50	86	170	291	272
	0,003	0,024	0,077	0,170	0,454	1,032	1,521
0,2	0,001	0,012	0,038	0,085	0,226	0,510	0,741
	0,04	0,30	0,96	2,12	5,65	12,61	18,11
	11	45	98	162	289	394	291
	0,004	0,035	0,112	0,242	0,594	1,173	1,558
0,3	0,002	0,018	0,056	0,121	0,296	0,578	0,758
	0,06	0,44	1,40	3,01	7,37	14,25	18,50
	17	67	143	231	378	448	298
	0,007	0,058	0,178	0,364	0,792	1,320	1,589
0,5	0,004	0,029	0,089	0,182	0,393	0,648	0,772
	0,09	0,72	2,23	4,54	9,77	15,91	18,83
	29	110	227	348	504	504	303
	0,015	0,111	0,319	0,590	1,060	1,460	1,612
1,0	0,007	0,056	0,159	0,294	0,524	0,713	0,783
	0,19	1,39	3,98	7,32	12,94	17,45	19,08
	57	212	406	563	675	558	308
	0,022	0,161	0,433	0,745	1,198	1,514	1,621
1,5	0,011	0,080	0,216	0,370	0,590	0,738	0,787
	0,28	2,01	5,40	9,20	14,53	18,03	19,16
	85	306	552	711	763	578	310
	0,029	0,207	0,529	0,859	1,282	1,543	1,625
2,0	0,015	0,103	0,264	0,426	0,630	0,751	0,789
	0,37	2,58	6,57	10,57	15,48	18,34	19,21
	112	395	673	820	816	589	310

H/m \ R/m	v_w = 25 m/s; k_1 = 0,0001 kg m^2/s						
	0,05	0,10	0,15	0,20	0,30	0,50	1,00
0,1	0,850 0,422 10,46 4057	1,460 0,713 17,45 3486	1,580 0,768 18,73 2514	1,612 0,781 19,08 1925	1,630 0,791 19,26 1297	1,636 0,794 19,32 781	1,637 0,794 19,34 391
0,2	1,112 0,549 13,54 5309	1,543 0,751 18,34 3684	1,608 0,781 19,03 2559	1,625 0,789 19,21 1939	1,633 0,793 19,30 1300	1,636 0,794 19,33 781	1,637 0,794 19,34 391
0,3	1,242 0,611 15,03 5931	1,573 0,765 18,66 3755	1,618 0,786 19,13 2574	1,629 0,791 19,25 1944	1,635 0,793 19,31 1301	1,637 0,794 19,33 781	1,637 0,794 19,34 391
0,5	1,373 0,672 16,49 6554	1,598 0,777 18,93 3815	1,625 0,789 19,21 2587	1,632 0,792 19,29 1948	1,636 0,794 19,32 1302	1,637 0,794 19,33 782	1,637 0,794 19,34 391
1,0	1,492 0,728 17,80 7124	1,617 0,785 19,13 3861	1,631 0,792 19,28 2596	1,635 0,793 19,31 1951	1,636 0,794 19,33 1302	1,637 0,794 19,34 782	1,637 0,794 19,34 391
1,5	1,537 0,749 18,28 7339	1,624 0,788 19,20 3877	1,633 0,793 19,30 2599	1,635 0,794 19,32 1952	1,637 0,794 19,33 1302	1,637 0,794 19,34 782	1,637 0,794 19,34 391
2,0	1,561 0,760 18,53 7452	1,627 0,790 19,23 3884	1,634 0,793 19,31 2601	1,636 0,794 19,32 1953	1,637 0,794 19,33 1302	1,637 0,794 19,34 782	1,637 0,794 19,34 391

H/m \ R/m	v_w = 25 m/s; k_1 = 0,001 kg m^2/s						
	0,05	0,10	0,15	0,20	0,30	0,50	1,00
0,1	0,167 0,083 2,08 795	0,761 0,378 9,40 1817	1,210 0,596 14,67 1926	1,422 0,696 17,04 1698	1,566 0,762 18,59 1246	1,621 0,787 19,17 774	1,635 0,794 19,32 390
0,2	0,300 0,150 3,74 1432	1,032 0,510 12,61 2463	1,389 0,680 16,67 2211	1,521 0,741 18,11 1816	1,601 0,778 18,96 1274	1,629 0,791 19,25 778	1,636 0,794 19,33 391
0,3	0,410 0,205 5,11 1957	1,173 0,578 14,25 2801	1,462 0,714 17,47 2327	1,558 0,758 18,50 1860	1,613 0,783 19,08 1283	1,632 0,792 19,28 779	1,636 0,794 19,33 391
0,5	0,581 0,289 7,21 2774	1,320 0,648 15,91 3152	1,527 0,744 18,17 2430	1,589 0,772 18,83 1896	1,622 0,788 19,18 1291	1,634 0,793 19,30 780	1,637 0,794 19,33 391
1,0	0,850 0,422 10,46 4057	1,460 0,713 17,45 3486	1,580 0,768 18,73 2514	1,612 0,783 19,08 1925	1,630 0,791 19,26 1297	1,636 0,794 19,32 781	1,637 0,794 19,34 391
1,5	1,007 0,498 12,33 4810	1,514 0,738 18,03 3615	1,598 0,777 18,93 2544	1,621 0,787 19,16 1934	1,632 0,792 19,29 1299	1,636 0,794 19,33 781	1,637 0,794 19,34 391
2,0	1,112 0,549 13,54 5309	1,543 0,751 18,34 3684	1,608 0,781 19,03 2559	1,625 0,789 19,21 1939	1,633 0,793 19,30 1300	1,636 0,794 19,33 781	1,637 0,794 19,34 391

H/m \ R/m	v_W = 25 m/s; k_1 = 0,002 kg m^2/s						
	0,05	0,10	0,15	0,20	0,30	0,50	1,00
0,1	0,088	0,502	0,967	1,261	1,502	1,606	1,633
	0,044	0,250	0,479	0,620	0,732	0,780	0,793
	1,10	6,24	11,86	15,24	17,90	19,01	19,30
	421	1199	1540	1505	1195	767	390
0,2	0,167	0,761	1,210	1,422	1,566	1,621	1,635
	0,083	0,378	0,596	0,696	0,762	0,787	0,794
	2,08	9,40	14,67	17,04	18,59	19,17	19,32
	795	1817	1926	1698	1246	774	390
0,3	0,237	0,922	1,323	1,487	1,589	1,626	1,636
	0,118	0,457	0,649	0,725	0,773	0,790	0,794
	2,96	11,32	15,95	17,74	18,83	19,23	19,32
	1130	2200	2106	1775	1265	777	391
0,5	0,358	1,112	1,432	1,543	1,608	1,631	1,636
	0,179	0,549	0,700	0,751	0,781	0,792	0,794
	4,46	13,54	17,14	18,34	19,03	19,27	19,33
	1707	2655	2279	1842	1280	779	391
1,0	0,581	1,320	1,527	1,589	1,622	1,634	1,637
	0,289	0,648	0,744	0,772	0,788	0,793	0,794
	7,21	15,91	18,17	18,83	19,18	19,30	19,33
	2774	3152	2430	1896	1291	780	391
1,5	0,736	1,410	1,562	1,604	1,627	1,635	1,637
	0,366	0,690	0,760	0,780	0,790	0,793	0,794
	9,09	16,90	18,54	18,99	19,23	19,32	19,33
	3512	3366	2486	1915	1295	781	391
2,0	0,850	1,460	1,580	1,612	1,630	1,636	1,637
	0,422	0,713	0,768	0,783	0,791	0,794	0,794
	10,46	17,45	18,73	19,08	19,26	19,32	19,34
	4057	3486	2514	1925	1297	781	391

H/m \ R/m	v_W = 25 m/s; k_1 = 0,005 kg m^2/s						
	0,05	0,10	0,15	0,20	0,30	0,50	1,00
0,1	0,037 0,018 0,46 175	0,250 0,125 3,12 597	0,609 0,303 7,56 970	0,947 0,469 11,61 1130	1,339 0,657 16,12 1066	1,561 0,760 18,53 745	1,627 0,790 19,23 388
0,2	0,071 0,036 0,89 341	0,430 0,214 5,35 1026	0,880 0,436 10,82 1401	1,194 0,588 14,48 1425	1,472 0,719 17,58 1171	1,598 0,777 18,93 763	1,632 0,792 19,29 390
0,3	0,105 0,052 1,31 499	0,566 0,282 7,03 1352	1,036 0,512 12,66 1649	1,310 0,643 15,79 1564	1,523 0,742 18,12 1212	1,611 0,782 19,06 769	1,634 0,793 19,30 390
0,5	0,167 0,083 2,080 795	0,761 0,378 9,40 1817	1,210 0,596 14,67 1926	1,422 0,696 17,04 1698	1,566 0,762 18,59 1246	1,621 0,787 19,17 774	1,635 0,794 19,32 390
1,0	0,300 0,150 3,74 1432	1,032 0,510 12,61 2463	1,389 0,680 16,67 2211	1,521 0,741 18,11 1816	1,601 0,778 18,96 1274	1,629 0,791 19,25 778	1,636 0,794 19,33 391
1,5	0,410 0,205 5,11 1957	1,173 0,578 14,25 2801	1,462 0,714 17,47 2327	1,558 0,758 18,50 1860	1,613 0,783 19,08 1283	1,632 0,792 19,28 779	1,636 0,794 19,33 391
2,0	0,502 0,250 6,24 2397	1,261 0,620 15,24 3010	1,502 0,732 17,90 2390	1,577 0,767 18,70 1882	1,619 0,786 19,14 1288	1,633 0,793 19,30 780	1,637 0,794 19,33 391

R/m H/m	v_W = 25 m/s; k_1 = 0,01 kg m^2/s 0,05	 0,10	 0,15	 0,20	 0,30	 0,50	 1,00
0,1	0,019 0,009 0,23 88	0,136 0,068 1,70 325	0,379 0,189 4,72 603	0,674 0,335 8,34 804	1,138 0,561 13,85 906	1,492 0,728 17,80 712	1,617 0,785 19,13 386
0,2	0,037 0,018 0,46 175	0,250 0,125 3,12 597	0,609 0,303 7,56 970	0,947 0,469 11,61 1130	1,339 0,657 16,12 1066	1,561 0,760 18,53 745	1,627 0,790 19,23 388
0,3	0,054 0,027 0,68 259	0,346 0,173 4,32 827	0,766 0,381 9,46 1219	1,098 0,542 13,38 1310	1,425 0,697 17,06 1134	1,585 0,771 18,79 757	1,630 0,791 19,27 389
0,5	0,088 0,044 1,10 421	0,502 0,250 6,24 1199	0,967 0,479 11,86 1540	1,261 0,620 15,24 1505	1,502 0,732 17,90 1195	1,606 0,780 19,01 767	1,633 0,793 19,30 390
1,0	0,167 0,083 2,08 795	0,761 0,378 9,40 1817	1,210 0,596 14,67 1926	1,422 0,696 17,04 1698	1,566 0,762 18,59 1246	1,621 0,787 19,17 774	1,635 0,794 19,32 390
1,5	0,237 0,118 2,96 1130	0,922 0,457 11,32 2200	1,323 0,649 15,95 2106	1,487 0,725 17,74 1775	1,589 0,773 18,83 1265	1,626 0,790 19,23 777	1,636 0,794 19,32 391
2,0	0,300 0,150 3,74 1432	1,032 0,510 12,61 2463	1,389 0,680 16,67 2211	1,521 0,741 18,11 1816	1,601 0,778 18,96 1274	1,629 0,791 19,25 778	1,636 0,794 19,33 391

R/m H/m	v_W = 25 m/s; k_1 = 0,02 kg m^2/s						
	0,05	0,10	0,15	0,20	0,30	0,50	1,00
0,1	0,009	0,071	0,216	0,430	0,880	1,373	1,598
	0,005	0,036	0,108	0,214	0,436	0,672	0,777
	0,12	0,89	2,70	5,35	10,82	16,49	18,93
	44	171	344	513	700	655	382
0,2	0,019	0,136	0,379	0,674	1,138	1,492	1,617
	0,009	0,068	0,189	0,335	0,561	0,728	0,785
	0,23	1,70	4,72	8,34	13,85	17,80	19,13
	88	325	603	804	906	712	386
0,3	0,028	0,196	0,506	0,833	1,264	1,537	1,624
	0,014	0,098	0,253	0,414	0,621	0,749	0,788
	0,35	2,44	6,30	10,27	15,28	18,28	19,20
	132	467	806	995	1006	734	388
0,5	0,045	0,300	0,694	1,032	1,389	1,575	1,629
	0,023	0,150	0,345	0,510	0,680	0,766	0,791
	0,57	3,74	8,59	12,61	16,67	18,69	19,25
	217	716	1105	1231	1105	752	389
1,0	0,088	0,502	0,967	1,261	1,502	1,606	1,633
	0,044	0,250	0,479	0,620	0,732	0,780	0,793
	1,10	6,24	11,86	15,24	17,90	19,01	19,30
	421	1199	1540	1505	1195	767	390
1,5	0,129	0,649	1,116	1,364	1,544	1,616	1,634
	0,064	0,323	0,551	0,668	0,752	0,785	0,793
	1,61	8,04	13,59	16,39	18,35	19,12	19,31
	614	1549	1777	1628	1229	772	390
2,0	0,167	0,761	1,210	1,422	1,566	1,621	1,635
	0,083	0,378	0,596	0,696	0,762	0,787	0,794
	2,08	9,40	14,67	17,04	18,59	19,17	19,32
	795	1817	1926	1698	1246	774	390

H/m \ R/m	v_W = 25 m/s; k_1 = 0,05 kg m^2/s						
	0,05	0,10	0,15	0,20	0,30	0,50	1,00
0,1	0,004	0,029	0,095	0,207	0,529	1,112	1,543
	0,002	0,015	0,047	0,103	0,264	0,549	0,751
	0,05	0,37	1,18	2,58	6,57	13,54	18,34
	18	70	151	247	421	531	368
0,2	0,008	0,058	0,178	0,364	0,792	1,320	1,589
	0,004	0,029	0,089	0,182	0,393	0,648	0,772
	0,09	0,72	2,23	4,54	9,77	15,91	18,83
	36	138	284	435	630	630	379
0,3	0,011	0,085	0,253	0,488	0,952	1,410	1,604
	0,006	0,042	0,126	0,244	0,471	0,690	0,780
	0,14	1,06	3,15	6,07	11,67	16,90	18,99
	54	202	402	583	757	673	383
0,5	0,019	0,136	0,379	0,674	1,138	1,492	1,617
	0,009	0,068	0,189	0,335	0,561	0,728	0,785
	0,23	1,70	4,72	8,34	13,85	17,80	19,13
	88	325	603	804	906	712	386
1,0	0,037	0,250	0,609	0,947	1,339	1,561	1,627
	0,018	0,125	0,303	0,469	0,657	0,760	0,790
	0,46	3,12	7,56	11,61	16,12	18,53	19,23
	175	597	970	1130	1066	745	388
1,5	0,054	0,346	0,766	1,098	1,425	1,585	1,630
	0,027	0,173	0,381	0,542	0,697	0,771	0,791
	0,68	4,32	9,46	13,38	17,06	18,79	19,27
	259	827	1219	1310	1134	757	389
2,0	0,071	0,430	0,880	1,194	1,472	1,598	1,632
	0,036	0,214	0,436	0,588	0,719	0,777	0,792
	0,89	5,35	10,82	14,48	17,58	18,93	19,29
	341	1026	1401	1425	1171	763	390

H/m \ R/m	v_W = 25 m/s; k_1 = 0,10 kg m^2/s						
	0,05	0,10	0,15	0,20	0,30	0,50	1,00
0,1	0,002 0,001 0,02 9	0,015 0,007 0,19 35	0,049 0,025 0,61 78	0,111 0,056 1,39 133	0,319 0,159 3,98 254	0,850 0,422 10,46 406	1,460 0,713 17,45 349
0,2	0,004 0,002 0,05 18	0,029 0,015 0,37 70	0,095 0,047 1,18 151	0,207 0,103 2,58 247	0,529 0,264 6,57 421	1,112 0,549 13,54 531	1,543 0,751 18,34 368
0,3	0,006 0,003 0,07 27	0,044 0,022 0,55 104	0,138 0,069 1,72 219	0,290 0,145 3,62 347	0,679 0,338 8,40 540	1,242 0,611 15,03 593	1,573 0,765 18,66 376
0,5	0,009 0,005 0,12 44	0,071 0,036 0,89 171	0,216 0,108 2,70 344	0,430 0,214 5,35 513	0,880 0,436 10,82 700	1,373 0,672 16,49 655	1,598 0,777 18,93 382
1,0	0,019 0,009 0,23 88	0,136 0,068 1,70 325	0,379 0,189 4,72 603	0,674 0,335 8,34 804	1,138 0,561 13,85 906	1,492 0,728 17,80 712	1,617 0,785 19,13 386
1,5	0,028 0,014 0,35 132	0,196 0,098 2,44 467	0,506 0,253 6,30 806	0,833 0,414 10,27 995	1,264 0,621 15,28 1006	1,537 0,749 18,28 734	1,624 0,788 19,20 388
2,0	0,037 0,018 0,46 175	0,250 0,125 3,12 597	0,609 0,303 7,56 970	0,947 0,469 11,61 1130	1,339 0,657 16,12 1066	1,561 0,760 18,53 745	1,627 0,790 19,23 388

Sachwortverzeichnis

GPSR Compliance

The European Union's (EU) General Product Safety Regulation (GPSR) is a set of rules that requires consumer products to be safe and our obligations to ensure this.

If you have any concerns about our products, you can contact us on ProductSafety@springernature.com

In case Publisher is established outside the EU, the EU authorized representative is:

Springer Nature Customer Service Center GmbH
Europaplatz 3
69115 Heidelberg, Germany

Batch number: 10584556

Printed by Printforce, the Netherlands